作用素環入門 I

作用素環入門
I
関数解析とフォン・ノイマン環

生西明夫
Akio Ikunishi

中神祥臣
Yoshiomi Nakagami

岩波書店

はじめに

　数学の多くの分野は永い歴史をもち，たくさんのドラマにより彩られている．そういった視点から見ると作用素環(von Neumann 環と C^* 環)は比較的新しい数学である．それでもその短い歴史の中にそれなりのドラマがある．起源は 1925 年から 26 年にかけての W. Heisenberg と E. Schrödinger による量子力学の発見にまで遡るが，そもそも量子力学自体が永い歴史らしいものはもっていない．あえていえば，量子力学が発見されるまでの，古典力学の立場から試行錯誤をした前期量子論の時代であろう．量子力学が 20 世紀最大の発見の一つとして数え上げられているのは，その時点ではまったく予期できなかった新しい歴史とそれを彩るドラマが展開されたからである．翻って，古典力学を見てみると，I. Newton と G. W. Leibniz が力学系に対して与えた「幾何学的描像」とそれを記述する「言語」により，私たちに身近な自然現象が直観に沿った形で自然に表現できるようになったし，そこで培われた諸概念が，さまざまな新しい観念の世界を生みだし，自然哲学と呼ばれる世界を豊かにしてきた．これに対して，量子力学は当初は古典力学では説明できない物理現象の発見の積み重ねに始まり，「量子化」という前代未聞の考え方を許容して初めて問題解決の端緒が開かれた．しかし，現在に至っても，いまだ「幾何学的描像」に基づいた直観的な説明はできないままになっている．

　作用素環(von Neumann 環)はこのような量子力学を記述する数理構造をもとに 1929 年 J. von Neumann により生み出された数学である[1]．したがって，当然のことながら，量子力学と同じ宿命を背負っていて，その特徴は「無限」と「非可換」と「位相」の三つどもえの中にある．無限と非可換だけならば，

---

　1)　後に作用素環と再会する，場の量子論の研究も同じ年に Heisenberg と W. Pauli により始められている．

通常の数学の中にもよく現れるし，そこに位相を入れている場合もないわけではないが，位相を用いて無限を調教し，毒をもって毒を征するがごとく，無限のもつ有効性を上手に利用して，新しい世界を切り開いていく数学はこれまでにはなかった．G. Cantor は無限には階層性があることを示したが，F. J. Murray と von Neumann はその量子化版ともいえる因子環の分類問題を取り上げ，この方面の研究の端緒を開いた[2]．第2章でその導入的解説をおこなうが，ここでの議論は，無限の世界の中に新たな(相対)有限，新たな無限が現れ，これまで無限という霞の彼方にあった秩序の世界を身近に引き寄せ，豊かな数理構造が潜んでいることを示唆した点で歴史的意義が大きい．この際留意すべき事実は，関数解析により提供されていた弱*位相という概念である．これにより，コンパクト性を通じて無限の世界が私たちの手もとに届けられるようになった．位相を考慮せずに，Cantor 集合論の立場に立ち続けるかぎり，このような世界の出現は期待できないであろうし，無限の中にどっぷり浸かった世界に数理構造の存在などは考え及ばなかったであろう．しかし，量子力学の出現により，このような世界が身近に存在することと，それを記述する新たな「言葉」の存在が教示され，古典論と似ているものの，本質的に新しく，幾何学的な直観の利きにくい，暗闇とも思える世界を研究対象とする数学が発見されたのである．

　おおまかに言って数学は，視覚を通して感じられる世界を記述する幾何学，数学的構造を展開する代数学，それらの記述に際して現れる特異な状況を飼い慣らすための解析学に分類されているが，この観点から見ると，作用素環の本地は無限次元線形代数であり，それを位相という解析学的道具を用いて，うまく垂迹できた部分が C^*環あるいは von Neumann 環として姿を現しているものと考えられる．実際，C^*環にはもとの線形代数的骨格がかなり残され，C^*環固有の一般論の構築は難しいのに対して，von Neumann 環は使われる位相がかなりゆったりしているために，無限の処理がしやすくなる反面きめ細かい議論はしにくくなるという特徴を備えている．

---

2) *Collected Works of John von Neumann*, I-IV, Ed. by A. H. Taub, Pergamon(1961-63).

元来，数学は離散的な量である自然数と連続量である実数をもとに発達してきた．しかし，量子力学は「これらの量をすべて複素 Hilbert 空間上の作用素を用いて考えよ」と教示しているのである．これは量子力学の成功を見れば，天与の声だと思ってもよいだろう．例えば，これは，実軸上の連続関数 f を考えるときには，その代わりに，Hilbert 空間 $L^2(\mathbb{R})$ において関数 f を掛ける掛け算作用素を考えよということであり，n 個の点 $\{\omega_1, \cdots, \omega_n\}$ 上の関数 f に対しては，$\{f(\omega_k)|k=1,\cdots,n\}$ を対角にもつ $n \times n$ 行列を考えよということに相当している．行列が対角型かどうかは座標系の選び方によるので，より正確には，量子力学は必ずしも対角化できない作用素や行列を使って記述するのであるが，従来の数学を考えるときには対角化できるものだけを考えればよいし，また複数のものを考えるときには，同時対角化可能なものだけに限ればよいという考え方である．このことをもう少し詳しく説明するために，無限次元 Hilbert 空間 $\mathscr{H}$ を１つ固定する．行列の対角化という考え方からわかるように，自然数 1 を考えるときには，1 次元の射影全体の集合つまり無限次元複素射影空間 $\{p \in \mathrm{Proj}(\mathscr{H})|\dim(p)=1\}$ を考えようというのである．これは 1 という数字を使わなくても，$\mathscr{H}$ 上の極小射影全体のなす集合として言いなおすことができる．つまり，1 という自然数を，Russell 流に，自然数よりもより素朴な概念である極小射影全体の集合の名称と解釈しようというのである．これをもとにすれば n 次元の射影も考えることができる．当然，自然数 n は n 次元の射影全体の集合つまり無限次元複素 Grassmann 多様体 $\{p \in \mathrm{Proj}(\mathscr{H})|\dim(p)=n\}$ に付けられた名称である．したがって，2 つの自然数 n, m の和に対しては n 次元射影と m 次元射影の和を考えるのだが，一般に，射影の和は射影になるわけではないから，直交する射影の対を探して和を考えなければならない．Hilbert 空間の次元が無限であることが，和の定義を可能にするのであるが，記述はかえって煩雑になる．

　ここまでは Hilbert 空間上のすべての射影を対象に話を進めてきたが，作用素環は有界作用素のなす*多元環であってノルム位相または弱作用素位相に関して閉じたものであるから，対象とする射影をある特定の作用素環の元に限定することにより新たな状況が出現する．上の議論で留意すべきことは，各 Grassmann 多様体に含まれる元 e, f どうしは，互いに半等長作用素 v によ

り，$e=v^*v$, $f=vv^*$ という同値関係を満たす関係式により結ばれている点である．この考え方を一般の作用素環の最小構成単位である単純*多元環に適用してみると，Grassmann 多様体の元は無限次元であるが，Grassmann 多様体のなす集合は整列集合になる．さらに，適当な規格化をおこなうことにより，半群として，次の3つの基本的な半群のいずれかと同型になることがわかる．

$$[0,1], \quad [0,\infty), \quad \{0,\infty\}.$$

この半群を導く議論を発展させることにより，自然数や整数だけでなく実数や複素数に関する話も作用素環の枠組みに組み込むことができる．このような議論をさらに押し進めていけば，通常の数に関する演算，ひいては，これまでの数学のほぼ全体が作用素の言葉を用いて言い換えることができるようになる．とくに3番目の0でない射影がすべて同値になってしまう世界は von Neumann の時代には病理的であるとすら考えられていた対象であったが，1964年荒木不二洋[3]によりこのような作用素環は場の量子論には自然に現れることが指摘され，その後1967年の冨田–竹崎理論の発見にともなう大きな進展により，この部分の様子もだいぶわかるようになってきた[1].

　他方，場の量子論における永年の懸案である量子場の数学的モデル化や統一場理論の問題に対しては，数学の中でも作用素環だけでなく微分方程式，代数解析，代数幾何，微分幾何，位相幾何など広範な分野からのアプローチが試みられ，一定の成果が積み重ねられてきているが，同じ対象を問題にしながら，多くの場合に相互の関連すら付けにくい．このことから，この対象を捉えるには，数学の各分野が個々の枠組みを越えた役割分担をしながら，それぞれの特性を上手に生かして議論をしなければ，可能ではないことが予想される．

　このような議論を通じて，これまでの数学と，作用素環を同じ土俵に上げて議論をすることにより，その役割の違い，相互の位置関係，その果たされなければならない意義と重要性を知ることは大切である．その結果，微積分を出発点に発展してきている数学が古典力学や統計力学的な数学世界を記述する際の

---

3)　Types of von Neumann algebra associated with free field, *Prog. Theoret. Phys.*, **32**(1964), 956-965.

基本言語であるのと同じように，作用素環は量子力学的な数学世界を記述する
ときの基本言語と考えられるが，それらは相互に不可分な関係にある．したが
って，作用素環の研究は，後者の基本言語を豊かにして，私たちの認識の世界
を広げ，深めていくということが目的になる．その結果，微積分が幾何学や解
析学に実り豊かな世界を提供しているのと同じように，作用素環を用いること
により，これまでも量子力学的な世界の理解が深まり，それと平行してそれら
を記述するために，さまざまな数学が新しい研究の対象として浮上してきてい
る．さしあたり，非可換積分論として知られる冨田-竹崎理論，量子統計力学
や場の量子論などの数理物理への応用，A. Connes による非可換幾何，D. V.
Voiculescu による非可換確率変数の理論などはその代表例であろうが，作用
素環自身もこれらの研究の進展とともに新たな視点を獲得しながら，少しずつ
内容が充実してきている[11]，[17]，[18]．

　作用素環で最も基本的な問題は von Neumann 以来分類問題である．有限次
元の行列環の帰納極限として表せる AFD 因子環(単純な von Neumann 環)の
分類に関しては，竹崎正道著『作用素環の構造』[6]に詳しい．最近では，核
型 C^* 環の特別なクラスの分類が進んでいる．これらの理論が見せる壮大な世
界は数学の中でも特筆に値するが，入門書の枠組みをはるかに超えているの
で，本書ではこれらの成果を取り入れることはできなかった．

　ところで，作用素環は大きく I 型と非 I 型の 2 つのクラスに分けられる．I
型のものは，直観的にいって，行列環の高次元版と見なせるクラスである．例
えば，連結，局所連結な半単純 Lie 群の表現の生成する作用素環は I 型であ
る．非 I 型の作用素環は，無限を飼い慣らすことにより新しく見出された部分
であり，連続次元が現れたり，現れる次元がすべて無限であったりと，通常の
数学から見れば非日常的な側面をもっている．このクラスは，可解 Lie 群の表
現，場の量子論のモデルなどに現れ，作用素環に固有の構造と考えられ，研究
や応用はもっぱらこの部分を対象にしていることが多い．Connes や V. F. R.
Jones の Fields 賞の対象になった AFD 因子環の分類，(Jones 多項式と)部分
因子環の分類などはこのクラスに現れた問題を扱ったものである[6]，[15]．

　最後に，作用素環の他の特質について 2 つだけ触れておく．まず上の議論
からもわかるように，従来の数学が収めた成果は作用素環の立場からも興味が

あり，作用素環を研究するうえで参考になることが多いが，作用素環で得られた成果を逆に従来の数学へ戻して相互交流をはかろうとする考え方は必ずしも成功するとはかぎらない．行列を使えばわかるように，一般の行列に対して得られている結果を，何らかの対角化をおこなって，通常の数学の言葉になおそうとすると，もともとの行列が果たしている役割が失われ議論が自明になることが一般的だからである．つぎに，通常の数学では，興味ある具体例を詳しく研究しながら一般理論へという道筋がよくとられるが，作用素環では，必ずしもそうでなく，一般論を深めて周りの状況が少し見えるようになってから，その枠に収まる具体例がようやく見つかることが少なくない．それは具体例を見つけにくいという事情がある．このことは重要な例が存在しないということではなく，非可換論という幾何学的描像が得にくい対象のもつ構造的宿命と考えられる．この事情は量子力学の発見が古典力学とくらべて大幅に遅れた事情に相通じているが，物理学よりも演繹的な議論を用いることの多い数学ではこの傾向はさらに顕著である．したがって，作用素環の研究対象は作用素環に固有な問題であることが多く，今までのところ，その部分が研究の主要部を占めている．とはいえ，行列環に代表される非可換多元環の構造は通常の数学の中にも現れるから，作用素環で発見・開発された結果がそのような分野の研究に貢献する可能性は十分に考えられる．実際，最近の Connes たちによるモジュラー Hecke 環の研究には非可換幾何を通じて作用素環の基本的な事実がおおいに使われている．

　以上の説明でわかるように，作用素環を勉強しようとすれば，Hilbert 空間上の作用素の知識を必要とするし，作用素のなす多元環を扱おうとすれば，Banach 空間の知識も必要になってくる．したがって，どうしても関数解析の基礎知識にある程度習熟していることが要求される．ここでは，この要求のもとに，作用素環において興味のある理論の紹介をするという形をとらず，作用素環における微積分に相当する基礎的な部分の解説を通して，門外漢の人には用語や概念の解説を，将来作用素環の研究を目指す人には，早めに親しんでおいてほしい基本事項の解説を目指した．思ったより長くなってしまったので，証明の細部をていねいに読むことも大切であるが，感性を磨いて細部は感覚で補う読み方も工夫していただきたい．内容の選択に関しては，著者たちの好みに

よる部分が大きいが，標準からそれほど離れていないのではないかと思っている．

　全体の内容に関しては目次を見ていただきたい．第Ⅰ巻には次の第1章と第2章が収められている．第1章「関数解析からの準備」は十数年前に岩波書店編集部の荒井秀男氏から本書の執筆を依頼されたときに「Hilbert 空間の定義から始めて下さい」との要請にしたがった部分であり，内容の前 2/3 は中神が横浜市立大学数学科の学部3年生を対象におこなった講義をもとにし，後 1/3 はその流れに沿って生西が加筆したものがもとになっている．また，第Ⅱ巻第3章の第 3.3, 3.4 節はこれを引き継いだ編集部の吉田宇一氏から「数理物理の記述も」とのご提案に沿った部分である．もう少し物理的な内容の原稿も用意してみたが，大部になるので，本書に取り入れることはあきらめた．この部分は専門家である荒木不二洋著『量子場の数理』[11] を読んでいただきたい．

　第2章「von Neumann 環」は本書のために用意したものである．この部分は作用素環の歴史の中でも古く，III 型因子環の分類理論が出現する前までの既知な結果の紹介になっていて，わが国の先達の活躍も多く含まれている．証明などには随所で工夫をこらしたつもりであるから，他の教科書と比較しながら読んでいただければと思う．また，入門書であることを考慮して，最近はあまり顧みられなくなった直積分分解の話も挿入した．全体の流れとしては，上の竹崎の教科書 [6] へ繋げるつもりで用意してある．

　本書に引き続く第Ⅱ巻には第3章「C^*環の各論」が収められている．この章は中神が各地の大学院でおこなった集中講義録の一部を寄せ集めたものであり，最終的には慶應義塾大学大学院の講義に使った原稿に手を入れた部分が多い．代表的な C^*環の例として，各節ごとに，AF 環，自己双対 CAR 環，Cuntz 環，無理数回転環，核型 C^*環などを取り上げ，その雰囲気を味わっていただくことにした．各節は最後の C^*環の K 理論の節を除きほぼ独立になっていて，分量的にも半年1コマ分の講義に相当している．

　執筆に関しては全体を通じて，二人で内容をよく相談したうえで，おもに第2章の初稿は生西が，第3章は中神が担当し，執筆の途中でもお互いの原稿に手を入れながら最終稿にまとめあげた．その際，多くの論文や教科書を

参考にさせていただいたが，とくに J. Dixmier の教科書[4]，境正一郎[2]，竹崎[4]の第 I 巻は若い頃から身近にあったこともあり，いろいろと参考にさせていただいた．とくに，第 2 章は後の 2 書に負うところが多い．また，定義，定理，命題，系に付けた固有名詞に関しては，慣例に従ったつもりであるが，見落としもあるかと思われるので，ご寛恕をお願いしたい．とりわけ，作用素環の創始者である Murray と von Neumann に対してはその想いが強い．

　最後に，この原稿は各地で集中講義の機会を与えて下さった，多くの方々のご好意のお陰でできた感が強い．また富山淳氏は最終稿をていねいに読んで下さり，多くの貴重なご助言をいただき，それにより修正された箇所も多い．渚勝氏，岸本晶孝氏からも貴重なご助言をたびたびいただいた．最後に竹崎正道氏からは本書の執筆に関し，永きに渡って励ましのお言葉をいただいた．また，出版に際しては自然科学書編集部の川原徹氏にさまざまなお世話をいただいた．これらの方々に心からお礼を申し上げたい．

　　　平成 18 年 10 月 1 日

　　　　　　　　　　　　　　　　　　　　　　　　　生 西 明 夫
　　　　　　　　　　　　　　　　　　　　　　　　　中 神 祥 臣

---

4)　*Les algèbres d'opérateurs dans l'espace Hilbertien* (*Algèbres de von Neumann*), Gauthier Villars (1957), pp. vi+367.

目　次

はじめに

1　関数解析からの準備 ……………………………………… *1*

1.1　ベクトル空間上の位相 ……………………………… *2*

1.1.1　局所凸空間　*2*

1.1.2　有向系と無限和　*5*

1.1.3　直　和　*7*

1.2　線形作用素 ………………………………………… *8*

1.2.1　線形写像　*8*

1.2.2　線形汎関数　*11*

1.2.3　Banach 環　*12*

1.2.4　スペクトル　*14*

1.3　Hahn-Banach の定理 ……………………………… *15*

1.4　弱*位相と Mackey 位相 …………………………… *19*

1.4.1　弱位相と弱*位相　*20*

1.4.2　線形写像の列　*24*

1.4.3　Mackey 位相　*25*

1.5　一様有界性定理と開写像定理 ……………………… *25*

1.6　Hilbert 空間 ………………………………………… *28*

1.6.1　Hilbert 空間の定義　*28*

1.6.2　Riesz の定理　*31*

xiv 目 次

1.7 Hilbert 空間上の有界線形作用素 ⋯⋯⋯⋯⋯⋯⋯⋯⋯ *34*

   1.7.1 半双線形汎関数の極分解 *34*

   1.7.2 随伴作用素 *34*

1.8 C^*環の定義 ⋯⋯⋯⋯⋯⋯⋯⋯⋯⋯⋯⋯⋯⋯⋯⋯ *39*

   1.8.1 Banach*環と C^*環 *39*

   1.8.2 イデアルと準同型と表現 *41*

   1.8.3 コンパクト作用素環 *43*

   1.8.4 Calkin 環 *46*

1.9 Banach 環におけるスペクトル ⋯⋯⋯⋯⋯⋯⋯⋯⋯ *47*

1.10 可換 Banach 環の Gelfand 表現 ⋯⋯⋯⋯⋯⋯⋯⋯ *50*

1.11 可換 C^*環の Gelfand 表現 ⋯⋯⋯⋯⋯⋯⋯⋯⋯ *54*

1.12 コンパクト凸集合 ⋯⋯⋯⋯⋯⋯⋯⋯⋯⋯⋯⋯⋯ *61*

   1.12.1 Kreĭn-Milman の定理 *62*

   1.12.2 閉凸包の性質 *66*

1.13 C^*環の正錐 ⋯⋯⋯⋯⋯⋯⋯⋯⋯⋯⋯⋯⋯⋯⋯ *68*

1.14 正線形汎関数と巡回表現 ⋯⋯⋯⋯⋯⋯⋯⋯⋯⋯⋯ *73*

   1.14.1 Banach*環上の正線形汎関数 *74*

   1.14.2 多元環の表現と GNS 構成法 *79*

   1.14.3 包絡 C^*環と群 C^*環 *81*

   1.14.4 Gelfand-Naimark の定理 *83*

1.15 既約表現と純粋状態 ⋯⋯⋯⋯⋯⋯⋯⋯⋯⋯⋯⋯⋯ *85*

2 von Neumann 環 ⋯⋯⋯⋯⋯⋯⋯⋯⋯⋯⋯⋯⋯⋯ *89*

2.1 von Neumann 環の定義 ⋯⋯⋯⋯⋯⋯⋯⋯⋯⋯⋯ *90*

   2.1.1 $\mathscr{L}(\mathscr{H})$ 上の弱位相と定義 *91*

   2.1.2 $\mathscr{L}(\mathscr{H})$ 上の局所凸位相 *92*

   2.1.3 $\mathscr{L}(\mathscr{H})$ と $\mathscr{L}(\mathscr{H})_*$ の双対ペア *95*

目　次　xv

2.1.4　von Neumann 環の特徴づけ　*99*

2.1.5　Kaplansky の稠密性定理　*102*

2.2　スペクトル分解とトレイス類 …………………………… *104*

2.2.1　スペクトル分解　*104*

2.2.2　σ 弱閉イデアルと加群と因子環　*108*

2.2.3　巡回ベクトルと分離ベクトル　*112*

2.2.4　トレイス類　*113*

2.2.5　Schmidt 類　*120*

2.3　正線形汎関数と W^*環 …………………………………… *124*

2.3.1　正規正線形汎関数　*125*

2.3.2　線形汎関数の極分解　*127*

2.3.3　普遍包絡 von Neumann 環　*131*

2.3.4　W^*環　*138*

2.3.5　表現の準同値　*140*

2.4　可換 von Neumann 環 ……………………………………… *141*

2.5　von Neumann 環と C^*環のテンソル積 ………………… *150*

2.5.1　von Neumann 環のテンソル積　*150*

2.5.2　Banach 空間のテンソル積　*155*

2.5.3　C^*環のテンソル積　*158*

2.5.4　von Neumann 環のテンソル積の一意性　*171*

2.5.5　可換子環定理　*175*

2.6　von Neumann 環の分類 …………………………………… *179*

2.6.1　射影と von Neumann 環の分類　*180*

2.6.2　I 型 von Neumann 環　*190*

2.6.3　自己同型群　*194*

2.6.4　有限 von Neumann 環とトレイス　*195*

2.6.5　半有限 von Neumann 環　*205*

2.6.6　テンソル積の型　*211*

xvi 目 次

2.7 因子環の例 ………………………………………………… 216

2.7.1 群の表現の生成する因子環 *216*

2.7.2 接合積による因子環 *220*

2.7.3 von Neumann 環の無限テンソル積 *228*

2.7.4 AFD 因子環 *230*

2.7.5 充足的 von Neumann 環 *236*

2.8 直積分分解の理論 ……………………………………………… 238

2.8.1 Hilbert 空間の直積分 *239*

2.8.2 von Neumann 環の直積分 *240*

2.8.3 直積分の性質 *241*

2.8.4 von Neumann 環の直積分分解 *242*

2.9 III 型 von Neumann 環の分類 ………………………………… 243

2.9.1 Banach 空間上の表現とスペクトル *245*

2.9.2 荷 重 *249*

2.9.3 冨田-竹崎理論 *252*

2.9.4 III 型因子環の分類 *256*

付録 A ………………………………………………………………… 257

A.1 Kreĭn の定理と Ryll-Nardzewski の定理 ………………… 257

参考文献 *261*
索 引 *263*

目 次 xvii

作用素環入門 II／目次

3 C^*環の各論

3.1 準備
C^*環の帰納極限，包絡 C^*環(II)，C^*接合積

3.2 AF 環
有限次元 C^*環とトレイス，C^*環の次元域，有限次元 C^*環の増大列，
AF 環の特徴づけ，AF 環のイデアル，次元群，UHF 環，I 型 C^*環

3.3 Fock 空間
Fock 空間，分布関数の再発見

3.4 自己双対 CAR 環
CAR 環，自己双対 CAR 環，準自由状態の物理的同値関係による完全分類

3.5 Toeplitz 環と Cuntz 環
Toeplitz 環，C^*環の拡大，Cuntz 環，遺伝的部分 C^*環，無限 C^*環，
Cuntz-Krieger 環

3.6 無理数回転環
非可換トーラスの基本的性質，Kronecker の流れによる C^*接合積，
Hilbert C^*加群と乗法子環，安定同型と強森田同値，
無理数回転環の同型と安定同型，Generic な数，ランダムポテンシャル，
非可換 3 次元球面

3.7 核型 C^*環
C^*環上の完全正写像，核型 C^*環の定義，核型 C^*環の解析的特徴づけ，
核型 C^*環の幾何学的特徴づけ，核型 C^*群環，$\mathcal{O}_2$ の部分 C^*環，完全 C^*環

3.8 C^*環の K 理論
K 群の定義，K 群の基本性質，離散 C^*接合積の 6 項完全系列，
無理数回転環の K 理論，Cuntz 環の K 理論，K ホモロジー，
非可換微分構造，非可換トーラスの微分構造

A 付録
Weyl-von Neumann の定理

B 関連図書

1 関数解析からの準備

関数解析の歴史は 19 世紀末に遡り,積分方程式の研究に触発された部分が大きい.しかし,その後の急激な発展を見てみると,これは単に幕開けの引き金を担っただけであり,位相ベクトル空間上の線形解析学ともいうべき新しい基本分野が誕生したことがわかる.その研究の流れを見てみると,ベクトル空間に積構造まで入れて考えるかどうかにより,方向が大きく分かれる.微分方程式,確率論などではあまり積構造は問題にされないことが多いが,作用素環,数理物理,非可換幾何などでは積構造が重要な役割を果たしている.これを関数解析に先んじて誕生した量子力学を通して眺めてみると,量子力学における量子化と場の量子論における第 2 量子化の違いに相当しているように見受けられる.そこで,ここでは早い時点から,ベクトル空間に積構造をも併せて取り上げていくことにする.

本書の主題である作用素環は量子力学の発見に触発されて誕生した新しい数学といってよいだろう.したがって,量子化という操作によって,数や関数が Hilbert 空間上の線形作用素により読み替えられるが,積構造を問題にしているときには,Hilbert 空間を構成する個々のベクトルが具体的にどのように与えられているかは問題にしないことが多い.しかし,古典的な解析学に関数解析の考え方が使われる場合には,問題にしている対象に Hilbert 空間の構造を後から具体的に付与することが多く,その元の記述は重要な意味をもっている.しかし,そこで利用される関数解析の考え方や手法は大枠においてほとんど変わるところがない.

1.1 ベクトル空間上の位相

ベクトル空間上で解析学が展開できるように，その線形構造と整合する位相を考える．また，収束を論じるときには，点列より一般的な有向系を用いる．

1.1.1 局所凸空間

ベクトル空間 E に対し，加法と定数倍の演算を連続にする位相が与えられたものを**位相ベクトル空間**または**線形位相空間**という．このような空間では平行移動が同相写像になるので，位相は零ベクトル 0 の基本近傍系 $\mathscr{U}$ を平行移動したもの全体から生成される．このとき，0 の近傍系の共通部分 $N=\bigcap_{U\in\mathscr{U}} U$ は E の閉部分ベクトル空間になり，その商ベクトル空間 E/N は商写像 $\xi\in E\mapsto\xi+N\in E/N$ から導かれる商位相に関して Hausdorff の分離公理を満たす位相ベクトル空間になる．

そこで，以後断らないかぎり，位相ベクトル空間に対して，Hausdorff の分離公理を仮定することにする．また，一般の位相空間についても，断らないかぎり Hausdorff の分離公理を仮定することが多い．

離散的でない付値体上のベクトル空間が有限次元の場合には，このような位相ベクトル空間の位相はどれも同相になる．しかし，無限次元の場合には，位相の選び方により状況が一変するので，目的に応じた位相の選択が重要な課題になる．ここでは零ベクトルの基本近傍系として凸集合[1]の族が選べるようなもの，つまり局所凸なものだけを考える．このような位相ベクトル空間を**局所凸空間**というが，この種の位相を扱う場合には，基本近傍系よりも，「ノルム」または「半ノルムの集合」を用いて記述することが多い．その定義はすぐ後の定義 1.1.4 において与えるが，前者は距離空間の場合に，後者は一般の位相空間の場合に対応している．

ベクトル空間の係数体としては，とくに断らないかぎり，複素数体 $\mathbb{C}$ を用

---

[1] ベクトル空間の部分集合 A が凸とは，$\xi,\eta\in A$ かつ $0\leqq\lambda\leqq1$ に対して $\lambda\xi+(1-\lambda)\eta\in A$.

いるが，位相ベクトル空間の一般論の多くは，実数体 $\mathbb{R}$ または他の離散的でない付値体でも同様に論じることができる．複素数体または実数体上のベクトル空間をそれぞれ**複素ベクトル空間**，**実ベクトル空間**という．

複素ベクトル空間 E の各元 ξ に対して定まる非負の実数 $\|\xi\|$ が

(i) $\|\xi+\eta\|\leqq\|\xi\|+\|\eta\|$ （三角不等式）

(ii) $\|\lambda\xi\|=|\lambda|\|\xi\|$ （$\lambda\in\mathbb{C}$）（斉次性）

(iii) $\|\xi\|=0\Leftrightarrow\xi=0$ （非退化）

を満たすとき，写像 $\xi\mapsto\|\xi\|$ を E におけるノルムといい，値 $\|\xi\|$ をベクトル ξ のノルムという．ノルムはベクトルの長さを表している．E の任意の 2 元 ξ, η に対して

$$d(\xi,\eta) = \|\xi - \eta\| \quad (\xi,\eta \in E)$$

と置けば，(E,d) は距離空間になる．このときの位相を**ノルム位相**という．これはノルムを連続にする最弱位相である．(E,d) において，連続性を論じる場合には，しばしば，ノルムに関して連続であるとか，ノルム連続であるなどという．このような空間で議論をおこなう場合には，極限操作に関して閉じていると，都合のよいことが多い．したがって，Cauchy 列がいつでも極限をもつ，完備な場合が必要になってくる．

定義 1.1.1 ノルムをもつベクトル空間を**ノルム空間**といい，さらに，ノルム位相に関して完備なものを **Banach 空間**という．　　　　　　　　　　　□

ノルム空間 E では集合 $B=\{\xi\in E|\|\xi\|\leqq1\}$ を（閉）**単位球**といい，各 $\lambda\geqq0$ に対し，集合 $\{\lambda\xi|\xi\in B\}$ を λB で表す．このとき，集合族 $\{\lambda B|\lambda>0\}$ は 0 の基本近傍系である．

例 1.1.2 コンパクト空間 Ω 上の複素数値連続関数全体に，各点ごとに定まる和と定数倍の演算を与えて得られる複素ベクトル空間を $C(\Omega)$ で表し，ノルムを

$$\|f\| = \sup\{|f(\omega)| \mid \omega \in \Omega\}$$

と置く．このノルムから導かれるノルム位相は一様収束の位相であるから，この空間は複素 Banach 空間になる．　　　　　　　　　　　　　　　　　　□

4   1 関数解析からの準備

ノルムの条件から非退化の条件(iii)を除くと，半ノルムの定義が得られる．通常，半ノルムを p で表す．

$$p(\xi) \geqq 0, \quad p(\xi + \eta) \leqq p(\xi) + p(\eta), \quad p(\lambda\xi) = |\lambda|p(\xi).$$

ベクトル空間 E 上に半ノルムの集合 $\mathscr{P}$ が与えられると，ノルム空間の場合と同様に，E 上には $\mathscr{P}$ のすべての半ノルムを連続にする最弱位相が与えられる．この位相に関して，E の部分集合 U が開集合であることは，つぎのように表される．

$$\forall \xi \in U \exists \varepsilon > 0 \exists p_1, \cdots, p_n \in \mathscr{P} : \bigcap_{j=1}^{n} \{\eta \in E \mid p_j(\eta - \xi) < \varepsilon\} \subset U.$$

Banach 空間に対しては，つぎの命題が成り立つ．

命題 1.1.3　E を複素 Banach 空間とする．E の閉部分空間 N から定まる商ベクトル空間 E/N において，

$$\|\xi + N\| = \inf\{\|\xi + \eta\| \mid \eta \in N\}$$

と置けば，これはノルムになり，E/N はこのノルムに関して Banach 空間である．ただし，$\xi + N = \{\xi + \eta \mid \eta \in N\}$.　　　　　　　　　□

［証明］　ノルムの条件の確認から始める．$\|\xi + N\|$ が非負であることは定義よりわかる．つぎに，$\xi_1, \xi_2 \in E$ とする．N の任意の元 η_1, η_2 に対して，

$$\|\xi_1 + \xi_2 + N\| \leqq \|(\xi_1 + \eta_1) + (\xi_2 + \eta_2)\| \leqq \|\xi_1 + \eta_1\| + \|\xi_2 + \eta_2\|.$$

右辺で，$\eta_1, \eta_2 \in N$ に関する下限を考えれば，不等式 $\|\xi_1 + \xi_2 + N\| \leqq \|\xi_1 + N\| + \|\xi_2 + N\|$ が得られる．ゆえに，三角不等式が成り立つ．斉次性は

$$\|\lambda(\xi + N)\| = \inf\{\|\lambda\xi + \eta\| \mid \eta \in N\}$$
$$= |\lambda| \inf\{\|\xi + \eta\| \mid \eta \in N\} = |\lambda|\|\xi + N\|$$

よりわかる．非退化を示すために，$\|\xi + N\| = 0$ とする．このとき，$\|\eta_n - \xi\| \to 0$ となる N の列 $\{\eta_n\}$ が存在する．N は閉集合であるから $\xi \in N$.

最後に，完備性を示す．列 $\{\xi_n + N\}_{n \in \mathbb{N}}$ を E/N における Cauchy 列とする．部分列を選んで $\|(\xi_n + N) - (\xi_m + N)\| < 2^{-k-1} \ (n, m \geqq k)$ と仮定することができ

る．各 n に対し，代表元 $\xi'_n \in \xi_n + N$ を次のように選びなおす．$\xi'_1 = \xi_1$ とする．つぎに，$\xi'_1, \cdots, \xi'_n$ が定まったとして，$\xi'_{n+1} \in \xi_{n+1} + N$ を $\|\xi'_{n+1} - \xi'_n\| < 2^{-n}$ を満たすように選ぶ．これにより，$\{\xi'_n\}$ は E の Cauchy 列である．したがって，E の完備性により，極限 ξ が存在する．ゆえに，

$$\|(\xi_n + N) - (\xi + N)\| = \|(\xi'_n + N) - (\xi + N)\| \leqq \|\xi'_n - \xi\| \to 0.$$

収束部分列をもつ Cauchy 列は収束列であるから，E/N は完備である．∎

上の命題の商写像 $\pi\colon \xi \in E \mapsto \xi + N \in E/N$ で定まる商空間の元 $\pi(\xi)$ のノルムを**商ノルム**という．$\|\pi(\xi)\| \leqq \|\xi\|$ が成り立つので，商写像は連続であり，商ノルムから導かれる位相は商位相よりも弱いが，実は同相である．実際，E/N の商位相に関する開部分集合 V に対して，V^c においてノルム位相に関する Cauchy 列を $\{\pi(\xi_n)\}_n$ とし，その極限を η とする．ここで，上の命題の証明のように，$\{\xi_n\}_n$ を Cauchy 列に選びなおす．これは E の閉部分集合 $\pi^{-1}(V)^c = \pi^{-1}(V^c)$ における列であるから，その極限 ξ も $\pi^{-1}(V^c)$ に属す．よって $\eta = \pi(\xi) \in V^c$ となり，V^c はノルム位相に関して閉集合である．

一般に，位相ベクトル空間 E から商ベクトル空間 E/N への商写像に対しては，任意の部分集合 A に対して $\pi^{-1}(\pi(A)) = A + N$ が成り立つので，A が E の開部分集合ならば，$A + N$ も開部分集合になり，$\pi(A)$ は商位相に関する開集合である．つまり商写像は開写像である．

定義 1.1.4 半ノルムの集合 $\mathscr{P}$ から導かれる位相をもつベクトル空間 E を**局所凸空間**という．必要があれば半ノルムの集合も一緒にして $(E, \mathscr{P})$ と表す． □

1.1.2 有向系と無限和

つぎに，点列の概念を一般の位相空間の場合へ拡張する．順序集合であって，任意の 2 元が共通の上界をもつものを，有向集合という．有向集合 $D = (D, \leqq)$ を添字集合にもつ族 $\{\xi_j\}_{j \in D}$ を**有向系**（または有向点列）または**ネット**という．とくに，$D = \mathbb{N}$ の場合が点列になっている．また，D' を D の部分集合とする．もし，D' が D の順序に関して有向集合であり，しかも D の任意の元が D' に上界をもつとき，有向系 $\{\xi_j\}_{j \in D'}$ を有向系 $\{\xi_j\}_{j \in D}$ の**部分有向**

6   1 関数解析からの準備

系という.

定義 1.1.5 $\{\xi_j\}_{j\in D}$ を局所凸空間 $(E, \mathscr{P})$ における有向系とする.

(i) 任意の $\varepsilon>0$ と任意の $p\in\mathscr{P}$ に対して,

$$\forall j, k \in D : j, k \geqq j_0 \Rightarrow p(\xi_j - \xi_k) < \varepsilon$$

を満たす $j_0\in D$ が存在するとき, $\{\xi_j\}_{j\in D}$ を **Cauchy 有向系**という.

(ii) $\xi\in E$ とする. 任意の $\varepsilon>0$ と任意の $p\in\mathscr{P}$ に対して,

$$\forall j \in D : j \geqq j_0 \Rightarrow p(\xi_j - \xi) < \varepsilon$$

を満たす $j_0\in D$ が存在するとき, 有向系 $\{\xi_j\}_{j\in D}$ は ξ へ収束するといい, ξ をその**極限**という. このとき, $\{\xi_j\}_{j\in D}$ を**収束有向系**という.

(iii) E において, どの Cauchy 有向系も極限をもつとき, E は**完備**であるという.   □

Banach 空間では Cauchy 有向系はいつでも極限をもつので, この完備性はノルム空間の完備性の一般化になっている.

つぎに, 局所凸空間 E の無限族 $\{\xi_i\}_{i\in I}$ の和を考えよう. 添字集合 I のすべての有限部分集合からなる集合族を D とする. D は集合の包含関係から導かれる順序に関して有向集合である. 各 $J\in D$ に対し

$$\xi_J = \sum_{j \in J} \xi_j$$

と置いて得られる有向系 $\{\xi_J\}_{J\in D}$ が, 収束有向系であるとき, その極限を, $\{\xi_i\}_{i\in I}$ の和または無限和といい, $\sum_{i\in I}\xi_i$ で表す. この定義からわかるように, ベクトルの無限和は, 加法の順序とは無関係に定まる. ベクトル空間に位相が与えられていない場合には, このような無限和を考えることはできない.

E が Banach 空間の場合には, $\sum_{i\in I}\|\xi_i\|<+\infty$ であれば, $\{\xi_i\}_{i\in I}$ の和が存在する.

極限, Cauchy 有向系, 完備性は局所凸空間だけではなく, 一般に位相空間あるいは一様空間において考えられる. 第 2 章では 1 つのベクトル空間 E において種々の局所凸位相を扱うが, E はそれらに関して必ずしも完備ではない. しかし, E の部分集合には完備, あるいはコンパクトなものがある. 中

でも，コンパクト性は重要で，これと関連して次の概念がある．有向系 $\{\xi_j\}_{j \in D}$ に対して閉包の共通部分

$$\bigcap_{j \in D} \overline{\{\xi_k \mid k \geqq j\}}$$

の元のことをその有向系の**接触点**という．極限は接触点である．コンパクト空間における有向系は必ず接触点をもち，それが1点だけのときには極限である．

1.1.3 直　和

2つの複素ベクトル空間 E, F の**直和**は直積集合 $E \times F$ 上に和と定数倍の演算を座標ごとに

$$(\xi_1, \eta_1) + (\xi_2, \eta_2) = (\xi_1 + \xi_2, \eta_1 + \eta_2), \quad \lambda(\xi, \eta) = (\lambda\xi, \lambda\eta)$$

と置いて得られる複素ベクトル空間である．このとき，E, F はそれぞれ部分空間

$$\{(\xi, 0) \mid \xi \in E\}, \quad \{(0, \eta) \mid \eta \in F\}$$

と同一視されている．E, F に局所凸位相が与えられている場合には，直和空間における位相として，部分空間 E, F へ制限した場合に，もとの位相と同相になるものを選ぶ．たとえば，ノルム空間の場合には，直和空間上で

$$\|\xi\| + \|\eta\|, \quad (\|\xi\|^2 + \|\eta\|^2)^{1/2}, \quad \max\{\|\xi\|, \|\eta\|\}$$

など，さまざまなノルムが考えられる（図 1.1）．これらのノルムの値は，互いに一致することはないが，それらが導く位相は一致する．このような位相ベク

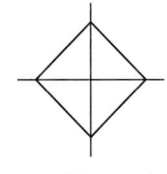 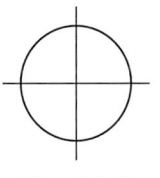 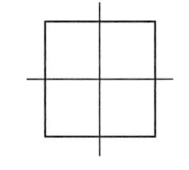

図 1.1 上のノルムを用いたときの，$E \oplus F$ の単位球．

8   1 関数解析からの準備

トル空間を $E \oplus F$ で表す. E, F が Banach 空間の場合には, $E \oplus F$ に対しノルムも具体的に併記することがある.

命題 1.1.6 E, F が Banach 空間の場合には, $E \oplus F$ は上のどのノルムに関しても, Banach 空間になる. ☐

無限個のベクトル空間の直和に関しては, 少し準備を要するので, 別途論じることにする.

1.2 線形作用素

ベクトル空間上の関数または写像としては, 主として線形なものだけを取り扱う. とくにスカラー値の関数を汎関数という. また, ノルム空間では線形写像の連続性と有界性は同値になる. 本書ではもっぱら有界な場合を取り上げる. この節の後半で, 複素ベクトル空間に結合法則を満たす積の演算を定義し, Banach 環の定義を述べる.

1.2.1 線形写像

E, F を 2 つの複素ベクトル空間とする. E から F への写像 x が線形構造（加法と定数倍の演算）

$$x(\xi + \eta) = x\xi + x\eta, \quad x(\lambda\xi) = \lambda(x\xi) \quad (\xi, \eta \in E, \ \lambda \in \mathbb{C})$$

を保存するとき, x を**線形写像**または線形変換という. とくに, E, F が位相ベクトル空間の場合には, 線形写像を**線形作用素**ということが多い[2]. 関数解析では, 位相ベクトル空間上の線形写像の取り扱いが主要なテーマになっている. 線形でないときは, 非線形であるという. ここでは, 非線形なものはあまり扱わないので, しばしば, 写像や作用素に対し, 線形という言葉を省くことがある.

以後, E, F を複素局所凸空間とする. E から F への, すべての連続線形写像のなす集合を $\mathscr{L}(E, F)$ で表す. この集合は各点ごとに定まる和と定数倍の

―――――――――――――――

2) 物理学では作用素を演算子という.

演算

$$(x+y)\xi = x\xi + y\xi, \quad (\lambda x)\xi = \lambda(x\xi) \quad (\xi \in E,\ \lambda \in \mathbb{C})$$

に関して複素ベクトル空間になる.

E, F をノルム空間とする. 線形写像 $x\colon E {\to} F$ が

$$\sup\{\|x\xi\| \mid \|\xi\| \leqq 1\} < +\infty$$

を満たすとき, x は**有界**であるといい, この値を $\|x\|$ で表す.

$$\|x\| = \inf\{\lambda > 0 \mid \forall \xi \in E : \|x\xi\| \leqq \lambda\|\xi\|\}$$

が成り立つ. 線形写像に対しては, 有界性と連続性は同値になる. このとき, $\mathscr{L}(E,F)$ の各元 x に対して定まる上の値 $\|x\|$ は**作用素ノルム**と呼ばれ, ノルムの条件を満たしている. したがって, $\mathscr{L}(E,F)$ はノルム空間になる. x が有界でない場合には**非有界**であるという.

命題 1.2.1 E, F をともにノルム空間とする. F が Banach 空間ならば, $\mathscr{L}(E,F)$ も Banach 空間になる. ☐

[証明] ノルム空間 $\mathscr{L}(E,F)$ の Cauchy 列を $\{x_n\}_n$ とすれば, 任意の $\varepsilon > 0$ に対して

$$\exists n_0 \in \mathbb{N}\ \forall n, m \in \mathbb{N}\ \forall \xi \in E : n, m \geqq n_0 \Rightarrow \|x_n\xi - x_m\xi\| \leqq \varepsilon\|\xi\|.$$

したがって, 任意の $\xi \in E$ に対して, $\{x_n\xi\}_n$ は F における Cauchy 列である. F は Banach 空間であるから, この列には極限 $\eta \in F$ が存在する. このときの対応 $\xi \mapsto \eta$ を x で表せば, $x\xi = \lim\limits_{n \to \infty} x_n\xi$. 各写像 x_n は線形であるから, その極限の x も線形である. また

$$\|x\xi\| \leqq \varlimsup_{n \to \infty} \|x_n\xi\| \leqq (\sup_n \|x_n\|)\|\xi\|$$

が成り立つので, x は有界であり, したがって $x \in \mathscr{L}(E,F)$. 証明の3行目の式で $m {\to} \infty$ とすれば, 列 $\{x_n\}_n$ が x へノルム収束することがわかる. したがって, $\mathscr{L}(E,F)$ は Banach 空間である. ∎

E, F を Banach 空間とし, x を E の部分空間 $\mathscr{D}(x)$ から F への線形写像と

する．この $\mathscr{D}(x)$ を x の定義域という．x が有界な場合には，x を $\mathscr{D}(x)$ の閉包にまで一意的に拡張することができるので，以後断わらないかぎり $\mathscr{D}(x)=E$ とする．一般に，線形作用素 x が非有界である場合には，定義域は E 全体にはならないことが多い．この場合，Banach 空間の部分空間の閉包は再び Banach 空間になるので，x をそこへ制限して扱うことにより，定義域に稠密性を仮定することができる．一般に，非有界線形作用素 x, y の和 $x+y$，積 xy の定義域はそれぞれ $\mathscr{D}(x)\cap\mathscr{D}(y)$，$\{\xi\in\mathscr{D}(y)|y\xi\in\mathscr{D}(x)\}$ となるので，稠密性は必ずしも保存されず，取り扱いには注意を要する．作用素 x, y の定義域が $\mathscr{D}(x)\subset\mathscr{D}(y)$ を満たし，$\mathscr{D}(x)$ の任意の元 ξ に対して $x\xi=y\xi$ が成り立つときには，y を x の**拡大**といい，$x\subset y$ で表す．線形写像 x が単射のときには，x の値域 $\{x\xi|\xi\in\mathscr{D}(x)\}$ から E への線形写像 $x\xi\mapsto\xi$ が考えられる．そこで，これを x の逆写像または**逆作用素**といい，x^{-1} で表す．

定義 1.2.2 E, F を位相ベクトル空間とし，x を E の稠密な部分空間 $\mathscr{D}(x)$ から F への線形作用素とする．

(i) $\mathscr{D}(x)$ における任意の有向系 $\{\xi_i\}_{i\in I}$ に対して，

$$\xi_i \to \xi, \quad x\xi_i \to \eta \quad \Rightarrow \quad \xi \in \mathscr{D}(x), \quad x\xi = \eta$$

が成り立つとき，x を**閉線形作用素**という．

(ii) $\mathscr{D}(x)$ における任意の有向系 $\{\xi_i\}_{i\in I}$ に対して，

$$\xi_i \to 0, \quad x\xi_i \to \eta \quad \Rightarrow \quad \eta = 0$$

が成り立つとき，x は**可閉**であるという． □

定義の条件(i)からわかるように連続線形作用素は閉線形作用素である．位相ベクトル空間の直和 $E\oplus F$ において，部分空間 $\{(\xi, x\xi)|\xi\in\mathscr{D}(x)\}$ を x の**グラフ**といい，$G(x)$ で表す（図 1.2）．

条件(i)はこのグラフが $E\oplus F$ の閉部分集合であることと同値である．条件(ii)はグラフの閉包が再びグラフになるための条件である．したがって，x が可閉であれば，

$$\overline{G(x)} = G(\overline{x})$$

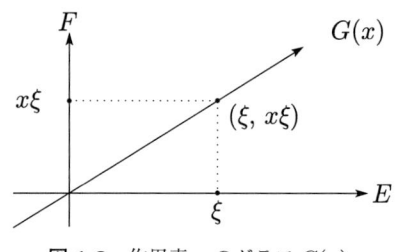

図 1.2 作用素 x のグラフ $G(x)$.

を満たす閉線形作用素 $\bar{x}$ が一意的に定まる．ただし，$\overline{G(x)}$ は $G(x)$ の $E \oplus F$ における閉包である．このとき，作用素 $\bar{x}$ を x の**閉包**または最小閉拡大という．非有界な線形作用素の一般的な取り扱いは，閉線形作用素の場合以外には，あまりうまくいかない．

1.2.2　線形汎関数

E から $\mathbb{C}$ あるいは $\mathbb{R}$ への線形写像を E 上の**線形汎関数**または 1 次形式という．局所凸空間 E 上の連続線形汎関数の全体 $\mathscr{L}(E, \mathbb{C})$ を E の**双対空間**といい，E^* で表す．

命題 1.2.1 により，E がノルム空間の場合には $\mathbb{C}$ の完備性により，E^* は Banach 空間になる．さらに，E^* の双対空間 $(E^*)^*$ を E の**第 2 双対空間**といい E^{**} で表す．

ベクトル空間 E 上の線形汎関数 f に対し，部分空間 $\{\xi \in E | f(\xi)=0\}$ を f の核といい，$\operatorname{Ker} f$ で表す．E 上の線形汎関数 f が 0 でない場合には，$f(\xi)=1$ を満たすベクトル $\xi \in E$ が存在するので，任意のベクトル $\eta \in E$ が

$$\eta = \{\eta - f(\eta)\xi\} + f(\eta)\xi \in \operatorname{Ker} f + \mathbb{C}\xi$$

と表せ，E は直和 $\operatorname{Ker} f \oplus \mathbb{C}$ と同型である．局所凸空間 E 上の線形汎関数 f に対しては，f が連続であることと，$\operatorname{Ker} f$ が閉部分空間であることが同値である．

線形写像 $x\colon E \to F$ に対して定まる，新たな線形写像 $f \in F^* \mapsto f \circ x \in E^*$ を x の**転置写像**といい，${}^t x$ で表す（図 1.3）．E, F がノルム空間の場合には，第 1.3 節の系 1.3.5 を用いると，$\|{}^t x\| = \|x\|$ となることがわかる．

$$E^* \xleftarrow{\;{}^t x\;} F^*$$

$$E \xrightarrow{\;x\;} F$$

図 1.3 転置写像.

1.2.3 Banach 環

関数解析が他の数学の道具としてだけでなく，数学的実体として主体的役割を果たすためには，ベクトル空間において積の演算を考えることが必要になる．

定義 1.2.3 複素ベクトル空間 A に結合法則を満たす積 $(a,b) \in A \times A \mapsto ab \in A$ が与えられ，ベクトル空間の演算とこの積が分配法則と結合法則

$$a(b+c) = ab + ac, \quad (a+b)c = ac + bc, \quad (\lambda a)b = \lambda(ab) = a(\lambda b) \quad (\lambda \in \mathbb{C})$$

を満たすとき，A を $\mathbb{C}$ 上の**多元環**という．さらに，多元環が単位元をもつときには，**単位的**であるといい，通常，単位元を 1 で表す． □

一般に，このような多元環は結合的多元環といわれるが，ここでは非結合的なものは扱わないので，結合的という言葉を省いて，単に多元環ということにする．非結合的多元環の例としては Lie 環，Jordan 環などがある．

多元環 A と複素数体 $\mathbb{C}$ の，ベクトル空間としての，直和 $A \oplus \mathbb{C}$ において，積を

$$(x_1, \lambda_1)(x_2, \lambda_2) = (x_1 x_2 + \lambda_1 x_2 + \lambda_2 x_1, \lambda_1 \lambda_2)$$

により定義すると，$A \oplus \mathbb{C}$ は単位元 $(0,1)$ をもつ多元環になる．このようにして得られる単位的多元環を，A に単位元を付加した多元環といい，$\tilde{A}$ で表す．A は $\tilde{A}$ の部分多元環 $\{(x,0) | x \in A\}$ と同一視され，$\tilde{A}$ の元 (x, λ) を $x + \lambda 1$ または単位元 1 を略して $x + \lambda$ と表すことが多い．

定義 1.2.4 多元環 A がノルム空間であって，積がノルムに関して

$$\|xy\| \leq \|x\| \|y\| \quad (x, y \in A)$$

を満たすとき，A を**ノルム環**といい，さらに，完備な場合に，**Banach 環**と

いう. □

　ノルム環では積は両側連続である.

　例 1.2.5　例 1.1.2 の複素 Banach 空間 $C(\Omega)$ は各点ごとに定まる積の演算に関して単位的 Banach 環である. これはコンパクト空間 Ω 上の**連続関数環**と呼ばれている. □

　さてもとへ戻って, $E=F$ の場合には, 線形作用素を E 上の線形作用素といい, ベクトル空間 $\mathscr{L}(E,E)$ を $\mathscr{L}(E)$ で表す. $\mathscr{L}(E)$ は各点ごとに定まる積の演算

$$(xy)\xi = x(y\xi) \quad (x, y \in \mathscr{L}(E),\ \xi \in E)$$

により $\mathbb{C}$ 上の多元環になる. E がノルム空間(または Banach 空間)の場合, $\mathscr{L}(E)$ は作用素ノルムにより, 単位的ノルム環(または単位的 Banach 環)になる.

　注　単位的 Banach 環の単位元 1 のノルムは, 定義 1.2.4 の不等式により, 1 以上であることがわかるが, 1 になるかどうかはわからない. そこで, 通常は, 次のようにノルムを選びなおして, 単位元のノルムを 1 に規格化しておく. A の元 x を左から A に掛ける作用素 $L_x\colon y \in A \mapsto xy \in A$ を考える. これは Banach 空間 A 上の線形作用素である. 明らかに $\|L_x\| \leqq \|x\|$ が成り立つ. したがって, $L_x \in \mathscr{L}(A)$ である. そこで, この作用素 L_x のノルムを改めて x のノルムと定義しなおし, $\|x\|_0$ で表す. もちろん, $\|xy\|_0 \leqq \|x\|_0 \|y\|_0$ と $\|1\|_0 = \|L_1\| = 1$ が成り立ち, A はこのノルムに関してノルム環になる. さらに, $\|x\|_0 = \|L_x\| = \sup\{\|xy\| \mid \|y\| \leqq 1\} \geqq \|x(1/\|1\|)\| = \|x\|/\|1\|$ も成り立つので, A は新たなノルムに関しても Banach 環になり, 2 つのノルムは同値($\|x\|_0 \leqq \|x\| \leqq \|1\| \|x\|_0$)である. そこで, 今後, 断わらないかぎり, 単位元のノルムは 1 と仮定する. □

　A が Banach 環の場合には, 単位元を付加した多元環 $\widetilde{A}$ のノルムを

$$\|(x, \lambda)\| = \|x\| + |\lambda|$$

と置くことにより, $\widetilde{A}$ は単位的 Banach 環になる.

1.2.4 スペクトル

複素 Banach 空間 E 上の閉線形作用素 x に対し，$\lambda 1 - x$ が全単射であり，逆作用素 $(\lambda 1 - x)^{-1}$ が有界になるような複素数 λ 全体のなす集合を x の**レゾルベント集合**といい，作用素 $(\lambda 1 - x)^{-1}$ を x の**レゾルベント**という[3]．また，レゾルベント集合の $\mathbb{C}$ における補集合を**スペクトル**という．一般に，スペクトルは閉線形作用素の特徴を捉える基礎概念であり，$\mathrm{Sp}\,(x)$ で表される．$x\xi = \lambda\xi$ を満たす，0 でないベクトル ξ が存在するとき，λ を x の**固有値**，ξ をその**固有ベクトル**という．固有値はスペクトルの元である．E が有限次元の場合には，x のスペクトルは x の固有値全体の集合と一致している．

定義 1.2.6 E を複素 Banach 空間とし，x を E において稠密な定義域をもつ閉線形作用素とする．

(i) x の固有値全体の集合を x の**点スペクトル**という．

(ii) $(\lambda 1 - x)^{-1}$ が非有界かつ稠密な定義域をもつ線形作用素となる $\lambda \in \mathbb{C}$ の全体からなる集合を x の**連続スペクトル**という．

(iii) $(\lambda 1 - x)^{-1}$ が稠密でない定義域をもつ線形作用素となる $\lambda \in \mathbb{C}$ の全体からなる集合を x の**剰余スペクトル**という． □

閉作用素 x のスペクトル $\mathrm{Sp}\,(x)$ はこれら 3 種類のスペクトルの和集合になっている．スペクトルが離散集合のときには，x は**離散スペクトル**をもつという．Banach 空間上で有限階の作用素でノルム近似できる作用素をコンパクト作用素というが，このようなコンパクト作用素 x に対しては $\mathrm{Sp}\,(x)\backslash\{0\}$ は離散集合であり固有値だけからなっている．

注 光をプリズムを通して眺めたとき現れる色の帯が本来のスペクトルである．色は光の振動数により決まる．これにより，光はさまざまな周期をもつ波の重ね合わせであることがわかる．周期的な振動は 2 階の常微分方程式 $x'' + \lambda^2 x = 0\,(\lambda > 0)$ により記述され，その解は $x(t) = c_1 e^{i\lambda t} + c_2 e^{-i\lambda t}$ と表される．このとき，線形作用素 $x \mapsto x''$ のスペクトルが $-\lambda^2$ であり，状態を表す関数 $x =$

---

3) 与えられたベクトル η に対して ξ を未知ベクトルとする(積分)方程式 $(x - \lambda 1)\xi = \eta$ の解を与えている．

$x(t)$ が周期 $2\pi/\lambda$ になっている. ▫

1.3 Hahn-Banach の定理

ベクトル空間には Zorn の補題[4]により (Hamel) 基底の存在が保証されるので, 0 でない任意のベクトル ξ に対して, $f(\xi)\neq0$ を満たす線形汎関数 f が存在する. しかし, ベクトル空間に位相を込めて議論をしようと思うと, 状況は難しくなり, つぎの Hahn-Banach の拡張定理が必要になる. この定理は, 局所凸空間の双対空間には充分たくさんの元が存在することを保証している. 関数解析の起源が汎関数解析であることを思えば, 定理の意義がわかる.

ベクトル空間 E 上の非負値凸関数 p で, 半ノルムの条件から斉次性の条件を弱めた, 正値的に斉次で劣加法的汎関数 p を**劣線形**という.

$$p(\xi + \eta) \leqq p(\xi) + p(\eta), \quad p(\lambda\xi) = \lambda p(\xi)\,(\lambda \geqq 0).$$

定理 1.3.1(Hahn-Banach の拡張定理) E を実ベクトル空間, F をその部分空間とする. p を E 上の劣線形汎関数とする. f を F 上で $f(\xi)\leqq p(\xi)$ を満たす F 上の線形汎関数とする. そのとき, f を E へ拡張した線形汎関数 $\tilde{f}$ で, $\tilde{f}(\xi)\leqq p(\xi)$ を満たすものが存在する. ▫

［証明］ p を劣線形汎関数, F を E の部分空間とし, f をその上で $f(\xi)\leqq p(\xi)$ を満たす線形汎関数とする. E の元 $\xi\notin F$ に対して, $F'=F+\mathbb{R}\xi$ と置けば, F' は E の部分空間である. f の F' への拡張 f' があれば,

$$f'(\eta + \lambda\xi) = f(\eta) + \lambda\alpha \quad (\eta \in F,\ \lambda \in \mathbb{R})$$

を満たす実数 α が存在する. そこで, $f'\leqq p$ が成り立つように α を決めたい. それには, すべての $\eta, \eta'\in F$ に対して

$$f(\eta') - p(\eta' - \xi) \leqq \alpha \leqq p(\eta + \xi) - f(\eta)$$

---

4) 順序集合 E において, その全順序部分集合がどれも上界をもてば, E は極大元をもつ.

16　1　関数解析からの準備

であればよい. ところが,

$$\{p(\eta + \xi) - f(\eta)\} - \{f(\eta') - p(\eta' - \xi)\} \geqq p(\eta + \eta') - f(\eta + \eta') \geqq 0$$

はいつでも成り立つので, 上の不等式を満たす α は必ず存在する. α として, たとえば, $\inf\{p(\eta + \xi) - f(\eta) | \eta \in F\}$ を使えばよい.

つぎに, Zorn の補題を用いて f を E 全体へ拡張する. $g \leqq p$ なる f の拡張 g の全体を $\mathscr{F}$ とする. $f_1 \in \mathscr{F}$ が $f_2 \in \mathscr{F}$ の拡張になっているときに, $f_2 \prec f_1$ と書くことにすれば, $(\mathscr{F}, \prec)$ は半順序集合になる. 前半の結果により, この集合は空ではない. $\mathscr{F}$ に含まれる全順序部分集合はいつでも上限をもつことがわかるので, $\mathscr{F}$ に対し Zorn の補題を適用することができ, $\mathscr{F}$ には極大元 $\tilde{f}$ が存在する. $\tilde{f}$ の定義域が E 全体でないとすると, 前半の結果を用いて, $\tilde{f}$ より大きい拡張を作ることができ, $\tilde{f}$ の極大性と矛盾する. したがって $\tilde{f}$ が求める f の拡張である.　∎

系 1.3.2　E を複素ベクトル空間, F をその部分空間とする. p を E 上の半ノルムとする. f を F 上で $|f(\xi)| \leqq p(\xi)$ なる F 上の線形汎関数とする. そのとき, f を E へ拡張した線形汎関数 $\tilde{f}$ で, $|\tilde{f}(\xi)| \leqq p(\xi)$ を満たすものが存在する.　□

［証明］　f を F 上で $|f(\xi)| \leqq p(\xi)$ なる F 上の線形汎関数とする.

$$g(\xi) = \mathrm{Re}\, f(\xi) \quad (\xi \in F)$$

と置く. g は F を実ベクトル空間と見なしたとき, 実線形汎関数であり, $g(\xi) \leqq p(\xi)$ を満たしている. また

$$g(i\xi) = \mathrm{Re}\, f(i\xi) = \mathrm{Re}\, if(\xi) = -\mathrm{Im}\, f(\xi) \quad (\xi \in F)$$

となるから, $f(\xi) = g(\xi) - ig(i\xi)$ と書ける.

定理 1.3.1 により E 上に, $\tilde{g}(\xi) \leqq p(\xi)$ を満たす g の拡張 $\tilde{g}$ が存在する.

$$\tilde{f}(\xi) = \tilde{g}(\xi) - i\tilde{g}(i\xi) \quad (\xi \in E)$$

と置くと, 明らかに $\tilde{f}|_F = f$. $\tilde{f}$ が E 上で実線形なことは明らかである.

$$\widetilde{f}(i\xi) = \widetilde{g}(i\xi) - i\widetilde{g}(i^2\xi) = \widetilde{g}(i\xi) - i\widetilde{g}(-\xi)$$

$$= \widetilde{g}(i\xi) + i\widetilde{g}(\xi) = i\widetilde{g}(\xi) - i^2\widetilde{g}(i\xi) = i\widetilde{f}(\xi)$$

であるから $\widetilde{f}$ は複素線形でもある．$|\widetilde{f}(\xi)| = \widetilde{f}(e^{i\theta}\xi)$ なる $\theta \in \mathbb{R}$ があるので

$$|\widetilde{f}(\xi)| = \widetilde{f}(e^{i\theta}\xi) = \widetilde{g}(e^{i\theta}\xi) \leqq p(e^{i\theta}\xi) = p(\xi).$$

ゆえに，$\widetilde{f}$ が求めるものである． ∎

この系より直ちに次の系が得られる．

系 1.3.3 E をノルム空間，F をその部分空間とする．そのとき，F 上の連続線形汎関数 f は E 上の連続線形汎関数 $\widetilde{f}$ へ $\|\widetilde{f}\| = \|f\|$ を満たすように拡張することができる． ∎

注 局所凸でない空間には，0 以外に線形汎関数をもたないものが存在する． ∎

系 1.3.4 E を局所凸空間とする．相異なる任意の 2 元 $\xi, \eta \in E$ に対して，$f(\xi) \neq f(\eta)$ を満たす連続線形汎関数 $f \in E^*$ が存在する． ∎

[証明] $\zeta = \xi - \eta$ とすれば，$\zeta \neq 0$ である．E の部分空間 $F = \mathbb{C}\zeta$ において，$g(\lambda\zeta) = \lambda$ と置けば，g は閉部分空間 F 上の連続線形汎関数である．したがって，$|g(\xi')| \leqq p(\xi') (\xi' \in F)$ なる連続な半ノルム p がある．系 1.3.2 により g の E 上への拡張 f で $|f(\xi')| \leqq p(\xi') (\xi' \in E)$ を満たすものがある．したがって，$f \in E^*$ でしかも $f(\zeta) = g(\zeta) = 1 \neq 0$．ゆえに，$f(\xi) \neq f(\eta)$． ∎

系 1.3.5 E をノルム空間とする．任意の $\xi \in E$ に対して

$$\|\xi\| = \sup\{|f(\xi)| \mid \|f\| \leqq 1,\ f \in E^*\}.$$ ∎

[証明] $\xi \neq 0$ と仮定できる．部分空間 $F = \mathbb{C}\xi$ 上の線形汎関数を $g(\lambda\xi) = \lambda\|\xi\|$ とすれば，$\|g\| = 1$．g の E 上への Hahn-Banach の拡張を $\widetilde{g} \in E^*$ とすれば $\|\widetilde{g}\| = 1$．したがって，$\sup\{|f(\xi)| \mid \|f\| \leqq 1\} \geqq |\widetilde{g}(\xi)| = \|\xi\|$．逆向きの不等式は明らかである． ∎

$\xi \in E$ に対して，$\hat{\xi}$ を $\hat{\xi}(f) = f(\xi) (f \in E^*)$ と置いて得られる E^* 上の線形汎関数とすると，上の系 1.3.5 から $\|\hat{\xi}\| = \|\xi\|$ である．したがって，線形写像 $\xi \in E \mapsto \hat{\xi} \in E^{**}$ は単射でしかも等長的（つまり $\|\xi\| = \|\hat{\xi}\|$）である．よって，ノルム空

間はその第 2 双対空間である Banach 空間の部分空間と同一視することができる.

位相ベクトル空間 E における 0 の開凸近傍 U に対して,

$$p(\xi) = \inf\{\lambda > 0 \mid \lambda^{-1}\xi \in U\} \quad (\xi \in E)$$

と置く. 定数倍の演算 $\lambda \in \mathbb{C} \mapsto \lambda\xi \in E$ の連続性により, $|\lambda| < \delta$ ならば, $\lambda\xi \in U$ となる $\delta > 0$ が存在する. したがって, E の各点での汎関数 p の値は有限である. つぎに, p が E 上の劣線形であることを示そう. 正値的に斉次であることは明らかである. $\lambda^{-1}\xi \in U$, $\mu^{-1}\eta \in U$ とすると, U は凸集合であるから,

$$(\lambda + \mu)^{-1}(\xi + \eta) = \frac{\lambda}{\lambda + \mu}(\lambda^{-1}\xi) + \frac{\mu}{\lambda + \mu}(\mu^{-1}\xi) \in U.$$

したがって, $p(\xi + \eta) \leqq \lambda + \mu$. ゆえに, $p(\xi + \eta) \leqq p(\xi) + p(\eta)$. したがって, p は劣線形である.

また, 複素ベクトル空間 E の凸部分集合 A がさらに

$$\xi \in A, \quad \lambda \in \mathbb{C}, \quad |\lambda| \leqq 1 \quad \Rightarrow \quad \lambda\xi \in A$$

を満たすとき, A は**絶対凸**であるという. E の部分集合 B に対して, それを含む最小の絶対凸集合が存在する. これを B の**絶対凸包**という. 開近傍 U が絶対凸のときは, p は半ノルムである.

上で述べてきた 0 の凸開近傍または絶対凸開近傍 U に対応する劣線形な汎関数または半ノルム p を **Minkowski 汎関数**という. これらの間の関係は

$$U = \{\xi \in E \mid p(\xi) < 1\}$$

で与えられる.

定理 1.3.6(Hahn-Banach の分離定理)　E を局所凸空間とし, 部分集合 A, B を, 共通部分をもたない空でない凸集合とする. A が開集合の場合には, 任意の $\xi \in A$, $\eta \in B$ に対して,

$$\mathrm{Re}\, f(\xi) < \lambda \leqq \mathrm{Re}\, f(\eta)$$

を満たす E 上の連続線形汎関数 f と実数 λ が存在する. したがって, $f(A)$

と $f(B)$ が共通部分をもたないような,E 上の連続線形汎関数 f が存在する. ただし,$f(D)=\{f(\xi)|\xi\in D\}$.　□

[証明] まず,係数体を実数に制限して考える.$\xi_0\in A$,$\eta_0\in B$ に対して,$\zeta=\eta_0-\xi_0$,$C=A-B+\zeta$ とする.A は開集合であるから,C は 0 を含む開凸集合である.この C に対応する Minkowski 汎関数を p とする.A,B は共通部分をもたないので,ζ は C の元ではない.したがって,$p(\zeta)\geqq 1$ である.部分空間 $\mathbb{R}\zeta$ 上の線形汎関数 g を $g(\lambda'\zeta)=\lambda'$($\lambda'\in\mathbb{R}$)とする.$\lambda'\geqq 0$ ならば,

$$g(\lambda'\zeta) = \lambda' \leqq \lambda'p(\zeta) = p(\lambda'\zeta).$$

$\lambda'<0$ ならば,$g(\lambda'\zeta)<0\leqq p(\lambda'\zeta)$.ゆえに,$\mathbb{R}\zeta$ 上で $g(\xi')\leqq p(\xi')$ となる.したがって,Hahn–Banach の拡張定理により,g を E への拡張して得られる実線形汎関数 $\widetilde{g}$ で $\widetilde{g}(\xi')\leqq p(\xi')$ を満たすものが存在する.0 の開近傍 C 上では,$\widetilde{g}(\xi')<1$ となるから,開近傍 $C\cap(-C)$ 上で $|\widetilde{g}(\xi')|<1$ となり,$\widetilde{g}$ は連続である.また,$\xi-\eta+\zeta\in C$ であるから,$\widetilde{g}(\xi)-\widetilde{g}(\eta)+1=\widetilde{g}(\xi-\eta+\zeta)<1$.よって,不等式

$$\widetilde{g}(\xi) < \widetilde{g}(\eta) \quad (\xi\in A,\ \eta\in B)$$

が成り立つ.他方,位相ベクトル空間における商写像は開写像であるから,$\widetilde{g}(A)$ は $\mathbb{R}$ の開部分集合である.それゆえ,定理の λ としては $\sup\{\widetilde{g}(\xi)|\xi\in A\}$ をとればよい.

一般の複素係数の場合へ戻る.E を実係数の場合へ制限しても,A,B に対する仮定は変わらない.前半の結果を用いると,上の不等式を満たす連続実線形汎関数 $\widetilde{g}$ と実数 λ が存在する.そこで,$f(\xi)=\widetilde{g}(\xi)-i\widetilde{g}(i\xi)$ とすれば,f は E 上の連続線形汎関数となり,定理の不等式を満たしている.　∎

1.4　弱*位相と Mackey 位相

関数解析における,基本的な取り扱い方の一つとして,2 つのベクトル空間上にペアリングと呼ばれる双線形汎関数を与え,これを用いて互いに他へ位相を導くことを考える.そのとき現れる有限次元的な性格をもつ位相のうちで,

20   1 関数解析からの準備

最もよく使われるのが，これから述べる弱*位相である．Mackey 位相も取り扱いが少し煩雑ではあるが，同様な性格をもっている．

1.4.1　弱位相と弱*位相

一般に，2つの複素ベクトル空間 E, F に対し，直積集合 $E \times F$ から $\mathbb{C}$ への双線形写像 $\langle \, , \, \rangle$:

$$\langle \lambda \xi_1 + \mu \xi_2, \eta \rangle = \lambda \langle \xi_1, \eta \rangle + \mu \langle \xi_2, \eta \rangle$$

$$\langle \xi, \lambda \eta_1 + \mu \eta_2 \rangle = \lambda \langle \xi, \eta_1 \rangle + \mu \langle \xi, \eta_2 \rangle \quad (\lambda, \mu \in \mathbb{C})$$

が与えられ，しかもこの写像により E, F が互いに他を分離するとき，つまり任意の 0 でない元 $\xi \in E (\eta \in F)$ に対して，$\langle \xi, \eta \rangle \neq 0$ となる元 $\eta \in F (\xi \in E)$ が存在するとき，E, F を**双対ペア**という．実ベクトル空間の双対ペアも同様に考える．E において $p_\eta(\xi) = |\langle \xi, \eta \rangle|$ と置けば，p_η は E 上の半ノルムになる．このとき，半ノルムの集合 $\{p_\eta | \eta \in F\}$ により E 上に導かれる位相を $\sigma(E, F)$ 位相という．これは，F の元を E 上の線形汎関数と見なしたとき，これらをすべて連続にする最弱位相である．同様に，F において，$\sigma(F, E)$ 位相を考えることもできる．

A を位相ベクトル空間 E の部分集合とする．0 の任意の近傍 U に対して，$A \subset \lambda U$ を満たす正数 λ が存在するとき，A は**有界**であるという．相対コンパクト集合は有界である．一般には逆は成り立たないが，成り立つ重要な局所凸空間も多い．

位相ベクトル空間 E の双対空間 E^* は，E の各有界部分集合 A により定まる E^* の部分集合 $\{f \in E^* | \forall \xi \in A || f(\xi)| \leqq 1\}$ からなる 0 の基本近傍系により局所凸空間になる．その双対空間を E の第 2 双対空間といい，Banach 空間の場合と同じように E^{**} で表す．E^* における上の位相は強位相と呼ばれている．

系 1.3.4 により，局所凸空間 E に対して対 E, E^* および E^{**}, E^* は，双線形写像

$$\langle \xi, f \rangle = f(\xi) \quad (\xi \in E,\ f \in E^*)$$
$$\langle \hat{\xi}, f \rangle = \hat{\xi}(f) \quad (\hat{\xi} \in E^{**},\ f \in E^*)$$

により双対ペアになる．このとき，E における $\sigma(E, E^*)$ 位相を単に**弱位相**という．双対空間 E^* 上では，2 つの $\sigma(E^*, E^{**})$ 位相と $\sigma(E^*, E)$ 位相が考えられ，前者を弱位相，後者を**弱*位相**という．弱*位相は弱位相よりも弱い位相である．

各 $\xi \in E$ に対し，$\hat{\xi}(f) = \langle \xi, f \rangle\,(f \in E^*)$ と置いて得られる対応 $\xi \mapsto \hat{\xi}$ により，E を第 2 双対空間 E^{**} の部分空間と同一視することができる．また，E^* はノルム位相だけでなく，弱位相や弱*位相に関しても，局所凸空間になる．上の対応により，E は E^* の弱*位相に関する双対空間と同一視することができる．

Hahn-Banach の分離定理より，次の命題が得られる．

命題 1.4.1 局所凸空間では，凸集合が閉であることと，弱位相に関して閉であることは同値である． □

この命題は，凸集合が閉であることは，同じ双対をもつどの局所凸位相に対しても，同値であることを述べている．

以後，弱位相に関して閉であることを，弱閉ということが多い．

例 1.4.2 Banach 空間 E の単位球がコンパクトならば，E は有限次元である．実際，E の閉単位球 B がコンパクトならば，$B \subset \bigcup_{i=1}^{n}((1/2)B + \xi_i)$ を満たす元 $\xi_1, \cdots, \xi_n \in E$ が存在する．$\xi_1, \cdots, \xi_n$ の生成する部分空間を F とすれば，F は有限次元である．しかも，

$$B \subset \frac{1}{2}B + F \subset \frac{1}{2}\left(\frac{1}{2}B + F\right) + F$$
$$= \frac{1}{2^2}B + F \subset \cdots \subset \frac{1}{2^m}B + F.$$

ゆえに，$B \subset \overline{F} = F$．よって，$E = \bigcup_{k=1}^{\infty} kB \subset F$． □

この例は一般の局所凸空間の場合でも成り立つ．以後，E に前もって位相が与えられていない場合でも，双対ペア $E,\ F$ が与えられている場合には，$\sigma(E, F)$ 位相に関する有界性を，**弱有界**ということが多い．

$E,\ F$ を双対ペアとする．E の部分集合 A に対して定まる F の部分集合

$$\{\eta \in F \mid \forall \xi \in A : \operatorname{Re} \langle \xi, \eta \rangle \geqq -1\}$$

を A の極集合といい，A° で表す．A° は凸かつ $\sigma(F,E)$ 閉である．E と F を入れかえると，F の部分集合の E における極集合も定義することができる．A が絶対凸のときは A° も絶対凸であり，

$$A^\circ = \{\eta \in F \mid \forall \xi \in A : |\langle \xi, \eta \rangle| \leqq 1\}$$

となる．A が部分ベクトル空間のときは A° も部分ベクトル空間であり，

$$A^\circ = \{\eta \in F \mid \forall \xi \in A : \langle \xi, \eta \rangle = 0\}$$

となる．実局所凸空間では，$A+A \subset A$ かつ $\mathbb{R}_+ A \subset A$ を満たす集合 A を凸錐といい，さらに $A \cap (-A) = \{0\}$ を満たすときに，0 を頂点にもつ凸錐という．一般に，A が 0 を頂点にもつ凸錐のときは A° も 0 を頂点にもつ凸錐であり，

$$A^\circ = \{\eta \in F \mid \forall \xi \in A : \langle \xi, \eta \rangle \geqq 0\}$$

となる．以後とくに断らないかぎり，A° の E における極集合を $A^{\circ\circ}$ で表し，A の E における双極集合という．

注 ここでは極集合の定義に，複素平面の右半分 $\{\lambda \in \mathbb{C} \mid \operatorname{Re} \lambda \geqq -1\}$ を用いたが，単位円板 $\{\lambda \in \mathbb{C} \mid |\lambda| \leqq 1\}$ を使うこともある．$\{\lambda \in \mathbb{C} \mid |\lambda|=1\}A=A$ を満たすような集合 A に対しては，両定義は一致するが，そうでない場合には違いが現れる．しかし，いずれの場合も同種類の命題が成り立つことが知られている． □

命題 1.4.3（双極定理） E, F を双対ペアとする．E の部分集合 A に対して，双極集合 $A^{\circ\circ}$ は $A \cup \{0\}$ の $\sigma(E,F)$ 閉凸包である． □

[証明] 集合 $A \cup \{0\}$ の $\sigma(E,F)$ 閉凸包を B とする．このとき，$A^\circ = B^\circ$ と $A^{\circ\circ} \supset B$ が成り立つ．$\xi \notin B$ とすると ξ の開凸近傍 V で B と交わらないものがある．したがって，Hahn-Banach の分離定理により

$$\operatorname{Re} f(\xi) < -1 \leqq \operatorname{Re} f(\eta) \quad (\eta \in B)$$

を満たす $f \in F$ が存在する．よって，右辺から $f \in B^\circ$．したがって，左辺から

$\xi \notin B^{\circ\circ} = A^{\circ\circ}$. ゆえに, $A^{\circ\circ} = B$. ∎

系 1.4.4 局所凸空間 E は第 2 双対空間 E^{**} で $\sigma(E^{**}, E^*)$ 稠密である. ∎

局所凸空間 E の部分集合 A によって生成される E の部分ベクトル空間を F とする. F が E で稠密であるとき, A は E において**線形稠密**(または全的)であるという.

$$A^{\perp} = \{f \in E^* \mid \forall \xi \in A : f(\xi) = 0\}$$

と置くと, $A^{\perp} = F^{\circ}$ であるから, $(A^{\perp})^{\perp} = F^{\circ\circ}$ である. したがって, 双極定理と命題 1.4.1 により, A が E において線形稠密であることと $A^{\perp\perp} = E$ は同値である.

つぎの結果は Alaoglu の定理と呼ばれることがある.

定理 1.4.5 E を局所凸空間とし, E^* をその双対空間とする. E における 0 の絶対凸近傍 U の極集合 U° は $\sigma(E^*, E)$ コンパクト集合である. ∎

[証明] U の内部は絶対凸なので, U は開集合としてよい. U に対応する Minkowski 汎関数を p とすると, 任意の $\xi \in E$ と $f \in U^{\circ}$ に対して, $|f(\xi)| \leqq p(\xi)$ である. 円板 $\{z \in \mathbb{C} \mid |z| \leqq p(\xi)\}$ を D_{ξ} とする. 対応 $f \mapsto \{f(\xi)\}_{\xi \in E}$ により, $U^{\circ} \subset \prod_{\xi \in E} D_{\xi}$ である. 直積空間 $\mathbb{C}^E = \prod_{\xi \in E} \mathbb{C}_{\xi}$ ($\mathbb{C}_{\xi} = \mathbb{C}$) の部分空間 E^* の弱*位相は $\mathbb{C}^E$ の直積位相から導入されたものと一致する. Tychonov の定理により $\prod_{\xi \in E} D_{\xi}$ はコンパクトであるから, その部分集合 U° が閉であることを示せばよい. 任意の $\xi, \eta \in E$ と $\lambda, \mu \in \mathbb{C}$ に対して, 3 つの射影

$$f \in \mathbb{C}^E \mapsto f(\xi), \quad f \in \mathbb{C}^E \mapsto f(\eta), \quad f \in \mathbb{C}^E \mapsto f(\lambda\xi + \mu\eta)$$

は連続である. したがって,

$$f \in \mathbb{C}^E \mapsto \lambda f(\xi) + \mu f(\eta) \in \mathbb{C}$$

も連続である. ゆえに, $\mathbb{C}^E$ における閉包 $\overline{U^{\circ}}$ の元 g に対しても, $|g(\xi)| \leqq p(\xi)$. さらに, U° の元の線形性により, $g(\lambda\xi + \mu\eta) = \lambda g(\xi) + \mu g(\eta)$ が成り立つ. したがって, $g \in E^*$ かつ $g \in \prod_{\xi \in E} D_{\xi}$ となり, U° の閉包は E^* で考えればよい. U° は $\sigma(E^*, E)$ 閉であるから, $\overline{U^{\circ}} = U^{\circ}$. よって, U° は $\prod_{\xi \in E} D_{\xi}$ の閉部分集合であり, $\sigma(E^*, E)$ コンパクトである. ∎

24   1 関数解析からの準備

系 1.4.6 E をノルム空間とする. 双対空間 E^* の単位球は弱*位相に関してコンパクトである.   □

1.4.2 線形写像の列

ベクトル空間 E とその部分空間 F に対して, 次の線形写像の列が得られる.

$$F \xrightarrow{\ \iota\ } E \xrightarrow{\ \pi\ } E/F.$$

ただし ι は包含写像, π は商写像である. この列の転置は

$$(E/F)^* \xrightarrow{\ {}^t\pi\ } E^* \xrightarrow{\ {}^t\iota\ } F^*$$

と表せ, 写像 ${}^t\pi$ は単射, ${}^t\iota$ は全射になる.

命題 1.4.7 E をノルム空間, F を E の部分ベクトル空間とする. そのとき, 双対空間 F^* は商ベクトル空間 E^*/F° とノルム空間として同型である. □

[証明] 線形写像 ${}^t\iota: f \in E^* \mapsto f|_F \in F^*$ の核は F° であるから, E^*/F° と $\{f|_F \mid f \in E^*\}$ はベクトル空間として同型である. 任意の $h \in F^\circ$ に対して, $\|f|_F\| \leqq \|f+h\|$ となるから, 商ノルムの定義より $\|f|_F\| \leqq \|f+F^\circ\|$ である. $g \in F^*$ ならば, $\|g\| = \|f\|$ であるような g の E への拡張 f が存在する. したがって, $\|f+F^\circ\| \leqq \|f\| = \|f|_F\|$. ゆえに, $\|f|_F\| = \|f+F^\circ\|$ である. よって, 命題を得る. ∎

命題 1.4.8 E をノルム空間, F を E の閉部分ベクトル空間とする. そのとき, 双対空間 $(E/F)^*$ は E^* における極集合 F° とノルム空間として同型である. □

[証明] 商写像 $\pi: E \to E/F$ の転置写像 ${}^t\pi: f \in (E/F)^* \mapsto f \circ \pi \in E^*$ は単射線形であり, $\|f \circ \pi\| \leqq \|f\|$ を満たす. また, 各 $g \in F^\circ$ に対して, $g = f \circ \pi$ であるような E/F 上の線形汎関数 f が存在するので, 転置写像 $f \in (E/F)^* \mapsto f \circ \pi \in F^\circ$ は同型写像である.

つぎに, 任意の $\varepsilon > 0$ に対して, $\|f\| - \varepsilon < |f(\eta)|$ かつ $\|\eta\| \leqq 1$ を満たす $\eta \in E/F$ が存在する. 商ノルムの定義により, $\|\xi\| \leqq 1+\varepsilon$ かつ $\eta = \pi(\xi)$ を満たす $\xi \in E$ が存在する. したがって, $\|f\| - \varepsilon \leqq |f(\pi(\xi))| \leqq \|f \circ \pi\|(1+\varepsilon)$ である. ゆえ

に，ε の任意性により，$\|f\| \leqq \|f \circ \pi\|$．よって，命題を得る．∎

1.4.3 Mackey 位相

E, F を双対ペアとする．F において絶対凸かつ $\sigma(F, E)$ コンパクトな集合全体のなす集合族を $\mathscr{F}_M$ とする．このとき，集合族 $\mathscr{F}_M$ の元の極集合の全体 $\{A^\circ \mid A \in \mathscr{F}_M\}$ は局所凸位相の 0 における基本近傍系になり，この位相は各 $A \in \mathscr{F}_M$ 上での一様収束の位相である．これを **Mackey 位相**といい，$\tau(E, F)$ で表す．以後，位相 $\mathscr{T}_1$ が位相 $\mathscr{T}_2$ より弱いことを $\mathscr{T}_1 \prec \mathscr{T}_2$ で表す．

定理 1.4.9（Mackey-Arens）　E, F を双対ペアとする．E を局所凸空間，その位相を $\mathscr{T}$ とする．$F = (E, \mathscr{T})^*$ であるための必要十分条件は $\sigma(E, F) \prec \mathscr{T} \prec \tau(E, F)$ である．　　　　□

［証明］　必要性を示す．$F = (E, \mathscr{T})^*$ とする．$\sigma(E, F) \prec \mathscr{T}$ は明らかである．U を位相 $\mathscr{T}$ の 0 における絶対凸な閉近傍とする．定理 1.4.5 により，U° は絶対凸であるだけでなく，$\sigma(F, E)$ コンパクトである．ゆえに，$U^\circ \in \mathscr{F}_M$．また，双極定理により $U = U^{\circ\circ}$ であるから U は $\tau(E, F)$ 位相に関する 0 の近傍である．

逆に，$\sigma(E, F) \prec \mathscr{T} \prec \tau(E, F)$ とする．まず，F の元は $\sigma(E, F)$ 連続であるから，位相 $\mathscr{T}$ に関しても連続である．ゆえに，$F \subset E^*$ である．つぎに，$f \in E^*$ とする．f は E において位相 $\mathscr{T}$ に関して連続であるから，Mackey 位相に関しても連続である．したがって，$|f(A^\circ)| \leqq 1$ を満たす $A \in \mathscr{F}_M$ が存在する．ゆえに，$f \in A^{\circ\circ}$．ただし，$A^{\circ\circ}$ は E^* における極集合である．$\mathscr{F}_M$ の元 A はもともと絶対凸かつ $\sigma(F, E)$ コンパクトである．この $\sigma(F, E)$ 位相は $\sigma(E^*, E)$ 位相の相対位相であるから，A は $\sigma(E^*, E)$ コンパクトでもある．したがって，A は $\sigma(E^*, E)$ 閉であるから双極定理により $A = A^{\circ\circ}$ が得られる．ゆえに，$f \in A \subset F$ となり，$E^* \subset F$．∎

1.5　一様有界性定理と開写像定理

N. Dunford と J. T. Schwartz は自分たちの教科書[5]の中で，Hahn-Banach の（拡張）定理，一様有界性定理，開写像定理を線形解析の 3 基本原理と呼ん

26   1 関数解析からの準備

でいる. 後ろの2つの定理は Baire のカテゴリー定理に依っている.

位相空間 Ω において, 部分集合 A の閉包が内点をもたないとき, A は**疎**であるという. 集合が疎であることと, その外部(補集合の内部)が Ω において稠密なことは同値である. また, 可算個の疎な集合の和集合として表せる集合を**第1類**, 表せない集合を**第2類**という.

定理 1.5.1(Baire) 完備距離空間は第2類である.   □

[証明] 完備距離空間 Ω が第1類であれば, 可算個の疎な集合 A_n を用いて, $\Omega = \bigcup_{n=1}^{\infty} A_n$ と表せる. A_n の外部は Ω において稠密である. したがって, 次のような, ε_n 近傍 $U_{\varepsilon_n}(\omega_n)$ の列が選べる[6]. まず, $U_{\varepsilon_1}(\omega_1) \subset \Omega \backslash \overline{A_1}$ を満たす点 ω_1 と正数 $\varepsilon_1 > 0$ をとる. 各 A_n は疎であるから, 開集合 $(\Omega \backslash \overline{A_n}) \cap U_{\varepsilon_{n-1}}(\omega_{n-1})$ は空ではない. そこで,

$$\overline{U_{\varepsilon_n}(\omega_n)} \subset (\Omega \backslash \overline{A_n}) \cap U_{\varepsilon_{n-1}}(\omega_{n-1}), \quad \varepsilon_n \leqq \varepsilon_{n-1}/2$$

を満たす ω_n と $\varepsilon_n > 0$ が選べる. このとき, 列 $\{\omega_n\}_n$ は Cauchy 列である. Ω の完備性により, $\{\omega_n\}_n$ は極限 $\omega \in \Omega$ をもつ. 部分列 $\{\omega_m\}_{m \geq n}$ は $\overline{U_{\varepsilon_n}(\omega_n)}$ に含まれているから, $\omega \in \Omega \backslash \overline{A_n}$ がすべての n について成り立ち, $\Omega = \bigcup_{n=1}^{\infty} A_n$ と矛盾する.   ∎

Banach 空間論では, 次の一様有界性(同程度連続性)を示す結果は重要である. これは Banach-Steinhaus による.

定理 1.5.2(一様有界性定理) E を Banach 空間, F をノルム空間とする. E から F への有界線形写像からなる集合 Φ が, 各 ξ ごとに有界, すなわち, $\sup\{\|x\xi\| \,|\, x \in \Phi\} < +\infty$ とする. そのとき, Φ はノルムで有界である. つまり, $\sup\{\|x\| \,|\, x \in \Phi\} < +\infty$.   □

[証明] B を E の単位球とする. $A_n = \{\xi \,|\, \forall\, x \in \Phi : \|x\xi\| \leqq n\}$ とすれば, $A_n = \bigcap_{x \in \Phi} \{\xi \,|\, x\xi \in nB\}$ と表せるので, 各 A_n は閉集合で $E = \bigcup_{n=1}^{\infty} A_n$. E は完備距離空間であるから, 内点をもつ A_n が存在する. したがって, $rB + \xi \subset A_n$ となる点 $\xi \in E$ と $r > 0$ が存在する. ここで, A_n が凸集合であることと, $A_n = -A_n$

---

5) *Linear Operators*, Part I: *General Theory*, Intersci. Publ.(1957), pp. xiv+858.

6) 点 ω の ε 近傍は $U_\varepsilon(\omega) = \{\omega' \in \Omega \,|\, d(\omega', \omega) < \varepsilon\}$.

であることに注意する. $\zeta \in rB$ ならば,

$$\zeta = (\zeta + \xi) + (-\xi) \in A_{2n}.$$

ゆえに, $rB \subset A_{2n}$. したがって, $\sup\{\|x\| \,|\, x \in \varPhi\} \leqq 2n/r$ となる. ∎

定理 1.5.3(開写像定理) E, F を Banach 空間とする. E から F への全射有界線形写像は開写像である. □

[証明] E から F への全射有界線形写像を x とする. E, F における単位球をそれぞれ B, B' とする. 写像 x は全射であるから, $\bigcup_{n=1}^{\infty} x(nB) = F$. F は第2類であるから, ある $m \in \mathbb{N}$ に対して $\overline{x(mB)}$ は内点をもつ. それを η_0 とすれば, $\eta_0 + rB' \subset \overline{x(mB)}$ を満たす $r > 0$ が存在する. $\zeta \in rB'$ に対して, $\zeta = (\eta_0 + \zeta) - \eta_0 \in \overline{x(2mB)}$. したがって, $rB' \subset \overline{x(2mB)}$. $r' = r/(2m)$ と置けば $r'B' \subset \overline{xB}$. ゆえに, 任意の自然数 n に対し, $2^{-n}r'B' \subset \overline{x(2^{-n}B)}$.

つぎに, 任意の $\eta \in 2^{-1}r'B'$ に対して, $\|\eta - x\xi_1\| < 2^{-2}r'$ を満たす点 $\xi_1 \in 2^{-1}B$ が存在する. $\eta_1 = \eta - x\xi_1$ と置く. η_1 は $2^{-2}r'B'$ の元であるから, $\|\eta_1 - x\xi_2\| < 2^{-3}r'$ を満たす点 $\xi_2 \in 2^{-2}B$ が存在する. 以下同様にして, 次の条件

$$\xi_n \in 2^{-n}B, \quad \eta_n = \eta_{n-1} - x\xi_n \in 2^{-n-1}r'B'$$

を満たす E の列 $\{\xi_n\}_n$ と F の列 $\{\eta_n\}_n$ が存在する. $\sum_{n=1}^{\infty} \|\xi_n\| \leqq 1$ であるから, $\xi = \sum_{n=1}^{\infty} \xi_n$ が存在し, $\xi \in B_1$. また, 任意の $k \in \mathbb{N}$ に対して, $\eta = \sum_{n=1}^{k} x\xi_n + \eta_k$ となる. 列 $\{\eta_k\}_k$ は 0 へ収束するから, x の連続性により, $\eta = x\xi$. ゆえに, $2^{-1}r'B' \subset xB$. したがって, x は開写像である. ∎

定理 1.5.4(閉グラフ定理) E, F を Banach 空間とする. E から F への閉線形写像 x は連続である. □

[証明] x のグラフ $G(x)$ は Banach 空間である. したがって, 開写像定理により, 写像 $\xi \in E \mapsto (\xi, x\xi) \in G(x)$ は同相写像である. 写像 $(\xi, x\xi) \in G(x) \mapsto x\xi \in F$ は連続である. x はこれらの写像の合成であるから連続である. ∎

注 局所凸空間 E の位相が距離 d により与えられ, E がそれに関して完備なとき, (E, d) を Fréchet 空間という. この節の Banach 空間に関する結果を Fréchet 空間の場合に拡張することは容易である. □

1.6 Hilbert 空間

ユークリッド幾何において基本的な，長さと角の概念をもとに，ベクトル空間を無限次元の場合へ拡張したものが，これから述べる Hilbert 空間である[7].

1.6.1 Hilbert 空間の定義

複素ベクトル空間 $\mathscr{H}$ の任意の 2 元 ξ, η に対して，次の条件を満たす複素数 $(\xi|\eta)\in\mathbb{C}$ が定まるとき，$\mathscr{H}$ を**前 Hilbert 空間**，写像 $(\xi,\eta)\mapsto(\xi|\eta)$ を**内積**という．

(i) $(\lambda\xi+\mu\eta|\zeta)=\lambda(\xi|\zeta)+\mu(\eta|\zeta)$ $(\lambda,\mu\in\mathbb{C})$

(ii) $(\xi|\eta)=\overline{(\eta|\xi)}$ (Hermite 性)

(iii) $(\xi|\xi)\geqq0$. ただし，等号成立は $\xi=0$ のときだけ．（正定値性）

ξ, η がともに 0 でない場合には，内積により定まる値 $(\xi|\eta)/(\|\xi\|\|\eta\|)$ の絶対値は 2 つのベクトル空間 $\mathbb{C}\xi$, $\mathbb{C}\eta$ のなす角の余弦を与えている．とくに，$\xi=\eta$ の場合には，内積の値が非負になるので，その平方根を

$$\|\xi\| = (\xi|\xi)^{1/2}$$

と置く．ベクトル $\zeta=\|\eta\|^2\xi-(\xi|\eta)\eta$ に対し，内積の正定値性を適用すると，Schwarz の不等式

$$|(\xi|\eta)| \leqq \|\xi\|\|\eta\|$$

が得られる．これを用いると，写像 $\xi\mapsto\|\xi\|$ が $\mathscr{H}$ 上のノルムになることがわかり，$\mathscr{H}$ はノルム空間になる．さらに，このノルムは**平行四辺形の式**(中線定理)

---

[7] 竹之内脩：関数解析，近代数学講座 13，朝倉書店(1969)．日合文雄・柳研二郎：ヒルベルト空間と線型作用素，数理情報科学シリーズ 10，牧野書店(1995)．

$$\|\xi + \eta\|^2 + \|\xi - \eta\|^2 = 2(\|\xi\|^2 + \|\eta\|^2)$$

を満たす.

定義 1.6.1 前 Hilbert 空間がノルム位相で完備なとき,**Hilbert 空間**という. □

Hilbert 空間は上のノルムに関して Banach 空間であるが,逆に,Banach 空間のノルムが平行四辺形の式を満たす場合には,

$$(\xi|\eta) = \frac{1}{4} \sum_{n=0}^{3} i^n \|\xi + i^n \eta\|^2$$

と置くことにより,これが内積の条件を満たし,Hilbert 空間になる.

例 1.6.2 (a) 閉区間 $[0,1]$ において,Lebesgue 積分に関し,2 乗可積分な複素数値関数の全体は,各点ごとに定まる和と定数倍の演算に関して,複素ベクトル空間になる.この空間の元のうち,ほとんど至るところで一致する関数を同一視し,内積を

$$(f|g) = \int_0^1 f(t)\overline{g(t)}\,dt$$

で定義すると,このような関数の全体は複素 Hilbert 空間になる.通常,これは L^2 空間と呼ばれ,$L^2([0,1])$ で表し,ノルムは添字 2 を付けて $\|f\|_2$ で表すことが多い.完備性は Riesz-Fischer の定理として知られている.

(b) 両側に無限に延びた複素数列 $\{a_n\}_n \in \prod_{n\in\mathbb{Z}} \mathbb{C}_n$ ($\mathbb{C}_n = \mathbb{C}$) のうち,$\sum_{n\in\mathbb{Z}} |a_n|^2 < +\infty$ を満たすものの全体を l^2 空間といい,$l^2(\mathbb{Z})$ で表す.この集合は,座標ごとに定まる和と定数倍の演算

$$\{a_n\}_n + \{b_n\}_n = \{a_n + b_n\}_n, \quad \lambda\{a_n\}_n = \{\lambda a_n\}_n \quad (\lambda \in \mathbb{C})$$

に関して複素ベクトル空間になり,さらに内積

$$(\{a_n\}_n|\{b_n\}_n) = \sum_{n\in\mathbb{Z}} a_n\overline{b_n}$$

に関して複素 Hilbert 空間になる. □

前 Hilbert 空間の 2 つのベクトル ξ, η が $(\xi|\eta)=0$ を満たすとき,ξ と η は直交するといい,$\xi \perp \eta$ で表す.

30 1 関数解析からの準備

定義 1.6.3 複素 Hilbert 空間 $\mathscr{H}$ の部分集合 $\{\varepsilon_i|i\in I\}$ で次の条件(i)を満たすものを**規格直交系**，条件(i)と(ii)を満たすものを**規格直交基底**といい，$\{\varepsilon_i\}_{i\in I}$ で表す．

(i) 任意の $i,j\in I$ に対し $(\varepsilon_i|\varepsilon_j)=\delta_{ij}$．（規格直交条件）

(ii) 任意の $\xi\in\mathscr{H}$ に対して $\xi=\sum_{i\in I}\lambda_i\varepsilon_i$ を満たす $\lambda_i\in\mathbb{C}$ が存在する． $\square$

$\sum_{i\in I}|\lambda_i|^2=\|\sum_{i\in I}\lambda_i\varepsilon_i\|^2<+\infty$ であるから，(ii)の展開式の右辺の係数 λ_i の値は可算個の添字 i を除き，0 である．(i)により $\lambda_i=(\xi|\varepsilon_i)$ である．

例 1.6.4 閉区間 $[0,1]$ において，関数 $\varepsilon_n(t)=\exp(2\pi int)(n\in\mathbb{Z})$ のなす族 $\{\varepsilon_n\}_{n\in\mathbb{Z}}$ は複素 Hilbert 空間 $L^2([0,1])$ の規格直交基底である．ベクトル $f\in L^2([0,1])$ は，この基底を用いて，

$$f = \sum_{n\in\mathbb{Z}}\lambda_n\varepsilon_n$$

と表される[8]．これを関数 f の Fourier 展開といい，係数 $\lambda_n=(f|\varepsilon_n)$ を f の Fourier 係数という[9]．さらに，この展開式から直ちに，**Plancherel の式**

$$\|f\|^2 = \sum_{n\in\mathbb{Z}}|\lambda_n|^2$$

が得られる．これにより，複素数列 $\{\lambda_n\}_n$ は Hilbert 空間 $l^2(\mathbb{Z})$ の元であり，複素数列 $\varepsilon_m=\{\delta_{mn}\}_n$ のなす族 $\{\varepsilon_m\}_{m\in\mathbb{Z}}$ が規格直交基底になっている．このとき，f から $\{\lambda_n\}_n$ への対応を **Fourier 変換**という．Hilbert 空間 $L^2([0,1])$ はこの変換により Hilbert 空間 $l^2(\mathbb{Z})$ と同一視できる．Schrödinger と Heisenberg により独立に発見された 2 つの量子力学の同等性も，Schrödinger 自身により上と同じように Fourier 変換を用いて示されている． $\square$

例 1.6.5 Hilbert 空間 $L^2(\mathbb{R})$ の元 f,g に対して，

$$\hat{f}_n(s) = \frac{1}{\sqrt{2\pi}}\int_{-n}^n f(t)e^{-ist}dt, \quad \check{g}_n(t) = \frac{1}{\sqrt{2\pi}}\int_{-n}^n g(s)e^{its}ds$$

とすれば，列 $\{\hat{f}_n\}_{n\in\mathbb{Z}}$, $\{\check{g}_n\}_{n\in\mathbb{Z}}$ は共に $L^2(\mathbb{R})$ における Cauchy 列になる．そこで，その極限をそれぞれ f の **Fourier 変換**，g の逆 Fourier 変換といい，$\hat{f}$,

---

8) L. Carleson により概収束することも示されている．

9) f が $[0,1]$ 上の波の形状を表す関数の場合には，λ_n はそこに含まれる振動数 n の波の成分を表している．n の符号は波の進む向きに対応する．

$\check{g}$ で表す. Plancherel の定理によれば, Fourier 変換 $\mathscr{F} : f \mapsto \hat{f}$ はノルムを保存する全射(ユニタリ)であり, 逆 Fourier 変換は $\mathscr{F}^{-1}$ となる. □

具体的な可分 Hilbert 空間の代表的な規格直交基底は特殊関数を用いて記述されることが多い. たとえば, $L^2(\mathbb{R}, (1/\sqrt{\pi})e^{-t^2}dt)$ では Hermite 多項式

$$H_n(t) = (-1)^n e^{t^2} \frac{d^n}{dt^n} e^{-t^2} \quad (n \in \mathbb{Z}_+)$$

を規格化した $(1/\sqrt{2^n n!})H_n$ により与えられる. これは $\xi_n(t) = t^n$ と置いて得られる1次独立な単項式(ベクトル)の列 $\{\xi_n\}_{n \in \mathbb{Z}_+}$ に対して, **Schmidt の直交化**

$$\begin{cases} \varepsilon_0 = \|\xi_0\|^{-1}\xi_0 \\ \varepsilon_k = \|\xi_k'\|^{-1}\xi_k' \quad (\xi_k' = \xi_k - \sum_{i=0}^{k-1}(\xi_k|\varepsilon_i)\varepsilon_i) \quad (k \geqq 1) \end{cases}$$

をおこなったものでもある. 同様に, $L^2(\mathbb{R}_+, e^{-t}dt)$ では Laguerre の多項式

$$L_n(t) = \frac{1}{n!}e^t \frac{d^n}{dt^n}(t^n e^{-t})$$

により, また $L^2([-1,1], dt)$ では Legendre の多項式

$$P_n(t) = \frac{1}{2^n n!} \frac{d^n}{dt^n}(t^2-1)^n$$

を規格化した $\sqrt{(2n+1)/2}P_n$ により得られる.

1.6.2 Riesz の定理

複素 Hilbert 空間 $\mathscr{H}$ の部分集合 $\mathscr{K}$ に対し, $\mathscr{K}$ のすべての元と直交する $\mathscr{H}$ の元全体のなす集合を $\mathscr{K}$ の**直交補空間**といい, $\mathscr{K}^\perp$ で表す. $\mathscr{K}^\perp$ は $\mathscr{H}$ の閉部分空間である. とくに $\mathscr{K}$ が $\mathscr{H}$ の閉部分空間の場合には, $(\mathscr{K}^\perp)^\perp = \mathscr{K}$ となる. また, $\mathscr{K}^\perp$ を $\mathscr{H} \ominus \mathscr{K}$ と表すこともある.

$\mathscr{H}$ から $\mathscr{H}$ への線形作用素 e で

$$e^2 = e, \quad (e\xi|\eta) = (\xi|e\eta) \quad (\xi, \eta \in \mathscr{H})$$

を満たすものを**射影**または**射影作用素**という.

32   1   関数解析からの準備

$$\|e\xi\|^2 = (e\xi|e\xi) = (e^2\xi|\xi) = (e\xi|\xi) \leqq \|e\xi\|\|\xi\|$$

が成り立つから，$\|e\|\leqq 1$ である.

定理 1.6.6   複素 Hilbert 空間には規格直交基底が存在する.   ▯

[証明]   Zorn の補題により，極大な規格直交系 $\{\varepsilon_i\}_{i\in I}$ が存在する. I の有限部分集合 F に対して，作用素 e_F を $e_F\xi=\sum_{i\in F}(\xi|\varepsilon_i)\varepsilon_i$ で定義すると，e_F は射影である. したがって，$\sum_{i\in F}|(\xi|\varepsilon_i)|^2=\|e_F\xi\|^2\leqq\|\xi\|^2$ である. よって，$\sum_{i\in I}|(\xi|\varepsilon_i)|^2\leqq\|\xi\|^2$. 作用素 e を $e\xi=\sum_{i\in I}(\xi|\varepsilon_i)\varepsilon_i$ で定義すれば，e は射影である. $e\neq 1$ とすると，$(1-e)\xi\neq 0$ となる $\xi\in\mathscr{H}$ が存在する. 任意の $i\in I$ に対して，$((1-e)\xi|\varepsilon_i)=(\xi|(1-e)\varepsilon_i)=0$ である. これは $\{\varepsilon_i\}_{i\in I}$ の極大性と矛盾する. よって，$e=1$. ゆえに $\{\varepsilon_i\}_{i\in I}$ は基底である.   ▮

系 1.6.7   複素 Hilbert 空間 $\mathscr{H}$ の閉部分空間 $\mathscr{K}$ に対して，$e\mathscr{H}=\mathscr{K}$ を満たす射影 e が一意的に存在する.   ▯

[証明] $\mathscr{K}$ は Hilbert 空間であるから，定理 1.6.6 により規格直交基底 $\{\varepsilon_i\}_{i\in I}$ が存在する. 作用素 e を $e\xi=\sum_{i\in I}(\xi|\varepsilon_i)\varepsilon_i$ で定義すれば，e は射影で，$\mathscr{K}=e\mathscr{H}$ を満たす. f を $\mathscr{K}=f\mathscr{H}$ を満たす射影とすると

$$(e\xi|\eta) = (fe\xi|\eta) = (\xi|ef\eta) = (\xi|f\eta) = (f\xi|\eta)$$

であるから，$e=f$.   ▮

上の系における射影 e を $\mathscr{H}$ から $\mathscr{K}$ への直交射影または正射影，あるいは単に，$\mathscr{K}$ の上への射影という.

定理 1.6.8(Riesz)   複素(または実)Hilbert 空間 $\mathscr{H}$ 上の有界線形汎関数 f に対し

$$f(\xi) = (\xi|\eta) \quad (\xi \in \mathscr{H})$$

を満たすベクトル $\eta\in\mathscr{H}$ が一意的に存在する.   ▯

[証明] $f=0$ の場合には，$\eta=0$ とすればよい. $f\neq 0$ の場合には，第 1.2 節第 2 項で述べたように，閉部分空間 $\mathrm{Ker}\,f$ の直交補空間は 1 次元である. e を $\mathrm{Ker}\,f$ の上への射影，$\eta\in(\mathrm{Ker}\,f)^\perp$ を単位ベクトルとすると，$(1-e)\xi=(\xi|\eta)\eta$ であるから，

$$f(\xi) = f(e\xi + (1-e)\xi) = (\xi|\eta)f(\eta) = (\xi|\overline{f(\eta)}\eta).$$

一意性は明らかである.　　　　　　　　　　　　　　　　　■

　複素ベクトル空間において，汎関数 g が

$$g(\xi + \eta) = g(\xi) + g(\eta), \quad g(\lambda\xi) = \overline{\lambda}g(\xi) \quad (\lambda \in \mathbb{C})$$

を満たすとき，g は**共役線形**であるという.

　Hilbert 空間 $\mathscr{H}$ から Hilbert 空間 $\mathscr{H}^c$ へ全射共役線形写像 $\eta \mapsto \eta^c$ が存在し，任意の $\xi, \eta \in \mathscr{H}$ に対して $(\xi|\eta) = (\eta^c|\xi^c)$ が成り立っているとき，$\mathscr{H}^c$ を $\mathscr{H}$ の**共役空間**という.　$\mathscr{H}$ の双対空間 $\mathscr{H}^*$ は Riesz の定理により共役空間と見なすことができる.

　命題 1.6.9　複素 Hilbert 空間 $\mathscr{H}$ において，規格直交基底はどれも同じ濃度をもつ.　　　　　　　　　　　　　　　　　　　　　　　　□

　したがって，この濃度を Hilbert 空間 $\mathscr{H}$ の**次元**といい，$\dim \mathscr{H}$ で表す.

　[証明]　$\{\varepsilon_i\}_{i \in I}$ と $\{\varepsilon_j'\}_{j \in J}$ を $\mathscr{H}$ の 2 つの規格直交基底とする.　$|I|, |J|$ をそれぞれ集合 I, J の濃度とする.

$$\varepsilon_i = \sum_{j \in J}(\varepsilon_i|\varepsilon_j')\varepsilon_j', \quad \varepsilon_j' = \sum_{i \in I}(\varepsilon_j'|\varepsilon_i)\varepsilon_i = \sum_{i \in I}\overline{(\varepsilon_i|\varepsilon_j')}\varepsilon_i$$

である.　したがって，

$$1 = \|\varepsilon_i\|^2 = \sum_{j \in J}|(\varepsilon_i|\varepsilon_j')|^2, \quad 1 = \|\varepsilon_j'\|^2 = \sum_{i \in I}|(\varepsilon_i|\varepsilon_j')|^2$$

である.　I が有限ならば，

$$|I| = \sum_{i \in I}\|\varepsilon_i\|^2 = \sum_{i \in I}\sum_{j \in J}|(\varepsilon_i|\varepsilon_j')|^2 = \sum_{j \in J}\|\varepsilon_j'\|^2 = |J|.$$

　各 $i \in I$ に対して，$(\varepsilon_i|\varepsilon_j') \neq 0$ となる $j \in J$ はたかだか可算である.　したがって，I が無限ならば，

$$|J| \leqq \aleph_0|I| = |I|.$$

I が無限のときには J も無限でなければならないから，同様にして，$|I| \leqq |J|$.
ゆえに，$|I| = |J|$ である.　　　　　　　　　　　　　　　　■

34   1   関数解析からの準備

系 1.6.10   Hilbert 空間 $\mathscr{H}_1, \mathscr{H}_2$ が同じ次元をもつことと，$\mathscr{H}_1$ から $\mathscr{H}_2$ への全単射閉線形写像が存在することは同値である．   □

n 次元複素 Hilbert 空間 $\mathscr{H}$ において規格直交基底 $\{\varepsilon_i\}_{i=1}^n$ を 1 つ定めると，$\mathscr{H}$ から複素ベクトル空間 $\mathbb{C}^n$ への同型対応 $\sum_{i=1}^n \lambda_i \varepsilon_i \mapsto (\lambda_i)_i$ が得られる．また，可分 Hilbert 空間の次元は可算であり，逆も成り立つ．

1.7   Hilbert 空間上の有界線形作用素

Hilbert 空間上の線形作用素に対しては，内積を用いてその随伴作用素を考えることができる．これにより，各種の作用素の議論を展開することができる．

1.7.1   半双線形汎関数の極分解

2 変数の汎関数 $f(\xi, \eta)$ が ξ に関して線形，η に関して共役線形であるとき，f は**半双線形**であるという．このような汎関数 f に対しては極分解

$$f(\xi, \eta) = \frac{1}{4} \sum_{n=0}^3 i^n f(\xi + i^n \eta, \xi + i^n \eta)$$

が成り立つ．半双線形汎関数 f がさらに $\overline{f(\xi, \eta)} = f(\eta, \xi)$ を満たすとき，f は**Hermite 的**であるという．例えば，内積は Hermite 的半双線形汎関数である．また，Hilbert 空間 $\mathscr{H}$ 上の有界線形作用素 x により定まる 2 変数の汎関数 $f(\xi, \eta) = (x\xi|\eta)$ も半双線形である．したがって，任意の $\xi \in \mathscr{H}$ に対して $(x\xi|\xi) = 0$ が成り立てば，極分解により，$x = 0$ となることがわかる．

1.7.2   随伴作用素

半双線形汎関数 f が

$$\sup\{|f(\xi, \eta)| \mid \|\xi\| \leqq 1, \ \|\eta\| \leqq 1\} < +\infty$$

を満たすとき，f は有界であるという．この値は半双線形汎関数のなすベクトル空間上のノルムを導くので，それを $\|f\|$ で表す．

命題 1.7.1   Hilbert 空間 $\mathscr{H}$ 上の有界半双線形汎関数 f に対し，

$$f(\xi, \eta) = (\xi | y\eta) \quad (\xi, \eta \in \mathscr{H})$$

を満たす有界線形作用素 $y \in \mathscr{L}(\mathscr{H})$ が一意的に存在する. □

[証明] η を任意に固定して得られる写像 $\xi \mapsto f(\xi, \eta)$ は $\mathscr{H}$ 上の有界線形汎関数である. したがって, Riesz の定理により, $f(\xi, \eta) = (\xi | \eta')$ を満たす元 η' が一意的に定まる. このときの対応 $\eta \mapsto \eta'$ を y とする. 明らかに, y は $\mathscr{H}$ 上の線形作用素である. また

$$|(\xi | y\eta)| = |f(\xi, \eta)| \le \|f\| \|\xi\| \|\eta\|$$

より, y は有界線形作用素である. ∎

一般に $\mathscr{H}$ 上の有界線形作用素 x に対し, $f(\xi, \eta) = (x\xi | \eta)$ とすれば, f は $\mathscr{H}$ 上の有界半双線形汎関数である. 上の命題を用いると, $f(\xi, \eta) = (\xi | y\eta)$ を満たす有界線形作用素 y が存在するので

$$(x\xi | \eta) = (\xi | y\eta)$$

となる. このとき, x に対して定まる y を x の**随伴**作用素といい x^* で表す. 随伴の演算 $x \mapsto x^*$ は**対合**の条件

$$(x^*)^* = x, \quad (x+y)^* = x^* + y^*, \quad (\lambda x)^* = \bar{\lambda} x^*, \quad (xy)^* = y^* x^*$$

を満たしている. このように, Hilbert 空間 $\mathscr{H}$ 上の有界線形作用素のなす Banach 環 $\mathscr{L}(\mathscr{H})$ には, 対合の演算が自然に定まる.

作用素 x が射影であることは, $x = x^2 = x^*$ と同値である. また,

$$x = x^*, \quad xx^* = x^*x = 1, \quad x^*x = xx^*$$

を満たす作用素はそれぞれ**自己随伴**, **ユニタリ**, **正規**であるといわれる.

Hilbert 空間から他の Hilbert 空間への線形写像が全射等長のときにもユニタリということがある.

また, 任意のベクトル ξ に対し $(x\xi | \xi) \ge 0$ が成り立つときには, **正**または**正定値**であるといい, $x \ge 0$ で表す. 正有界作用素は自己随伴である.

注 Hilbert 空間 $\mathscr{H}$ 上で稠密な定義域 $\mathscr{D}(x)$ をもつ線形作用素 x に対して,

その随伴作用素 x^* を定義域

$$\mathscr{D}(x^*) = \{\eta \in \mathscr{H} \mid \exists \zeta \in \mathscr{H} \ \forall \xi \in \mathscr{D}(x) : (x\xi|\eta) = (\xi|\zeta)\}$$

において $x^*\eta=\zeta$ と定義する．x が閉作用素に拡張できることと $\mathscr{D}(x^*)$ が $\mathscr{H}$ において稠密なことは同値である．とくに，

$$(x\xi|\eta) = (\xi|x\eta) \quad (\xi, \eta \in \mathscr{D}(x))$$

を満たす作用素 x を**対称**という．このとき定義域は $\mathscr{D}(x) \subset \mathscr{D}(x^*)$ を満たす．さらに，これらの定義域が一致しているときには**自己随伴**という．応用に現れる対称作用素が自己随伴であるかあるいは自己随伴な拡張をもつかどうかを知ることは難しいことが多い．また

$$(x\xi|\xi) \geqq 0 \quad (\xi \in \mathscr{D}(x))$$

を満たすときには**正作用素**という．正作用素は自己随伴な拡張をもつことが知られているので，とくに断らないかぎり定義域をそこまで拡張しておく． □

補題 1.7.2 (i) 自己随伴，ユニタリ，射影作用素は正規である．

(ii) 作用素 x が正規であるための必要十分条件は互いに可換な自己随伴作用素 y, z を用いて $x=y+iz$ と表せることである． □

後に述べるように，正規作用素に対しては，行列の対角化を一般化したスペクトル分解をおこなうことができるが，正規でない場合には，行列の Jordan 標準形に相当する議論の一般化はまだ知られていない．

作用素 x が $x=x^2$ を満たすとき**冪等**という．射影作用素は冪等であるが，逆はいえない．また Hilbert 空間が無限次元の場合には次の新たな作用素が現れる．Hilbert 空間の議論が数学だけでなく量子論的な物理学へも広く使われるのは，このような作用素が無限次元ベクトル空間の構造解析を可能にしているからにほかならない．

定義 1.7.3 Hilbert 空間上の有界線形作用素 x に対して，$x^*x=1$ のとき**等長**，$xx^*=1$ のとき**余等長**，x^*x または xx^* が射影のとき**半等長**という．この場合 xx^* または x^*x も射影になる． □

補題 1.7.4 有界線形作用素 x に対して

$$\operatorname{Ker} x = (x^* \mathscr{H})^\perp, \quad \operatorname{Ker} x^* = (x\mathscr{H})^\perp.$$ □

[証明] $\xi \in \operatorname{Ker} x$ ならば,任意の $\eta \in \mathscr{H}$ に対して,$(\xi|x^*\eta)=(x\xi|\eta)=0$ であるから,$\operatorname{Ker} x \subset (x^*\mathscr{H})^\perp$. 逆に,$\xi \in (x^*\mathscr{H})^\perp$ ならば,任意の $\eta \in \mathscr{H}$ に対して,$(x\xi|\eta)=(\xi|x^*\eta)=0$ となるから,$x\xi=0$. ゆえに,逆の包含関係も示された. ■

このとき,閉部分空間 $\overline{x^*\mathscr{H}}$ と $\overline{x\mathscr{H}}$ をそれぞれ x の始空間,終空間という.またそれぞれの上への射影を**始射影**,**終射影**という.半等長作用素 u に対しては,u^*u と uu^* がそれぞれの始射影と終射影になっている.

補題 1.7.5 有界作用素 x は,閉部分空間 $\overline{x^*\mathscr{H}}$ と $\overline{x\mathscr{H}}$ をそれぞれ始空間と終空間にもつ半等長作用素 u と正作用素 h を用いて,積の形 uh に一意的に表される. □

これを作用素 x の**極分解**という.この極分解は有界でなくても閉作用素なら一般に成り立つ.$h^2=x^*x$ であり,h は $|x|$ と表される.x^*x の平方根 $|x|$ が存在することは,後の Gelfand-Naimark の定理 1.10.5 によりわかる.半等長作用素 u は $u|x|\xi=x\xi$,$\xi \in \mathscr{H}$ で定義される.x が正作用素 k と,上と同じ始空間と終空間をもつ半等長作用素 v により,$x=vk$ と表せたとすると,$k^2=x^*x=h^2$ より,$k=h$. また u と v は同じ始空間と終空間をもち,始空間上では $v=u$ となるので,$\mathscr{H}$ 全体で $v=u$. よって,極分解の一意性もわかる.

補題 1.7.6 Hilbert 空間 $\mathscr{H}_i (i=1,2)$ に対して $x \in \mathscr{L}(\mathscr{H}_1, \mathscr{H}_2)$ とする.

(i) もし $\|x\xi\| \geq \lambda\|\xi\| (\xi \in \mathscr{H}_1)$ を満たす $\lambda>0$ が存在すれば,$x\mathscr{H}_1$ は $\mathscr{H}_2$ の閉部分空間である.

(ii) もし $\|x\xi\| \geq \lambda\|\xi\| (\xi \in \mathscr{H}_1)$ と $\|x^*\eta\| \geq \lambda\|\eta\| (\eta \in \mathscr{H}_2)$ を満たす $\lambda>0$ が存在すれば,x は有界な逆元をもつ. □

[証明] (i) $x\mathscr{H}_1$ の閉包の任意の元 $\eta \in \mathscr{H}$ に対して,そこへ収束する列 $\{x\xi_n\}_n$ が存在する.不等式により列 $\{\xi_n\}_n$ もある元 $\xi \in \mathscr{H}_1$ へ収束する.他方 x は連続写像であるから,$x\xi=\eta$ が成り立つ.

(ii) 不等式により,x, x^* は単射である.補題 1.7.4 により $(x\mathscr{H}_1)^\perp=\operatorname{Ker} x^*$ $=\{0\}$ が成り立つので,$x\mathscr{H}_1$ は $\mathscr{H}_2$ において稠密である.再び不等式により x は全単射である.したがって,x は $\|x^{-1}\eta\| \leq \lambda^{-1}\|\eta\|$ を満たす逆元 x^{-1} をもつ. ■

38   1 関数解析からの準備

補題 1.7.7 自己随伴またはユニタリ作用素のスペクトルは空ではなくそれ
ぞれ $\mathbb{R}$ または $\{\lambda \in \mathbb{C} | |\lambda|=1\}$ に含まれる．とくに正作用素のスペクトルは $\mathbb{R}_+$
に含まれ，とくにそのスペクトルが $\{0\}$ のときの作用素は 0 である． □

[証明] h を自己随伴作用素とする．任意の複素数 λ に対して，

$$\|(h - \lambda 1)\xi\|^2 = \|(h - \mathrm{Re}\,\lambda)\xi\|^2 + |\mathrm{Im}\,\lambda|^2 \|\xi\|^2 = \|(h - \overline{\lambda}1)\xi\|^2$$

が成り立つ．もし λ が実数でなければ，補題 1.7.6 により，$h-\lambda 1$ は可逆にな
り，λ はレゾルベント集合の元である．よって $\mathrm{Sp}(h) \subset \mathbb{R}$．また，

$$\inf_{\|\xi\|=1} \|(h^2 - \|h\|^2 1)\xi\|^2 = \inf_{\|\xi\|=1} (\|h^2\xi\|^2 - 2\|h\|^2 \|h\xi\|^2 + \|h\|^4)$$
$$\leqq \|h\|^4 - 2\|h\|^2 \sup_{\|\xi\|=1} \|h\xi\|^2 + \|h\|^4 = 0.$$

ゆえに，$h^2 - \|h\|^2 1$ は単射でないか，たとえ単射であっても逆作用素は有界に
はならないから，非可逆である．よって，因数分解を考えると，$\|h\|$ または
$-\|h\|$ がスペクトルの元になり，スペクトルは空集合ではない．したがって，
$\mathrm{Sp}(h)=\{0\}$ の場合には，$\|h\|=0$ つまり $h=0$ となる．

$h \geqq 0$ で，λ が負数ならば，

$$((h - \lambda)\xi | \xi) = (h\xi | \xi) - \lambda \|\xi\|^2 \geqq (-\lambda)\|\xi\|^2.$$

ゆえに，$h - \lambda 1$ は可逆であり，$\lambda \notin \mathrm{Sp}(h)$．ゆえに，$\mathrm{Sp}(h) \subset \mathbb{R}_+$．

u をユニタリ作用素とする．0 がユニタリ作用素のスペクトルに含まれない
ことは明らかである．複素数 λ が $0 < |\lambda| < 1$ を満たすときには，

$$\|(u - \lambda 1)\xi\| \geqq |1 - |\lambda||\|\xi\|, \quad \|(u^* - \overline{\lambda}1)\xi\| \geqq |1 - |\lambda||\|\xi\|$$

が成り立つので，$u - \lambda 1$ は可逆であり，λ はレゾルベント集合の元である．

最後に，u のスペクトルが空でないことを示す．$1 \notin \mathrm{Sp}(u)$ としてよい．$h=$
$i(1+u)(1-u)^{-1}$ とおくと，$h^*=h$ である．$\lambda \in \mathrm{Sp}(h)$ とすると，$i(1+u)(1-$
$u)^{-1} - \lambda 1$ は可逆ではない．

$$i(1 + u)(1 - u)^{-1} - \lambda 1 = (\lambda + i)\{u - (\lambda + i)^{-1}(\lambda - i)1\}(1 - u)^{-1}$$

であるから，$u - (\lambda+i)^{-1}(\lambda-i)1$ は可逆ではない．すなわち，$(\lambda+i)^{-1}(\lambda-i) \in$

$\mathrm{Sp}(u)$ である．ゆえに，$\mathrm{Sp}(u) \neq \emptyset$ である． ∎

1.8 C^*環の定義

ここでは，単一の作用素ではなく，作用素のなす多元環を考える．なかでも本書の主題である C^*環の定義を与え，自明でない例の一つとしてコンパクト作用素環を取り上げる．第1.9節以降ではしばらく可換な C^*環について調べる．また，コンパクト作用素に関する結果の多くは Banach 空間上でも成り立つことが知られていて，積分方程式などへの応用もあるがここでは立ち入らない．

1.8.1 Banach*環と C^*環

まず Banach*環の定義から始める．

定義 1.8.1 (i) 対合をもつ多元環を***多元環**または対合多元環という．

(ii) 対合をもつノルム環で条件 $\|x^*\|=\|x\|$ を満たすものを**対合ノルム環**といい，さらに完備な場合には，**Banach*環**または，対合 Banach 環という． ∎

A が Banach*環の場合には，A に単位元を付加した単位的 Banach 環において，対合を $(x, \lambda)^* = (x^*, \overline{\lambda})$ と置けば，単位的 Banach*環が得られる．

一般に，Hilbert 空間 $\mathscr{H}$ 上の有界線形作用素 x に対しては，

$$\|x\| = \sup\{|(x\xi|\eta)| \mid \|\xi\| \leqq 1, \|\eta\| \leqq 1\}$$
$$= \sup\{|(x^*\eta|\xi)| \mid \|\xi\| \leqq 1, \|\eta\| \leqq 1\} = \|x^*\|$$

が成り立つから，$\mathscr{L}(\mathscr{H})$ は Banach*環である．さらに，

$$\|x\|^2 = \sup\{\|x\xi\|^2 \mid \|\xi\| \leqq 1\} = \sup\{|(x^*x\xi|\xi)| \mid \|\xi\| \leqq 1\}$$
$$\leqq \sup\{\|x^*x\xi\| \mid \|\xi\| \leqq 1\} = \|x^*x\| \leqq \|x\|^2$$

であるから $\|x^*x\|=\|x\|^2$ である．そこで，

定義 1.8.2 Banach*環 A で条件 $\|x^*x\|=\|x\|^2\,(x \in A)$ を満たすものを C^***環**といい，この条件を C^*ノルムの条件という． ∎

C^* 環では，$\|x^*x\| \leqq \|x^*\|\|x\|$ であるから，$\|x\| \leqq \|x^*\| \leqq \|(x^*)^*\| = \|x\|$. したがって，$\|x^*\| = \|x\|$ が成り立つ.

$\mathscr{L}(\mathscr{H})$ は C^* 環である．さらに，$\mathscr{L}(\mathscr{H})$ の閉部分*多元環も C^* 環である．

定義 1.8.3 $\mathscr{H} = \mathbb{C}^n$ の場合には，$\mathscr{L}(\mathscr{H})$ は $n \times n$ 行列全体のなす多元環となるので $M(n, \mathbb{C})$ または $M_n(\mathbb{C})$ で表す．これ自身またはその部分*多元環を**行列環**という． □

第 II 巻の第 3.2.1 節において，有限次元の C^* 環はどれも行列環と同型になることを示す．

C^* 環ではない Banach*環の例としては，後に例 1.11.5 で与える局所コンパクト群 G の Haar 測度に関する可積分関数の全体 $L^1(G)$ がある.

A が単位元をもたない C^* 環の場合には，単位元を付加した*多元環 $\widetilde{A}$ に A の C^* ノルムの拡張となる C^* ノルムを入れることができる．$\widetilde{A}$ の単位元 $(0, 1)$ も 1 で表す．$z \in \widetilde{A}$ に対して $L_z : y \in A \mapsto zy \in A$ とする．$z = x + \lambda$ $(x \in A, \lambda \in \mathbb{C})$ と表せるので，

$$\|zy\| \leqq (\|x\| + |\lambda|)\|y\|.$$

よって L_z は Banach 空間 A 上の有界線形作用素である．いま $L_{x+\lambda} = 0$ とする．任意の $y \in A$ に対して $xy = -\lambda y$ であるから，$\lambda \neq 0$ ならば $-\lambda^{-1}x$ は A の左単位元である．したがって，$(-\lambda^{-1}x)^*$ は A の右単位元である．よって，A は単位元をもつことになり矛盾する．したがって，$\lambda = 0$. $xx^* = L_x x^* = 0$ であるから $x = 0$. ゆえに $z \in \widetilde{A} \mapsto L_z$ は単射である．$x \in A$ に対しては，$\|L_x\| \leqq \|x\|$ は明らかである．また，$x \in A \setminus \{0\}$ に対して，$\|x\| = \|x^*\|^{-1}\|xx^*\| \leqq \|L_x\|$ である．よって，$x \in A$ に対しては $\|L_x\| = \|x\|$. 同様に，$\lambda \in \mathbb{C}$ に対しては $\|L_\lambda\| = |\lambda|$. また $z \in \widetilde{A}$ に対しては

$$\|zy\|^2 = \|y^*z^*zy\| \leqq \|y^*\|\|z^*zy\| \leqq \|L_{z^*z}\|\|y\|^2$$

となるので，$\|L_z\|^2 \leqq \|L_{z^*z}\| \leqq \|L_{z^*}\|\|L_z\|$. よって，$\|L_z\| \leqq \|L_{z^*}\|$. $\|L_{z^*}\| \leqq \|L_{(z^*)^*}\| = \|L_z\|$ であるから，$\|L_z\| = \|L_{z^*}\|$. ゆえに，$\|L_{z^*z}\| = \|L_z\|^2$ が成り立つ．そこで，作用素ノルム $\|L_z\|$ を z のノルムと定義すれば，$\widetilde{A}$ 上に A のノルムの拡張である C^* ノルムが得られる．

最後に，A は $\tilde{A}$ の完備な部分空間で余次元は1であるから，上の C^* ノルムに関して $\tilde{A}$ は完備である．実際，$\tilde{A}$ の1次元部分空間 $\mathbb{C}1$ 上の有界線形汎関数 $\lambda 1 \mapsto \lambda$ の Hahn-Banach 拡張 f は $\tilde{A}$ から $\mathbb{C}$ への連続写像になるので，$\tilde{A}$ の Cauchy 列 $\{x_n + \lambda_n\}_n$ に対して，$\{x_n\}_n$ と $\{\lambda_n\}_n$ も Cauchy 列になる．よって A と $\mathbb{C}$ の完備性から $\tilde{A}$ の完備性が導かれる．

今後，このようにして得られた単位的 C^* 環を，A に**単位元を付加した**C^***環**といい，多元環の場合と同じ記号 $\tilde{A}$ で表す．

注 I. M. Gelfand と M. A. Naimark が1943年にノルム環(後に I. E. Segal が C^* 環と命名)を初めて定義したときには，単位元の存在と任意の元 x に対する $1 + x^* x$ の逆元の存在が仮定されていた．その後，J. A. Schatz は深宮政範の論文[10]結果から容易に最後の条件が省けることに気づき，すぐ深宮に手紙を書いたが，台風で熊本の郵便局ともども流失したらしく，届かなかった．返事のないまま Schatz は Mathematical Reviews($\mathbf{14}$(1953))の中でその数行の証明を書いている．C^* 環の公理に関する研究はその後も Elliott-荒木によるものなどいろいろなドラマがある[11]． □

1.8.2　イデアルと準同型と表現

イデアルは多元環において，その幾何学的性質を調べるための基本的概念である．

定義 1.8.4　多元環 A の部分多元環 J が条件

$$x \in J,\ a \in A \Rightarrow ax \in J \quad (\text{または } xa \in J)$$

を満たすとき，J を左(または，右)**イデアル**という．J が左かつ右イデアルのときには，**両側イデアル**という．多元環が可換な場合には左右の区別がないので，単にイデアルという． □

イデアルの中でも $\{0\}$ または A を**自明な**イデアルという．自明でないイデ

---

10)　On a theorem of Gelfand and Neumark and the B^*-algebra, *Kumamoto J. Sci.*, $\mathbf{1}$(1952), 17-22.

11)　荒木不二洋：作用素環よもやま話――40年もかかった定義，数学セミナー9月号，日本評論社(1985)，35-39.

42   1 関数解析からの準備

アルのうち集合の包含関係に関して極大なものを**極大イデアル**という.

多元環 A の両側イデアル J に関する商空間 A/J はベクトル空間であるだけでなく,積 $(x+J)(y+J)$ を $xy+J$ と矛盾なく定義することができ,再び多元環になる.これを**商多元環**という.

A が Banach 環で J が閉両側イデアルのときには,命題 1.1.3 により,その商多元環も Banach 環になる.実際,

$$\|xy + J\| \leqq \inf\{\|(x+z)(y+z')\| \mid z, z' \in J\}$$
$$\leqq \inf\{\|x+z\| \|y+z'\| \mid z, z' \in J\} = \|x+J\| \|y+J\|.$$

同様に,A が Banach*環で閉両側イデアル J が部分*多元環の場合には A/J も Banach*環になる.後の命題 1.13.10 で示すように,C^*環の場合には閉両側イデアルが自動的に部分*多元環になり,商 C^*環を考えることができる.

定義 1.8.5   Banach 環または C^*環が閉両側イデアルとして自明なものしかもたないとき,**単純**であるという.Banach*環の場合には,*演算で閉じた閉両側イデアルとして自明なものしかもたないとき,**単純**であるという.   □

Banach*環または C^*環が両側イデアルとして自明なものしかもたないとき,**代数的に単純**であるという.

定義 1.8.6   Banach 環 A から Banach 環 B への写像 π が条件

$$\pi(x+y) = \pi(x) + \pi(y), \quad \pi(xy) = \pi(x)\pi(y), \quad \pi(\lambda x) = \lambda \pi(x) \quad (\lambda \in \mathbb{C})$$

を満たすとき,π を A から B への**準同型写像**という.π が全単射のときには,A と B は**同型**であるといい,$A \cong B$ で表し,π を**同型写像**という.A, B が Banach*環の場合にも,条件に

$$\pi(x^*) = \pi(x)^*$$

を追加して同様な用語を用いる.   □

以後,集合 $\{\pi(x) \mid x \in A\}$ を $\pi(A)$ と表す.

準同型写像 π の核 $\mathrm{Ker}(\pi) = \{x \in A \mid \pi(x) = 0\}$ は両側イデアルである.多元環または*多元環 A から Hilbert 空間上の C^*環 $\mathscr{L}(\mathscr{H})$ への準同型写像 π を**表現**といい,$\{\pi, \mathscr{H}\}$ で表す.とくに,表現 $\{\pi, \mathscr{H}\}$ が $\overline{\pi(A)\mathscr{H}} = \mathscr{H}$ を満たすと

きには**非退化**であるという．以後断らないかぎりこのことを仮定する．また，表現 π が単射のときには，表現は**忠実**であるともいう．

A の2つの表現 $\{\pi_1, \mathscr{H}_1\}, \{\pi_2, \mathscr{H}_2\}$ に対し，$\mathscr{H}_1$ から $\mathscr{H}_2$ への線形写像 a で，関係式

$$a\pi_1(x) = \pi_2(x)a \quad (x \in A)$$

を満たすものを**繋絡作用素**という．とくに全射な繋絡作用素が存在するときには，π_2 は π_1 に含まれるといい，$\pi_2 \prec \pi_1$ で表す．また，全単射な a が存在するときには，π_1 と π_2 は**同値**であるといい，$\pi_1 \simeq \pi_2$ で表す．とくに，a が全射等長であるときには，**ユニタリ同値**であるという．繋絡作用素 a の極分解を $u|a|$ とすれば，$|a|$ は $\pi_1(A)$ と可換であり，したがって，$u\pi_1(x) = \pi_2(x)u$ となる．ゆえに，2つの同値な表現はユニタリ同値である．

1.8.3　コンパクト作用素環

$\mathscr{L}(\mathscr{H})$ とは違った C^* 環の例としてコンパクト作用素環を紹介しよう．いま，Hilbert 空間 $\mathscr{H}$ の任意の元 ξ, η に対して，階数1の作用素 $\theta_{\xi,\eta}$ を

$$\theta_{\xi,\eta}\zeta = (\zeta|\eta)\xi \quad (\zeta \in \mathscr{H})$$

で定義する．このとき，

$$\theta_{\lambda\xi+\eta,\zeta} = \lambda\theta_{\xi,\zeta} + \theta_{\eta,\zeta}, \quad (\theta_{\xi,\eta})^* = \theta_{\eta,\xi}, \quad \theta_{\xi,\eta}\theta_{\xi',\eta'} = (\xi'|\eta)\theta_{\xi,\eta'}$$

が成り立つので，これらの1次結合で表される有限階数の作用素全体のなす集合 $\mathscr{K}_0(\mathscr{H})$ は $\mathscr{L}(\mathscr{H})$ の部分*多元環になる．さらに，任意の $x \in \mathscr{L}(\mathscr{H})$ に対して，

$$x\theta_{\xi,\eta} = \theta_{x\xi,\eta}, \quad \theta_{\xi,\eta}x = \theta_{\xi,x^*\eta}$$

も成り立つので，$\mathscr{K}_0(\mathscr{H})$ は $\mathscr{L}(\mathscr{H})$ の両側イデアルである．そのノルム閉包として得られる C^* 環を**コンパクト作用素環**といい，$\mathscr{K}(\mathscr{H})$ で表す．これは $\mathscr{L}(\mathscr{H})$ の閉両側イデアルであり，その元を**コンパクト作用素**という．$\mathscr{H}$ が有限次元であることと $\mathscr{K}(\mathscr{H})$ が $\mathscr{L}(\mathscr{H})$ と一致することは必要十分である．

44 1 関数解析からの準備

この定義からわかるように，弱収束する列のコンパクト作用素による像はノルム収束する．

命題 1.8.7 Hilbert 空間 $\mathscr{H}$ 上のコンパクト作用素 x に対して，$(1-x)\mathscr{H}$ は閉部分空間である．　　　　　　　　　　　　　　　　　　　　　　□

[証明]　まず Hilbert 空間 $\mathscr{H}$ 上のコンパクト作用素 x に対して

$$\|(1-x)\zeta\| \geqq \mu\|\zeta\| \quad (\zeta \in \mathrm{Ker}(1-x)^{\perp})$$

を満たす正数 $\mu > 0$ が存在することを示す．もしこのような μ が存在しなければ，$\|\zeta_n\| = 1$ かつ $\|(1-x)\zeta_n\| < 1/n$ を満たす $\mathrm{Ker}(1-x)^{\perp}$ の列 $\{\zeta_n\}_{n\in\mathbb{N}}$ が存在する．また，Hilbert 空間の単位球は弱コンパクトであるから，部分集合 $\{\zeta_n|n\in\mathbb{N}\}$ は弱収束部分列 $\{\zeta_{n_\ell}\}_{\ell\in\mathbb{N}}$ を含む．作用素 x のコンパクト性により，x は有限階の作用素 y によりノルム近似される．列 $\{y\zeta_{n_\ell}\}_{\ell\in\mathbb{N}}$ はノルムに関して Cauchy 列であるから，列 $\{x\zeta_{n_\ell}\}_{\ell\in\mathbb{N}}$ もノルムに関して Cauchy 列であり，ある元 ζ へノルム収束する．したがって，$\zeta_{n_\ell} = (1-x)\zeta_{n_\ell} + x\zeta_{n_\ell} \to \zeta$．ゆえに，$\zeta \in \mathrm{Ker}(1-x)^{\perp}$, $\|\zeta\| = 1$ かつ

$$\|(1-x)\zeta\| \leqq \|(1-x)(\zeta-\zeta_{n_\ell})\| + \|(1-x)\zeta_{n_\ell}\|$$

となる．右辺は 0 へ収束するから，$\zeta \in \mathrm{Ker}(1-x)$ となり，矛盾が生じ，最初の不等式が成り立つ．

つぎに，$(1-x)\mathscr{H}$ が部分ベクトル空間であることは明らかである．$1-x$ を $\mathrm{Ker}(1-x)^{\perp}$ へ制限したものは上の不等式を満たすので，補題 1.7.6 により，$(1-x)\mathscr{H}$ は閉部分空間である．　　　　　　　　　　　　　　　■

命題 1.8.8　(i) $\mathscr{L}(\mathscr{H})$ の元 x がコンパクトであるための必要十分条件は，$\mathscr{H}$ の単位球の作用素 x による像が相対コンパクトになることである．

(ii) $\mathscr{H}$ が無限次元で x が自己随伴のときに，x がコンパクトであるための必要十分条件は，x のスペクトルは 0 に収束する離散集合であり，0 以外の各固有値の重複度は有限なことである．　　　　　　　　　　　□

[証明]　(i) 十分性．Hilbert 空間 $\mathscr{H}$ の規格直交基底を $\{\varepsilon_i\}_{i\in I}$ とし，I の有限部分集合族に包含関係を入れた有向集合を D とする．各 $J\in D$ に対して，集合 $\{\varepsilon_i|i\in J\}$ の張る部分空間への射影を e_J としたとき，有向系 $\{(1-e_J)x\}_J$

が 0 へノルム収束することを示せばよい. $\mathscr{H}$ の単位球を B とする. xB は相対コンパクトであるから, 任意の $\varepsilon > 0$ に対して, $xB \subset \bigcup_{k=1}^{n} (\varepsilon B + \eta_k)$ を満たす $\eta_1, \cdots, \eta_n$ が存在する. このとき, $J \in D$ かつ $J \supset J_0$ ならば, $\|(1-e_J)\eta_k\| < \varepsilon$ $(k=1, \cdots, n)$ を満たす $J_0 \in D$ が存在する. したがって, 任意の $\xi \in B$ に対して,

$$\|(1-e_J)x\xi\| \leqq \|x\xi - \eta_k\| + \|(1-e_J)\eta_k\| + \|e_J(\eta_k - x\xi)\|$$
$$= 2\|x\xi - \eta_k\| + \varepsilon.$$

ここで k を適当に選べば, $\|(1-e_J)x\xi\| \leqq 3\varepsilon$ となる. よって, $J \supset J_0$ ならば, $\|(1-e_J)x\| \leqq 3\varepsilon$. ゆえに, $x \in \mathscr{K}(\mathscr{H})$.

必要性. $x \in \mathscr{K}(\mathscr{H})$ は $\mathscr{K}_0(\mathscr{H})$ の列 $\{x_n\}_n$ によりノルム近似される. $\mathscr{H}$ の単位球に含まれる任意の無限列 $\{\xi_m\}_m$ に対して, x_1 の階数は有限であるから, $\{x_1\xi_m\}_m$ は収束部分列 $\{x_1\xi_{1k}\}_k$ をもつ. x_2 の階数も有限であるから, $\{x_2\xi_{1k}\}_k$ は収束部分列 $\{x_2\xi_{2k}\}_k$ をもつ. 以下この操作を繰り返して対角線をとると, 収束列 $\{x_k\xi_{kk}\}_k$ が得られる. このとき,

$$\|x\xi_{kk} - x\xi_{\ell\ell}\| \leqq \|(x-x_k)\xi_{kk}\| + \|x_k\xi_{kk} - x_\ell\xi_{\ell\ell}\| + \|(x_\ell - x)\xi_{\ell\ell}\|$$

が成り立つので, $\{x\xi_{kk}\}_k$ は $\{x\xi_m\}_m$ の収束部分列である. よって, x による単位球の像はノルム位相に関して相対コンパクトである.

(ii) 十分性は明らかであるから, 必要性を示す. まず, $\mathrm{Sp}(x) \setminus \{0\}$ は固有値だけからなることを示す. $\lambda \in \mathrm{Sp}(x) \setminus \{0\}$ とする. $y = 1 - \lambda^{-1}x$ とすれば, 命題 1.8.7 により, $y\mathscr{H}$ は閉部分空間である. もし $\lambda \in \mathbb{R}$ が x の固有値でなければ, y は単射である. したがって, 補題 1.7.4 により $\overline{y\mathscr{H}} = (\mathrm{Ker}\, y)^\perp$ となるので, y は全射である. ゆえに, 開写像定理により, y は可逆であり λ は x のレゾルベント集合に属する. よって, x のスペクトルの元で 0 でないものは固有値だけからなる.

補題 1.7.7 により, $x = x^*$ ならば, $\mathrm{Sp}(x) \subset \mathbb{R}$. 0 以外の固有値の固有空間の次元が有限なことは例 1.4.2 による. 固有値の部分列 $\{\lambda_n\}_n$ の絶対値の列が 0 以外の値 $\lambda > 0$ へ収束したとすれば, 列 $\{\lambda_n\}_n$ は同符号と仮定できる. このとき, $x\xi_n = \lambda_n\xi_n$ を満たす規格直交系 $\{\xi_n\}_n$ が存在し,

$$\|x\xi_n - x\xi_m\| \geqq \|\lambda_n(\xi_n - \xi_m)\| - \|(\lambda_n - \lambda_m)\xi_m\| = \sqrt{2}|\lambda_n| - |\lambda_n - \lambda_m|$$

となるので，列 $\{x\xi_n\}_n$ は収束部分列をもたない．これは x による単位球の像が相対コンパクトであることと矛盾する．よって，固有値は 0 へ収束する．　∎

注　第 2.2 節第 1 項で説明するスペクトル射影を用いると，上の証明は簡潔，明瞭に済ますことができる．コンパクトな作用素 x に対して，その絶対値 $|x|$ は 1 次元の互いに直交する射影の族 $\{e_n\}_n$ を用いて

$$|x| = \sum_{n=1}^{\infty} \lambda_n e_n \quad (\lambda_1 \geqq \lambda_2 \geqq \lambda_3 \geqq \cdots \geqq 0)$$

と表せる．各 $p \geqq 1$ に対して，$\sum_{n=1}^{\infty} \lambda_n^p < \infty$ を満たすような x の全体は $\mathscr{K}(\mathscr{H})$ の両側イデアルになることがわかり，Schatten の p イデアルと呼ばれている．第 2.2 節第 4 項において $p=1$ の場合を，第 2.2 節第 5 項において $p=2$ の場合を取り上げる．　□

1.8.4　Calkin 環

次の Calkin 環は第 II 巻の第 3 章において C^* 環の拡大理論や K 理論の中で，コンパクト作用素の摂動でも保存される線形作用素の性質を論じるときに使われる．

定義 1.8.9　無限次元の可分 Hilbert 空間 $\mathscr{H}$ に対して，商 C^* 環

$$\mathscr{L}(\mathscr{H})/\mathscr{K}(\mathscr{H})$$

を **Calkin 環**といい $Q(\mathscr{H})$ で表す．　□

この定義からわかるように，Calkin 環に属する 0 でない射影はどれも無限次元である．

命題 1.8.10　(i) Calkin 環は単純である．

(ii) Calkin 環の表現空間の次元は可算ではない．　□

[証明]　(i) J を $\mathscr{L}(\mathscr{H})$ の自明でない閉両側イデアルとする．J の 0 でない元 x に対して $x\zeta \neq 0$ となる $\zeta \in \mathscr{H}$ が存在する．任意の $\xi, \eta \in \mathscr{H}$ に対して

$$\|x\zeta\|^2 \theta_{\xi,\eta} = \theta_{\xi,\zeta} x^* x \theta_{\zeta,\eta} \in J$$

となるから，$\mathscr{K} \subset J$．もしこの包含関係で等号が成り立たなければ，差集合 $J \backslash \mathscr{K}$ の元 y に対して極分解を考えれば，$|y| \in J \backslash \mathscr{K}$．もし $|y|$ の値域 $|y| \mathscr{H}$ が無限次元閉部分空間を含まなければ，そのスペクトル射影[12]を考えることにより，$|y|$ のスペクトルは固有値だけからなることがわかる．作用素 $|y|$ はコンパクトではないから，そのスペクトルの下限は 0 ではなく，閉部分空間 $\overline{|y| \mathscr{H}}$ 上で可逆になる．したがって，値域 $|y| \mathscr{H}$ は閉部分空間である．これは $|y|$ の値域が無限次元閉部分空間を含まないことと矛盾する．他方，Hilbert 空間 $\mathscr{H}$ は可分であるから，$|y| \mathscr{H}$ の無限次元閉部分空間を始空間にもつ余等長作用素 v が存在する．したがって，$v|y|^2 v^*$ は可逆で J の元になり，J が自明でないことと矛盾する．よって，Calkin 環は単純である．

(ii) Hilbert 空間 $\mathscr{H}$ の規格直交基底を $\{\varepsilon_{nm}\}_{(n,m) \in \mathbb{Z}^2}$ とする．格子点の添字集合 $\mathbb{Z}^2$ の任意の部分集合 J に対して，$\{\varepsilon_{nm}\}_{(n,m) \in J}$ により張られる部分空間への射影を e_J で表す．つぎに，各実数 λ に対して定まる $\mathbb{Z}^2$ の部分集合

$$\{(n,m) \in \mathbb{Z}^2 \mid |n + \lambda m| < 1\}$$

を J_λ とすれば，J_λ は無限集合である．しかし，$\lambda \neq \lambda'$ のときには $J_\lambda \cap J_{\lambda'}$ は菱形をした集合に含まれるから，その格子点の数は有限である．したがって，$\mathscr{L}(\mathscr{H})$ から Calkin 環への商写像を ρ とすれば，$\{\rho(e_{J_\lambda}) | \lambda \in \mathbb{R}\}$ は互いに直交する 0 でない射影の集合である．Calkin 環は単純であるから，表現は単射であり，表現空間は可分でないことがわかる．∎

1.9　Banach 環におけるスペクトル

抽象的に定義された Banach 環の解析をおこなう際に，何らかの形で，問題をより具体性のある，実数または複素数の解析へと帰着させるのが，スペクトル論の目的であり，その中で中心的な位置を占めているのが，Gelfand 表現である．この節では Gelfand 表現の最も素朴な形をした Gelfand-Mazur の定理を示そう．環論的には自明に思えるこの定理の証明に，関数論の Liouville の

---

12)　第 2.2 節第 1 項を参照.

48   1 関数解析からの準備

定理が本質的に寄与し，純代数的な議論の枠を越えていることに注目された
い.

単位的 Banach 環 A の元 x に対し

$$xy = yx = 1$$

を満たす A の元 y が存在するとき，x は**可逆**であるといい，y を x の逆元と
いう．通常 y は x^{-1} で表される．A の可逆な元の全体を $GL(A)$ で表す.

命題 1.9.1　A を単位的 Banach 環とする.

(i)　A の元 x が $\|x\| < 1$ を満たすならば，$1-x \in GL(A)$.

(ii)　$GL(A)$ は乗法群をなす.

(iii)　$GL(A)$ は A の開部分集合である.　　　　　　　　　　　□

[証明]　(i) $\|x\| < 1$ とすれば，$\|x^n\| \leqq \|x\|^n$ であるから，無限級数 $\sum_{n=0}^{\infty} x^n$ は
収束する．これを y とすれば，$(1-x)y = y(1-x) = 1$. ゆえに，$1-x$ は可逆で
ある.

(ii) x, y が可逆であれば，xy, x^{-1} も可逆である.

(iii) x を $GL(A)$ の任意の元とする．A の元 y が $\|y-x\| < \|x^{-1}\|^{-1}$ を満た
せば，

$$\|1 - x^{-1}y\| \leqq \|x^{-1}\| \|x - y\| < 1.$$

ゆえに，$x^{-1}y \in GL(A)$. よって，$y = x(x^{-1}y) \in GL(A)$.　　　　■

定義 1.9.2　(a) 単位的 Banach 環 A の元 x に対し，$\lambda 1 - x \notin GL(A)$ を満た
す複素数 $\lambda \in \mathbb{C}$ 全体のなす集合を x の A における**スペクトル**といい，$\mathrm{Sp}_A(x)$
で表す.

(b) 単位元をもたない Banach 環の場合には，単位元を付加した Banach
環 $\widetilde{A}$ におけるスペクトル $\mathrm{Sp}_{\widetilde{A}}(x)$ を x の A におけるスペクトルといい，
$\mathrm{Sp}_A(x)$ で表す．必ず，$0 \in \mathrm{Sp}_A(x)$ である.　　　　　　　　　　□

複素平面の領域で定義された Banach 空間 E に値をとる関数 f に対しても
正則性の概念を導入することができる.

$$\lim_{\mu \to \lambda} \left\| \frac{f(\mu) - f(\lambda)}{\mu - \lambda} - \xi \right\| = 0$$

なる $\xi \in E$ が存在するとき，f は λ で微分可能であるという．領域の各点で微分可能であるとき，その領域で正則であるという．正則関数についての主要な定義と定理の証明は，絶対値をノルムに代えるだけでよい．例えば，線積分，Cauchy の積分定理，Taylor 展開，Liouville の定理，Laurent 展開などが普通の複素数値関数の場合と同じように成り立つ．

命題 1.9.3 A を Banach 環とする．

(i) $\mathrm{Sp}_A(x)$ は $\mathbb{C}$ の空でない閉部分集合である．

(ii) $\lambda \in \mathrm{Sp}_A(x)$ ならば，$|\lambda| \leqq \|x\|$．

(iii) $\lambda \in \mathrm{Sp}_A(x)$ ならば，$\lambda^n \in \mathrm{Sp}_A(x^n)$． ☐

［証明］ 単位元がない場合は単位元を付加して考えればよい．

(i) $\mathrm{Sp}_A(x)$ の補集合は連続関数 $\lambda \mapsto \lambda 1 - x$ による開集合 $GL(A)$ の逆像であるから，開集合である．したがって，$\mathrm{Sp}_A(x)$ は閉集合である．

$\mathrm{Sp}_A(x)$ が空集合ではないことを示す前に(ii)を示す．$|\lambda| > \|x\|$ とすれば，$\lambda^{-1} \sum_{n=0}^{\infty} (\lambda^{-1} x)^n$ は収束して $(\lambda 1 - x)^{-1}$ と一致する．したがって，$\lambda \notin \mathrm{Sp}_A(x)$．さて，$\mathbb{C} \backslash \mathrm{Sp}_A(x)$ 上ではレゾルベント方程式

$$(\lambda 1 - x)^{-1} - (\mu 1 - x)^{-1} = (\mu - \lambda)(\lambda 1 - x)^{-1}(\mu 1 - x)^{-1}$$

が成り立つので，関数 $\lambda \in \mathbb{C} \backslash \mathrm{Sp}_A(x) \mapsto (\lambda 1 - x)^{-1}$ は正則である．したがって，集合 $\mathrm{Sp}_A(x)$ が空集合であるとすれば，$(\lambda 1 - x)^{-1}$ は $\mathbb{C}$ において正則である．また，上の無限遠点での Taylor 展開から，$\lim_{\lambda \to \infty} (\lambda 1 - x)^{-1} = 0$ である．したがって，$(\lambda 1 - x)^{-1}$ は有界な整関数である．よって，Liouville の定理により，$(\lambda 1 - x)^{-1}$ は定数値関数である．ゆえに，$(\lambda 1 - x)^{-1} = 0$ である．これは矛盾であるから，$\mathrm{Sp}_A(x)$ は空ではない．

(iii) $\lambda^n 1 - x^n$ が可逆ならば，因数分解により，$\lambda 1 - x$ も可逆である． ∎

注 (i) すでに，第 1.2 節第 4 項において，Banach 空間 E 上の閉作用素 x に対してスペクトル $\mathrm{Sp}(x)$ を定義したが，x が有界のときは，多元環 $A = \mathscr{L}(E)$ における上のスペクトルと一致している．

(ii) A を Banach*環，B は A の部分*多元環で C^*環であるとする．命題 1.14.17 の証明から，B の元 x に対しては，$\mathrm{Sp}_B(x) \cup \{0\} = \mathrm{Sp}_A(x) \cup \{0\}$ であることがわかる．とくに，A と B が単位元を共有すれば，$\mathrm{Sp}_B(x) = \mathrm{Sp}_A(x)$ で

50   1 関数解析からの準備

ある.   □

中村正弘は次の定理をノルム環の基本定理と呼んでいる[13].

定理 1.9.4(Gelfand-Mazur)　単位元をもつ可換 Banach 環 A が体ならば，A は複素数体 $\mathbb{C}$ と同型である.   □

[証明]　$x \in A$ とする．命題 1.9.3 より $\mathrm{Sp}_A(x)$ は空ではない．$\lambda \in \mathrm{Sp}_A(x)$ に対して $\lambda 1 - x$ は可逆ではないが，A は体であるから $\lambda 1 - x = 0$ である.   ∎

この定理を一般の可換 Banach 環の場合へ拡張したものが次節で述べる Gelfand 表現である.

1.10　可換 Banach 環の Gelfand 表現

これから述べる Gelfand 表現は，Fourier 変換を代数的に定式化し，Fourier 変換の本質を明確化した点で重要であるが，これに留まらず，その思想が関数解析の枠を越え，代数幾何を始めとする他分野に及ぼした影響の方が大きい.

命題 1.10.1　A を，単位元をもつ可換 Banach 環とする.

(i)　J が A の極大イデアルならば，J は閉イデアルであって，$A/J = \mathbb{C}$.

(ii)　(i)で得られる商写像 $\chi_J \colon A \to \mathbb{C}$ は多元環の準同型写像であり，$\|\chi_J\| = 1$ となる.   □

[証明]　(i) まず J は閉集合であることを示す．J の閉包 $\bar{J}$ は A のイデアルである．J は極大であるから，$\bar{J} = J$ または $\bar{J} = A$ である．もし $\bar{J} = A$ ならば，J の元で $\|1 - a\| < 1$ なる a がある．命題 1.9.1 により逆元 a^{-1} が存在する．したがって，J は単位元 $1 = a a^{-1}$ を含むことになり，$J = A$ となってしまう.

つぎに，商 Banach 環 A/J が体であることを示す．これに Gelfand-Mazur の定理を適用すれば(i)が得られる．そこで，$\dot{a} = a + J$ が A/J の零元でないとする．もし A/J の単位元がイデアル $(A/J)\dot{a}$ の元でないとすると，$(A/J)\dot{a}$ の商写像による逆像 I は A のイデアルで，$J \subsetneq I \subsetneq A$ を満たす．これは J の極大性と矛盾する．よって，$(A/J)\dot{a}$ は単位元を含み，$\dot{a}$ は A/J において可逆である.

---

13)　関数解析入門，槇書店(1968).

1.10 可換 Banach 環の Gelfand 表現　51

(ii) 商写像 χ_J が準同型なことは明らかである．商ノルムの定義により，$\|x+J\|\leqq\|x\|$ となるから，したがって，$\|\chi_J\|\leqq 1$ も明らかである．$\chi_J(x)=\chi_J(x\cdot 1)=\chi_J(x)\chi_J(1)$ より，$\chi_J(1)=1$ である．ゆえに，$\|\chi_J\|=1$ となる．∎

定義 1.10.2　可換 Banach 環 A から $\mathbb{C}$ への 0 でない準同型写像を A の**指標**といい，指標全体のなす集合を Banach 環 A の**スペクトル**または**指標空間**という．　☐

前節で，「$x\in A$ の A におけるスペクトル」という用語を定義したが，ここでも「A のスペクトル」という紛らわしい用語を用いている．単位元をもつ可換 C*環 A のスペクトルを Γ とすれば，後に系 1.10.6 で示すように，$\mathrm{Sp}_A(x)=\{\chi(x)|\chi\in\Gamma\}$ となることがその理由である．

次の命題からわかるように指標は有界でノルムは 1 である．したがって，指標を別の言い方をすれば，「A^* の乗法的元」ということである．指標空間 Γ は A^* の単位球の部分集合であるから，$\sigma(A^*,A)$ 位相を考えることができる．

命題 1.10.3　単位元をもつ可換 Banach 環 A の極大イデアルの全体からなる集合を $\mathfrak{M}$，A のスペクトルを Γ とする．

(i)　写像 $J\in\mathfrak{M}\mapsto\chi_J\in\Gamma$ は全単射である．

(ii)　Γ は $\sigma(A^*,A)$ コンパクト空間である．　☐

[証明]　(i) もし，極大イデアル J_1,J_2 が $J_1\neq J_2$ ならば，$J_1\setminus J_2$ の元 x が存在する．したがって $\chi_{J_1}(x)=0\neq\chi_{J_2}(x)$ となり，写像 $J\mapsto\chi_J$ は単射である．いま $\chi\in\Gamma$ とする．$J=\mathrm{Ker}\,\chi$ は A のイデアルである．J が極大でなければ $J\subsetneq J'$ なるイデアル J' がある．$a\in J'\setminus J$ とすると，$a-\chi(a)1\in J$，したがって，$\chi(a)1=a-(a-\chi(a)1)\in J'$．$\chi(a)\neq 0$ であるから，$1\in J'$ となって J' が A の極大イデアルであることに矛盾する．ゆえに，J は極大である．明らかに，$\chi=\chi_J$ である．したがって，$J\mapsto\chi_J$ は全射である．

(ii) 系 1.4.6 により Γ は相対コンパクトである．したがって，Γ が閉集合であることを示せばよい．

$$\Gamma = \bigcap_{\substack{x\in A\\y\in A}}\{\chi\in A^* \mid \chi(xy)=\chi(x)\chi(y)\}$$

である．A^* 上の 2 つの関数 $\chi\mapsto\chi(xy),\chi\mapsto\chi(x)\chi(y)$ はともに連続であるから，

52   1　関数解析からの準備

$\{\chi\in A^*|\chi(xy)=\chi(x)\chi(y)\}$ は閉集合である．ゆえに，Γ も閉集合である．　■

注　単位的可換 Banach 環として，$A=C(\Gamma)$ を考える．Γ の部分集合 H と，A のイデアル J に対し，

$$J_H = \{x \in A \mid \forall \chi \in H : \chi(x) = 0\}, \quad J_\emptyset = A$$

$$H_J = \{\chi \in \Gamma \mid \forall x \in J : \chi(x) = 0\}, \quad H_\emptyset = \Gamma$$

とする．このとき，J_H は A のイデアルであり，H_J は $\sigma(A^*,A)$ 閉である．H_{J_H} を $\overline{H}$ で表すことにする．$H\to\overline{H}$ は閉包演算になっている．この演算から導かれる位相を**包核位相**(または，Jacobson 位相)という．$H=\overline{H}$ ならば，H は $\sigma(A^*,A)$ 閉である．逆に，H が $\sigma(A^*,A)$ 閉であるとする．Γ は正規空間であるから，もし $\chi\notin H$ ならば，$x\in J_H$ かつ $\chi(x)\neq0$ を満たす $x\in A$ が存在する．したがって，$\chi\notin\overline{H}$ となり，$\overline{H}=H$．ゆえに，包核位相と $\sigma(A^*,A)$ 位相は一致する．以上の議論により，Γ の $\sigma(A^*,A)$ 位相に関する閉部分集合 H と A の閉イデアル J_H の間に全単射が存在し，商多元環 A/J_H は $C(H)$ と同型である．　□

スペクトル Γ 上の関数 $\hat{x}$ を

$$\hat{x}(\chi) = \chi(x)$$

で定義すると $\hat{x}$ は連続関数である．

定義 1.10.4　可換 Banach 環 A のスペクトルを Γ としたとき，準同型写像

$$x \in A \mapsto \hat{x} \in C(\Gamma)$$

を A の **Gelfand 表現**という．　□

この定義からすぐわかるように，$\hat{x}=0$ と $x\in\bigcap_{J\in\mathfrak{M}} J$ は同値である．したがって，写像 $x\to\hat{x}$ が単射であるための必要十分条件は A の**根基** $\bigcap_{J\in\mathfrak{M}} J$ が $\{0\}$ となること，つまり，A が**半単純**なことである．

定理 1.10.5(Gelfand-Naimark)　単位元をもつ可換 Banach 環 A はコンパクト空間 Γ 上の連続関数環により表現される．つまり，A から $C(\Gamma)$ への準同型写像が存在する．　□

注　単位元のない可換 Banach 環については，次節の例 1.11.5 で述べる．　□

1.10 可換 Banach 環の Gelfand 表現 53

系 1.10.6 単位元をもつ可換 Banach 環 A のスペクトルを $\varGamma$ とすれば

$$\mathrm{Sp}_A(x) = \hat{x}(\varGamma).$$

[証明] $\lambda \notin \mathrm{Sp}_A(x)$ ならば，$x - \lambda \in GL(A)$ である．ゆえに，$\hat{x} - \lambda$ は多元環 $\{\hat{x} | x \in A\}$ において可逆である．したがって，任意の $\chi \in \varGamma$ に対し，$\hat{x}(\chi) - \lambda \neq 0$．ゆえに $\lambda \notin \hat{x}(\varGamma)$．よって，$\hat{x}(\varGamma) \subset \mathrm{Sp}_A(x)$．逆に，$\lambda \in \mathrm{Sp}_A(x)$ ならば，$x - \lambda$ を含む極大イデアル J が存在する．したがって，$\lambda = \chi_J(x) \in \hat{x}(\varGamma)$．ゆえに，$\mathrm{Sp}_A(x) \subset \hat{x}(\varGamma)$. ∎

例 1.10.7 複素数の両側列 $\{a_n\}_n$ で $\sum_{n \in \mathbb{Z}} |a_n| < +\infty$ を満たすものの全体を $l^1(\mathbb{Z})$ で表す．これは，l^2 空間の場合と同じように，複素ベクトル空間となり，ノルム $\|\{a_n\}_n\| = \sum_{n \in \mathbb{Z}} |a_n|$ に関して Banach 空間になる．さらに，2 つの列 $\{a_n\}_n, \{b_n\}_n$ の積を畳み込み積

$$\{a_n\}_n * \{b_n\}_n = \{c_n\}_n, \quad c_n = \sum_{m \in \mathbb{Z}} a_m b_{n-m}$$

で定義すれば，$l^1(\mathbb{Z})$ は可換 Banach 環になる．このとき，逆 Fourier 変換

$$\{a_n\}_n \in l^1(\mathbb{Z}) \mapsto \sum_{n \in \mathbb{Z}} a_n \varepsilon_n \in C([0,1])$$

が Gelfand 表現である．ただし，ε_n は区間 $[0,1)$ $(=\mathbb{R}/\mathbb{Z})$ 上の関数 $\varepsilon_n(t) = \exp(2\pi i n t)$ $(n \in \mathbb{Z})$ であるが，$[0,1)$ 上の有界連続関数はすべて $[0,1]$ 上の連続関数と同一視している．指標空間は，

$$\chi_t(\{a_n\}_n) = \sum_{n \in \mathbb{Z}} a_n \varepsilon_n(t) = \langle \{a_n\}_n, \{\varepsilon_n(t)\}_n \rangle$$

により定義された準同型写像の集合 $\{\chi_t | t \in \mathbb{R}/\mathbb{Z}\}$ である． ∎

定義 1.10.8 Banach 環 A の各元 x に対し，値

$$r(x) = \sup\{|\lambda| \mid \lambda \in \mathrm{Sp}_A(x)\}$$

を x の**スペクトル半径**という． ∎

命題 1.9.3 により，$r(x) \leqq \|x\|$ であるが，等号は必ずしも成り立たない．可換 C^* 環の場合には等号が成り立つことを次節で示す．

可換 Banach 環では Gelfand 表現が単射であることと半単純であることは

同値であるが，上の系から，スペクトル半径が 0 である元は 0 しかないこととも同値である．

$l^1(\mathbb{Z})$ は，その Gelfand 表現が単射であるから，半単純である．非可換な場合には事情が異なり，$n \times n$ 行列のなす多元環 $M(n, \mathbb{C})$ は半単純であるが，冪零行列 x のスペクトルは，命題 1.9.3(iii) により，$\{0\}$ であるから，$r(x) = 0$ となる．

つぎに，スペクトル半径とノルムの関係を与える．

定理 1.10.9 Banach 環 A の任意の x に対して

$$r(x) = \lim_{n \to \infty} \|x^n\|^{1/n} = \inf_{n > 0} \|x^n\|^{1/n}. \qquad \square$$

［証明］ 命題 1.9.3 により，$r(x)^n \leqq r(x^n)$ と $r(x^n) \leqq \|x^n\|$ が成り立つので，$r(x) \leqq \|x^n\|^{1/n}$．よって，$r(x) \leqq \inf_{n>0} \|x^n\|^{1/n} \leqq \varliminf_{n \to \infty} \|x^n\|^{1/n}$．

逆向きの不等式を示すために，A は単位元をもつとしてよい．$|\lambda| > \|x\|$ ならば $(\lambda 1 - x)^{-1} = \sum_{n=0}^{\infty} \lambda^{-n-1} x^n$ である．他方，関数 $f(\lambda) = (\lambda 1 - x)^{-1}$ は領域 $\{\lambda \in \mathbb{C} \mid |\lambda| > r(x)\}$ において正則である．関数 f の Laurent 展開は上の領域において同じ係数をもち絶対収束している．一般に，Cauchy-Hadamard の定理により，$\mu \in \mathbb{C}$ に関するベキ級数 $\sum_{n=0}^{\infty} \mu^{n+1} \|x^n\|$ の収束半径は $(\varlimsup_{n \to \infty} \|x^n\|^{1/n})^{-1}$ で与えられるから，$f(\lambda)$ は $|\lambda| > \varlimsup_{n \to \infty} \|x^n\|^{1/n}$ において広義一様収束している．ゆえに $\varlimsup_{n \to \infty} \|x^n\|^{1/n} \leqq r(x)$． ∎

1.11 可換 C^* 環の Gelfand 表現

ここでは，Gelfand 表現により，幾何学的な対象である局所コンパクト空間のカテゴリーと，代数的な対象である可換 C^* 環のカテゴリーが，反変同値になることを示す．

Banach*環 A のノルムが C^* ノルムの条件 $\|x^* x\| = \|x\|^2$ を満たすとき，A を C^* 環といった．コンパクト空間 Ω 上の連続関数環 $C(\Omega)$ は対合を $f^*(t) = \overline{f(t)}$，ノルムを $\|f\| = \sup\{|f(t)| \mid t \in \Omega\}$ で定義することにより，可換 C^* 環になる．したがって，Gelfand-Naimark の定理は可換 Banach 環を可換 C^* 環で表現したことになる．

1.11 可換 C^* 環の Gelfand 表現   55

ここでは可換 Banach 環が C^* 環の場合には，Gelfand 表現が全単射かつ等長になることを示す．C^* ノルムの条件を用いると，可換でなくても $x^*x=xx^*$ ならばスペクトル半径がノルムと一致することが次の命題よりわかる．ゆえに，Gelfand 表現は等長である．したがって単射でもある．

命題 1.11.1 C^* 環 A の正規元 x に対して，$r(x)=\|x\|$.   □

[証明] $x^*x=xx^*$ ならば

$$\|x^2\|^2 = \|(x^2)^*x^2\| = \|x^*x^*xx\| = \|(x^*x)^2\| = \|x^*x\|^2 = \|x\|^4.$$

ゆえに，任意の n に対し $\|x^{2^n}\|=\|x\|^{2^n}$．したがって，定理 1.10.9 により

$$r(x) = \lim_{m\to\infty}\|x^m\|^{1/m} = \lim_{n\to\infty}\|x^{2^n}\|^{2^{-n}} = \|x\|.$$ ∎

注   有限次元行列環は，これをノルム環にするいかなるノルムに関しても完備であるから，C^* ノルムの条件を満たすノルムに関して C^* 環になる．そのとき，x のノルムは $r(x^*x)^{1/2}$ と一致し，行列 x^*x の最大固有値の平方根である．   □

全射であることの証明には，次の Stone-Weierstrass の定理が使われる．まず，言葉の準備から始める．

Banach*環 A の部分集合 $\{x\in A\,|\,x^*=x\}$ を A の**実部**といい A_h で表す．一般に，A の元 x は

$$x = \frac{1}{2}(x+x^*) + i\frac{1}{2i}(x-x^*) \in A_h + iA_h$$

と表される．右辺の元 $2^{-1}(x+x^*)$，$(2i)^{-1}(x-x^*)$ をそれぞれ x の**実部**，**虚部**という．コンパクト空間 Ω 上の連続関数環 $C(\Omega)$ の実部 $C(\Omega)_h$ は実 Banach 環である．$C(\Omega)_h$ の 2 元 f,g に対し，

$$(f \vee g)(\omega) = \frac{1}{2}\{f(\omega) + g(\omega) + |f(\omega) - g(\omega)|\}$$

$$(f \wedge g)(\omega) = \frac{1}{2}\{f(\omega) + g(\omega) - |f(\omega) - g(\omega)|\}$$

とすれば，$f\vee g, f\wedge g$ はともに連続関数であって，$C(\Omega)_h$ の元になる．これらを，それぞれ，f と g の上限，下限といい，一般に，上限と下限の演算で閉じた集合を束という．とくに，

56　1　関数解析からの準備

$$f_+ = f \vee 0, \quad f_- = -(f \wedge 0)$$

を f の正部分，負部分という．これらは，$f=f_+-f_-$ かつ $f_+f_-=0$ を満たしている．明らかに，$|f|=f_++f_-$ かつ $\|f\|=\max\{\|f_+\|, \|f_-\|\}$ である．

定理 1.11.2(Stone-Weierstrass)　Ω をコンパクト空間とする．C^* 環 $C(\Omega)$ の部分*多元環 A が次の条件を満たせば，A は $C(\Omega)$ において稠密である．

(i)　A は Ω の点を分離する．つまり，Ω の異なる 2 点 ω, ω' に対し，$f(\omega)$
　　$\neq f(\omega')$ となる A の元 f が存在する．

(ii)　$1 \in A$.　　　　　　　　　　　　　　　　　　　　　　　　　　□

[証明]　A の閉包を改めて A とし，A が $C(\Omega)$ と一致することを示す．まず，A_h が束の演算で閉じていることを示そう．そのためには，A_h の任意の元 f の絶対値 $|f|$ がふたたび A_h の元であることを示せばよい．$|f|^2=f^*f$ は A_h の元である．定数倍をすることにより，$|f|\leqq 1$ と仮定することができる．Weierstrass の定理により，閉区間 $[0,1]$ において，平方根の関数をノルム近似する多項式の列 $\{p_n\}_n$ が存在する．これを用いれば，$|f|$ は列 $\{p_n(|f|^2)\}_n$ によりノルム近似される．したがって，$|f|$ は A_h の元である．

A_h は実 Banach 環 $C(\Omega)_h$ の部分多元環である．A の $C(\Omega)$ における稠密性は，A_h の $C(\Omega)_h$ における稠密性に帰着される．A_h は A と同じ条件 (i), (ii) を満たしている．

条件 (i) より，Ω の相異なる 2 点 ω, ω' において，異なる値をもつ A_h の関数 h が存在する．任意の実数 λ, λ' に対して定まる数

$$\alpha = \frac{\lambda - \lambda'}{h(\omega) - h(\omega')}, \quad \beta = \frac{\lambda' h(\omega) - \lambda h(\omega')}{h(\omega) - h(\omega')}$$

を用いて，$g=\alpha h+\beta$ と置く．条件 (ii) により，g は A_h の元で，$g(\omega)=\lambda, g(\omega')=\lambda'$ となる．

さて，f を $C(\Omega)_h$ の任意の元とする．上の議論を用いれば，Ω の 2 点 ω, ω' において f と同じ値をもつ A_h の元が存在する．これを $g_{\omega,\omega'}$ とする．関数 $g_{\omega,\omega'}-f$ の連続性により，任意の $\varepsilon>0$ に対し，ω' のある開近傍 $U(\omega')$ が存在し，その上で $g_{\omega,\omega'}(\omega'')<f(\omega'')+\varepsilon$ となる．このとき，$\Omega=\bigcup_{\omega'} U(\omega')$ となるが，Ω はコンパクトであるから，Ω の有限部分被覆 $\{U(\omega'_1), \cdots, U(\omega'_n)\}$ が存在し

て，$\Omega=\bigcup_{i=1}^{n} U(\omega_i')$ となる．ここで，$g_\omega=\bigwedge_{i=1}^{n} g_{\omega,\omega_i'}$ と置けば，Ω 上で $g_\omega(\omega'')<f(\omega'')+\varepsilon$ かつ $g_\omega(\omega)=f(\omega)$ である．関数 $g_\omega-f$ の連続性により，ω のある開近傍 $V(\omega)$ 上で $g_\omega(\omega'')>f(\omega'')-\varepsilon$ となる．したがって，上と同様にして，有限個の $\omega_1,\cdots,\omega_m$ が存在して，$\Omega=\bigcup_{j=1}^{m} V(\omega_j)$ となる．ここで，$g=\bigvee_{j=1}^{m} g_{\omega_j}$ と置けば，Ω 上で $g(\omega'')>f(\omega'')-\varepsilon$ となり，したがって，$\|g-f\|<\varepsilon$．よって，A_h は $C(\Omega)_h$ において稠密である．ゆえに，A も $C(\Omega)$ において稠密であり，$C(\Omega)$ と一致する． ∎

定理 1.11.3 (i) 単位的可換 C^* 環 A はその指標空間 Γ 上の連続関数環 $C(\Gamma)$ と等長同型である．

(ii) 単位的可換 C^* 環 A が，あるコンパクト空間 Ω 上の連続関数環 $C(\Omega)$ と同型ならば，Ω は A の指標空間 Γ と同相である． □

[証明] (i) Γ を可換 C^* 環 A の指標空間とする．Gelfand 表現の像 $\{\hat{x}|x\in A\}$ を $\hat{A}$ と置く．$\hat{A}$ は連続関数環 $C(\Gamma)$ の部分多元環である．この $\hat{A}$ が Stone-Weierstrass の定理の 2 つの条件を満たすことは，容易に確かめられるので，$\hat{A}$ が $C(\Gamma)$ の部分*多元環になることさえ示せば，$\hat{A}=C(\Gamma)$ となることがわかる．そのためには，$\widehat{x^*}=\overline{\hat{x}}$ を示せばよい．x が自己随伴な場合には，任意の $\chi\in\hat{A},\lambda\in\mathbb{R}$ に対して

$$(\lambda-\mathrm{Im}\,\chi(x))^2 \leqq |i\lambda-\chi(x)|^2 \leqq \|i\lambda 1-x\|^2$$
$$= \|(i\lambda 1-x)^*(i\lambda 1-x)\| = \|\lambda^2 1+x^*x\| \leqq \lambda^2+\|x\|^2.$$

λ は任意であるから，$\mathrm{Im}\,\chi(x)=0$．任意の $x\in A$ は自己随伴な元 x_1,x_2 によって $x=x_1+ix_2$ と表せるので

$$\chi(x^*) = \chi(x_1)-i\chi(x_2) = \overline{\chi(x)}$$

である．すなわち，$\widehat{x^*}=\overline{\hat{x}}$ である．

(ii) つぎに，A があるコンパクト空間 Ω 上の連続関数環 $C(\Omega)$ と同型ならば，Ω は Γ と同相になることを示す．A と $C(\Omega)$ は同型であるから，以下それらの指標空間を同一視する．各 $\omega\in\Omega$ に対し，写像 $x\in C(\Omega)\mapsto x(\omega)$ は $C(\Omega)$ の指標である．したがって，集合 $\{x\in C(\Omega)|x(\omega)=0\}$ は $C(\Omega)$ の極大イデアルである．逆に，$C(\Omega)$ の極大イデアル J はいつでもこの形をしている．実

58   1 関数解析からの準備

際, 各 $\omega \in \Omega$ に対して, $x_\omega(\omega) \neq 0$ を満たす $x_\omega \in J$ が存在したとすれば, $\Omega = \bigcup_{\omega \in \Omega} \{\omega' | x_\omega^* x_\omega(\omega') \neq 0\}$ と表せる. Ω はコンパクトであるから, 有限個の $\omega_1, \cdots, \omega_n$ があって $\Omega = \bigcup_{i=1}^{n} \{\omega' | x_{\omega_i}^* x_{\omega_i}(\omega') \neq 0\}$. ここで $x = \sum_{i=1}^{n} x_{\omega_i}^* x_{\omega_i}$ と置くと, すべての ω に対して $x(\omega) \neq 0$. ゆえに $C(\Omega)$ に逆元 x^{-1} が存在し, $J = C(\Omega)$ となり, 矛盾が生じる. ゆえに, Ω と $C(\Omega)$ の指標空間の間には全単射があり, それは同相写像である. なぜなら, 指標は $\chi_\omega(x) = x(\omega)$ と表すことができ, 写像 $\omega \mapsto \chi_\omega(x)$ は連続であるから, 写像 $\omega \in \Omega \mapsto \chi_\omega \in \Gamma$ は連続である. ゆえに, Ω はそのコンパクト性により Γ と同相である. ∎

つぎに, 必ずしも単位元をもたない, 一般の場合を考えてみよう. f を局所コンパクト空間 Ω 上の連続関数とする. 任意の $\varepsilon > 0$ に対し,

$$\omega \in \Omega \backslash K \Rightarrow |f(\omega)| < \varepsilon$$

を満たすコンパクト部分集合 K が存在するとき, f は**無限遠で 0 になる**という. このような連続関数の全体はノルム

$$\|f\| = \sup\{|f(\omega)| \mid \omega \in \Omega\}$$

に関して可換 C^* 環になる. これを, $C_\infty(\Omega)$ で表す.

定理 1.11.4　可換 C^* 環 A の指標空間を Ω とすれば, Ω は局所コンパクト空間であり, Gelfand 表現は A から可換 C^* 環 $C_\infty(\Omega)$ への等長同型写像である. □

[証明]　A に単位元を付加した単位的 C^* 環を $\widetilde{A}$ とする. $\widetilde{A}$ はその指標であるコンパクト空間 Γ 上の連続関数環 $C(\Gamma)$ と同一視することができる. A は $\widetilde{A}$ の閉イデアルである. さらに, A の $\widetilde{A}$ における余次元は 1 であるから, A は $\widetilde{A}$ の極大閉イデアルである. これに対応する指標を $\omega_0 \in \Gamma$ とすれば,

$$x \in A \iff \omega_0(x) = 0.$$

ゆえに, $A = \{f \in C(\Gamma) | f(\omega_0) = 0\}$. ここで, $\Omega_0 = \Gamma \backslash \{\omega_0\}$ とすれば, Ω_0 は局所コンパクト空間である. Ω_0 の元は A の指標と同一視することができるので, 連続な埋蔵 $\omega \in \Omega_0 \mapsto \omega|_A \in \Omega$ を得る. 逆に, A の指標 $\chi \in \Omega$ に対しては, $\widetilde{\chi}(x + \lambda) = \chi(x) + \lambda$ と置くことにより, $\widetilde{A}$ の指標 $\widetilde{\chi}$ が得られ, $\widetilde{\chi} \neq \omega_0$ となるの

で，$\tilde{\chi}|_A=\chi$ かつ $\tilde{\chi}\in\Omega_0$．よって，この埋蔵も連続であり，指標空間 Ω は局所コンパクト空間 Ω_0 と同相になり，しかも，$A=C_\infty(\Omega)$ となる． ∎

上の指標 ω_0 はしばしば Ω_0（または Ω）の無限遠点と呼ばれる．

例 1.11.5　定理 1.11.4 と同じように，可換 Banach 環 A の指標空間も局所コンパクト空間になる．したがって，Gelfand 表現は A から $C_\infty(\Omega)$ への準同型写像である．一般に，局所コンパクト群 G 上には左不変 Haar 測度 μ が存在することが A. Haar により示された．G の任意の Borel 集合 B に対して $\mu(Bt)=\Delta(t)\mu(B)$ を満たす定数 $\Delta(t)$ が存在する．この Δ はモジュラー関数と呼ばれる $\mathbb{R}$ 上の乗法的関数である．局所コンパクト群が可換，コンパクトまたは離散の場合にはモジュラー関数は恒等的に 1 を値にもつ．

さて，G 上で μ に関して可積分な関数のうち，ほとんど至る所で一致するものを同一視して得られる関数空間を $L^1(G)$ で表せば，この空間は各点ごとに定まる和と定数倍のほか，次の畳み込み積，対合およびノルム

$$(f*g)(t) = \int_G f(s)g(s^{-1}t)d\mu(s), \quad f^*(t) = \overline{f(t^{-1})}\Delta(t)^{-1},$$

$$\|f\|_1 = \int_G |f(t)|\,d\mu(t)$$

により半単純な Banach*環になる．群 G が可換な場合には，例 1.10.7 と同じように，Fourier 変換が $L^1(G)$ からその指標空間 Γ 上の $C_\infty(\Gamma)$ の中への Gelfand 表現を導く．このとき，Γ は Pontrjagin の双対定理で知られた，G の双対群になっている． ⬜

注　（Herglotz-Bochner）　複素数列 $\{a_n\}_{n\in\mathbb{Z}}$ で $\sup_{n\in\mathbb{Z}}|a_n|<+\infty$ を満たすもの全体のなすベクトル空間を $l^\infty(\mathbb{Z})$ で表す．この上で $\|\{a_n\}_n\|_\infty=\sup_{n\in\mathbb{Z}}|a_n|$ はノルムになり，$l^\infty(\mathbb{Z})$ は Banach 空間である．例 1.10.7 で説明した $l^1(\mathbb{Z})$ から $C([0,1])$ への Gelfand 表現（逆 Fourier 変換）π により，$C([0,1])$ 上の有界線形汎関数 μ は $l^1(\mathbb{Z})$ 上の有界線形汎関数 $\mu\circ\pi$ に移される．$l^1(\mathbb{Z})$ の双対空間は $l^\infty(\mathbb{Z})$ と同一視できるので，この汎関数は有界列 $\{a_n\}_n$ で表せる．このとき，任意の非負値関数 $f\in C([0,1])$ に対して $\mu(f)\geqq0$ が成り立つことと，列 $\{a_n\}_n$ が正定値であること，つまり任意の有限列 $\{c_n\}_n$ に対して

60　1　関数解析からの準備

$$\sum_{n,m} c_m a_{m-n} \overline{c_n} \geqq 0$$

が成り立つことは必要十分である．逆に正定値な列には上のように $C([0,1])$ 上の（正）線形汎関数が対応している．　　　　　　　　　　　　□

系 1.11.6　Ω_1, Ω_2 を局所コンパクト空間とする．$C_\infty(\Omega_1)$, $C_\infty(\Omega_2)$ が同型であることと，Ω_1, Ω_2 が同相であることは同値である．このとき，同型写像 $\pi: C_\infty(\Omega_1) \to C_\infty(\Omega_2)$ と同相写像 $\rho: \Omega_2 \to \Omega_1$ は $\pi(x)(\omega) = x(\rho(\omega))$ で結ばれている．　　　　　　　　　　　　　　　　　　　　　　　　□

これにより，局所コンパクト空間 Ω に関する議論を，連続関数環 $C_\infty(\Omega)$ を用いて言いなおすことができる．また，その逆もいえる．

注　(i) Ω を局所コンパクト空間とする．可換 C^*環 $C_\infty(\Omega)$ に単位元を付加した C^*環はコンパクト空間 Γ 上の連続関数環 $C(\Gamma)$ と同型になる．定理 1.11.4 の証明からわかるように，Γ は Ω の1点コンパクト化と見なせる．とくに，$\Omega = \mathbb{N}$ の場合に単位元を付加した C^*環は収束列全体からなり，無限遠点に対応する指標 χ_∞ に対して $\chi_\infty(\{x_n\}_n) = \lim_{n\to\infty} x_n$ が成り立つ．

(ii) 完全正則な空間 Ω 上の有界連続関数の全体 $C_b(\Omega)$ は可換 C^*環である．したがって，これはあるコンパクト空間 Ω' 上の連続関数環 $C(\Omega')$ と同型になる．この Ω' は Stone-Čech のコンパクト化といわれ，$\beta\Omega$ で表される．これは，Ω のコンパクト化の中でも，最大であることが知られている．とくに，$\Omega = \mathbb{N}$ の場合には，任意の $\omega \in \beta\mathbb{N} \backslash \mathbb{N}$ と $\mathbb{C}$ における有界点列 $\{x_n\}_n$ に対して定まる値 $\chi_\omega(\{x_n\}_n)$ を $\lim_{n\to\omega} x_n$ で表す．　　　　　　　　　□

Hilbert 空間上の作用素 $x \in \mathscr{L}(\mathscr{H})$ が正規ならば，$x^*x = xx^*$ である．x と 1 の生成する C^*環 A は可換かつ単位的である．したがって，コンパクト空間 Γ を用いて，$A = C(\Gamma)$ と表せる．ゆえに，x は Γ 上の連続関数と同一視でき，x のスペクトルは $x(\Gamma)$ で与えられる．$\omega \in \Gamma \mapsto x(\omega) \in x(\Gamma)$ は単射であるから Γ は $\mathrm{Sp}(x)$ と同相である．正規であるという仮定のもとでは，x がユニタリ（または自己随伴）であることと，スペクトルが複素平面の単位円周（または実軸）に含まれることは同値である．また，Hilbert 空間が有限次元の場合には，指標空間が有限集合であるから，これを $\{\chi_1, \cdots, \chi_n\}$ とする．Γ 上の連続関数 $\hat{e}_i$ を $\hat{e}_i(\chi_j) = \delta_{ij}$ で定義すれば，A の元 e_i で，Gelfand 表現により $\hat{e}_i$ に対

応しているものがある.これを用いると,x は $x=\sum_{i=1}^{n}\chi_i(x)e_i$ と表され,正規な行列の対角化が得られる.このとき,x の固有値 $\chi_i(x)$ の重複度は $\dim e_i\mathscr{H}$ で与えられる.

命題 1.11.7 x を正規作用素とする.x と恒等作用素 1 の生成する単位的可換 C^* 環を A,その Gelfand 表現を $y\in A\mapsto\hat{y}\in C(\Gamma)$ とする.f が $\mathrm{Sp}(x)$ 上の連続関数ならば,$\widehat{f(x)}=f\circ\hat{x}$ となる A の元 $f(x)$ が一意的に定まる. ☐

このときの対応 $f\mapsto f(x)$ を**汎関数算法**という.これは $C(\mathrm{Sp}(x))$ から A への同型写像で

$$(f+g)(x)=f(x)+g(x),\quad(\lambda f)(x)=\lambda f(x),$$
$$(fg)(x)=f(x)g(x),\quad\overline{f}(x)=f(x)^*$$

を満たしており,$\mathbb{C}$ の閉部分集合 $\mathrm{Sp}(x)$ 上の連続関数から作用素への対応という意味で,量子化への手懸かりを与える結果と解釈することができる.とくに,正規作用素 x のスペクトルが離散的な場合には,各 $\lambda\in\mathrm{Sp}(x)$ に台をもちそこで値 1 をもつ $\mathrm{Sp}(x)$ 上の連続関数 f は $f^2=\overline{f}=f$ を満たし,$xf(x)-\lambda f(x)=0$ となるので,作用素 $f(x)$ は固有値 λ の固有空間への射影作用素になる.

注 可換 C^* 環に関する Gelfand-Naimark の定理は第 2 次世界大戦の最中にソ連において結果だけが発表されていた.当時は通信手段が不自由であったため,西欧ではその別証明が考えられ,中でも R. Arens による証明の部分はその愁眉を開いた.後に第 1.14 節第 2 項で述べる GNS 構成法に名前を連ねる,Gelfand-Naimark と Segal もそのような事情による. ☐

1.12 コンパクト凸集合

無限次元空間における幾何学的対象の中で,最も基本的なものがコンパクト凸集合である.ここでは,その幾何学的特徴づけを与えた Krein-Milman の定理と,後に Banach 環の部分集合が閉であることを確認する際に威力を発揮する Banach の定理を紹介する.

1.12.1 Kreĭn-Milman の定理

A をベクトル空間 E の凸部分集合($\xi, \eta \in A,\ \lambda \in [0,1] \Rightarrow \lambda\xi + (1-\lambda)\eta \in A$)とする.$A$ の元 ξ_0 が,A に含まれるどの線分の内点にもなり得ないとき,つまり

$$\xi_0 = \lambda\xi + (1-\lambda)\eta,\ \xi, \eta \in A,\ 0 < \lambda < 1 \Rightarrow \xi = \eta = \xi_0$$

が成り立つとき,ξ_0 を A の**端点**といい,端点の全体を $\mathrm{ex}(A)$ で表す.

B を E の部分集合とする.B を含む最小の凸集合

$$\left\{ \sum_{i=1}^{n} \lambda_i \xi_i \ \middle|\ \xi_i \in B,\ \sum_{i=1}^{n} \lambda_i = 1,\ \lambda_i \geqq 0 \right\}$$

を B の**凸包**といい,$\mathrm{co}(B)$ で表す.さらに,E が局所凸空間の場合には,その閉包を**閉凸包**といい,$\overline{\mathrm{co}}(B)$ で表す.

定理 1.12.1(Kreĭn-Milman) E を局所凸空間とする.E の部分集合 A がコンパクト凸集合ならば,$A = \overline{\mathrm{co}}(\mathrm{ex}(A))$. $\square$

[証明](J. L. Kelley) B を A の凸部分集合とする.A に含まれる線分のある内点が B に含まれれば,線分全体が B に含まれるとき,B を A の台ということにする.とくに,B が1点からなる集合のときは,その点が A の端点である.さて,A の空でない閉台の全体を $\mathscr{F}_A$ とする.$A \in \mathscr{F}_A$ であるから,$\mathscr{F}_A$ は空ではない.$\mathscr{F}_A$ に集合の包含関係と逆方向の順序を入れる.$\mathscr{F}_A$ の全順序部分集合 $\{B_i | i \in I\}$ は必ず上限 $\bigcap_{i \in I} B_i \in \mathscr{F}_A$ をもつ.この上限が空でないことは,コンパクト性による.凸であることと,台であることは,定義より明らかである.したがって,Zorn の補題により,$\mathscr{F}_A$ に極大元 B_0 が存在する.

以下,係数体を実数 $\mathbb{R}$ に制限して話を進める.B_0 が相異なる2点 ξ, η を含むとする.$\xi \neq \eta$ であるから,Hahn-Banach の分離定理により,$f(\xi) \neq f(\eta)$ を満たす連続線形汎関数 f が存在する.f が B_0 上で取る値の上限を m とし,$C = \{\zeta \in B_0 | f(\zeta) = m\}$ と置けば,C は空でない凸集合で,しかも B_0 の真部分集合になっている.B_0 に含まれる線分 l のある内点が C に含まれれば,f が線分 l 上で取る値は恒等的に m になるので,$l \subset C$.ゆえに,C は B_0 の台である.したがって,C は A の台でもある.これは,B_0 の極大性と矛盾する.よって,B_0 は1点集合でなければならない.ゆえに,$\mathrm{ex}(A) \neq \emptyset$ である.

つぎに，$D=\overline{\mathrm{co}}(\mathrm{ex}(A))$ とする．包含関係 $D \subset A$ は明らかであるから，この包含関係が等号になることを示す．そこで，D は A の真部分集合とする．ここでも，係数体を実数 $\mathbb{R}$ に制限する．D は閉凸集合であるから，再び Hahn-Banach の分離定理により，$\xi \in A \backslash D$ に対し，E 上の連続線形汎関数 f で不等式

$$\sup\{f(\eta) \mid \eta \in D\} < f(\xi)$$

を満たすものがある．f が A 上で取る値の上限を m' とし，$B=\{\eta \in A | f(\eta)=m'\}$ と置けば，$B \cap D = \emptyset$ かつ $B \in \mathscr{F}_A$．B に含まれる $\mathscr{F}_A$ の元だけに対して前半の議論を適用すれば，B に含まれる $\mathscr{F}_A$ の極大元が存在する．したがって，$B \cap \mathrm{ex}(A) \neq \emptyset$ となり，$\mathrm{ex}(A) \subset D$ と矛盾する．ゆえに，$A=D$. ∎

　*多元環 A 上の線形汎関数 φ が

$$x \in A \Rightarrow \varphi(x^*x) \geqq 0$$

を満たすとき，φ は**正**または**非負**であるという．局所コンパクト空間 Ω 上でコンパクトな台をもつ連続関数全体のなす集合を $\mathscr{K}(\Omega)$ で表す．これは C^*環 $C_\infty(\Omega)$ の稠密な部分*多元環である．いま A が $\mathscr{K}(\Omega)$ の場合には，Riesz の定理により，正線形汎関数 φ は局所コンパクト空間 Ω 上の Radon 測度（局所有限な内部正則 Borel 測度）μ を用いて，

$$\varphi(f) = \int_\Omega f(\omega) d\mu(\omega) \quad (f \in C_\infty(\Omega))$$

と一意的に表される[14]．とくに，φ が C^*環 $C_\infty(\Omega)$ 上の有界線形汎関数の場合には，μ は全変動 $|\mu|$ が有限な複素数値測度である．

　定義 1.12.2　Banach*環 A 上の正線形汎関数で，ノルムが 1 のものを**状態**という．また状態全体のなす集合を**状態空間**といい，$S(A)$ で表す．　□

　C^*環 A が単位元をもつ場合には，状態空間 $S(A)$ は双対空間 A^* の単位球の閉部分集合であるから，弱*位相に関してコンパクトである．したがって，Kreĭn-Milman の定理により，必ず端点が存在する．後の命題 1.15.5 により，

---

14)　竹之内脩：ルベーグ積分，現代数学レクチャーズ B-7, 培風館(1980).

64   1 関数解析からの準備

端点になっている状態は**純粋状態**の幾何学的記述であることがわかる.

注   量子力学では, 観測する物理状態と物理量(観測器具)を複素 Hilbert 空間のノルムが1のベクトルと, その上の線形作用素に対応させ, 状態 ξ において物理量 a が取る(観測値の)期待値(平均値)を $|(a\xi|\xi)|$ であると解釈する. このときの, 汎関数 $a\in A\mapsto(a\xi|\xi)$ が C^*環 A の状態である. このようにベクトルを用いて表される状態 ω_ξ を**ベクトル状態**という.   ☐

定理 1.12.3 A を単位的可換 C^*環とする. その指標空間を Γ とすれば, $\Gamma=\mathrm{ex}(S(A))$ である.   ☐

[証明] $\Gamma\subset S(A)$ は明らかである. Gelfand 表現により, $A=C(\Gamma)$ とする. 指標空間 Γ の元 χ は, Riesz の定理により, 1点 χ に台をもつ Radon 測度である. したがって, $\chi\in\mathrm{ex}(S(A))$. 逆に, $\varphi\in\mathrm{ex}(S(A))$ とする. 非負値関数 $x\in C(\Gamma), 0\leqq x\leqq 1$ に対し,

$$\varphi_x(y) = \varphi(xy), \quad \varphi_{1-x}(y) = \varphi((1-x)y)$$

とする. これら2つの関数は連続関数環 $C(\Gamma)$ 上の正線形汎関数である. $\varphi(x)=0$ ならば, $\varphi_x(1)=0$ となるので, $\varphi_x=0$. ゆえに, $\varphi(xy)=0=\varphi(x)\varphi(y)$. 同様に, $\varphi(1-x)=0$ の場合にも, $\varphi(xy)=\varphi(x)\varphi(y)$. また, $\varphi(x)\neq 0$ かつ $\varphi(1-x)\neq 0$ の場合には, φ が $S(A)$ の端点であることを用いると, $\varphi=\varphi(x)^{-1}\varphi_x$. ゆえに, $\varphi(xy)=\varphi(x)\varphi(y)$. 連続関数環 $C(\Gamma)$ の元は4つの非負値関数の1次結合で表されるので, φ は $C(\Gamma)$ において乗法的である. ゆえに, $\varphi\in\Gamma$.   ∎

注   単位的 C^*環が可換な場合には, 純粋状態の空間, 指標空間, 極大イデアルの空間の間に,

$$\mathrm{ex}(S(A)) \to \Gamma \to \mathfrak{M}$$

のような, 全単射が存在することがわかった. 位相的にも, 前の2つは弱*位相で, 最後は包核位相(Jacobson 位相)で, 同相になっている. 可換でない場合にも, Γ を既約表現の同値類の空間に Jacobson 位相を入れたもので置き換えれば, これらの対応は全射になる. しかし, 必ずしも単射ではないことが後にわかる.   ☐

命題 1.12.4(Kadison) C^*環 A の状態空間 $S(A)$ の部分集合 S が分離条件

$$\forall x \in A : x \neq 0 \Rightarrow (\exists \varphi \in S : \varphi(x) \neq 0)$$

を満たせば，$\mathrm{ex}(S(A))$ は S の弱*閉包に含まれる． □

この定理の証明は省く[15]．次の命題は Glimm[16] による．

命題 1.12.5 単位的 C^*環 A がコンパクト作用素環 $\mathscr{K}(\mathscr{H})$ を含み，A 上の状態 φ が $\mathscr{K}(\mathscr{H})$ 上で 0 となるときは，φ はベクトル状態の集合 $\{\omega_\xi | \xi \in \mathscr{H}, \|\xi\|=1\}$ の弱*閉包に属する． □

[証明] 商 C^*環 $A/\mathscr{K}(\mathscr{H})$ 上の純粋状態を C^*環 A 上へ引き戻したものは，A 上の純粋状態である．したがって，$\mathscr{K}(\mathscr{H})$ 上で 0 となっている状態 φ を $A/\mathscr{K}(\mathscr{H})$（命題 1.13.10 参照）上の状態に読み替え，Kreĭn-Milman の定理を用いれば，状態 φ は集合

$$\{\psi \in \mathrm{ex}(S(A)) \mid \psi(x) = 0 \, (x \in \mathscr{K}(\mathscr{H}))\}$$

の凸包の弱*閉包に属することがわかる．そこで，この集合に属する元 $\psi_i (i= 1, \cdots, n)$ の凸1次結合 $\sum_{i=1}^{n} \lambda_i \psi_i (\lambda_i \geqq 0, \sum_{i=1}^{n} \lambda_i=1)$ がベクトル状態の集合の弱*閉包に属すること，つまり，任意の $x_1, \cdots, x_s \in A_h (x_1=1)$ に対して

$$\exists \xi \in \mathscr{H} \; \forall j \in \{1, \cdots, s\} : \left| \left(\sum_{i=1}^{n} \lambda_i \psi_i \right)(x_j) - \omega_\xi(x_j) \right| < 1$$

を示せばよい．各 $\psi_i (i=1, \cdots, n)$ に対して条件

$$\begin{cases} (x_j \xi_i | \xi_k) = 0 & (j = 1, \cdots, s, \; i < k) \\ |\psi_i(x_j) - \omega_{\xi_i}(x_j)| < 1 & (j = 1, \cdots, s, \; i = 1, \cdots, n) \end{cases}$$

を満たすベクトル ξ_i を，以下のようにして，順次決める．このとき，ψ_1 は純粋状態であり，ベクトル状態の集合は分離条件を満たすので，命題 1.12.4 により，$|\psi_1(x_j) - \omega_{\xi_1}(x_j)| < 1 \; (j=1, \cdots, s)$ を満たす規格ベクトル ξ_1 が存在する．つぎに，$\xi_1, \cdots, \xi_{m-1}$ までが決まったとし，集合 $\{x_j \xi_i | j=1, \cdots, s, \; i=1,$

---

15) R. V. Kadison: Representations of operator algebras, *Ann. of Math.*, **66** (1957), 304-375.

16) J. Glimm: A Stone-Weierstrass theorem for C^*-algebras, *Ann. of Math.*, **72**(1960), 216-244.

$\cdots, m-1\}$ の張る閉部分空間への射影を p とし $q=1-p$ と置く. p は有限次元であり, A は単位的であるから, $p, q \in A$. また ψ_m は $\mathscr{K}(\mathscr{H})$ 上で 0 になるから, ψ_m を A の部分 C^* 環 qAq へ制限したものも純粋状態である. したがって, 命題 1.12.4 により, ψ_m を制限した状態は qAq 上のベクトル状態で弱*近似することができ,

$$|\psi_m(x_j) - \omega_{\xi_m}(x_j)| < 1 \quad (j=1, \cdots, s)$$

を満たす規格ベクトル $\xi_m \in q\mathscr{H}$ が存在する. p の決め方から, 任意の $i=1, \cdots, m-1$ と $j=1, \cdots, s$ に対して $(x_j\xi_i|\xi_m)=0$. これで $\xi_i (i=1, \cdots, n)$ がすべて得られた. ここで, $\xi = \sum_{i=1}^{n} \sqrt{\lambda_i}\xi_i$ とすれば, 求める評価式が得られる. ∎

1.12.2 閉凸包の性質

Banach 空間 E の部分集合 A が, 0 の任意な近傍 U に対して, E の有限部分集合 $\{\eta_1, \cdots, \eta_m\}$ が存在して, $A \subset \bigcup_{i=1}^{m}(U+\eta_i)$ と表せるとき, A は**全有界**であるという.

補題 1.12.6 Banach 空間では, 完備な全有界集合はコンパクトである. ∎

[証明] E を Banach 空間, A をその完備な全有界集合とする. $\{\xi_n\}_n$ を A の任意な無限点列とする. これが収束部分列をもてば, A はコンパクトである. 集合 A は全有界であるから, E の単位球を B とすれば, $A \subset \bigcup_{i=1}^{m}(B+\eta_i)$ を満たすベクトル $\eta_1, \cdots, \eta_m$ が存在する. このとき, $\{\xi_n\}_n$ の無限部分列 $\{\xi_n^1\}_n$ を含む $B+\eta_{i_0}$ が存在する. $\zeta_1 = \eta_{i_0}$ と置く.

B の代わりに $2^{-k}B(k \in \mathbb{N})$ に対して, この議論を繰り返すと, 次のような 2 つの列 $\{\xi_n^k\}_n$ と $\{\zeta_k\}_k$ が順次取れ,

$$\{\xi_n^k\}_n \text{ は } \{\xi_n^{k-1}\}_n \text{ の部分列で } \xi_n^k \in 2^{-k+1}B + \zeta_k$$

となっている. このとき,

$$\|\xi_1^{n+1} - \xi_1^n\| = \|(\xi_1^{n+1} - \zeta_n) - (\xi_1^n - \zeta_n)\|$$
$$\leqq \|\xi_1^{n+1} - \zeta_n\| + \|\xi_1^n - \zeta_n\| \leqq \frac{1}{2^{n-2}} \cdot$$

ゆえに, 部分列 $\{\xi_1^n\}_n$ は Cauchy 列であり, E の完備性により, 収束する. ∎

命題 1.12.7 Banach 空間では，コンパクト集合の閉(絶対)凸包はコンパクトである． ▢

［証明］ 凸包の場合も絶対凸包の場合も同じように示せるので，後者の証明を示す．E を Banach 空間，A をそのコンパクト集合とする．B を A の絶対凸包とする．V を 0 の閉絶対凸近傍とすると，有限個の $\xi_i \in A$ があって，$A \subset \bigcup_{i=1}^{n}(V+\xi_i)$ となる．C を $\{\xi_1, \cdots, \xi_n\}$ の絶対凸包とする．C は，連続関数 $(\lambda_1, \cdots, \lambda_n) \mapsto \sum_{i=1}^{n}\lambda_i\xi_i$ による，コンパクト集合 $\{(\lambda_1, \cdots, \lambda_n) \mid \sum_{i=1}^{n}|\lambda_i| \leqq 1\}$ の像であるから，コンパクトである．$V+C$ は絶対凸であるから，$B \subset V+C$．したがって，$\overline{B} \subset \overline{V}+\overline{C}=V+C$．他方，$C$ のコンパクト性により，有限個の $\eta_i \in C$ が存在して，$C \subset \bigcup_{i=1}^{m}(V+\eta_i)$．ゆえに，$\overline{B} \subset \bigcup_{i=1}^{m}(2V+\eta_i)$ となり，$\overline{B}$ は完備かつ全有界である．よって，$\overline{B}$ はコンパクトである． ▮

定理 1.12.8(Banach) Banach 空間 E の双対空間 E^* における単位球を B^* とする．E^* の凸部分集合 C に対し，$C \cap rB^*$ がすべての $r>0$ に対して，$\sigma(E^*, E)$ 閉ならば，C は $\sigma(E^*, E)$ 閉である． ▢

［証明］ E において単位球を B とすれば，$(r^{-1}B)^\circ = rB^*$ である．W を E^* の部分集合とする．すべての $r>0$ に対して，$W \cap rB^*$ が rB^* 上の相対位相で $\sigma(E^*, E)$ 開となるような W の全体が生成する E^* における位相を $\mathscr{T}$ とすれば，$\sigma(E^*, E) \prec \mathscr{T} \prec \tau(E^*, E)$ となることを示す．まず，$W \cap B^*$ が B^* において $\sigma(E^*, E)$ 開であることを用いると，

$$(A_0)^\circ \cap B^* \subset W \cap B^*$$

を満たす有限部分集合 $A_0 \subset E$ が存在する．$B^* = B^\circ = \bigcap_{\xi \in B}\{\xi\}^\circ$ であるから，

$$(A_0)^\circ \cap \left(\bigcap_{\xi \in B}\{\xi\}^\circ\right) \cap 2B^* \subset W \cap 2B^*.$$

双対空間 E^* における閉球 $2B^*$ の $\sigma(E^*, E)$ コンパクト性により，左辺の各項 $(A_0)^\circ \cap \{\xi\}^\circ \cap 2B^*$ は $\sigma(E^*, E)$ コンパクトであり，右辺は $2B^*$ において相対 $\sigma(E^*, E)$ 開である．ここで $K_\xi = ((A_0)^\circ \cap \{\xi\}^\circ \cap 2B^*) \backslash (W \cap 2B^*)$ とすれば，K_ξ は $\sigma(E^*, E)$ 閉で $\bigcap_{\xi \in B}K_\xi = \emptyset$ を満たす．したがって，閉球 $2B^*$ のコンパクト性により，B の有限部分集合 A_1 で，$\bigcap_{\xi \in A_1}K_\xi = \emptyset$ を満たすものが存在する．したがって，

$$(A_0 \cup A_1)^\circ \cap 2B^* \subset W \cap 2B^*.$$

以下，帰納的に $n^{-1}B$ の有限部分集合 A_n を

$$(A_0 \cup A_1 \cup \cdots \cup A_n)^\circ \cap (n+1)B^* \subset W \cap (n+1)B^*$$

が成り立つように選び，$S = \bigcup_{i=0}^{\infty} A_i$ と置く．包含関係

$$S^\circ \cap (n+1)B^* \subset (A_0 \cup A_1 \cup \cdots \cup A_n)^\circ \cap (n+1)B^* \subset W$$

が任意の n に対して成り立つので，$S^\circ \subset W$．集合 S は E において，0 へ収束するベクトルの列である．他方，E において，0 へ収束する列全体のなす集合を $\mathscr{F}_\infty$ とし，$\{A^\circ | A \in \mathscr{F}_\infty\}$ の生成する E^* における位相を $\mathscr{T}_s$ とする．上の議論からわかるように，$\mathscr{T}_s$ は $\mathscr{T}$ よりも強い位相である．したがって，$\sigma(E^*, E) \prec \mathscr{T} \prec \mathscr{T}_s$．また，$A \in \mathscr{F}_\infty$ は 0 へ収束する列であるから，その閉絶対凸包はコンパクトである．もちろん，$\sigma(E, E^*)$ 位相に関してもコンパクトである．よって，$\mathscr{T}_s \prec \tau(E^*, E)$．これで，$\sigma(E^*, E) \prec \mathscr{T} \prec \tau(E^*, E)$ がわかった．したがって，Mackey-Arens の定理により，$E = (E^*, \mathscr{T})^*$ となる．ここで，E^* の凸部分集合 C に対し，$C \cap B_r^*$ がすべての $r > 0$ に対して $\sigma(E^*, E)$ 閉であるとする．上の議論により，C は $\mathscr{T}$ 位相に関しても閉集合である．したがって，命題 1.4.1 により，C は $\sigma(E^*, E)$ 閉である． ∎

　準完備空間においては，コンパクト集合の弱閉凸包もコンパクトになることが，Kreĭn により示されている．この事実も後に補題 2.6.31 の証明と第 2.9 節第 1 項において必要となるが，証明は少し込み入っているので付録で与えることにする．

1.13　C^*環の正錐

Banach*環の中でも，C^*環はスペクトルとの整合性がよく，自然に正錐を考えることができる．C^*環の実部はこの正錐により張られ，新たに順序ベクトル空間という構造を考えることができる．

　定義 1.13.1　C^*環 A の実部 A_h の元 x が $\mathrm{Sp}_A(x) \subset [0, \infty)$ を満たすとき，x

は**正**であるといい, $x \geqq 0$ で表す. また, 正の元全体からなる集合を A の**正部分**といい, A_+ で表す. □

下に述べる命題 1.13.3 により, 正部分 A_+ は凸錐の条件

$$A_+ + A_+ \subset A_+, \quad \mathbb{R}_+ A_+ \subset A_+$$

を満たすので, A の**正錐**と呼ばれることが多い. これにより, A_h には順序が入り, A_h の元 y, z に対し, 差 $y-z$ が正のとき, $y \geqq z$ と表す.

注 一般に, 実ベクトル空間 E に順序 $\leqq$ が与えられ,

$$\xi \leqq \eta \;\Rightarrow\; \xi + \zeta \leqq \eta + \zeta \quad (\zeta \in E), \quad \lambda\xi \leqq \lambda\eta \quad (\lambda \in \mathbb{R}_+)$$

を満たすとき, $(E, \leqq)$ を**順序ベクトル空間**という. C^*環 A の実部 A_h は上の順序に関して順序ベクトル空間になっている. □

補題 1.13.2 C^*環 A の実部 A_h の元 x が $\|x\| \leqq 1$ のとき, 次の 2 条件は同値である.

(i) $x \geqq 0$.

(ii) $\widetilde{A}$ において $\|1 - x\| \leqq 1$. □

[証明] $A \subset \widetilde{A}$ とする. A_h の元 x と単位元 1 により生成される単位的可換 C^*環 B の Gelfand 表現を $C(\Gamma)$ とする. 系 1.10.6 と第 1.9 節の注の (ii) により, $\mathrm{Sp}_B(x) = \hat{x}(\Gamma)$ かつ $\mathrm{Sp}_B(x) = \mathrm{Sp}_A(x)$. したがって, $x \geqq 0$ と, すべての $\omega \in \Gamma$ に対して $\hat{x}(\omega) \geqq 0$ が成り立つことは同値である. $|\hat{x}(\omega)| \leqq 1$ の場合には, $\hat{x}(\omega) \geqq 0$ と $|1 - \hat{x}(\omega)| \leqq 1$ が同値である. ゆえに, (i) と (ii) は同値である. ■

命題 1.13.3 C^*環 A に対し, その正部分を A_+ とする.

(i) A_+ は $A_+ \cap (-A_+) = \{0\}$ を満たす凸錐である.

(ii) A_+ は閉集合である.

(iii) A_h の元 x は $x_+ x_- = 0$ を満たす A_+ の 2 元 x_+, x_- を用いて $x = x_+ - x_-$ と一意的に表される.

(iv) $\|x\| = \max\{\|x_+\|, \|x_-\|\}$. □

[証明] (i) $\mathrm{Sp}_A(\lambda x) = \lambda \mathrm{Sp}_A(x)$ であるから, $\lambda \geqq 0$ ならば, $\lambda A_+ \subset A_+$. ゆえに, $\mathbb{R}_+ A_+ \subset A_+$.

x, y を A_+ の元とする. 正の定数倍をすることにより, $\|x\| \leqq 1, \|y\| \leqq 1$ と仮

70　1　関数解析からの準備

定できる. 以後, A を $\widetilde{A}$ に埋蔵して考える. 前の補題により, $\|1-x\|\leqq 1$ かつ $\|1-y\|\leqq 1$. したがって, $2^{-1}(x+y)\in A_h, \|2^{-1}(x+y)\|\leqq 1$ かつ

$$\left\|1 - \frac{1}{2}(x+y)\right\| \leq \frac{1}{2}(\|1-x\| + \|1-y\|) \leq 1.$$

再び補題により, $2^{-1}(x+y)\in A_+$. ゆえに $x+y\in A_+$.

$y\in A_+\cap(-A_+)$ ならば, $\mathrm{Sp}_A(y)=\{0\}$. $y^*=y$ であるから $\|y\|=r(y)=0$. よって, $y=0$.

(ii) 再び, $A\subset\widetilde{A}$ とする. $x_n\in A_+$ かつ $x_n\to x(x\in A)$ とする. 列 $\{x_n\}$ は有界であるから, $\|x_n\|\leqq 1, \|x\|\leqq 1$ と仮定できる. $x_n\in A_+$ であるから, $\|1-x_n\|\leqq 1$. したがって, $\|1-x\|\leqq 1$. ゆえに $x\in A_+$.

(iii) $x\in A_h$ とする. x の生成する可換 C^* 環の Gelfand 表現を $C_\infty(\Omega)$ とする. x の Gelfand 表現 $\hat{x}$ は実数値連続関数であるから, $\hat{x}$ は $C_\infty(\Omega)_+$ の元 $\hat{x}_+ =\hat{x}\vee 0$ と $\hat{x}_-=(-\hat{x})\vee 0$ の差として表せる. したがって A の元 x も A_+ の2元 x_+, x_- を用いて, $x=x_+-x_-, x_+x_-=0$ と表せる.

(iv) (iii)の記法をそのまま用いて

$$\|x\| = \|\hat{x}\| = \sup\{|\hat{x}(\omega)| \mid \omega \in \Omega\}$$
$$= \max\{\|\hat{x}_+\|, \|\hat{x}_-\|\} = \max\{\|x_+\|, \|x_-\|\}. \qquad ∎$$

補題 1.13.4　Banach 環 A の元 x, y に対し

$$\mathrm{Sp}_A(xy) \cup \{0\} = \mathrm{Sp}_A(yx) \cup \{0\}. \qquad □$$

［証明］　$\lambda\notin\mathrm{Sp}_A(xy)\cup\{0\}$ ならば, $\lambda 1-xy\in GL(\widetilde{A})$. $z=(\lambda 1-xy)^{-1}$ と置けば,

$$(\lambda 1 - yx)(1 + yzx) = \lambda 1 = (1 + yzx)(\lambda 1 - yx).$$

したがって, $\lambda 1-yx\in GL(\widetilde{A})$. ゆえに, $\lambda\notin\mathrm{Sp}_A(yx)\cup\{0\}$. x と y の役割を入れ換えると, 上の議論から, 逆の包含関係が成り立つ. ∎

命題 1.13.5　C^* 環 A の元 x に対し, 次の3条件は同値である.

(i)　$x\in A_+$.

(ii)　$x=h^2$ を満たす A_+ の元 h が存在する.

(iii) $x=y^*y$ を満たす A の元 y が存在する. □

[証明] (i)⇒(ii) 命題 1.11.7 を用いて,$h=x^{1/2}$ とすればよい.(ii)⇒(iii) は明らかである.

(ii)⇒(i) $x=h^2$ ならば,$\mathrm{Sp}_A(x)=\{\lambda^2|\lambda\in\mathrm{Sp}_A(h)\}\subset\mathbb{R}_+$.

(iii)⇒(ii) Gelfand 表現を用いて,y^*y の正の部分と負の部分を,A_+ の元 h,k を用いて,それぞれ $h^2,k^2\,(hk=0)$ とする.このとき,

$$(yk)^*yk = k(y^*y)k = k(h^2)k - k^4 = -k^4$$

が成り立つので,$(yk)^*yk\in-A_+$.つぎに,yk の実部と虚部をそれぞれ r_1,r_2 とする.このとき,

$$(yk)^*yk + yk(yk)^* = 2(r_1^2 + r_2^2)$$

となるから,$yk(yk)^*=2(r_1^2+r_2^2)+k^4$.命題 1.13.3 により,集合 A_+ は凸錐であるから,$yk(yk)^*\in A_+$.よって,補題 1.13.4 により,

$$\mathrm{Sp}_A((yk)^*(yk)) \cup \{0\} = \mathrm{Sp}_A((yk)(yk)^*) \cup \{0\} \subset \mathbb{R}_+.$$

ゆえに,$(yk)^*(yk)\in A_+$.上の結果を合わせると $(yk)^*(yk)$ は $A_+\cap(-A_+)=\{0\}$ に属する.したがって,$k=0$.ゆえに,$y^*y=h^2$. ■

系 1.13.6 A が $\mathscr{L}(\mathscr{H})$ の部分 C^* 環のときには,$x\in A_+$ であることと,任意の $\xi\in\mathscr{H}$ に対して $(x\xi|\xi)\geqq0$ が成り立つことは必要十分である. □

[証明] 必要性は命題 1.13.5 よりわかる.十分性は補題 1.7.7 による. ■

系 1.13.7 C^* 環 A の元に対し,$y^*x^*xy\leqq\|x\|^2y^*y$. □

[証明] $A\subset\widetilde{A}$ とする.補題 1.13.2 により,$x^*x\leqq\|x\|^21$.命題 1.13.5 により,$0\leqq z$ ならば $0\leqq y^*zy$.したがって,$0\leqq y^*(\|x\|^21-x^*x)y$. ■

定義 1.13.8 A を対合ノルム環とする.A の単位球 A_1 の実部 $A_1\cap A_h$ に含まれる有向系 $\{e_i\}_{i\in I}$ で

$$\lim_{i\in I}\|e_ix - x\| = 0 \quad (x \in A)$$

を満たすものを,**近似単位元**という. □

命題 1.13.9 (i)(Segal) C^* 環は単調増加 $(i\leqq j\Rightarrow0\leqq e_i\leqq e_j)$ な近似単位元

72 1 関数解析からの準備

$\{e_i\}_{i \in I}$ をもつ. C^*環が可分な場合には，単調増加な近似単位元を列に選ぶことができる.

(ii)（Pedersen）C^*環の開単位球と正錐との共通部分は通常の順序に関して近似単位元である. □

[証明] (i) C^*環 A に対して，$A \subset \tilde{A}$ とする. A_+ は通常の順序に関して有向集合である. そこで各 $x \in A_+$ に対して

$$e_x = \|x\|x(1 + \|x\|x)^{-1} = 1 - (1 + \|x\|x)^{-1}$$

と置いて得られる有向系 $\{e_x\}_{x \in A_+}$ が A の近似単位元であることを示す.

可逆な $x, y \in A_+$ に対して，$x \leqq y$ は $y^{-1/2}xy^{-1/2} \leqq 1$ と同値であり，したがって，$\|x^{1/2}y^{-1/2}\| \leqq 1$ とも同値である. $\|x^{1/2}y^{-1/2}\| = \|y^{-1/2}x^{1/2}\|$ であるから，$x^{1/2}y^{-1}x^{1/2} \leqq 1$ とも同値であり，したがって，$y^{-1} \leqq x^{-1}$ とも同値である. よって，$x \leqq y$ ならば $e_x \leqq e_y$ である. ここで任意の $z \in A$ に対して，$zz^* \leqq y$ ならば

$$(1 - e_y)zz^*(1 - e_y) \leqq (1 - e_y)y(1 - e_y) = y(1 + \|y\|y)^{-2} \leqq (4\|y\|)^{-1}1$$

となるので，$\|(1 - e_y)z\| \leqq (4\|y\|)^{-1/2}$. ゆえに，$\lim_{y \in A_+} \|(1 - e_y)z\| = 0$.

A が可分な場合には，A における稠密な列 $\{a_n\}_n$ を用いて新たに得られる列

$$\{e_{b_n}\}_n \quad \left(b_n = \sum_{i=1}^n a_i a_i^* \right)$$

が単調増加な A の近似単位元であることがわかる.

(ii) C^*環の開単位球と正錐との共通部分 B_+ から A_+ への対応 $a \mapsto y$

$$z = a(1 - a)^{-1}, \quad y = \|z\|^{-1/2}z$$

は順序を保存する全単射であり，$a = e_y$ を満たす. ゆえに，B_+ は $\{e_y \mid y \in A_+\}$ と表せ，有向系 $\{e_y\}_{y \in A_+}$ は有向集合 B_+ と同一視することができる. $e_y \leqq b$ ($b \in B_+$) ならば，任意の $z \in A$ に対して $z^*(1 - b)z \leqq z^*(1 - e_y)z$ であるから

$$\|(1 - b)z\|^2 \leqq \|(1 - b)^{1/2}z\|^2 \leqq \|z\| \|(1 - e_y)z\|$$

である. ゆえに, $\lim_{b \in B_+} \|bz - z\| = 0$ である.　∎

注 C^*環 A の両側イデアル J に対しては $\{a \in J \mid a \geqq 0, \|a\| < 1\}$ が閉包 $\overline{J}$ の近似単位元である.　□

命題 1.13.10(Kaplansky-Segal)　C^*環 A の閉両側イデアル J は部分*多元環であり, 商多元環 A/J は C^*環になる.　□

[証明]　集合 $B = \{x \in J \mid x^* \in J\}$ は部分 C^*環であるから単調増加な近似単位元 $\{e_i\}_{i \in I}$ をもつ. $x \in J$ とすると $xx^* \in B$ である.

$$\|x^*(1 - e_i)\|^2 = \|(1 - e_i)xx^*(1 - e_i)\| \leqq \|xx^*(1 - e_i)\|$$

であるから, $x^* = \lim_{i \in I} x^* e_i \in J$. したがって, $J = B$ である. よって, A/J は Banach*環である.

あとは C^*ノルムの条件を確かめればよい. 各 $x \in A$ に対して A/J の元 $x + J$ を $\dot{x}$ と置く. 任意の $\varepsilon > 0$ に対して, $\|y\| \leqq \|\dot{x}\| + \varepsilon$ を満たす $y \in \dot{x}$ が存在する.

$$\|\dot{x}\| \leqq \|x(1 - e_i)\| \leqq \|y(1 - e_i)\| + \|(x - y)(1 - e_i)\|$$
$$\leqq \|y\| + \|(x - y)(1 - e_i)\| \leqq \|\dot{x}\| + \varepsilon + \|(x - y)(1 - e_i)\|$$

である. $x - y \in J$ であるから, $\lim_{i \in I} \|(x-y)(1-e_i)\| = 0$ となる. したがって, $\|\dot{x}\| = \lim_{i \in I} \|x(1-e_i)\|$ である. 他方

$$\|x(1 - e_i)\|^2 = \|(1 - e_i)x^*x(1 - e_i)\| \leqq \|x^*x(1 - e_i)\|$$

であるから, $\|\dot{x}\|^2 \leqq \|\dot{x}^*\dot{x}\|$ である. 逆向きの不等式は明らかであるから, $\|\dot{x}\|^2 = \|\dot{x}^*\dot{x}\|$ である.　∎

1.14　正線形汎関数と巡回表現

Banach*環上に正線形汎関数が与えられると, それをもとに Hermite 的半双線形汎関数を考え, Banach 空間の議論を Hilbert 空間の議論に帰着させることができ, スペクトル論などの手法が使えるようになる. この意味で Banach*環, とりわけ C^*環の議論で正線形汎関数の果たす役割は基本的である.

74   1   関数解析からの準備

1.14.1   Banach*環上の正線形汎関数

A をノルム*環とする．A 上の線形汎関数 φ に対して，φ^* を $\varphi^*(x)=\overline{\varphi(x^*)}$ $(x\in A)$ で定義する．φ^* も A 上の線形汎関数である．φ が $\varphi^*=\varphi$ を満たすとき，φ は**自己随伴**であるという．任意の線形汎関数は

$$\varphi = \frac{1}{2}(\varphi+\varphi^*) + i\frac{1}{2i}(\varphi-\varphi^*)$$

と，自己随伴な線形汎関数の線形結合に表せる．ここで，$(1/2)(\varphi+\varphi^*)$，$(1/2i)(\varphi-\varphi^*)$ をそれぞれ φ の実部，虚部という．また，A 上の線形汎関数 φ が第 1.12 節第 1 項で述べた意味での正であるとき，つまり任意の $x\in A$ に対して $\varphi(x^*x)\geqq 0$ となるとき，$\varphi\geqq 0$ で表す．以後このような有界正線形汎関数の全体を A_+^* で表す．A が C^*環のときは，正線形汎関数は自己随伴である．

補題 1.14.1 C^*環 A に対して次のことが成り立つ．

(i) A_+^* は $A_+^*\cap(-A_+^*)=\{0\}$ を満たす凸錐である．

(ii) A_+^* は A^* の閉部分集合である．

(iii) $A_+=\{x\in A|\forall\ \varphi\in A_+^*:\varphi(x)\geqq 0\}=(A_+^*)^\circ$.   ☐

[証明]   (i)と(ii)は容易にわかるので，(iii)を示す．A_h^* を A 上の有界かつ自己随伴な線形汎関数全体の集合とする．双対ペア A_h, A_h^* で考えたとき，$A_+^*=(A_+)^\circ$ である．命題 1.13.3 により，A の正錐 A_+ は閉集合であるから，双極定理と命題 1.4.1 により $A_+=(A_+^*)^\circ$ となる．したがって，任意の $\varphi\in A_+^*$ に対して $\varphi(x)\geqq 0$ を満たす x は自己随伴であることを示せばよい．この場合には，$\varphi((2i)^{-1}(x-x^*))=0$ となる．したがって，

$$\frac{1}{2i}(x-x^*)\in(A_+^*)^\circ\cap(-(A_+^*)^\circ)=A_+\cap(-A_+)=\{0\}.$$

よって，$x\in A_h$．ゆえに，$x\in A_+$．   ▮

命題 1.14.2 φ が対合ノルム環上の正線形汎関数ならば，

$$\varphi(y^*x)=\overline{\varphi(x^*y)},$$
$$|\varphi(y^*x)|\leqq\varphi(x^*x)^{1/2}\varphi(y^*y)^{1/2}.$$ ☐

[証明]   任意の x, y に対して

$$y^*x = \frac{1}{4}\sum_{n=0}^{3} i^n (x+i^n y)^*(x+i^n y)$$

であるから，$\varphi(y^*x)=\overline{\varphi(x^*y)}$. したがって

$$\varphi(y^*x) = \overline{\varphi(x^*y)}.$$

よって，$\langle x,y\rangle=\varphi(y^*x)$ と置くと $\langle\cdot,\cdot\rangle$ は Hermite 的半双線形汎関数である．ゆえに，内積の場合と同様にして $|\langle x,y\rangle|\leqq\langle x,x\rangle^{1/2}\langle y,y\rangle^{1/2}$ を得る． ∎

上の命題の不等式も Schwarz の不等式という．

命題 1.14.3 A を Banach*環，φ を A 上の有界な正線形汎関数とする．

(i) A が単位元をもてば，$\|\varphi\|=\varphi(1)$.

(ii) $x\in A$ に対し，$\varphi_x(y)=\varphi(x^*yx)$ とすれば，φ_x は正線形汎関数で $\|\varphi_x\|\leqq$ $\varphi(x^*x)$. ∎

上の命題を証明するための準備をする．

A を単位的 Banach 環とし，x を A の任意の元とする．$\mathbb{C}\backslash \mathrm{Sp}_A(x)$ では λ の関数 $(\lambda 1-x)^{-1}$ は正則であるから，$\mathrm{Sp}_A(x)$ を内部に含む領域で正則な関数 f に対して，次のような積分ができる．

$$\frac{1}{2\pi i}\int_C f(\lambda)(\lambda 1 - x)^{-1}\,d\lambda.$$

ただし，積分路 C は f が正則になる領域に含まれ，$\mathrm{Sp}_A(x)$ を内部に含む長さ有限な閉曲線とする．上の積分は Cauchy の積分定理により C の選び方によらない．これを $f(x)$ で表す．g も $\mathrm{Sp}_A(x)$ を内部に含む領域で正則な関数とし，$g(x)$ を積分表示するときの積分路を f の積分路の外側にとって，レゾルベント方程式を用いると，$(fg)(x)=f(x)g(x)$ となることが示せるので，$f\mapsto f(x)$ は $\mathrm{Sp}_A(x)$ を内部に含む領域での正則関数のなす多元環から A への準同型写像である．とくに $f(\lambda)=1$ ならば $f(x)=1$，$f(\lambda)=\lambda$ ならば $f(x)=x$ である．ここで得られた同型対応を**解析的汎関数算法**という．x が正規な場合には，命題 1.11.7 で述べた汎関数算法で得られたものと一致する．

補題 1.14.4 A を単位的 Banach 環とする．

(i) A の元 x が $r(1-x)<1$ を満たすときには，$x=h^2$ となる A の元 h が存在する．

76   1 関数解析からの準備

(ii) A が対合をもつとき，x が自己随伴なら h も自己随伴に選べる． □

[証明] (i) 次の関数

$$f(\lambda) = \sum_{n=0}^{\infty} a_n \lambda^n$$

$$a_0 = 1, \ a_1 = -\frac{1}{2}, \ a_n = -\frac{1 \cdot 3 \cdot \cdots \cdot (2n-3)}{2 \cdot 4 \cdot \cdots \cdot 2n} \quad (n \geqq 2)$$

は領域 $\{\lambda \in \mathbb{C} \mid |\lambda| < 1\}$ において正則であり，$f(\lambda)^2 = 1 - \lambda$ を満たす．このとき，$r(1-x) < 1$ であるから，$\mathrm{Sp}_A(1-x)$ は上の領域に含まれる．解析的汎関数算法を用いて，$h = f(1-x)$ とおけば，$x = h^2$ である．

(ii) 閉曲線を 0 を中心とする円周とすれば，容易にわかる． ∎

命題 1.14.3 の証明 (i) φ は正であるとする．A の元 x が $\|x\| < 1$ を満たせば，

$$r(1 - (1 - x^*x)) = r(x^*x) \leqq \|x^*x\| \leqq \|x\|^2 < 1$$

となるので，補題 1.14.4 により，$1 - x^*x = h^2$ となる自己随伴な $h \in A$ が存在する．$\varphi(1) - \varphi(x^*x) = \varphi(h^2) \geqq 0$．ゆえに

$$|\varphi(x)| \leqq \varphi(1)^{1/2} \varphi(x^*x)^{1/2} \leqq \varphi(1).$$

よって，$\|\varphi\| \leqq \varphi(1)$．ゆえに，$\|\varphi\| = \varphi(1)$．

(ii) A に単位元を付加した Banach*環を $\widetilde{A}$ とする．A は $\widetilde{A}$ の極大イデアルである．$x \in A$ ならば，任意の $y \in \widetilde{A}$ に対し，$x^*yx \in A$．そこで $\widetilde{\varphi}_x(y) = \varphi(x^*yx)$ と置く．$\widetilde{\varphi}_x$ は $\widetilde{A}$ 上の正線形汎関数であって，$\widetilde{\varphi}_x$ を A へ制限したものは φ_x と一致している．(i)により，$\|\varphi_x\| \leqq \|\widetilde{\varphi}_x\| = \widetilde{\varphi}_x(1) = \varphi(x^*x)$． ∎

命題 1.14.5 A を C^*環とし，$\varphi \in A^*$ とする．ある $a > 0$ に対して $\|\varphi\| \|a\| = \varphi(a)$ ならば，$\varphi \geqq 0$ である． □

[証明] $\|a\| = \|\varphi\| = 1$ としてよい．また Hahn-Banach の拡張定理により，A は単位元をもつと仮定してよい．

元 a は正であるから，$\|2a - 1\| = r(2a - 1) \leqq 1$ が成り立ち，$|\varphi(2a-1)| \leqq 1$ となる．したがって，$|2 - \varphi(1)| \leqq 1$．他方，$|\varphi(1)| \leqq 1$ であるから，$\varphi(1) = 1$．

$x \in A_+$ と 1 から生成される可換 C^*環 B の指標空間を Ω とすると，φ の B への制限 ψ はコンパクト空間 Ω 上の測度とみてよい（測度については第 2.4 節

を参照). $C(\Omega)$ 上の測度 ψ は $|f|=1$ なる可測関数 f を用いて, $\psi=f\cdot|\psi|$ と表せる. $|\psi|(1)=\||\psi|\|=\|\psi\|=1$ であるから,

$$\int (1-\mathrm{Re}\,f)\,d|\psi| = \mathrm{Re}\int (1-f)\,d|\psi| = |\psi|(1) - \psi(1) = 0$$

である. $1-\mathrm{Re}\,f\geqq 0$ であるから, $\mathrm{Re}\,f=1$, $|\psi|$-$a.e.$. 他方 $|f|=1$ であるから, $f=1$, $|\psi|$-$a.e.$. よって, $\psi=|\psi|$ であり, $\varphi(x)=|\psi|(x)\geqq 0$ となる. ゆえに, $\varphi\geqq 0$ である. ∎

補題 1.14.6 C^*環 A の自己随伴な元 x に対して,

$$\|x\| = \sup\{|\varphi(x)| \mid \|\varphi\|\leqq 1,\ \varphi\in A_+^*\}. \qquad \square$$

[証明] $x=0$ の場合は明らかである. $x\neq 0$ のときは x の生成する可換 C^*環を B とする. B 上には $\|x\|=|\chi(x)|$ を満たす指標 χ が存在する. Hahn-Banach の拡張定理により, χ の A への拡張 φ で $\|\varphi\|=\|\chi\|=1$ なるものがある. このとき,

$$\varphi(x^*x) = \chi(x^*x) = |\chi(x)|^2 = \|x\|^2 = \|\varphi\|\|x^*x\|$$

となるから, 命題 1.14.5 により, $\varphi\geqq 0$. ゆえに補題が得られる. ∎

命題 1.14.7(Jordan 分解) C^*環 A 上の自己随伴な有界線形汎関数 φ に対して,

$$\varphi = \varphi_+ - \varphi_-,\qquad \|\varphi\| = \|\varphi_+\| + \|\varphi_-\|$$

を満たす正線形汎関数 φ_+ と φ_- が存在する. $\square$

[証明] S_1 を A_h の単位球, $S_2=\{\varphi\in A_+^*\mid\|\varphi\|\leqq 1\}$, 自己随伴な線形汎関数の全体を A_h^* とする. 補題 1.14.6 により, A_h, A_h^* は実 Banach 空間としての双対ペアである. 双対ペア A_h, A_h^* での極集合を考える. 補題 1.14.6 により $(S_2\cup(-S_2))^\circ=S_1$ である. 双極定理により $S_1^\circ=\overline{\mathrm{co}}(S_2\cup(-S_2))$ である. $\varphi\in A_h^*$ に対しては $\|\varphi\|=\|\varphi|_{A_h}\|$ である. 実際, ある θ があって $|\varphi(x)|=\varphi(e^{i\theta}x)$ であるから, $\varphi(2^{-1}(e^{i\theta}x+(e^{i\theta}x)^*))=|\varphi(x)|$ である. S_1° は A_h^* の単位球である. S_2 は $\sigma(A_h^*, A_h)$ コンパクトな凸集合である. 写像

78　1　関数解析からの準備

$$(\varphi, \psi, \lambda) \in S_2 \times (-S_2) \times [0,1] \mapsto \lambda\varphi + (1-\lambda)\psi \in \mathrm{co}(S_2 \cup (-S_2))$$

は連続な全射であるから，$\mathrm{co}(S_2\cup(-S_2))$ は $\sigma(A_h^*, A_h)$ コンパクトである．したがって，A_h^* の単位球は $\mathrm{co}(S_2\cup(-S_2))$ と一致する．ゆえに，$\varphi\in A_h^*, \|\varphi\|=1$ に対して，$\varphi=\lambda\varphi_1-(1-\lambda)\varphi_2$ なる $\varphi_1, \varphi_2\in S_2$，$\lambda\in[0,1]$ が存在する．このとき，$1=\|\varphi\|\leqq\lambda\|\varphi_1\|+(1-\lambda)\|\varphi_2\|\leqq 1$ が成り立つので，$\varphi_+=\lambda\varphi_1$，$\varphi_-=(1-\lambda)\varphi_2$ とすれば求める分解が得られる．∎

上で得られた φ_+, φ_- をそれぞれ φ の正部分，負部分という．

命題 1.14.8　C^*環上の正線形汎関数は自動的に有界である．　□

[証明]　A を C^*環，φ をその上の正線形汎関数とする．A の単位球 A_1 と正錐 A_+ の共通部分の上で φ が有界でなければ，$\varphi(x_n)\geqq 2^n$ を満たす $A_1\cap A_+$ における列 $\{x_n\}_n$ が存在する．$\|x_n\|\leqq 1$ であるから，$y=\sum_{n=1}^{\infty} 2^{-n}x_n\in A_+$ が存在する．任意の $m\in\mathbb{N}$ に対して $\sum_{n=1}^{m} 2^{-n}x_n\leqq y$ であるから，$m\leqq \sum_{n=1}^{m} 2^{-n}\varphi(x_n)\leqq\varphi(y)<+\infty$ となり，矛盾が生じる．したがって，集合 $\{\varphi(x)|x\in A_1\cap A_+\}$ には上界 $\lambda>0$ が存在する．各 $x\in A_1$ は $A_1\cap A_+$ の 4 つの元 x_i により $x=x_1-x_2+i(x_3-x_4)$ と表せるので，$|\varphi(x)|\leqq 4\lambda$．ゆえに，$\varphi$ は有界である．∎

命題 1.14.9　近似単位元をもつ Banach*環 A に単位元を付加した Banach*環を $\widetilde{A}$ とする．このとき，A 上の有界な正線形汎関数 φ に対して，$\widetilde{A}$ 上の正線形汎関数 $\widetilde{\varphi}$ で $\|\varphi\|=\|\widetilde{\varphi}\|=\widetilde{\varphi}(1)$ を満たすものがただ 1 つ存在する．　□

[証明]　$\{e_i\}_{i\in I}$ を近似単位元とする．$\widetilde{A}$ 上の線形汎関数 $\widetilde{\varphi}$ を，$x\in A$ と $\lambda\in\mathbb{C}$ に対して，$\widetilde{\varphi}(x+\lambda)=\varphi(x)+\lambda\|\varphi\|$ で定義する．このとき，$\|\widetilde{\varphi}(x+\lambda)\|\leqq\|\varphi\|(\|x\|+|\lambda|)=\|\varphi\|\|x+\lambda\|$ となるから，$\|\widetilde{\varphi}\|\leqq\|\varphi\|$．ゆえに，$\|\widetilde{\varphi}\|=\|\varphi\|$．また，$\widetilde{\varphi}(1)=\|\varphi\|$ かつ

$$\begin{aligned}
0 &\leqq \varlimsup_i \varphi((x+\lambda e_i)^*(x+\lambda e_i)) \\
&= \varlimsup_i (\varphi(x^*x) + \overline{\lambda}\varphi(e_i x) + \lambda\varphi(x^* e_i) + |\lambda|^2\varphi(e_i^* e_i)) \\
&\leqq \varphi(x^*x) + \varlimsup_i (\overline{\lambda}\varphi(e_i x) + \lambda\varphi(x^* e_i)) + |\lambda|^2\|\varphi\| \\
&= \varphi(x^*x) + \overline{\lambda}\varphi(x) + \lambda\varphi(x^*) + |\lambda|^2\|\varphi\| \\
&= \widetilde{\varphi}((x+\lambda)^*(x+\lambda)).
\end{aligned}$$

ゆえに, $\tilde{\varphi} \geqq 0$ である. ∎

1.14.2 多元環の表現と GNS 構成法

Banach*環 A 上の有界な正線形汎関数 φ を用いて A の表現 $\{\pi_\varphi, \mathscr{H}_\varphi\}$ を作る方法を示す.

$$N_\varphi = \{x \in A \mid \varphi(x^*x) = 0\}$$

とする. N_φ は A の閉左イデアルである. 剰余類 $x + N_\varphi$ を $\eta_\varphi(x)$ で表す. η_φ は A から左剰余類の空間 A/N_φ への線形写像である. この空間には

$$(\eta_\varphi(x)|\eta_\varphi(y)) = \varphi(y^*x) \quad (x, y \in A)$$

により内積が入る. その完備化を $\mathscr{H}_\varphi$ とする. $\mathscr{H}_\varphi$ は A/N_φ を稠密部分空間にもつ Hilbert 空間であり, η_φ はノルム連続である. A の元 x に対し, A/N_φ 上の写像 $\pi_\varphi(x): \eta_\varphi(y) \in A/N_\varphi \mapsto \eta_\varphi(xy) \in A/N_\varphi$ を考える. 命題 1.14.3 により

$$\begin{aligned}
|(\eta_\varphi(xy)|\eta_\varphi(z))| = |\varphi(z^*xy)| &\leqq \varphi(z^*z)^{1/2}\varphi(y^*x^*xy)^{1/2} \\
&= \|\eta_\varphi(z)\|\varphi_y(x^*x)^{1/2} \\
&\leqq \|\eta_\varphi(z)\|\|\varphi_y\|^{1/2}\|x^*x\|^{1/2} \\
&\leqq \|x\|\|\eta_\varphi(y)\|\|\eta_\varphi(z)\|.
\end{aligned}$$

ゆえに, $\pi_\varphi(x)$ は連続である. したがって, $\mathscr{H}_\varphi$ 上の有界線形作用素として, 一意的に拡張することができる. この拡張を改めて, 同じ記号を用いて $\pi_\varphi(x)$ と書く. つまり

$$\pi_\varphi(x)\eta_\varphi(y) = \eta_\varphi(xy), \quad \|\pi_\varphi(x)\| \leqq \|x\|$$

となる. この定義から明らかなように, π_φ は A から $\mathscr{L}(\mathscr{H}_\varphi)$ への準同型写像である. しかも, A が単位的な場合には, ベクトル $\xi_\varphi = \eta_\varphi(1)$ は $\pi_\varphi(A)$ の**巡回ベクトル**(つまり, $\pi_\varphi(A)\xi_\varphi$ が $\mathscr{H}_\varphi$ で稠密)になっている.

定義 1.14.10 Banach*環 A 上の正線形汎関数 φ を用いて, 上のようにして得られる表現 $\{\pi_\varphi, \mathscr{H}_\varphi\}$ を, φ による A の **GNS 表現**という. A が単位的な場合には, この表現を巡回ベクトル ξ_φ も一緒にして $\{\pi_\varphi, \mathscr{H}_\varphi, \xi_\varphi\}$ と表すこ

80   1 関数解析からの準備

ともある.   □

この表現の作り方は Gelfand-Naimark と Segal により C^*環の場合に独立に得られたので，R. Haag により **GNS 構成法**と命名された.

命題 1.14.11 近似単位元をもつ Banach*環 A 上の有界正線形汎関数 φ による GNS 表現 $\{\pi_\varphi, \mathscr{H}_\varphi\}$ は $\varphi(x)=(\pi_\varphi(x)\xi_\varphi|\xi_\varphi)$ を満たす巡回ベクトル ξ_φ をもつ. このとき，$\|\xi_\varphi\|=\|\varphi\|^{1/2}$ である. さらに，近似単位元を $\{e_i\}_{i\in I}$ とすれば，$\|\varphi\|=\lim_{i\in I}\varphi(e_i)$ が成り立つ.   □

[証明] $\{\eta_\varphi(e_i)\}_{i\in I}$ は有界であるから，弱位相に関して接触点 ξ_φ をもつ. $\pi_\varphi(x)$ は弱連続であるから，$\pi_\varphi(x)\xi_\varphi$ は $\{\pi_\varphi(x)\eta_\varphi(e_i)\}_i$ の接触点である. 他方，$\eta_\varphi(x)=\lim_{i\in I}\eta_\varphi(xe_i)=\lim_{i\in I}\pi_\varphi(x)\eta_\varphi(e_i)$ であるから，$\pi_\varphi(x)\xi_\varphi=\eta_\varphi(x)$ である. したがって，ξ_φ は巡回ベクトルである. このとき，

$$\varphi(x) = \lim_{i\in I}\varphi(e_i^*x) = \lim_{i\in I}(\eta_\varphi(x)|\eta_\varphi(e_i))$$
$$= \lim_{i\in I}(\pi_\varphi(x)\xi_\varphi|\eta_\varphi(e_i)) = (\pi_\varphi(x)\xi_\varphi|\xi_\varphi)$$

である. したがって，$|\varphi(x)|\leqq\|\pi_\varphi(x)\|\|\xi_\varphi\|^2\leqq\|x\|\|\xi_\varphi\|^2$ である. よって，$\|\varphi\|\leqq\|\xi_\varphi\|^2$ である. $\|\eta_\varphi(e_i)\|^2\leqq\|\varphi\|$ であるから，$\|\xi_\varphi\|^2\leqq\|\varphi\|$. ゆえに，$\|\varphi\|=\|\xi_\varphi\|^2$ である. $\{\eta_\varphi(e_i)\}_{i\in I}$ は有界で，

$$(\xi_\varphi|\eta_\varphi(x)) = (\pi_\varphi(x^*)\xi_\varphi|\xi_\varphi) = \varphi(x^*)$$
$$= \lim_{i\in I}\varphi(x^*e_i) = \lim_{i\in I}(\eta_\varphi(e_i)|\eta_\varphi(x))$$

となるから，$\{\eta_\varphi(e_i)\}_{i\in I}$ は ξ_φ に弱収束する. ゆえに，

$$\lim_{i\in I}\varphi(e_i) = \lim_{i\in I}(\eta_\varphi(e_i)|\xi_\varphi) = (\xi_\varphi|\xi_\varphi) = \|\varphi\|.$$ ▮

注 近似単位元 $\{e_i\}_{i\in I}$ をもつ Banach*環 A の非退化な表現 $\{\pi, \mathscr{H}\}$ に対して，有向系 $\{\pi(e_i)\}_{i\in I}$ は 1 へ強収束する. 実際，$x\in A$, $\xi\in\mathscr{H}$ に対して，

$$\|\pi(e_i)\pi(x)\xi - \pi(x)\xi\| \leqq \|\pi(e_ix - x)\|\|\xi\|$$

かつ $\|\pi(e_i)\|\leqq 1$ が成り立つ. 表現は非退化であるから，求める収束が得られる.   □

補題 1.14.12 C^*環 A の近似単位元を $\{e_i\}_i$ とすると，

$$\lim_i \sup_{\|a\| \leqq 1} |\varphi(e_i a - a)| = \lim_i \sup_{\|a\| \leqq 1} |\varphi(ae_i - a)| = 0. \qquad \square$$

[証明]　A における状態 φ の GNS 表現を $\{\pi_\varphi, \mathscr{H}_\varphi, \xi_\varphi\}$ とすれば，各 $a \in A$ に対して，

$$|\varphi(e_i a - a)| = |(\pi_\varphi(e_i a - a)\xi_\varphi \mid \xi_\varphi)| \leqq \|a\| \, \|\xi_\varphi\| \, \|\pi_\varphi(e_i)\xi_\varphi - \xi_\varphi\|$$

$$|\varphi(ae_i - a)| = |(\pi_\varphi(ae_i - a)\xi_\varphi \mid \xi_\varphi)| \leqq \|a\| \, \|\pi_\varphi(e_i)\xi_\varphi - \xi_\varphi\| \, \|\xi_\varphi\|.$$

A^* の元は命題 1.14.7 の Jordan 分解を用いることにより，A の状態の 1 次結合で表せるから，任意の $\varphi \in A^*$ に対しても，同様な収束を示すことができる. ∎

　次の章の第 2.3 節第 3 項で述べる記法を用いると，有向系 $\{\varphi e_i\}_i$ と $\{e_i \varphi\}_i$ はともに φ へノルム収束するということである.

1.14.3　包絡 C^* 環と群 C^* 環

C^* 環は，抽象的対象というよりも，連続表現を通じて具体的に実現される対象として捉えるのが自然である.

命題 1.14.13　Banach* 環 A から C^* 環 B への準同型写像 π に対して

$$\|\pi\| \leqq 1. \qquad \square$$

[証明]　A と B が単位的かどうかに関わらず単位元 1 を付加した Banach* 環 $\widetilde{A}, \widetilde{B}$ を考えると，$\widetilde{\pi}: x + \lambda 1 \in \widetilde{A} \mapsto \pi(x) + \lambda 1 \in \widetilde{B}$ は準同型である．$\mathrm{Sp}_{\widetilde{B}}(\widetilde{\pi}(x)) \subset \mathrm{Sp}_{\widetilde{A}}(x)$ である．$x \in A$ に対して $\mathrm{Sp}_A(x) \backslash \{0\} = \mathrm{Sp}_{\widetilde{A}}(x) \backslash \{0\}$ であるから，$x \in A$ の A におけるスペクトル半径と $\widetilde{A}$ におけるスペクトル半径は一致する．$y \in B$ についても同様のことがいえる．したがって，$r(\pi(x)) \leqq r(x)$. ゆえに

$$\|\pi(x)\|^2 = \|\pi(x^*x)\| = r(\pi(x^*x)) \leqq r(x^*x) \leqq \|x^*x\| \leqq \|x\|^2. \qquad ∎$$

定義 1.14.14　Banach* 環 A の表現すべての集まりを $\mathrm{Rep}(A)$ とし，これを用いて A における半ノルムを

$$\|x\|_* = \sup\{\|\pi(x)\| \mid \pi \in \mathrm{Rep}(A)\} \quad (x \in A)$$

により定義する。$\|x\|_* \leqq \|x\|$ かつ $\|a^*a\|_* = \|a\|_*^2$ が成り立つ。A の閉両側イデアル $J = \{x \in A \mid \|x\|_* = 0\}$ による商 Banach*環を、この半ノルムから導かれるノルムを用いて完備化すると、C^*環が得られる。これを A の**包絡 C^* 環**という。 □

$\{\pi, \mathscr{H}\}$ を Banach*環 A の表現とする。Hilbert 空間 $\mathscr{H}$ の 0 でないベクトル ξ に対し、$\mathscr{K} = \overline{\pi(A)\xi}$ とすれば、表現 $\{\pi, \mathscr{H}\}$ はそれから定まる 2 つの部分表現の直和 $\{\pi|_{\mathscr{K}}, \mathscr{K}\} \oplus \{\pi|_{\mathscr{K}^\perp}, \mathscr{K}^\perp\}$ と同値になる。しかも、正線形汎関数 $\varphi = \omega_\xi \circ \pi$ を用いて得られる線形写像 $\eta_\varphi(a) \mapsto \pi(a)\xi$ により、表現 $\{\pi_\varphi, \mathscr{H}_\varphi\}$ は部分表現 $\{\pi|_{\mathscr{K}}, \mathscr{K}\}$ と同値になる。このようにして、$\{\pi, \mathscr{H}\}$ は巡回表現の直和になる。したがって

$$\{\pi_0, \mathscr{H}_0\} = \sum_{\varphi \in S(A)}^{\oplus} \{\pi_\varphi, \mathscr{H}_\varphi\}$$

とすれば、

$$(1.1) \qquad \|\pi_0(a)\| = \sup_{\varphi \in S(A)} \|\pi_\varphi(a)\| = \sup_{\pi \in \mathrm{Rep}(A)} \|\pi(a)\| = \|a\|_*.$$

したがって、包絡 C^* 環は表現 $\pi_0(A)$ の生成する C^* 環と同型である。

命題 1.14.15 近似単位元をもつ Banach*環 A とその包絡 C^* 環 B に対して、π を A から B への自然な準同型写像とする。このとき、

(i) 任意の表現 $\rho \in \mathrm{Rep}(A)$ に対して、$\rho = \rho' \circ \pi$ を満たす表現 $\rho' \in \mathrm{Rep}(B)$ が一意的に存在する。つまり、$\mathrm{Rep}(A) = \{\rho' \circ \pi \mid \rho' \in \mathrm{Rep}(B)\}$。とくに、$\rho'(B)$ は $\rho(A)$ の生成する C^* 環である。

(ii) 任意の正線形汎関数 $\varphi \in A^*$ に対して、$\varphi = \varphi' \circ \pi$ を満たす正線形汎関数 $\varphi' \in B^*$ が一意的に存在し、$\|\varphi\| = \|\varphi'\|$ となる。 □

［証明］ (i) (1.1)式により、Banach*環 A の表現 ρ は核 $\mathrm{Ker}\,\pi$ において 0 となるから、$\|\rho'(z)\| \leqq \|z\|$ を満たす商 Banach*環 $A/\mathrm{Ker}(\pi)$ の表現 ρ' で、$\rho(a) = \rho'(a + \mathrm{Ker}(\pi))$ を満たすものが存在する。このとき、ρ' は C^* 環 B の表現に拡張することができるので同じ記号で表す。つまり $\rho = \rho' \circ \pi$ となる。一意性は $\pi(A)$ の B における稠密性からわかる。同時に $\rho(A)$ が $\rho'(B)$ を生成することもわかる。

(ii) φ を A 上の連続正線形汎関数とする。(1.1)式により、$\varphi \in A_+^*$, $\|\varphi\| \leqq 1$

に対して，$\varphi(a^*a)^{1/2} \leqq \|\pi(a)\|$ となる．命題 1.14.9 により，任意の $a \in A$ に対して，

$$|\varphi(a)|^2 = |\tilde{\varphi}(a)|^2 \leqq \|\varphi\|\varphi(a^*a) \leqq \|\varphi\|\|\pi(a)\|^2.$$

ゆえに，B 上の連続線形汎関数 φ' で $\varphi = \varphi' \circ \pi$ となるものが存在し，$\|\varphi'\| \leqq \|\varphi\|$ となる．$b \in B$ に対して，$\pi(a_n) \to b$ となる A の列 $\{a_n\}_{n \in \mathbb{N}}$ が存在するので，

$$\varphi'(b^*b) = \lim_{n \to \infty} \varphi(a_n^* a_n) \geqq 0.$$

したがって，φ' は正線形汎関数である．他方，$a \in A$ に対して，

$$|\varphi(a)| = |\varphi'(\pi(a))| \leqq \|\varphi'\|\|\pi(a)\| \leqq \|\varphi'\|\|a\|$$

となるので，$\|\varphi\| = \|\varphi'\|$. ∎

例 1.14.16 例 1.11.5 で与えた，局所コンパクト群 G に対する Banach*環 $L^1(G)$ において，単位元の基本近傍系 $\mathscr{U}$ の元 U に対して，その補集合 $G \backslash U$ 上で 0 となる正値関数 e_U で $\|e_U\|_1 = 1$ となるもののなす有向系 $\{e_U\}_{U \in \mathscr{U}}$ は $L^1(G)$ の近似単位元である．そこで $L^1(G)$ の包絡 C^* 環を，G の**群 C^* 環**または**C^* 群環**といい，$C^*(G)$ で表す．群が有限群の場合には，通常の群環と一致している．G が可換の場合には，$C^*(G) \cong C_\infty(\hat{G})$ である．ただし，$\hat{G}$ は G の双対群である． ◻

1.14.4 Gelfand-Naimark の定理

抽象的な Banach*環の中でも，C^* 環は Hilbert 空間上の有界線形作用素のなす*多元環として忠実に実現されるという特徴を備えており，この事実によりその取り扱いに多様性がでてくる．

命題 1.14.17 C^* 環 A から対合ノルム環 B への同型写像 π に対して

$$\|\pi(x)\| \geqq \|x\| \quad (x \in A).$$ ◻

[証明] $A \subset B$ としてよい．B のノルムを $\|\cdot\|_1$ とする．$x \in A$ が $\|x^*x\|_1 \geqq \|x^*x\|$ を満たせば，$\|x\|_1^2 \geqq \|x^*x\|_1 \geqq \|x^*x\| = \|x\|^2$ となるから，議論を x^*x の

84　1　関数解析からの準備

生成する可換 C^* 環へ制限することにより，あらかじめ A に可換性を仮定することができる．さらに，B も可換 Banach*環であって，A と単位元を共有することを仮定できる．ここで，Γ を B の指標空間とし，J を A の極大イデアルとする．もし J を含む B の極大イデアルが存在しなければ，すべての $\chi \in \Gamma$ に対して，$\hat{x}(\chi) \neq 0$ となる $x \in J$ が存在する．このとき，$\chi|_A$ は A の指標であるから，自己随伴である．したがって，$\widehat{x^*x}(\chi) > 0$．コンパクト空間 Γ の開被覆 $\{\hat{x}^{-1}(\mathbb{C}\backslash\{0\}) \,|\, x \in J\}$ を考えれば，有限個の $x_i \in J$ が存在して Γ 上で $\sum_{i=1}^{n} \widehat{x_i^*x_i}(\chi) > 0$ である．ゆえに，$\sum_{i=1}^{n} x_i^*x_i \in J$ は可逆である．これは J が A の極大イデアルであることと矛盾する．したがって，J を含む B の極大イデアルが存在する．$x \in A$ に対して $\lambda \in \mathrm{Sp}_A(x)$ ならば，$\lambda 1 - x$ を含む A の極大イデアルがある．したがって，$\lambda 1 - x$ を含む B の極大イデアルがある．よって，$\lambda \in \mathrm{Sp}_B(x)$ である．$A \subset B$ であるから，$\mathrm{Sp}_B(x) \subset \mathrm{Sp}_A(x)$．ゆえに，$\mathrm{Sp}_A(x) = \mathrm{Sp}_B(x)$．したがって，$\|x\|_1 \geq r_B(x) = r_A(x) = \|x\|$. ∎

系1.14.18　次のことが成り立つ．

(i)　C^* 環から C^* 環への同型写像は等長である．

(ii)　C^* 環から C^* 環への準同型写像による像は C^* 環である．　　□

Gelfand-Naimark による C^* 環の定義は現在より少し条件が多かったが，そのような状況下で次の定理を示している．

定理1.14.19　次のことが成り立つ．

(i)　C^* 環はある複素 Hilbert 空間上の有界線形作用素のなす C^* 環と同型である．

(ii)　C^* 環が可分のときには，(i) の表現空間も可分に選べる．　　□

[証明]　(i) 命題 1.14.11 により，$\varphi \in S(A)$ による表現 π_φ は巡回ベクトル ξ_φ をもつ．任意の $\varphi \in S(A)$ に対して $\pi_\varphi(x) = 0$ ならば，$\varphi(x^*x) = \|\pi_\varphi(x)\xi_\varphi\|^2 = 0$．補題 1.14.6 により $x^*x = 0$．よって $x = 0$．したがって，$\sum_{\varphi \in S(A)}^{\oplus} \{\pi_\varphi, \mathscr{H}_\varphi\}$ を $\{\pi, \mathscr{H}\}$ とすれば，π は同型写像になる．系 1.14.18 により C^* 環から C^* 環への同型写像は等長であるから，$\pi(A)$ も C^* 環である．

(ii)　A が可分ならば，$S(A)$ には弱*稠密な可算部分集合 $\{\varphi_n \,|\, n \in \mathbb{N}\}$ がある．表現 $\sum_{n \in \mathbb{N}}^{\oplus} \{\pi_{\varphi_n}, \mathscr{H}_{\varphi_n}\}$ は単射である．実際，すべての n に対して $\pi_{\varphi_n}(x) = 0$

ならば，$\varphi_n(x^*x)=0$. したがって，任意の $\varphi\in S(A)$ に対しても，$\varphi(x^*x)=0$. よって，$x=0$. 再び，A は可分であるから，各 $\mathscr{H}_{\varphi_n}$ は可分である．したがって，表現空間 $\sum_{n\in\mathbb{N}}^{\oplus}\mathscr{H}_{\varphi_n}$ も可分である． ∎

1.15 既約表現と純粋状態

C^*環の表現を組み立てている基本構成単位として考えられる概念に，既約性と因子性の2つがある．既約性は有限群の表現などで考えられたものを C^*環の場合へ拡張したものである．因子性は第2章の知識を必要とするのでここでは触れないが，C^*環の表現を考えるときには本質的な概念である．

定義 1.15.1 $\{\pi,\mathscr{H}\}$ を Banach*環 A の表現とする．Hilbert 空間 $\mathscr{H}$ の自明でない閉部分空間 $\mathscr{K}$（つまり，$\mathscr{K}\neq\{0\}$, $\mathscr{K}\neq\mathscr{H}$）で，$\pi(A)\mathscr{K}\subset\mathscr{K}$ を満たすものが存在するとき，表現 $\{\pi,\mathscr{H}\}$ は**可約**であるといい，存在しないとき，**既約**であるという． □

表現 $\{\pi,\mathscr{H}\}$ が可約な場合には，$\pi(A)\mathscr{K}\subset\mathscr{K}$ ならば $\pi(A)\mathscr{K}^\perp\subset\mathscr{K}^\perp$ となるので，π を $\mathscr{K}$ またはその直交補空間 $\mathscr{K}^\perp$ へ制限したものを，表現 $\{\pi,\mathscr{H}\}$ の部分表現という．これを $\{\pi_{\mathscr{K}},\mathscr{K}\}$ または $\{\pi_{\mathscr{K}^\perp},\mathscr{K}^\perp\}$ と置けば，

$$\{\pi,\mathscr{H}\} = \{\pi_{\mathscr{K}},\mathscr{K}\} \oplus \{\pi_{\mathscr{K}^\perp},\mathscr{K}^\perp\}$$

と表せる．また，$\pi(A)$ と可換な $\mathscr{L}(\mathscr{H})$ の元全体からなる集合を，$\pi(A)$ の**可換子環**といい，$\pi(A)'$ で表す．

命題 1.15.2 Banach*環 A の表現 $\{\pi,\mathscr{H}\}$ に対し，次の2条件は同値である．

(i) $\{\pi,\mathscr{H}\}$ は既約である．

(ii) $\pi(A)'=\mathbb{C}1$. □

［証明］ (i)⇒(ii) $\pi(A)'\neq\mathbb{C}1$ とすれば，$\pi(A)'$ の自己随伴な元 h で，$\sup \mathrm{Sp}(h)=1$ かつ $\inf \mathrm{Sp}(h)=-1$ を満たすものが存在する．h の正部分と負部分をそれぞれ h_+ と h_- とすると，$h_+\neq0$, $h_-\neq0$ かつ $h_+h_-=0$ である．したがって，2つの閉部分空間 $\overline{h_\pm\mathscr{H}}$ はともに $\{0\}$ ではなく，互いに直交し，しかも $\pi(A)$ 不変である．ゆえに，π は既約ではない．

86   1　関数解析からの準備

(ii)⇒(i)　$\{\pi,\mathscr{H}\}$ が既約でなければ，$\mathscr{H}$ の自明でない閉部分空間 $\mathscr{K}$ で，$\pi(A)\mathscr{K}\subset\mathscr{K}$ を満たすものがある．e を $\mathscr{K}$ 上への射影作用素とすれば，$exe=xe$，$x\in\pi(A)$．ゆえに $\pi(A)'\neq\mathbb{C}1$．∎

定義 1.15.3　φ を Banach*環 A 上の 0 でない有界正線形汎関数とする．$\psi\leqq\varphi$ である A 上の有界正線形汎関数 ψ がどれも，ある $\lambda\in\mathbb{R}_+$ に対して $\lambda\varphi$ と一致するとき，φ は**純粋**であるという．　　　　　□

C^*環 A における純粋状態の全体を $P(A)$ とする．A の既約表現の同値類の全体を $\hat{A}$ とする．A の閉両側イデアルのうち，既約表現の核になっているものを**原始イデアル**といい，このような原始イデアルの全体を $\mathrm{Prim}(A)$ で表す．このとき

$$P(A)\quad\rightarrow\quad\hat{A}\quad\rightarrow\quad\mathrm{Prim}(A)$$
$$\cup\qquad\qquad\cup\qquad\qquad\cup$$
$$\varphi\quad\rightarrow\quad\{\pi_\varphi\}\quad\rightarrow\quad\mathrm{Ker}(\pi_\varphi)$$

なる対応が存在する．A が可換な場合には，これらの対応は全単射であったが，非可換な場合には全射ではあっても，単射にはならない．とくに，最初の対応の単射性は A の可換性と同値であるが，2 番目の対応の単射性は，第 II 巻の定理 3.2.21 で示すように，A が I 型であることと同値である．また，小沢登高-岸本-境は可分 C^*環 A が単位的な場合には，任意の $\varphi,\psi\in P(A)$ に対し，$\psi=\varphi\circ\alpha$ を満たす自己同型 α が存在することと，A が I 型でなくても単純な場合には，$\mathrm{Ker}(\pi_\varphi)=\mathrm{Ker}(\pi_\psi)$ ならば，$\psi=\varphi\circ\alpha$ を満たす漸近的内部自己同型 α が存在することを示している[17]．

命題 1.15.4　近似単位元をもつ Banach*環 A 上の有界正線形汎関数 φ に対し，次の 2 条件は同値である．

(i)　φ は純粋である．

(ii)　巡回表現 $\{\pi_\varphi,\mathscr{H}_\varphi\}$ は既約である．　　　　　□

[証明]　(i)⇒(ii)　命題 1.14.11 により，$\varphi(x)=(\pi_\varphi(x)\xi_\varphi|\xi_\varphi)$ なる巡回ベクトル ξ_φ がある．$x'\in\pi_\varphi(A)'$ かつ $x'\geqq0$ とする．$\psi(x)=(x'\pi_\varphi(x)\xi_\varphi|\xi_\varphi)$ とすれ

---

17)　Homogeneity of the pure state space of a separable C^*-algebra, *Canad. Math. Bull.*, **46**(2003), 365-372.

ば，ψ は A 上の正線形汎関数で，$\psi \leq \|x'\|\varphi$ を満たす．φ は純粋であるから，$\psi = \lambda\varphi(\lambda \geq 0)$ と表せる．ゆえに $(x'\pi_\varphi(x)\xi_\varphi|\pi_\varphi(y)\xi_\varphi) = \lambda(\pi_\varphi(x)\xi_\varphi|\pi_\varphi(y)\xi_\varphi)$．したがって，$x' = \lambda 1$．$\pi_\varphi(A)'$ の任意の元は正である元の線形結合であるから，$\pi_\varphi(A)' = \mathbb{C}1$．

(ii)$\Rightarrow$(i) ψ は有界な正線形汎関数で，$\psi \leq \varphi$ とする．ベクトル空間 $\pi_\varphi(A)\xi_\varphi$ 上の Hermite 的半双線形汎関数 f を

$$f(\pi_\varphi(x)\xi_\varphi, \pi_\varphi(y)\xi_\varphi) = \psi(y^*x)$$

で定義すれば，$\|f\| \leq 1$．この f を $\mathscr{H}_\varphi \times \mathscr{H}_\varphi$ 全体に拡張したものを改めて f とする．Riesz の定理により，

$$f(\pi_\varphi(x)\xi_\varphi, \pi_\varphi(y)\xi_\varphi) = (h\pi_\varphi(x)\xi_\varphi|\pi_\varphi(y)\xi_\varphi)$$

を満たす正線形作用素 $0 \leq h \leq 1$ が存在する．$x, y, z \in A$ に対し，

$$\begin{aligned}
(h\pi_\varphi(z)\pi_\varphi(x)\xi_\varphi|\pi_\varphi(y)\xi_\varphi) &= (h\pi_\varphi(zx)\xi_\varphi|\pi_\varphi(y)\xi_\varphi) \\
&= \psi(y^*zx) = (h\pi_\varphi(x)\xi_\varphi|\pi_\varphi(z^*y)\xi_\varphi) \\
&= (h\pi_\varphi(x)\xi_\varphi|\pi_\varphi(z)^*\pi_\varphi(y)\xi_\varphi) \\
&= (\pi_\varphi(z)h\pi_\varphi(x)\xi_\varphi|\pi_\varphi(y)\xi_\varphi)
\end{aligned}$$

が成り立つので，$h \in \pi_\varphi(A)' = \mathbb{C}1$，つまり，$h = \lambda 1(\lambda \geq 0)$．よって，

$$\psi(y^*x) = (h\pi_\varphi(x)\xi_\varphi|\pi_\varphi(y)\xi_\varphi) = \lambda(\pi_\varphi(x)\xi_\varphi|\pi_\varphi(y)\xi_\varphi) = \lambda\varphi(y^*x).$$

ゆえに，$\psi = \lambda\varphi$． ∎

命題 1.15.5 C^*環 A 上の正線形汎関数 φ に対し，次の 3 条件は同値である．

(i) φ は純粋状態である．

(ii) φ は凸集合 $A_1^* \cap A_+^*$ の端点で，0 ではない．

(iii) φ は状態空間の端点である．

ただし，A_1^* は A^* の単位球である． ☐

［証明］ (i)$\Rightarrow$(ii) φ を純粋状態とする．φ が $A_1^* \cap A_+^*$ の 2 つの元 φ_1, φ_2 を用いて $\varphi = \lambda\varphi_1 + (1-\lambda)\varphi_2(0 < \lambda < 1)$ と表されたとする．

88   1 関数解析からの準備

$$1 = \|\varphi\| \leqq \lambda \|\varphi_1\| + (1-\lambda)\|\varphi_2\| \leqq 1$$

であるから，$\|\varphi_1\|=\|\varphi_2\|=1$. ゆえに，$\varphi_1, \varphi_2$ も状態である．さらに，$\lambda\varphi_1 \leqq \varphi$ である．φ は純粋状態であるから，$\lambda\varphi_1=\lambda_1\varphi$ となる $\lambda_1>0$ が存在する．$\|\varphi_1\|=\|\varphi\|$ であるから，$\lambda=\lambda_1$. ゆえに $\varphi_1=\varphi=\varphi_2$. したがって，$\varphi$ は $A_1^*\cap A_+^*$ の端点である．

(ii)⇒(iii)　明らかである．

(iii)⇒(i)　φ は状態空間の端点であるとする．ψ を $\psi\leqq\varphi$ かつ $\psi\neq\varphi$ を満たす 0 でない正線形汎関数とする．$\lambda=\|\psi\|$ とすれば，$\lambda>0$. $\{e_i\}_{i\in I}$ を近似単位元とすると，命題 1.14.11 により

$$1-\lambda = \lim_{i\in I}(\varphi(e_i)-\psi(e_i)) = \lim_{i\in I}(\varphi-\psi)(e_i) = \|\varphi-\psi\| > 0.$$

ここで，$\varphi_1=\lambda^{-1}\psi$, $\varphi_2=(1-\lambda)^{-1}(\psi-\varphi)$ と置けば，φ は 2 つの状態 φ_1, φ_2 を用いて $\lambda\varphi_1+(1-\lambda)\varphi_2$ と表せる．φ は端点であるから，$\varphi=\varphi_1=\varphi_2$. したがって，$\psi=\lambda\varphi$. ゆえに，$\varphi$ は純粋状態である．∎

この命題により，凸集合 $A_1^*\cap A_+^*$ の端点は純粋状態と 0 であるから，Kreĭn-Milman の定理により，$A_1^*\cap A_+^*$ は $P(A)\cup\{0\}$ の閉凸包である．

C^*環 A に対して，$x\in \bigcap_{\varphi\in P(A)} \mathrm{Ker}\,\pi_\varphi$ とする．任意の $\varphi\in P(A)$ に対して，$\varphi(x^*x)=0$ となるので，任意の状態 ψ に対しても，$\psi(x^*x)=0$ となり，$x=0$. ゆえに，A の表現 $\sum_{\varphi\in P(A)}^{\oplus}\pi_\varphi$ は忠実である．また，A の原始イデアルすべての共通部分は $\{0\}$ である．

命題 1.15.6　C^*環 A の A ではない閉両側イデアルは原始イデアルの共通部分である．　□

[証明]　J を C^*環 A における A と異なる閉両側イデアルとする．A から商 C^*環 A/J への商写像を π とする．$\bigcap_{\varphi\in P(A/J)} \mathrm{Ker}(\pi_\varphi)=\{0\}$ であるから，$J = \bigcap_{\varphi\in P(A/J)} \mathrm{Ker}(\pi_\varphi\circ\pi)$ となる．$\pi_\varphi\circ\pi$ は A の既約表現であるから，$\mathrm{Ker}(\pi_\varphi\circ\pi)$ は原始イデアルである．　∎

2 von Neumann 環

作用素環は行列環の議論を無限次元の場合へ拡張して得られるが，行列環の性質がそのまま保存されるとはかぎらず，むしろ行列環の場合には見られない新しい現象が現れるのが一般的である．作用素環はこのような場合に現れる，無限次元に特有な性質や構造を研究の対象としている．このことは量子力学的現象を支配する自然の中に潜んでいた構造が新たな作用素環という数学を通して見出されたものと解釈されるだろう．例えば，行列環の増加列 $\{M(2^n, \mathbb{C})\}_n$ に次のような埋蔵

$$x \in M(2^n, \mathbb{C}) \mapsto \begin{pmatrix} x & 0 \\ 0 & x \end{pmatrix} \in M(2, M(2^n, \mathbb{C})) = M(2^{n+1}, \mathbb{C})$$

を与えて得られる帰納極限 $\bigcup_{n \in \mathbb{N}} M(2^n, \mathbb{C})$ を考えてみよう．この場合には各行列環のノルム（作用素ノルム）が埋蔵により保存されるので，帰納極限上へ自然にノルムを持ち上げることができ，このノルムにより完備化して得られる C^* 環は UHF 環と呼ばれるクラスに属している．統計力学などの数理物理のモデルに現れる C^* 環はこのクラスのものが多い．この場合には，各 $M(2^n, \mathbb{C})$ 上のトレイスも対角和を 1 に規格化しておけば埋蔵により保存されるので，この UHF 環上へ一意的に拡張することができる．このような拡張はトレイスでなく，対角上の重みを変えても成り立つ．例えば，$M(2^n, \mathbb{C})$ を n 個の $M(2, \mathbb{C})$ のテンソル積 $\bigotimes_{k=1}^{n} M(2, \mathbb{C})$ と同一視したときに，各 $M(2, \mathbb{C})$ 上で，対角に

$$\frac{1}{1+\lambda}, \quad \frac{\lambda}{1+\lambda} \quad (0 \leqq \lambda \leqq 1)$$

90   2 von Neumann 環

をもつ対角行列を密度行列にもつ状態 φ を与え，そのテンソル積 $\bigotimes_{k=1}^{n} \varphi$ を考えると，これも UHF 環全体へ一意的に拡張することができる．これを φ_λ と書くことにする．$\lambda=1$ の場合が，前のトレイスの場合になっている．$\lambda \neq \lambda'$ の場合には，φ_λ の GNS 表現上で φ_λ はこの章でこれから述べる弱位相に関しては連続であるが，$\varphi_{\lambda'}$ は連続にならないことがわかる．つまりノルム位相よりも弱い弱位相を考えると，φ_λ と $\varphi_{\lambda'}$ の GNS 表現はまったく違ったものになる．この簡単な例を見ても無限次元の場合には，位相の選び方が重要な鍵を握っていることがわかる．

2.1 von Neumann 環の定義

有界線形作用素のなす*多元環上で位相を考えるときに，最初に思いつくのはノルム位相であるが，von Neumann が 1929 年に作用素環の研究を始めたときは，ノルム位相ではなく，この章でこれから述べるそれより弱い位相を用いた[1]．当時われわれが受け入れやすかった有限階作用素により近似できる作用素は，ノルム位相では第 1.8 節第 3 項で述べたコンパクト作用素に限られるが，弱い位相を使えば任意の作用素が有界線形作用素で近似することができた．数学に限らず当時始まったばかりの量子力学でも，そこに現れる作用素のほとんどはコンパクトではないので，ノルム位相では位相が強すぎた．しかも，この弱い位相を使うと，第 2.1 節第 4 項で示す von Neumann の稠密性定理により，作用素環の閉包が作用素の積の交換という代数的な操作を用いて記述することができることがわかる．この積の可換性を用いて量子力学の同時観測可能性が記述されることを思えば，弱い位相を考えることは自然な流れとも考えられる．

von Neumann 環の議論の準備を始めるといきなり 9 種類の位相が導入され，初めての人は戸惑いを覚えるだろう．しかし，周りの状況が飲み込めてくると，相互の関係もわかり，容易に親しむことができるはずである．中で

---

1) Zur Algebra der Funktionaloperationen und Theorie der normalen Operatoren, *Math. Ann.*, **102**(1929), 370-427.

も基本的なものは σ 弱位相である．これはノルム有界な集合上では弱位相と一致するので，多くの議論がこの場合へ帰着させられる．実際，ここでの von Neumann 環の定義 2.1.2 にもこの位相を使っている．また，定理 2.1.11 で示すように，凸集合の閉包は σ 弱位相，σ 強位相，σ 強*位相など，どの位相で考えても同じになり，この種の議論には，対象に適した位相が選べるという利点がある．この辺の事情は話の進展とともにおいおい体験できるだろう．

2.1.1 $\mathscr{L}(\mathscr{H})$ 上の弱位相と定義

Hilbert 空間 $\mathscr{H}$ 上の有界線形作用素全体 $\mathscr{L}(\mathscr{H})$ は C^*環であるから，その上にはノルム位相があるが，それよりも弱いいくつかの位相が考えられる．それらはどれも局所凸位相である．

各 $x \in \mathscr{L}(\mathscr{H})$ と $\xi, \eta \in \mathscr{H}$ に対して

$$\omega_{\xi,\eta}(x) = (x\xi|\eta), \quad \omega_\xi(x) = (x\xi|\xi)$$

と置く．$\omega_{\xi,\eta}$ の線形結合全体の集合を $\mathscr{L}(\mathscr{H})_\sim$ とする．$\mathscr{L}(\mathscr{H})_\sim \subset \mathscr{L}(\mathscr{H})^*$ である．ただし，$\mathscr{L}(\mathscr{H})^*$ は C^*環 $\mathscr{L}(\mathscr{H})$ の双対空間である．

定義 2.1.1 $\mathscr{L}(\mathscr{H})$ 上のすべての半ノルム $|\omega_{\xi,\eta}(\cdot)| \, (\xi, \eta \in \mathscr{H})$ により定義される局所凸位相を**弱位相**という． ⬜

この定義からわかるように，弱位相は線形汎関数 $\omega_{\xi,\eta}$ すべてを連続にする最弱位相である．したがって，弱位相で連続な線形汎関数は $\mathscr{L}(\mathscr{H})_\sim$ に属する．別ないい方をすると，弱位相は終域の Hilbert 空間に弱位相をいれたときの各点収束（単純収束ともいう）の位相である．弱位相という用語は Banach 空間の議論で使われている用語と紛らわしいが，前後の文脈から誤用されることはないだろう．区別したいときは，作用素という語を挿入して，弱作用素位相という．

定義 2.1.2 $\mathscr{L}(\mathscr{H})$ の部分*多元環で，単位元 1 を含み，弱位相で閉じたものを **von Neumann 環**という． ⬜

von Neumann 環の代数的構造と位相的構造は，作用している Hilbert 空間の選び方とは無関係に決まるが，それだけではなく Hilbert 空間を使わずに定義することもできる．しかし，ここでは断らないかぎり，Hilbert 空間に作用

92   2 von Neumann 環

しているものとして話を進める．Hilbert 空間によらない議論については，本章の第 2.3 節で詳しく述べることにする．

2.1.2 $\mathscr{L}(\mathscr{H})$ 上の局所凸位相

von Neumann 環の議論では，弱位相のほかに，それと関連した位相をいくつか導入しておく方が議論をしやすい．とくに，以下の第 2.1 節第 2 項，第 2.1 節第 3 項の議論では，von Neumann 環の代数的構造としては，ベクトル空間の構造しか使わず，もっぱら局所凸空間としての性質から導かれる結果だけを論じる．

各 $\xi \in \mathscr{H}$ に対して，$\mathscr{L}(\mathscr{H})$ 上の 2 種類の半ノルムを次のように定義する．

$$x \mapsto p_\xi(x) = \|x\xi\|, \quad x \mapsto p_\xi^*(x) = \|x^*\xi\|.$$

定義 2.1.3 $\mathscr{L}(\mathscr{H})$ 上のすべての半ノルム $p_\xi (\xi \in \mathscr{H})$ により定義される局所凸位相を**強位相**という．また，すべての半ノルム $p_\xi, p_\xi^* (\xi \in \mathscr{H})$ により定義される局所凸位相を**強*位相**という．　　　　　　　　　　　□

強位相は終域の Hilbert 空間にノルム位相を入れたときの各点収束の位相である．後で述べるように，強位相あるいは強*位相で連続な線形汎関数は弱位相で連続である．弱位相に関して連続であるとか，閉であることを弱連続である，弱閉であるという．強位相，強*位相についても同様である．

次の形をした線形汎関数

$$\sum_{n=1}^{\infty} \omega_{\xi_n, \eta_n} \quad \left(\sum_{n=1}^{\infty} \|\xi_n\|^2 < +\infty, \ \sum_{n=1}^{\infty} \|\eta_n\|^2 < +\infty \right)$$

全体からなる集合を

$$\mathscr{L}(\mathscr{H})_*$$

とする．明らかに，$\mathscr{L}(\mathscr{H})_*$ は Banach 空間 $\mathscr{L}(\mathscr{H})^*$ の部分空間であり，$\mathscr{L}(\mathscr{H})_\sim$ は $\mathscr{L}(\mathscr{H})_*$ の稠密部分空間である．

$\mathscr{L}(\mathscr{H})_*$ の元 φ を用いて，$\mathscr{L}(\mathscr{H})$ 上に次の 3 つの半ノルムを定義する．ただし，後の 2 つでは $\varphi \geqq 0$ とする．

$$x \mapsto |\varphi(x)|, \quad x \mapsto p_\varphi(x) = \varphi(x^*x)^{1/2}, \quad x \mapsto p_\varphi^*(x) = \varphi(xx^*)^{1/2}.$$

定義 2.1.4 $\mathscr{L}(\mathscr{H})$ 上において，すべての半ノルム $|\varphi(\cdot)|\,(\varphi\in\mathscr{L}(\mathscr{H})_*)$ によって定義される局所凸位相を **σ 弱位相**という．すべての半ノルム $p_\varphi\,(\varphi\in\mathscr{L}(\mathscr{H})_*, \varphi\geqq0)$ によって定義される局所凸位相を **σ 強位相**という．また，すべての半ノルム $p_\varphi, p_\varphi^*\,(\varphi\in\mathscr{L}(\mathscr{H})_*, \varphi\geqq0)$ によって定義される局所凸位相を **σ 強*位相**という[2]． □

σ 弱位相は線形汎関数 $\varphi\in\mathscr{L}(\mathscr{H})_*$ すべてを連続にする最弱位相，つまり $\sigma(\mathscr{L}(\mathscr{H}), \mathscr{L}(\mathscr{H})_*)$ 位相である．したがって，σ 弱連続な線形汎関数は $\mathscr{L}(\mathscr{H})_*$ に属する．後で述べるように，σ 強連続あるいは σ 強*連続な線形汎関数は σ 弱連続である．

また

$$\left|\sum_{n=1}^{\infty} \omega_{\xi_n, \eta_n}(y^*x)\right| \leqq \left(\sum_{n=1}^{\infty} \omega_{\xi_n}(x^*x)\right)^{1/2} \left(\sum_{n=1}^{\infty} \omega_{\eta_n}(y^*y)\right)^{1/2}$$

が成り立つので，上の後の 2 つの位相に関しては φ は $\sum_{n=1}^{\infty} \omega_{\xi_n}$ の形のものだけでよい．また，$y=1$ と置くことによって，σ 強位相は σ 弱位相より強いことがわかる．

Hilbert 空間が有限次元のときは，ノルム位相も含めて上の位相はすべて同相であるが，無限次元のときは部分集合上では同相になることはあっても $\mathscr{L}(\mathscr{H})$ においてはどれも同相ではない．例えば，可分 Hilbert 空間上の等長作用素 v を規格直交基底 $\{\varepsilon_n\}_{n\in\mathbb{N}}$ を用いて $v\varepsilon_n=\varepsilon_{n+1}$ により定義すると，列 $\{v^n\}_{n\in\mathbb{N}}$ は 0 に弱収束するが，強収束はしない．しかし，列 $\{v^{*n}\}_{n\in\mathbb{N}}$ は 0 に強収束するので，対合 $x\mapsto x^*$ は強連続ではない．対合は $\mathscr{L}(\mathscr{H})$ 上では弱連続，強*連続，σ 弱連続かつ σ 強*連続であるが，強連続ではないし，σ 強連続でもない．

次の積の連続性は定義から明らかである．

(i) $\mathscr{L}(\mathscr{H})$ における右乗法 $x\mapsto xy$，左乗法 $x\mapsto yx$ は上記のすべての位相に関して連続である．

---

2) [6]では σ 弱，σ 強，σ 強*位相をそれぞれ，汎弱，汎強，汎強*位相と呼んでいる．

94 2 von Neumann 環

(ii) 積 $(x, y) \in \mathscr{L}(\mathscr{H})_r \times \mathscr{L}(\mathscr{H}) \mapsto xy \in \mathscr{L}(\mathscr{H})$ は強連続かつ σ 強連続である. ここで, $\mathscr{L}(\mathscr{H})_r$ は $\mathscr{L}(\mathscr{H})$ の半径 r の球 $\{x \in \mathscr{L}(\mathscr{H}) | \|x\| \leqq r\}$ である.

Hilbert 空間の族 $\{\mathscr{H}_i\}_{i \in I}$ に対して

$$\sum_{i \in I}{}^{\oplus} \mathscr{H}_i = \left\{ \{\xi_i\}_{i \in I} \in \prod_{i \in I} \mathscr{H}_i \ \Big| \ \sum_{i \in I} \|\xi_i\|^2 < +\infty \right\}$$

と置く. この集合は各添字ごとの和と定数倍の演算によりベクトル空間になり, 内積 $(\{\xi_i\}_{i \in I} | \{\eta_i\}_{i \in I}) = \sum_{i \in I} (\xi_i | \eta_i)$ により Hilbert 空間になる. 実際, 完備性は l^2 空間の完備性と同じようにしてわかる. これを $\{\mathscr{H}_i\}_{i \in I}$ の直和という. ここでのベクトル $\{\xi_i\}_{i \in I}$ を $\oplus_{i \in I} \xi_i$ と表すこともある.

定理 2.1.5 位相の強弱関係は次のようになる.

$$\sigma \text{弱位相} \prec \sigma \text{強位相} \prec \sigma \text{強*位相} \prec \tau(\mathscr{L}(\mathscr{H}), \mathscr{L}(\mathscr{H})_*) \prec \text{ノルム位相}$$
$$\curlyvee \qquad \curlyvee \qquad \curlyvee \qquad \curlyvee$$
$$\text{弱位相} \prec \text{強位相} \prec \text{強*位相} \prec \tau(\mathscr{L}(\mathscr{H}), \mathscr{L}(\mathscr{H})_\smallsmile)$$

ただし, $\mathscr{T}_1 \prec \mathscr{T}_2$ は位相 $\mathscr{T}_2$ が位相 $\mathscr{T}_1$ より強いことを表す. □

[証明] ノルム位相は $\tau(\mathscr{L}(\mathscr{H}), \mathscr{L}(\mathscr{H})_*)$ 位相より強い. 実際, $\mathscr{L}(\mathscr{H})_*$ における絶対凸かつ $\sigma(\mathscr{L}(\mathscr{H})_*, \mathscr{L}(\mathscr{H}))$ コンパクトな集合は $\mathscr{L}(\mathscr{H})^*$ の集合としても $\sigma(\mathscr{L}(\mathscr{H})^*, \mathscr{L}(\mathscr{H}))$ コンパクトである. したがって, 一様有界性定理 1.5.2 により, ノルムに関して有界である. ゆえにノルム位相は Mackey 位相より強い.

σ 強*位相 $\prec \tau(\mathscr{L}(\mathscr{H}), \mathscr{L}(\mathscr{H})_*)$ と強*位相 $\prec \tau(\mathscr{L}(\mathscr{H}), \mathscr{L}(\mathscr{H})_\smallsmile)$ 以外は定義から明らかである.

まず, 強*位相 $\prec \tau(\mathscr{L}(\mathscr{H}), \mathscr{L}(\mathscr{H})_\smallsmile)$ を示す.

$$p_\xi(x) = \sup_{\|\eta\| \leqq 1} |\omega_{\xi, \eta}(x)|, \quad p_\xi^*(x) = \sup_{\|\eta\| \leqq 1} |\omega_{\eta, \xi}(x)|$$

であるから, 強*位相は各部分集合 $\{\omega_{\xi, \eta} | \|\eta\| \leqq 1\}$, $\{\omega_{\eta, \xi} | \|\eta\| \leqq 1\}$ $(\xi \in \mathscr{H})$ 上での一様収束の位相である. また, これら部分集合は弱コンパクト集合 $\{\eta | \|\eta\| \leqq 1\}$ の連続関数 $\eta \mapsto \omega_{\xi, \eta}$ と $\eta \mapsto \omega_{\eta, \xi}$ による像であるから, $\sigma(\mathscr{L}(\mathscr{H})_\smallsmile, \mathscr{L}(\mathscr{H}))$ コンパクトである. しかも, これらは絶対凸である. ゆえに, 強*位相 $\prec$

$\tau(\mathscr{L}(\mathscr{H}), \mathscr{L}(\mathscr{H})_{\sim})$ である.

$\mathscr{K} = \sum_{n \in \mathbb{N}}^{\oplus} \mathscr{H}_n (\mathscr{H}_n = \mathscr{H})$ とする. $x \in \mathscr{L}(\mathscr{H})$ に対して $\pi(x)(\oplus_n \xi_n) = \oplus_n x\xi_n$ と置くと, $\pi(x) \in \mathscr{L}(\mathscr{K})$ である. $\mathscr{K}$ の元 $\xi = \oplus_n \xi_n$ に対して,

$$\left(\sum_n \|x\xi_n\|^2\right)^{1/2} = \|\pi(x)\xi\| = \sup_{\|\eta\| \leqq 1} |\omega_{\xi,\eta} \circ \pi(x)|,$$

$$\left(\sum_n \|x^*\xi_n\|^2\right)^{1/2} = \|\pi(x)^*\xi\| = \sup_{\|\eta\| \leqq 1} |\omega_{\eta,\xi} \circ \pi(x)|$$

であるから, 上と同じ理由で σ 強*位相は $\sigma(\mathscr{L}(\mathscr{H})_*, \mathscr{L}(\mathscr{H}))$ コンパクトかつ絶対凸な集合上で一様収束の位相である. ゆえに, $\tau(\mathscr{L}(\mathscr{H}), \mathscr{L}(\mathscr{H})_*) \succ$ σ 強*位相である. ∎

この定理と Mackey-Arens の定理 1.4.9 により直ちに次の系を得る.

系 2.1.6 σ 強連続あるいは σ 強*連続な線形汎関数は σ 弱連続である. 強連続あるいは強*連続な線形汎関数は弱連続である. □

2.1.3 $\mathscr{L}(\mathscr{H})$ と $\mathscr{L}(\mathscr{H})_*$ の双対ペア

作用素環に使われる位相の議論では, Banach 空間の商空間に関する議論と双対ペアを用いる議論に帰着されることが多い.

補題 2.1.7 $\mathscr{L}(\mathscr{H})$ の単位球は σ 弱コンパクトかつ弱コンパクトである. □

[証明] 弱位相を与えられた $\mathscr{L}(\mathscr{H})$ は, 対応 $x \mapsto \{x\xi\}_{\xi \in \mathscr{H}}$ により, 弱位相を与えられた Hilbert 空間 $\mathscr{H}$ のコピー $\mathscr{H}_\xi$ の無限直積 $\mathscr{H}^{\mathscr{H}} = \prod_{\xi \in \mathscr{H}} \mathscr{H}_\xi$ の位相部分空間と同一視することができる. $\mathscr{L}(\mathscr{H})$ の単位球 $\mathscr{L}(\mathscr{H})_1$ は

$$\bigcap_{\|\xi\| \leqq 1, \|\eta\| \leqq 1} \{x \mid |(x\xi|\eta)| \leqq 1, \ x \text{ は線形}\}$$

と一致するので, 無限直積 $\mathscr{H}^{\mathscr{H}}$ の閉部分集合である. $\overline{\mathscr{L}(\mathscr{H})_1\xi}$ は $\mathscr{H}$ においてノルムで有界な閉部分集合であるから, 系 1.4.6 によって弱コンパクトである. ゆえに, Tychonov の定理により, $\mathscr{L}(\mathscr{H})_1$ は $\mathscr{H}^{\mathscr{H}}$ において, したがって $\mathscr{L}(\mathscr{H})$ において弱コンパクトである.

また, $\mathscr{L}(\mathscr{H})_*$ の元 φ は $\sum_{i=1}^{\infty} \omega_{\xi_i, \eta_i}$ と表せるので, 部分和 $\sum_{i=1}^{n} \omega_{\xi_i, \eta_i}$ を φ_n とすれば, 任意の $\varepsilon > 0$ に対して $\|\varphi - \varphi_n\| < \varepsilon$ を満たす n が存在する. したがって, $\mathscr{L}(\mathscr{H})_1$ の任意の元 x に対して, $|\langle x, \varphi \rangle| \leqq |\langle x, \varphi_n \rangle| + |\langle x, \varphi - \varphi_n \rangle| \leqq$

$|\langle x, \varphi_n\rangle|+\varepsilon$ が成り立ち，単位球上では弱位相と σ 弱位相は一致する．よって，単位球は σ 弱コンパクトでもある． ∎

補題 2.1.8 $\mathscr{L}(\mathscr{H})$ は Banach 空間としてノルム空間 $\mathscr{L}(\mathscr{H})_*$ の双対空間と同型である． □

[証明] 双対ペア $(\mathscr{L}(\mathscr{H})_*, \mathscr{L}(\mathscr{H}))$ を考える．$\mathscr{L}(\mathscr{H})_*$ に Mackey 位相を導く集合族 $\mathscr{F}_M$ は $\mathscr{L}(\mathscr{H})$ の絶対凸な σ 弱コンパクト集合の全体であるから，補題 2.1.7 により，$\mathscr{L}(\mathscr{H})_*$ における位相は

$$\sigma(\mathscr{L}(\mathscr{H})_*, \mathscr{L}(\mathscr{H})) \prec \text{ノルム位相} \prec \tau(\mathscr{L}(\mathscr{H})_*, \mathscr{L}(\mathscr{H})).$$

したがって，Mackey-Arens の定理 1.4.9 により，$\mathscr{L}(\mathscr{H})$ はベクトル空間として，ノルム空間 $\mathscr{L}(\mathscr{H})_*$ の双対空間と同一視できる．双極定理により，$\mathscr{L}(\mathscr{H})$ の単位球は $\mathscr{L}(\mathscr{H})_*$ の単位球の極集合であるから，$\mathscr{L}(\mathscr{H})$ は Banach 空間としてノルム空間 $\mathscr{L}(\mathscr{H})_*$ の双対空間である． ∎

補題 2.1.9 $\mathscr{L}(\mathscr{H})_*$ は Banach 空間である． □

[証明] 補題 2.1.8 により，ノルム空間としての $\mathscr{L}(\mathscr{H})$ は $\mathscr{L}(\mathscr{H})^*$ の閉部分空間 $\overline{\mathscr{L}(\mathscr{H})_*}$ の双対空間である．$\sum_{n=1}^{\infty}\|\xi_n\|^2 \leq 1$ を満たす列 $\{\xi_n\}_n$ から得られる線形汎関数 $\sum_{n=1}^{\infty}\omega_{\xi_n}$ 全体のなす集合を S とする．S は $\mathscr{L}(\mathscr{H})_*$ の単位球に含まれる凸集合である．$x \in \mathscr{L}(\mathscr{H})$ が自己随伴な場合には，補題 1.7.6 により，そのスペクトルは $\inf_{\|\xi\|\leq 1}(x\xi|\xi)$ と $\sup_{\|\xi\|\leq 1}(x\xi|\xi)$ を両端点にもつ閉区間に含まれるので，

$$\|x\| = r(x) \leq \sup_{\|\xi\|\leq 1}|(x\xi|\xi)| \leq \sup_{\varphi\in S}|\langle x, \varphi\rangle|.$$

逆向きの不等式は明らかであるから，$\|x\|=\sup_{\varphi\in S}|\langle x, \varphi\rangle|$．

ここで，自己随伴な作用素の全体 $\mathscr{L}(\mathscr{H})_h$ と $E=\{\varphi\in\overline{\mathscr{L}(\mathscr{H})_*}|\varphi^*=\varphi\}$ を Banach 空間としての双対ペアと考える．実 Banach 空間 $\mathscr{L}(\mathscr{H})_h$ の単位球は $S\cup(-S)$ の極集合である．ゆえに，双極定理と命題 1.4.1 により，その凸包 $\mathrm{co}(S\cup(-S))$ は E の単位球においてノルム位相に関して稠密である．したがって，E の単位球の元 φ は $\mathrm{co}(S\cup(-S))$ の列 $\{\varphi_n\}_n$ で

$$\|\varphi_n - \varphi_{n+1}\| \leq \frac{1}{2^{n+1}} \quad (n \geq 1)$$

を満たすものによりノルム近似される. つぎに, $\psi_1 = \varphi_1$ と置いて, 以下帰納的に条件

$$\psi_n \in \frac{1}{2^{n-1}} \mathrm{co}(S \cup (-S)), \quad \left\| \varphi_n - \sum_{k=1}^{n} \psi_k \right\| \leqq \frac{1}{2^{n+1}}$$

を満たす列 $\{\psi_n\}_n$ が選べることを示す. 実際, $k \leqq n$ に対して ψ_k が選べたとする. $\left\| \varphi_{n+1} - \sum_{k=1}^{n} \psi_k \right\|$ を λ_n とすれば,

$$\left\| \left(\varphi_{n+1} - \sum_{k=1}^{n} \psi_k \right) - \psi_{n+1} \right\| \leqq \frac{1}{2^{n+2}}, \quad \psi_{n+1} \in \lambda_n \, \mathrm{co}(S \cup (-S))$$

を満たす ψ_{n+1} が存在する. このとき,

$$\lambda_n \leqq \left\| \varphi_n - \sum_{k=1}^{n} \psi_k \right\| + \|\varphi_n - \varphi_{n+1}\| \leqq \frac{1}{2^n}$$

も成り立つので, 上のような列 $\{\psi_n\}_n$ が存在することがわかる. また, 各 ψ_n は S の元 ω_n^+, ω_n^- を用いて, $\psi_n = 2^{-n+1}(\omega_n^+ - \omega_n^-)$ と表せる. このとき

$$\sum_{n=1}^{\infty} \frac{1}{2^{n-1}} \omega_n^+ \in 2S, \quad \sum_{n=1}^{\infty} \frac{1}{2^{n-1}} \omega_n^- \in 2S$$

であるから, $\varphi = \sum_{n=1}^{\infty} \psi_n \in 2S - 2S$. ゆえに, $\overline{\mathscr{L}(\mathscr{H})_*} = \mathscr{L}(\mathscr{H})_*$ となり, $\mathscr{L}(\mathscr{H})_*$ は Banach 空間である. ∎

B を $\mathscr{L}(\mathscr{H})$ の弱有界な集合とする. つまり, 任意の $\xi \in \mathscr{H}$ に対して $B\xi$ が弱有界なのであるが, 一様有界性定理 1.5.2 により, ノルムに関して有界である. したがって, 再び同じ定理により, B はノルムに関して有界である. ゆえに, 有界性は上記のすべての位相に関しても同じように成立する.

有界集合上では, σ 弱位相と弱位相, σ 強位相と強位相, σ 強*位相と強*位相は同相である. $\mathscr{L}(\mathscr{H})$ の単位球は σ 弱位相に関してはコンパクトであったが, 各 $\xi \in \mathscr{H}$ に対して写像 $x \in \mathscr{L}(\mathscr{H})_1 \mapsto x\xi \in \mathscr{H}$ は強位相と強*位相に関して連続になるので, Hilbert 空間 $\mathscr{H}$ が無限次元のときは, 例 1.4.2 により, 強位相と強*位相に関してはコンパクトではない. しかし, 強位相を単純収束の位相とみれば, 有界強閉集合は強完備である. また, 一様空間についての一般的な定理により, σ 強*位相と Mackey 位相 $\tau(\mathscr{L}(\mathscr{H}), \mathscr{L}(\mathscr{H})_*)$ に関しても有界閉集合は完備である.

定理 2.1.10 $\mathscr{M}$ を $\mathscr{L}(\mathscr{H})$ の σ 弱閉部分空間とする. $\mathscr{M}$ 上の σ 弱連続な

線形汎関数全体のなすノルム空間を $\mathscr{M}_*$ とする. このとき, $\mathscr{M}_*$ は $\mathscr{M}^*$ の閉部分空間であり

$$\mathscr{M}_* = \{\varphi|_{\mathscr{M}} \mid \varphi \in \mathscr{L}(\mathscr{H})_*\}$$

である. さらに, $\mathscr{M}$ は Banach 空間として $\mathscr{M}_*$ の双対空間と同型である. □

[証明] $\varphi \in \mathscr{M}_*$ とすると, $\mathscr{M}$ 上で $|\varphi(x)| \leqq |\psi(x)|$ であるような $\psi \in \mathscr{L}(\mathscr{H})_*$ が存在する. 系 1.3.2 により, $\mathscr{L}(\mathscr{H})$ 上で $|\tilde{\varphi}(x)| \leqq |\psi(x)|$ であるような φ の拡張 $\tilde{\varphi}$ が存在する. $\tilde{\varphi}$ は σ 弱連続, すなわち, $\tilde{\varphi} \in \mathscr{L}(\mathscr{H})_*$ である. よって, $\mathscr{M}_* = \{\varphi|_{\mathscr{M}} \mid \varphi \in \mathscr{L}(\mathscr{H})_*\}$ である.

$\mathscr{L}(\mathscr{H})_*$ における $\mathscr{M}$ の極集合を $\mathscr{M}^\circ$ とする. 補題 2.1.8 と命題 1.4.8 により, ノルム空間として双対空間 $(\mathscr{L}(\mathscr{H})_*/\mathscr{M}^\circ)^*$ は $\mathscr{M}^{\circ\circ}$ と同型である. $\mathscr{M}$ は σ 弱閉であるから, 双極定理により $\mathscr{M}^{\circ\circ} = \mathscr{M}$ である. $\mathscr{L}(\mathscr{H})_*/\mathscr{M}^\circ$ は $(\mathscr{L}(\mathscr{H})_*/\mathscr{M}^\circ)^{**}$ の部分空間であるから, ノルム空間として $\mathscr{M}^*$ の部分空間とみなせる. 他方, 線形写像 $\varphi \in \mathscr{L}(\mathscr{H})_* \mapsto \varphi|_{\mathscr{M}}$ の核は $\mathscr{M}^\circ$ であるから, $\mathscr{L}(\mathscr{H})_*/\mathscr{M}^\circ$ は $\mathscr{M}_*$ と同型である. したがって, ノルム空間としても同型である. ゆえに, $\mathscr{M}$ は Banach 空間として $(\mathscr{M}_*)^*$ と同型である. $\mathscr{L}(\mathscr{H})_*/\mathscr{M}^\circ$ は完備であるから, $\mathscr{M}_*$ も完備であり, $\mathscr{M}_*$ は $\mathscr{M}^*$ の閉部分空間である. ■

注 $\mathscr{L}(\mathscr{H})$ の σ 弱閉な *多元環 $\mathscr{M}$ に対しては,

$$\mathscr{M}_h = \{x \in \mathscr{M} \mid x^* = x\}, \quad \mathscr{M}_*^h = \{\varphi \in \mathscr{M}_* \mid \varphi^* = \varphi\}$$

と置き, $\mathscr{M}_h$ と $\mathscr{M}_*^h$ を実ベクトル空間の双対ペアとして考えることがある. 対合は $\mathscr{M}$ における σ 弱位相と $\mathscr{M}_*$ におけるノルム位相に関して連続であるから, $\mathscr{M}_h$ は $\mathscr{M}$ で σ 弱閉であり, $\mathscr{M}_*^h$ は Banach 空間である. $\mathscr{M}_*$ は $\mathscr{M}_*^h$ の線形結合であるから, $\sigma(\mathscr{M}_h, \mathscr{M}_*^h)$ 位相は $\sigma(\mathscr{M}, \mathscr{M}_*)$ 位相から $\mathscr{M}_h$ に導入された相対位相と一致している. したがって, $\mathscr{M}_h$ の単位球は $\sigma(\mathscr{M}_h, \mathscr{M}_*^h)$ コンパクトである. また, 命題 1.14.7 の証明にあるように, $\varphi \in \mathscr{M}_*^h$ に対して, $\|\varphi\| = \|\varphi|_{\mathscr{M}_h}\|$ である. よって, 上の定理の証明と同様にして, $\mathscr{M}_h$ は Banach 空間として, $\mathscr{M}_*^h$ の双対空間と同型である. □

定理 2.1.11 $\mathscr{M}$ を $\mathscr{L}(\mathscr{H})$ の σ 弱閉部分空間とする.

(i) $\mathscr{M}$ 上の有界線形汎関数 φ に対して, 次のことが成り立つ.

(a) φ の連続性は σ 弱, σ 強, σ 強*のどの位相に関しても互いに同値である. 同様なことが, 弱, 強, 強*位相に対してもいえる.

(b) φ の $\mathscr{M}$ の単位球 $B = \mathscr{M} \cap \mathscr{L}(\mathscr{H})_1$ における連続性は弱, σ 弱, 強, σ 強, 強*, σ 強*のどの位相に関しても互いに同値である.

(ii) $\mathscr{M}$ の凸集合 K に対して, 次のことが成り立つ.

(a) K が閉集合であることは σ 弱, σ 強, σ 強*のどの位相に関しても互いに同値である. 同様なことが, 弱, 強, 強*位相に対してもいえる.

(b) K が(a)の位相で閉であることと, 任意の $r > 0$ に対して $K \cap rB$ が, 弱, σ 弱, 強, σ 強, 強*, σ 強*のどの位相に関しても閉であることは同値である. ☐

[証明] (i) (a)は系 2.1.6 による. φ の連続性は $\mathrm{Ker}\,\varphi$ が閉であることと同値なので, (b)は定理 1.12.8 と (i)の(a)から導かれる.

(ii) (a)は命題 1.4.1 と定理 2.1.5 による. (b)は定理 1.12.8 と (ii)の(a)から導かれる. ∎

この定理は以下の議論で頻繁に利用される. 例えば, (i)の主張を使うと, σ 弱閉空間 $\mathscr{M}$ から局所凸空間 E への線形写像 ϕ が $\mathscr{M} \cap \mathscr{L}(\mathscr{H})_1$ 上で σ 弱位相と $\sigma(E, E^*)$ 位相に関して連続ならば, $\mathscr{M}$ 上で σ 弱位相と $\sigma(E, E^*)$ 位相に関しても連続であることがわかる. 実際, 各 $f \in E^*$ に対して, $f \circ \phi$ は $\mathscr{M} \cap \mathscr{L}(\mathscr{H})_1$ 上で σ 弱連続であるから, 上の定理により $\mathscr{M}$ において σ 弱連続である. したがって, ϕ は連続である.

2.1.4 von Neumann 環の特徴づけ

この項から von Neumann 環の代数的性質を用いて, 第 2.1 節の目的であった von Neumann の稠密性定理の証明, つまり von Neumann 環の可換子環を用いた特徴づけを与える.

定義 2.1.12 $\mathscr{M}$ を $\mathscr{L}(\mathscr{H})$ の部分集合とする.

$$\mathscr{M}' = \{x \in \mathscr{L}(\mathscr{H}) \mid \forall y \in \mathscr{M} : xy = yx\}$$

と置いて, $\mathscr{M}'$ を $\mathscr{M}$ の**可換子環**という. $\mathscr{M}'$ の可換子環 $(\mathscr{M}')'$ を $\mathscr{M}''$ で表し, $\mathscr{M}$ の**二重可換子環**という. ☐

100 2 von Neumann 環

明らかに，可換子環は弱閉な多元環で，単位元1を含む．したがって，von Neumann 環である．二重可換子環も von Nuemann 環である．$\mathscr{M}$ が随伴の演算で閉じていれば，その可換子環も随伴の演算で閉じている．また，$\mathscr{M} \subset \mathscr{M}''$ かつ $\mathscr{M}' = \mathscr{M}''' (= (\mathscr{M}'')')$ である．つぎに述べる von Neumann の稠密性定理によれば，二重可換子環は $\mathscr{M}$ に単位元を付加したものの弱閉包であるから，$\mathscr{M}$ を含む最小の von Neumann 環であることがわかる．von Neumann 環は弱閉であるから，ノルム位相に関しても閉であり，したがって，C^*環である．

$\mathscr{L}(\mathscr{H})$ の部分*多元環 $\mathscr{M}$ が，$\overline{\mathscr{M}\mathscr{H}} = \mathscr{H}$ を満たすとき，$\mathscr{M}$ は $\mathscr{H}$ 上**非退化**であるという．このときには，$\mathscr{M}$ の σ 弱閉包 $\bar{\mathscr{M}}$ は単位元1を含む．なぜなら，$\bar{\mathscr{M}}$ は C^*環であるから近似単位元 $\{e_i\}_{i \in I}$ をもつ．補題 2.1.7 により，$\bar{\mathscr{M}}$ の単位球は σ 弱コンパクトであるから，$\{e_i\}_{i \in I}$ は σ 弱位相に関する接触点 $e \in \bar{\mathscr{M}}$ をもつ．このとき，$\mathscr{M}\mathscr{H} = e\mathscr{M}\mathscr{H} \subset e\mathscr{H}$ となるので，$e = 1$ となり，e は $\bar{\mathscr{M}}$ の単位元である．したがって，部分*多元環 $\mathscr{M}$ が非退化であることと，σ 弱閉包 $\bar{\mathscr{M}}$ が単位元1を含むことは同値である．

Hilbert 空間 $\mathscr{H}$ のコピーを $\mathscr{H}_i (i \in I)$ とし，その直和 $\sum_{i \in I}^{\oplus} \mathscr{H}_i$ を $\mathscr{K}$ とする．$\mathscr{H}$ から $\mathscr{H}_i$ への恒等写像を $\mathscr{K}$ の部分空間 $\mathscr{H}_i$ への等長写像と見なして U_i で表す．$x \in \mathscr{L}(\mathscr{K})$ に対して，$x_{ij} = U_i^* x U_j$ とすれば，$x_{ij} \in \mathscr{L}(\mathscr{H})$ であり，x は行列として (x_{ij}) と表せる．$x = (x_{ij})$，$y = (y_{ij})$ とすれば，随伴と積は

$$x^* = (x_{ji}^*), \quad xy = \left(\sum_{k \in I} x_{ik} y_{kj} \right)$$

である．行列の成分の和は強位相で考える．

定理 2.1.13(von Neumann の稠密性定理)　$\mathscr{L}(\mathscr{H})$ の部分*多元環 $\mathscr{M}$ に対して次の3条件は同値である．

(i)　$\mathscr{M}$ は von Neumann 環である．

(ii)　$\mathscr{M}$ は非退化かつ σ 強閉である．

(iii)　$\mathscr{M} = \mathscr{M}''$.　　　　　　　　　　　　　　　　　　　　$\square$

[証明]　(iii)$\Rightarrow$(i)$\Rightarrow$(ii)は明らかである．

(ii)を仮定して(iii)を示すための準備をする．$\mathscr{K} = \sum_{n \in \mathbb{N}}^{\oplus} \mathscr{H}_n (\mathscr{H}_n = \mathscr{H})$ と置く．$x \in \mathscr{L}(\mathscr{H})$ に対して，$\pi(x)(\oplus_n \xi_n) = \oplus_n x \xi_n$ と置いて得られる $\mathscr{L}(\mathscr{K})$ の元

$\pi(x)$ は，x が対角に並んだ対角行列である．したがって，行列の計算により，$\pi(\mathcal{M})$ の可換子環は

$$\pi(\mathcal{M})' = \{(y_{ij}) \in \mathscr{L}(\mathscr{K}) \mid y_{ij} \in \mathcal{M}'\}$$

と表せることがわかる．明らかに，$\pi(\mathcal{M}'') \subset \pi(\mathcal{M})''$ である．

$\mathscr{L}(\mathscr{H})$ 上の σ 強位相に関する半ノルムは Hilbert 空間 $\mathscr{K}$ のベクトル $\xi = \oplus_{n=1}^{\infty} \xi_n$ を用いて，$p_\xi(x) = (\sum_{n=1}^{\infty} \|x\xi_n\|^2)^{1/2} = \|\pi(x)\xi\|$ と表せる．ここで，閉部分空間 $\overline{\pi(\mathcal{M})\xi}$ への射影を e とする．$\pi(\mathcal{M})e\mathscr{K} \subset e\mathscr{K}$ であるから $e \in \pi(\mathcal{M})'$ である．$1 \in \mathcal{M}$ であるから $e\xi = \xi$．上の議論により，任意の $x \in \mathcal{M}''$ に対して，$\pi(x) \in \pi(\mathcal{M})''$ となるので，

$$\pi(x)\xi = \pi(x)e\xi = e\pi(x)\xi \in \overline{\pi(\mathcal{M})\xi}.$$

この式は $\mathscr{K}$ の任意のベクトル ξ に対して成り立つので，x は $\mathcal{M}$ の σ 強近傍に含まれる．(ii) により $\mathcal{M}$ は σ 強閉であるから，$x \in \mathcal{M}$．ゆえに，$\mathcal{M}'' = \mathcal{M}$．∎

この定理と定理 2.1.11 の (ii) (b) から一連の同値条件が得られる．例えば，非退化な部分*多元環 $\mathcal{M}$ が von Neumann 環であるためには，$\mathcal{M}$ の単位球が弱閉であることが必要十分である．このようにして，von Neumann 環は局所凸位相によって特徴づけられる．

また，この定理により von Neumann 環 $\mathcal{M}$ は σ 弱閉であるから，定理 2.1.10 により，$\mathcal{M}$ 上の σ 弱連続な線形汎関数の全体 $\mathcal{M}_*$ は Banach 空間であり，その双対空間は $\mathcal{M}$ と同型になる．そこで，この $\mathcal{M}_*$ を以後 $\mathcal{M}$ の**前双対空間**という．

命題 2.1.14 von Neumann 環 $\mathcal{M}$ から von Neumann 環 $\mathcal{N}$ への準同型写像 π が σ 弱連続かつ $\pi(1) = 1$ を満たせば，$\pi(\mathcal{M})$ も von Neumann 環になる．

□

[証明] 準同型写像 π の核 $\mathscr{I}$ は自己随伴で σ 弱閉な両側イデアルであるから，$\mathcal{M}/\mathscr{I}$ は $\pi(\mathcal{M})$ と C^*環として同型である．したがって，等長的に同型である．j を $\mathcal{M}$ から $\mathcal{M}/\mathscr{I}$ への商写像とする．商ノルムの定義により，$\mathcal{M}$ の開単位球の j による像は $\mathcal{M}/\mathscr{I}$ の開単位球である．ゆえに，$\mathcal{M}$ の開単位球

102   2 von Neumann 環

の π による像は $\pi(\mathscr{M})$ の開単位球である．開単位球は閉単位球で σ 弱稠密であるから，$\mathscr{M}$ の閉単位球の π による像は，$\pi(\mathscr{M})$ の閉単位球で σ 弱稠密である．$\mathscr{M}$ の閉単位球の π による像は σ 弱コンパクトであるから，$\pi(\mathscr{M})$ の閉単位球と一致する．したがって，$\pi(\mathscr{M})$ は von Neumann 環である． ∎

von Neumann 環 $\mathscr{M}$ あるいはその可換子環 $\mathscr{M}'$ の射影 e に対して，$\mathscr{M}$ を $e\mathscr{H}$ 上へ制限して得られる集合 $\{(exe)|_{e\mathscr{H}} | x\in\mathscr{M}\}$ を $\mathscr{M}_e$ で表す．次の命題で示すように，これらはいずれも von Neumann 環になる．

命題 2.1.15 $\mathscr{M}$ を von Neumann 環，e を $\mathscr{M}$ あるいは $\mathscr{M}'$ の射影とする．そのとき，$\mathscr{M}_e$ は von Neumann 環であり，$(\mathscr{M}_e)'=(\mathscr{M}')_e$ である． □

［証明］ e を von Neumann 環 $\mathscr{M}$ の射影とする．

$$eMe = \{x\in\mathscr{M} \mid (1-e)x = 0\} \cap \{x\in\mathscr{M} \mid x(1-e) = 0\}$$

であるから，eMe は σ 弱閉な*多元環である．写像 $x\in e\mathscr{L}(\mathscr{H})e\mapsto x|_{e\mathscr{H}}\in \mathscr{L}(e\mathscr{H})$ は σ 弱位相に関して同相写像であるから，$\mathscr{M}_e$ は $\mathscr{L}(e\mathscr{H})$ において σ 弱閉であり，von Neumann 環である．

e が $\mathscr{M}'$ の射影のときは，写像 $x\in\mathscr{M}\mapsto x|_{e\mathscr{H}}\in\mathscr{M}_e$ は準同型である．ゆえに，命題 2.1.14 により $\mathscr{M}_e$ は von Neumann 環である．

$e\in\mathscr{M}$ とする．$x\in e\mathscr{L}(\mathscr{H})e\mapsto x|_{e\mathscr{H}}\in\mathscr{L}(e\mathscr{H})$ は同型写像であるから，$\mathscr{A}\subset\mathscr{L}(\mathscr{H})$ に対して $(\mathscr{A}_e)'\cong(e\mathscr{A}e)'\cap e\mathscr{L}(\mathscr{H})e$ である．$x\in\mathscr{M}, x'\in\mathscr{M}'$ とすると

$$(exe)(ex'e) = exx'e = ex'xe = (ex'e)(exe)$$

である．したがって，$(\mathscr{M}')_e\subset(\mathscr{M}_e)'$ となる．つぎに，逆の包含関係を示す．$e\in\mathscr{M}$ であるから，任意の $x\in(e\mathscr{M}'e)'\cap e\mathscr{L}(\mathscr{H})e, y\in\mathscr{M}'$ に対して，$yx=(eye)x=x(eye)=xy$ となる．したがって，$x\in\mathscr{M}''=\mathscr{M}$ である．よって，$((\mathscr{M}')_e)'\subset \mathscr{M}_e$ である．ゆえに，$(\mathscr{M}_e)'=(\mathscr{M}')_e$.

最後に，$((\mathscr{M}')_e)'=(\mathscr{M}_e)''=\mathscr{M}_e$ であるから，$\mathscr{M}$ を $\mathscr{M}'$ で置き換えれば，$e\in\mathscr{M}'$ に対して，$(\mathscr{M}_e)'=(\mathscr{M}')_e$ である． ∎

2.1.5 Kaplansky の稠密性定理

次の Kaplansky の稠密性定理は，稠密な部分集合の中から強位相に関する

2.1 von Neumann 環の定義　　*103*

近似有向系を選ぶときには，ノルム有界なものが選べることを保証する内容で，これからの作用素環の議論には不可欠である．

定理 2.1.16　A と B を $\mathscr{L}(\mathscr{H})$ の部分*多元環とし，$B \subset A$ で，B は A において強稠密とする．そのとき，B の単位球は A の単位球において強稠密である．　　　　　　　　　　　　　　　　　　　　　　　　　　　　　　　□

[証明]　A と B はノルム位相に関して閉であると仮定してよい．定理 2.1.11 の (ii) により，B は A で強*稠密である．$x \in A$ に対して

$$f(x) = 2(1 + xx^*)^{-1}x$$

と置くと

$$\|f(x)\|^2 = 4\|(1 + xx^*)^{-1}xx^*(1 + xx^*)^{-1}\| \leqq 1$$

である．$(1 + xx^*)^{-1} \in A + \mathbb{C}1$ であるから，$f(x) \in A$ である．A の単位球の元 x に対して

$$g(x) = (1 + (1 - xx^*)^{1/2})^{-1}x \in A$$

と置くと，　$f(g(x)) = x$ である．したがって，$f(A)$ は A の単位球である．同様に，$f(B)$ は B の単位球である．$x, y \in A$ とする．

$$(1 + yy^*)^{-1} - (1 + xx^*)^{-1}$$
$$= (1 + yy^*)^{-1}(xx^* - yy^*)(1 + xx^*)^{-1}$$
$$= (1 + yy^*)^{-1}((x - y)x^* + y(x - y)^*)(1 + xx^*)^{-1}$$
$$= (1 + yy^*)^{-1}(x - y)x^*(1 + xx^*)^{-1}$$
$$\quad + (1 + yy^*)^{-1}y(x - y)^*(1 + xx^*)^{-1}$$

であるから，関数 $x \mapsto (1 + xx^*)^{-1}$ は強*位相を与えられた A から，強位相を与えられた $A + \mathbb{C}1$ への連続関数である．積は $\mathscr{L}(\mathscr{H})_1 \times \mathscr{L}(\mathscr{H})$ で強連続であるから，f は強*位相を与えられた A から，強位相を与えられた A への連続関数である．したがって，$f(B)$ は $f(A)$ で強稠密である．すなわち，B の単位球は A の単位球で強稠密である．　　　　　　　　　　　　　　　　　■

この定理は証明の都合上強位相を用いて記述されているが，定理 2.1.11 の

104 2 von Neumann 環

(ii)により，他の弱位相，強*位相，σ弱位相，σ強位相，σ強*位相に関しても同様な主張が成り立つ．

2.2 スペクトル分解とトレイス類

行列の対角化に相当する内容を，無限次元 Hilbert 空間上で定式化しなおしたものが，スペクトル分解である．そのとき，固有空間への射影の和に相当するものがスペクトル射影である．同様な考え方に第1.9節で述べた Gelfand 表現があるが，解析学一般への応用上はスペクトル分解の方がよく利用されている．このスペクトル分解を導くには，第1.11節の注で述べた Herglotz-Bochner の定理に帰着させることが多いが，ここでは Gelfand 表現の逆写像を，単調収束列の極限演算で閉じた(Baire 族と呼ばれる)ベクトル束にまで拡張するという考え方で直接導くことにする[3]．

また，行列の対角和であるトレイスを，無限次元 Hilbert 空間の場合へ一般化したものが，この節で述べるトレイスである．トレイスのもつ対称性 $\mathrm{Tr}(xy){=}\mathrm{Tr}(yx)$ は数学の基本概念であるから，このほかにも様々な一般化が試みられている．

2.2.1 スペクトル分解

von Neumann 環 $\mathscr{M}$ は C^*環でもあるから，C^*環の元として正であるもの全体を $\mathscr{M}_+$ で表し，$\mathscr{M}_*$ に含まれる正線形汎関数の全体を $\mathscr{M}_*^+$ で表す．このとき，前節の注で述べたように，$\mathscr{M}_h$，$\mathscr{M}_*^h$ を双対ペアとして考えると，$(\mathscr{M}_+)^\circ{=}\mathscr{M}_*^+$ となる．

補題 2.2.1 von Neumann 環 $\mathscr{M}$ に対して，$\mathscr{M}_+$ は σ 弱閉であり，$\mathscr{M}_+{=}\mathscr{M}_h\cap(\mathscr{M}_*^+)^\circ$ である．   □

［証明］ B を $\mathscr{M}$ の単位球とすると，補題 1.13.2 によって

---

3) Baire 族に関しては，例えば，伊藤清三：ルベーグ積分入門，数学選書 **4**，裳華房 (1963)．

$$\mathcal{M}_+ \cap B = \mathcal{M}_h \cap B \cap (B+1)$$

であるから，$\mathcal{M}_+ \cap B$ は σ 弱コンパクトである．したがって，定理 2.1.11 により，$\mathcal{M}_+$ は σ 弱閉な凸集合である．ゆえに，双極定理により $\mathcal{M}_+ = \mathcal{M}_h \cap (\mathcal{M}_*^+)^\circ$ である． ∎

$\mathcal{M}$ を von Neumann 環とする．$\{x_i\}_{i \in I}$ を $\mathcal{M}$ の有向系とする．任意の $i, j \in I$ に対して，$i \leqq j$ ならば $x_i \leqq x_j$ であるとき，$\{x_i\}_{i \in I}$ を**増加有向系**という．

補題 2.2.2 $\mathcal{M}$ を von Neumann 環とする．$\mathcal{M}_+$ の有界な増加有向系 $\{x_i\}_{i \in I}$ は $\sup_{i \in I} x_i$ に σ 強収束する． ∎

[証明] $\mathcal{M}$ の有界な σ 弱閉集合は σ 弱コンパクトであるから，有界な増加有向系 $\{x_i\}_{i \in I}$ は σ 弱位相に関する接触点 $x \in \mathcal{M}_+$ をもつ．したがって，任意の $\varphi \in \mathcal{M}_*^+$ に対して，$\varphi(x)$ は有向系 $\{\varphi(x_i)\}_{i \in I}$ の接触点である．したがって，$\varphi(x) = \lim_{i \in I} \varphi(x_i) = \sup_{i \in I} \varphi(x_i)$．このとき $\varphi(x - x_i) \geqq 0$ であるから，補題 2.2.1 により，$x - x_i \geqq 0$．したがって，x は集合 $\{x_i | i \in I\}$ の上界である．また，y が $\{x_i | i \in I\}$ の上界ならば，$\varphi(y) \geqq \sup_i \varphi(x_i)$ となるので，$y \geqq x$．したがって，$x = \sup_{i \in I} x_i$．また，

$$(x - x_i)^*(x - x_i) \leqq \|x - x_i\|(x - x_i) \leqq \|x\|(x - x_i)$$

であるから，$\varphi \in \mathcal{M}_*^+$ に対して，$\varphi((x - x_i)^*(x - x_i)) \leqq \|x\| \varphi(x - x_i)$．ゆえに，$\{x_i\}_{i \in I}$ は x に σ 強収束する． ∎

ここでは，von Neumann 環の自己随伴な元のスペクトル射影（定義は後で述べる）は同じ von Neumann 環に属することを示す．このことは von Neumann 環の構造が射影の構造に深く依存していることを示している．

$\mathbb{R}$ 上に左連続単調増加関数 f が与えられると，Lebesgue 測度の場合と同じように，$\mu([s, t)) = f(t) - f(s)$ を満たす $\mathbb{R}$ 上の，Lebesgue-Stieltjes 測度と呼ばれる，Borel 測度 μ が一意的に存在する．このとき，Borel 可測な関数 g の μ に関する積分を f を用いて

$$\int_{\mathbb{R}} g(t) df(t)$$

で表し，Lebesgue-Stieltjes 積分という．

106   2　von Neumann 環

定理 2.2.3(スペクトル分解)　$\mathscr{M}$ を von Neumann 環とする．h を $\mathscr{M}$ の自己随伴な元とする．そのとき，次の 4 条件を満たす $\mathscr{M}$ の射影の族 $\{e(t)\}_{t\in\mathbb{R}}$ が一意的に存在する．

(i)　$s\leqq t$ ならば $e(s)\leqq e(t)$．（単調増加）

(ii)　$e(t)=\lim\limits_{s\to t-}e(s)$．（左連続）

(iii)　$\lim\limits_{t\to-\infty}e(t)=0,\ \lim\limits_{t\to+\infty}e(t)=1$.

(iv)　任意の $\varphi\in\mathscr{M}_*$ に対して，

$$\langle h,\varphi\rangle=\int_{-\infty}^{\infty}t\,d\langle e(t),\varphi\rangle=\int_{\mathrm{Sp}(h)}t\,d\langle e(t),\varphi\rangle.$$

収束は σ 強位相に関してであり，積分は Lebesgue-Stieltjes 積分である．　☐

[証明]　$\mathscr{M}$ において，h と 1 によって生成される部分 C^*環を A とする．命題 1.11.7 により，準同型 $f\in C(\mathrm{Sp}(h))\mapsto f(h)\in A$ がある．$\mathscr{K}(\mathbb{R})$ を $\mathbb{R}$ 上でコンパクトな台をもつ複素数値連続関数全体とする．$\chi_{(-\infty,t)}$ を $(-\infty,t)$ の特性関数とすると，$F_t=\{f\in\mathscr{K}(\mathbb{R})|0\leqq f\leqq\chi_{(-\infty,t)}\}$ は有向集合であるから，$\{f(h)\}_{f\in F_t}$ は A_+ の有界な増加有向系である．したがって，補題 2.2.2 により，$e(t)=\sup\limits_{f\in F_t}f(h)=\lim\limits_{f\nearrow\chi_{(-\infty,t)}}f(h)\in\mathscr{M}$ がある．$e(t)$ は射影で(i),(ii)を満たすことは容易にわかる．また，$e(-\|h\|)=0,e(\|h\|+)=1$ であるから，(iii)も満たされる．したがって，$\varphi\in\mathscr{M}_*^+$ に対して，$\langle e(\cdot),\varphi\rangle$ は左連続な単調増加関数になるので Lebesgue-Stieltjes 測度を導く．

$\varphi\in\mathscr{M}_*^+$ に対して，線形汎関数 $f\in\mathscr{K}(\mathbb{R})\mapsto\langle f(h),\varphi\rangle\in\mathbb{C}$ は，台が $\mathrm{Sp}(h)$ に含まれる有界測度であり，$\mathbb{R}$ 上に集合関数としての測度を導くが，構成の仕方から，それは上の Lebesgue-Stieltjes 測度と一致する（測度については第 2.4 節を参照）．したがって

$$\langle f(h),\varphi\rangle=\int_{\mathrm{Sp}(h)}f(t)\,d\langle e(t),\varphi\rangle.$$

とくに，$f\in\mathscr{K}(\mathbb{R})$ を $\mathrm{Sp}(h)$ 上で $f(t)=t$ なるものとすれば

$$\langle h,\varphi\rangle=\int_{\mathrm{Sp}(h)}t\,d\langle e(t),\varphi\rangle.$$

補題 2.1.9 の証明により，φ は $\mathscr{M}_*^+$ の 4 つの元の 1 次結合で表せるから，(iv)が得られる．

つぎに，一意性を示そう．自然数 n と整数 k に対して $t_k=k/n$ とし，$f_n=\sum_{k=-\infty}^{\infty} t_k\chi_{[t_k,t_{k+1})}$ と置く．そのとき，$|t-f_n(t)|\leqq 1/n$ であるから，f_n は $\langle e(\cdot),\varphi\rangle$ に関して可積分であり，任意の $\varphi\in\mathscr{M}_*$ に対して

$$\left|\int t\,d\langle e(t),\varphi\rangle - \int f_n(t)\,d\langle e(t),\varphi\rangle\right| \leqq \frac{1}{n}\|\varphi\|$$

である．以後，$e(t)-e(s)\,(t>s)$ を $e([s,t))$ と表すことにすれば，作用素の列 $\{t_k e([t_k,t_{k+1}))\}_{k=-\infty}^{\infty}$ は σ 弱位相に関して総和可能でしかも

$$\left\|h - \sum_{k=-\infty}^{\infty} t_k e([t_k,t_{k+1}))\right\| \leqq \frac{1}{n}$$

が成り立つ．収束列は有界であるから，作用素の列 $\{\sum_{k=-m}^{m} t_k e([t_k,t_{k+1}))\}_m$ は σ 弱有界である．したがって，一様有界性定理により，ノルム有界である．$e([t_k,t_{k+1}))\neq 0,\ m\geqq|k|$ ならば，$\|\sum_{i=-m}^{m} t_i e([t_i,t_{i+1}))\|\geqq|t_k|$ であるから，$e(-l)=0,e(l)=1$ かつ $\mathrm{Sp}(h)\subset[-l,l]$ であるような自然数 l がある．したがって

$$\sum_{k=-\infty}^{\infty} t_k e([t_k,t_{k+1})) = \sum_{k=-ln}^{ln} t_k e([t_k,t_{k+1})).$$

ゆえに，自然数 m に対して $\lim_{n\to\infty}\left\|h^m-\sum_{k=-ln}^{ln} t_k^m e([t_k,t_{k+1}))\right\|=0$ である．よって，$\varphi\in\mathscr{M}_*$ に対して

$$\langle h^m,\varphi\rangle = \int_{[-l,l]} t^m\,d\langle e(t),\varphi\rangle.$$

$[-l,l]$ 上の連続関数 f は多項式で一様に近似できるから

$$\langle f(h),\varphi\rangle = \int_{[-l,l]} f(t)\,d\langle e(t),\varphi\rangle$$

である．この Lebesgue-Stieltjes 測度は 1 つしかないから，左連続で単調増加な射影の族 $\{e(t)\}_{t\in\mathbb{R}}$ が一意的に定まる．∎

上の定理の $\{e(t)\}_{t\in\mathbb{R}}$ を**単位の分解**という．この証明からわかるように，自己随伴な元 h に対しては，射影を値にもつ測度を構成することができ，h を σ 強位相に関して

$$h = \int_{\mathrm{Sp}(h)} t\,de(t)$$

と積分表示することができる．また，各可測集合 E に対して定まる射影

$\int_E de(t)$ を h の**スペクトル射影**といい $e(E)$ で表す.

注 (i) 上の定理の証明から $\mathscr{M}$ の射影の線形結合全体の集合は $\mathscr{M}$ でノルム位相に関して稠密である.

(ii) 正作用素は,スペクトル分解により,明らかに,そのスペクトルは $\mathbb{R}_+$ に含まれる.したがって,C^*環の元として正である.

(iii) 完備束 $(L, \wedge, \vee)$ に直相補の演算 $a \mapsto a'$ が与えられ,次の弱モジュラー条件と被覆法則

(a) $b \leqq c \Rightarrow (c \wedge (c' \vee b) = b$ かつ $b \vee (b' \wedge c) = c)$

(b) $\forall\, b \in L \setminus \{0\}\ \exists\, p \in P: p \leqq b$

(c) $\forall\, q \in P: q \wedge b = 0 \Rightarrow (\forall\, c \in L: b \leqq c \leqq (q \vee b) \Rightarrow (c = b$ または $c = q \vee b))$

を満たすとき,量子論理といわれる[4].ただし,P は L の元のうち原始的(極小)なものの部分集合である.von Neumann 環 $\mathscr{L}(\mathscr{H})$ の射影全体の集合 $\mathrm{Proj}(\mathscr{H})$ は直相補の演算を $e \mapsto 1 - e$ とし,P を $\{e \in \mathrm{Proj}(\mathscr{H}) | \dim e = 1\}$ と置くことにより,量子論理になる. $\square$

2.2.2　σ 弱閉イデアルと加群と因子環

この項では von Neumann 環の閉イデアルを取り上げ,射影元との対応を示す.この対応を通じて,射影作用素のもつ関数解析的意味の一端が汲み取れる.

以下の議論ではイデアル $\mathscr{I}$ に対して,集合 $\{x^* | x \in \mathscr{I}\}$ を $\mathscr{I}^*$ で表すので,双対空間の表し方と紛らわしいが,前後の文脈から間違うことはない.

命題 2.2.4　$\mathscr{M}$ を von Neumann 環とする.$\mathscr{I}$ を $\mathscr{M}$ の σ 弱閉な左(右)イデアルとする.そのとき,$\mathscr{I} = \mathscr{M}e(\mathscr{I} = e\mathscr{M})$ であるような $\mathscr{M}$ の射影 e がただ 1 つ存在する.e は $\mathscr{I}$ の最大の射影である. $\square$

[証明]　$\mathscr{I}$ を σ 弱閉な左イデアルとする.$\mathscr{I} = \{0\}$ ならば $e = 0$ とすればよいから,$\mathscr{I} \neq \{0\}$ とする.$x \in \mathscr{I}$ が 0 でなければ,$x^* x \in \mathscr{I} \cap \mathscr{I}^*$ も 0 ではないから,$\mathscr{I} \cap \mathscr{I}^* \neq \{0\}$.対合は σ 弱位相に関して同相写像であるから,$\mathscr{I}^*$ も σ 弱閉である.よって,$\mathscr{I} \cap \mathscr{I}^*$ も σ 弱閉であり,したがって C^*環である.ゆ

---

4)　前田周一郎:束論と量子論理,槇書店(1980).

えに，$\mathscr{I}\cap\mathscr{I}^*$ の近似単位元は接触点 $e\in\mathscr{I}\cap\mathscr{I}^*$ をもつ．明らかに，e は $\mathscr{I}\cap\mathscr{I}^*$ の単位元である．よって，$e^2=e=e^*$ となり，e は射影である．$e\in\mathscr{I}$ であるから $\mathscr{M}e\subset\mathscr{I}$．$x\in\mathscr{I}$ ならば，$x^*x\in\mathscr{I}\cap\mathscr{I}^*$ であるから，$(1-e)x^*x(1-e)=0$．よって，$x(1-e)=0$．したがって，$x=xe\in\mathscr{M}e$．ゆえに，$\mathscr{I}=\mathscr{M}e$ である．明らかに，e は $\mathscr{I}$ の最大の射影である．逆に，e が $\mathscr{I}=\mathscr{M}e$ なる射影ならば，e は $\mathscr{I}\cap\mathscr{I}^*$ の単位元である．したがって，このような射影はただ1つしか存在しない．

$\mathscr{I}$ が右イデアルのときは，$\mathscr{I}^*$ が左イデアルになるので，$\mathscr{I}^*=\mathscr{M}e$ なる射影 e がある．したがって，$\mathscr{I}=e^*\mathscr{M}=e\mathscr{M}$． ∎

定義 2.2.5 von Neumann 環 $\mathscr{M}$ に対して，$\mathscr{M}\cap\mathscr{M}'$ を $\mathscr{M}$ の**中心**といい，$Z(\mathscr{M})$ で表す．中心がスカラーだけからなるとき，つまり $Z(\mathscr{M})=\mathbb{C}1$ のとき，$\mathscr{M}$ を**因子環**という． ☐

中心は可換な von Neumann 環である．上の命題 2.2.4 からわかるように，自明でない弱閉両側イデアルをもたない von Neumann 環が因子環である．C^*環の場合と違って，この場合に単純という用語は使わない．後の第 2.8 節の直積分分解の理論により，因子環は von Neumann 環の最小構成単位であることがわかる．

以後，von Neumann 環 $\mathscr{M}$ の中心に属する射影を $\mathscr{M}$ の**中心射影**という．

命題 2.2.6 $\mathscr{I}$ が von Neumann 環 $\mathscr{M}$ の σ 弱閉な両側イデアルならば，$\mathscr{I}=\mathscr{M}e$ であるような $\mathscr{M}$ の中心射影 e がただ1つ存在する．さらに，$\mathscr{I}$ は部分 *多元環である． ☐

[証明] 命題 2.2.4 の証明から，e を $\mathscr{I}\cap\mathscr{I}^*$ の単位元とすると，$\mathscr{I}=\mathscr{M}e=e\mathscr{M}$ である．$x\in\mathscr{M}$ に対して，$ex\in\mathscr{I}$ であるから，$ex=exe$．同様にして，$xe=exe$．よって，$xe=ex$．ゆえに，$e\in\mathscr{M}\cap\mathscr{M}'$．$(\mathscr{M}e)^*=e\mathscr{M}$ であるから，$\mathscr{I}$ は部分*多元環である． ∎

命題 2.2.7 可分 C^*環 A の両側イデアルには，単調増加な列で与えられる近似単位元 $\{e_n\}_n$ で $\|e_na-ae_n\|\to0\,(a\in A)$ を満たすものがある． ☐

[証明] A の両側イデアル J に対し，$B_+=\{a\in J|a\geqq0,\|a\|<1\}$ とする．B_+ は J の近似単位元である．A 上の正線形汎関数 φ の GNS 表現を $\{\pi_\varphi,\mathscr{H}_\varphi,\xi_\varphi\}$ とすれば，$\{\pi_\varphi(a)\}_{a\in B_+}$ は σ 弱閉包 $\overline{\pi_\varphi(J)}$ の単位元 e に σ 弱位相で収束し，

110　2　von Neumann 環

$e \in \pi_\varphi(A)'$ である．したがって，$x \in A$ に対して，σ 弱位相に関して

$$\lim_{a \in B_+} (\pi_\varphi(a)\pi_\varphi(x) - \pi_\varphi(x)\pi_\varphi(a)) = e\pi_\varphi(x) - \pi_\varphi(x)e = 0.$$

ゆえに $\lim_{a \in B_+} \varphi(ax - xa) = 0$．よって $\sigma(A, A^*)$ 位相に関して $\lim_{a \in B_+} (ax - xa) = 0$．このとき，任意の $a \in B_+$ に対して $\{bx - xb \,|\, a \leqq b, b \in B_+\}$ は凸集合であるから，0 はこの集合のノルム位相に関する閉包に属する．

A は可分であるから，A において稠密な部分集合 $\{a_n \,|\, n \in \mathbb{N}\}$ が存在する．列 $\{e_n\}_n$ を B_+ の単調増加な近似単位元とする．上の議論により，$e_n' \geqq e_n$ かつ $\|e_n' a_k - a_k e_n'\| < 1/n \, (k = 1, \cdots, n)$ を満たす B_+ の新たな単調増加列 $\{e_n'\}_n$ が存在する．命題 1.13.9 の証明から $\{e_n'\}_n$ は J の近似単位元である．任意の k に対して $\lim_{n \to \infty} \|e_n' a_k - a_k e_n'\| = 0$ であるから，任意の $x \in A$ に対して $\lim_{n \to \infty} \|e_n' x - x e_n'\| = 0$ である．∎

複素ベクトル空間または多元環 A が複素ベクトル空間 E へ右（または左）から作用しているとき，E を**右**（または**左**）**A 加群**という．A が左から，B が右から作用していて，任意の $a \in A$, $b \in B$ に対して $(a\xi)b = a(\xi b)$ を満たすとき，E を両側 A-B 加群という．ただし，

$$a_1(a_2\xi) = (a_1 a_2)\xi, \quad (\xi b_1)b_2 = \xi(b_1 b_2)$$

$$\lambda(a\xi) = (\lambda a)\xi = a(\lambda \xi), \quad \lambda(\xi b) = (\lambda \xi)b = \xi(\lambda b) \quad (\lambda \in \mathbb{C})$$

が仮定されている．ここで，A, B が単位元をもっていても，$1_A \xi = \xi$, $\xi 1_B = \xi$ は仮定していない．

例 2.2.8　$A = M(m, \mathbb{C})$, $E = M(m \times n, \mathbb{C})$, $B = M(m, \mathbb{C})$ とすれば，E は両側 A-B 加群である．$n = 2m$ のときに，E の行列単位 w_{ij} を用いて，

$$\varepsilon_1 = \sum_{i=1}^m w_{ii}, \quad \varepsilon_2 = \sum_{i=1}^m w_{i,i+m}$$

とすれば，$\{\varepsilon_1, \varepsilon_2\}$ は E を左 A 加群と見たときの基底になっている．　　　□

つぎに，Banach 空間 E が両側 A-B 加群であって，

$$\|a\xi\| \leqq \lambda \|a\| \|\xi\| \quad \|\xi b\| \leqq \lambda \|\xi\| \|b\| \quad (\xi \in E, \, a \in A, \, b \in B)$$

を満たすある正数 $\lambda > 0$ が存在するとき，E を **Banach 両側 A-B 加群**とい

う. また, $A=B$ の場合には Banach 両側 A 加群という. 同じようにして, **Banach 左 A 加群**, **Banach 右 B 加群**も定義される.

von Neumann 環 $\mathscr{M}$ の前双対空間 $\mathscr{M}_*$ への両側からの作用

$$(a, \varphi) \in \mathscr{M} \times \mathscr{M}_* \mapsto a\varphi \in \mathscr{M}_*, \quad (\varphi, a) \in \mathscr{M}_* \times \mathscr{M} \mapsto \varphi a \in \mathscr{M}_*$$

を $a\varphi(x)=\varphi(xa)$ と $\varphi a(x)=\varphi(ax)$ により定義することにより, $\mathscr{M}_*$ は Banach 両側 $\mathscr{M}$ 加群になる.

命題 2.2.9 von Neumann 環 $\mathscr{M}$ の σ 弱閉部分空間 $\mathscr{I}$ と $\mathscr{M}_*$ の閉部分空間 E が $\mathscr{I}^\circ=E$ を満たしているとき, 次の 2 条件は同値である.

(i) $\mathscr{I}$ は左イデアルである.

(ii) E が右 $\mathscr{M}$ 加群である.

このとき, $\mathscr{M}$ の射影 e を用いて $\mathscr{I}=\mathscr{M}e$, $E=(1-e)\mathscr{M}_*$ と表せる. また, 上の主張は左右を入れ換えても成り立つ. ⬜

[証明] (i)⇒(ii) σ 弱閉な左イデアル $\mathscr{I}$ は $\mathscr{M}$ の射影 e を用いて $\mathscr{M}e$ と表せる. このとき, $\mathscr{I}$ の極集合 E は $\{\varphi\in\mathscr{M}_*|e\varphi=0\}=(1-e)\mathscr{M}_*$ と表せるので, 右 $\mathscr{M}$ 加群である.

(ii)⇒(i) $\mathscr{M}_*$ の閉部分空間 E が右 $\mathscr{M}$ 加群であるとする. その極集合 $E^\circ=\mathscr{I}^{\circ\circ}=\mathscr{I}$ は $\{x\in\mathscr{M}|\forall\,\varphi\in E: \varphi(x)=0\}$ と表せるので σ 弱閉である. また, E は右 $\mathscr{M}$ 加群であるから, $\mathscr{I}$ は左イデアルである. ∎

第 1.7 節第 2 項で述べた有界作用素の極分解を von Neumann 環 $\mathscr{M}$ の元に対して考えてみよう. いま $x\in\mathscr{M}$ の極分解を $v|x|$ とする. 極分解の一意性と von Neumann の稠密性定理を用いると, $v\in\mathscr{M}$. したがって, x の極分解は $\mathscr{M}$ の中で閉じていて, 始空間への射影 $e=v^*v$ も $\mathscr{M}$ の元である. そこでこの射影を $s(x)$ と表す.

命題 2.2.10 x を von Neumann 環 $\mathscr{M}$ の元とする. そのとき,

(i) 集合 $\{y\in\mathscr{M}|xy=0\}$ は σ 弱閉な右イデアルである.

(ii) (i)の σ 弱閉右イデアルは $(1-s(x)).\mathscr{M}$ となる. ⬜

[証明] (i)は明らかである. したがって, 命題 2.2.4 により, この σ 弱閉な右イデアルは $e\mathscr{M}$ と表せる. $x(1-s(x))=0$ であるから, $1-s(x)=e(1-s(x))$. ゆえに, $1-s(x)\leqq e$. 他方, $xe\mathscr{M}=\{0\}$ であるから, $x(1-e)=x$. とこ

ろで，$s(x)$ は $xf=x$ を満たす射影 f のうちで最小である．ゆえに，$s(x) \leq 1 -$
e．よって，$1-s(x)=e$ となり，(ii)が示された． ∎

2.2.3 巡回ベクトルと分離ベクトル

$\mathcal{M}$ を Hilbert 空間 $\mathcal{H}$ 上の von Neumann 環とする．$\mathcal{H}$ のベクトル ξ が
$\overline{\mathcal{M}\xi}=\mathcal{H}$ または $\overline{\mathcal{M}'\xi}=\mathcal{H}$ を満たすとき，ξ をそれぞれ $\mathcal{M}$ の**巡回ベクトル**ま
たは**分離ベクトル**という．$\mathcal{H}$ の部分集合 $\mathcal{K}$ が $\overline{\mathcal{M}\mathcal{K}}=\mathcal{H}$ または $\overline{\mathcal{M}'\mathcal{K}}=\mathcal{H}$
を満たすとき，$\mathcal{K}$ をそれぞれ $\mathcal{M}$ に関して**巡回的**または**分離的**であるという．

命題 2.2.11 $\mathcal{M}$ を Hilbert 空間 $\mathcal{H}$ 上の von Neumann 環とする．$\mathcal{H}$ の部
分集合 $\mathcal{K}$ が分離的であることと，$\mathcal{K}$ の任意の元 ξ に対して $x\xi=0$ を満たせ
ば，$x=0$ となることは必要十分である． □

[証明] 必要性．$x\mathcal{K}=\{0\}$ ならば，$x\mathcal{M}'\mathcal{K}=\mathcal{M}'x\mathcal{K}=\{0\}$．ゆえに，$x\mathcal{H}$
$=x\overline{\mathcal{M}'\mathcal{K}}=\{0\}$．よって，$x=0$．

十分性．閉部分空間 $\overline{\mathcal{M}'\mathcal{K}}$ への射影を e とすれば，$e \in \mathcal{M}$ かつ $(1-e)\mathcal{K}=$
$\{0\}$．よって，$1-e=0$． ∎

von Neumann 環 $\mathcal{M}$ の互いに直交する射影の族がどれもたかだか可算のと
き，$\mathcal{M}$ は **σ 有限**または**可算分解可能**であるという．

$\mathcal{M}$ 上の正線形汎関数 φ が

$$\forall x \in \mathcal{M} : \varphi(x^*x) = 0 \Rightarrow x = 0$$

を満たすとき，φ は**忠実**であるという．

命題 2.2.12 $\mathcal{M}$ を Hilbert 空間 $\mathcal{H}$ 上の von Neumann 環とする．次の 3
条件は同値である．

(i) $\mathcal{M}$ は σ 有限である．

(ii) $\mathcal{H}$ のたかだか可算な部分集合で $\mathcal{M}$ に関して分離的なものが存在する．

(iii) 忠実な正線形汎関数 $\varphi \in \mathcal{M}_*$ が存在する． □

[証明] (i)⇒(ii) Zorn の補題により，次のような互いに直交する閉部分
空間の族のうちで，集合の包含関係に関して極大なもの $\{\overline{\mathcal{M}'\xi_i}\}_{i \in I}$ が存在す
る．極大であるから，これは $\mathcal{H}$ を生成する．$x \in \mathcal{M}$ とする．すべての $i \in I$ に
対して $x\xi_i=0$ ならば，任意の $x' \in \mathcal{M}'$ に対して $xx'\xi_i=x'x\xi_i=0$．したがって，

$x=0$. ゆえに，集合 $\{\xi_i|i\in I\}$ は分離的である．$\overline{\mathcal{M}'\xi_i}$ 上への射影は互いに直交する $\mathcal{M}$ の射影であるから，仮定により I はたかだか可算である．

(ii)⇒(iii) たかだか可算な部分集合 $\{\xi_1,\xi_2,\cdots\}$ が $\mathcal{M}$ に関して分離的であるとする．$\|\xi_n\|=1$ としてよい．$\varphi=\sum_n 2^{-n}\omega_{\xi_n}$ と置けば，明らかに φ は σ 弱連続かつ忠実である．

(iii)⇒(i) $\varphi\in\mathcal{M}_*$ を忠実な正線形汎関数とする．$\{e_i\}_{i\in I}$ を互いに直交する $\mathcal{M}$ の 0 でない射影の族とする．

$$\sum_{i\in I}\varphi(e_i)=\varphi\left(\sum_{i\in I}e_i\right)<+\infty$$

であるが，$\varphi(e_i)>0$ であるから，I はたかだか可算である． ∎

前双対空間 $\mathcal{M}_*$ が可分のとき，$\mathcal{M}$ を**可分 von Neumann 環**という．一般に，von Neumann 環が C^* 環として可分であることと，それが有限次元行列環であることは同値である．例えば，$l^\infty(\mathbb{Z})$ は Hilbert 空間 $l^2(\mathbb{Z})$ 上の可換 von Neumann 環である．$\mathbb{Z}$ のベキ集合 $\mathcal{P}(\mathbb{Z})$ に対して，特性関数のなす集合 $\{\chi_\Omega|\Omega\in\mathcal{P}(\mathbb{Z})\}$ は $l^\infty(\mathbb{Z})$ の部分集合で連続濃度をもつが，$\Omega\neq\Omega'$ ならば，$\|\chi_\Omega-\chi_{\Omega'}\|_\infty=1$ となるので，C^* 環としては可分ではない．

また，$\mathcal{M}_*$ が可分な場合には，von Neumann 環 $\mathcal{M}$ 上に σ 弱連続な正線形汎関数で忠実なものが存在する．

2.2.4 トレイス類

$\mathscr{L}(\mathscr{H})_+$ 上のトレイス

行列のトレイス(対角和)に相当するものを $\mathscr{L}(\mathscr{H})$ の元に対しても考えたいが，和の収束に関する問題が生じるので，まず議論を正項級数の和に相当する部分，つまり正作用素に制限して考え，値には $+\infty$ も許すことにする．そこで，Hilbert 空間 $\mathscr{H}$ の 1 つの規格直交基底 $\{\varepsilon_i\}_{i\in I}$ に対して，

$$\mathrm{Tr}(x)=\sum_{i\in I}(x\varepsilon_i|\varepsilon_i)\quad(x\in\mathscr{L}(\mathscr{H})_+)$$

とする．この値は規格直交基底の選び方によらない．実際，$\{\varepsilon_j'\}_{j\in J}$ を規格直交基底とすると

$$\sum_{i \in I}(x\varepsilon_i|\varepsilon_i) = \sum_{i \in I}\|x^{1/2}\varepsilon_i\|^2 = \sum_{i \in I}\sum_{j \in J}|(x^{1/2}\varepsilon_i|\varepsilon_j')|^2$$

$$= \sum_{j \in J}\sum_{i \in I}|(x^{1/2}\varepsilon_j'|\varepsilon_i)|^2 = \sum_{j \in J}(x\varepsilon_j'|\varepsilon_j').$$

この式の1行目から2行目への等号は，正項級数の和であるから，和の順序の交換が許される．そこで，この Tr を行列のときと同じように**トレイス**という．これが次のような性質をもつことは容易にわかる．

(i) 任意の $x \in \mathscr{L}(\mathscr{H})_+$ に対して，$\mathrm{Tr}(x) \geqq 0$. ただし，等号成立は $x=0$ にかぎる．（忠実）

(ii) 任意の $x, y \in \mathscr{L}(\mathscr{H})_+$ と $\lambda \in \mathbb{R}_+$ に対して，

$$\mathrm{Tr}(x+y) = \mathrm{Tr}(x) + \mathrm{Tr}(y), \quad \mathrm{Tr}(\lambda x) = \lambda\mathrm{Tr}(x).$$

ただし，

$$\lambda + \infty = \infty + \lambda = \infty \ (\lambda \in \mathbb{R}), \quad \infty + \infty = \infty$$

$$\lambda \cdot \infty = \infty \cdot \lambda = \infty \ (\lambda > 0), \quad \infty \cdot 0 = 0 \cdot \infty = 0$$

とする．

(iii) ユニタリ u に対して，$\mathrm{Tr}(uxu^*) = \mathrm{Tr}(x)$.

(iv) $\mathscr{L}(\mathscr{H})_+$ の有界な増加有向系 $\{x_j\}_{j \in J}$ に対して，

$$\mathrm{Tr}\left(\sup_{j \in J} x_j\right) = \sup_{j \in J}\mathrm{Tr}(x_j). \quad \text{（正規）}$$

実は $\mathscr{L}(\mathscr{H})_+$ 上の正規トレイスは，上の4条件により特徴づけられる．つまり，上の4条件を満たす0でない写像 $\varphi : x \in \mathscr{L}(\mathscr{H})_+ \mapsto \varphi(x) \in \mathbb{R}_+ \cup \{\infty\}$ は正の定数倍を除いて正規トレイス Tr に一致する．

命題 2.2.13 正規トレイスは

$$\mathrm{Tr}(x) = \sup\{\mathrm{Tr}(y) \mid y \in \mathscr{K}_0(\mathscr{H}),\ 0 \leqq y \leqq x\} \quad (x \in \mathscr{L}(\mathscr{H})_+)$$

と表せる． □

トレイス類 $\mathscr{T}(\mathscr{H})$ 上のトレイス

つぎに，対角和が絶対収束する場合に相当する部分の議論に入る．そのため

2.2 スペクトル分解とトレイス類　*115*

に，トレイスを考える対象を次のように制限する．集合

$$\{x \in \mathscr{L}(\mathscr{H}) \mid \mathrm{Tr}(|x|) < +\infty\}$$

を**トレイス類**といい，$\mathscr{T}(\mathscr{H})$ または (τc) で表す．$x \in \mathscr{T}(\mathscr{H})$ の絶対値 $|x|$ を
スペクトル分解することにより，x はコンパクト作用素であることがわかる．
$x \in \mathscr{T}(\mathscr{H})$ に対して，$\sum_{i \in I}(x\varepsilon_i|\varepsilon_i)$ は絶対収束し，その値は規格直交基底の選び
方によらずに定まる．実際，$\{\varepsilon_j'\}_{j \in J}$ は $|x|$ の固有ベクトルからなる x の始空
間の規格直交基底で，$|x|\varepsilon_j' = \lambda_j\varepsilon_j'$ とし，$x = v|x|$ を極分解とする．

$$
\begin{aligned}
\sum_{i \in I}|(x\varepsilon_i|\varepsilon_i)| &= \sum_{i \in I}\left|\sum_{j \in J}(|x|^{1/2}\varepsilon_i|\varepsilon_j')(\varepsilon_j'||x|^{1/2}v^*\varepsilon_i)\right| \\
&\leqq \sum_{i \in I}\sum_{j \in J}\left|(\varepsilon_i||x|^{1/2}\varepsilon_j')(v|x|^{1/2}\varepsilon_j'|\varepsilon_i)\right| \\
&= \sum_{i \in I}\sum_{j \in J}\lambda_j\left|(\varepsilon_i|\varepsilon_j')(v\varepsilon_j'|\varepsilon_i)\right| \\
&= \sum_{j \in J}\lambda_j\sum_{i \in I}\left|(\varepsilon_i|\varepsilon_j')(v\varepsilon_j'|\varepsilon_i)\right| \\
&\leqq \sum_{j \in J}\lambda_j\left(\sum_{i \in I}|(\varepsilon_i|\varepsilon_j')|^2\right)^{1/2}\left(\sum_{i \in I}|(v\varepsilon_j'|\varepsilon_i)|^2\right)^{1/2} \\
&= \sum_{j \in J}\lambda_j\|\varepsilon_j'\|\|v\varepsilon_j'\| \leqq \sum_{j \in J}\lambda_j = \mathrm{Tr}(|x|) < +\infty.
\end{aligned}
$$

したがって，同様な計算により

$$
\begin{aligned}
\sum_{i \in I}(x\varepsilon_i|\varepsilon_i) &= \sum_{i \in I}\sum_{j \in J}(|x|^{1/2}\varepsilon_i|\varepsilon_j')(\varepsilon_j'||x|^{1/2}v^*\varepsilon_i) \\
&= \sum_{j \in J}\lambda_j\sum_{i \in I}(\varepsilon_i|\varepsilon_j')(v\varepsilon_j'|\varepsilon_i) \\
&= \sum_{j \in J}\lambda_j(v\varepsilon_j'|\varepsilon_j') = \sum_{j \in J}(v|x|\varepsilon_j'|\varepsilon_j') = \sum_{j \in J}(x\varepsilon_j'|\varepsilon_j').
\end{aligned}
$$

そこで，$\mathscr{T}(\mathscr{H})$ の各元 x に対して一意的に定まるこの値 $\sum_{i \in I}(x\varepsilon_i|\varepsilon_i)$ をやはり
x の**トレイス**といい，$\mathscr{L}(\mathscr{H})_+$ 上のトレイスと同じ記号を用いて，

$$\mathrm{Tr}(x) = \sum_{i \in I}(x\varepsilon_i|\varepsilon_i) \quad (x \in \mathscr{T}(\mathscr{H}))$$

で表す．上の計算から，Tr の $\mathscr{T}(\mathscr{H})$ 上での線形性だけでなく，

(i) $|\mathrm{Tr}(x)| \leqq \mathrm{Tr}(|x|)$

116　2　von Neumann 環

(ii)　u がユニタリならば，$\mathrm{Tr}(uxu^*)=\mathrm{Tr}(x)$
もわかったことになる．

前双対空間 $\mathscr{L}(\mathscr{H})_*$ とトレイス類

つぎに前双対空間 $\mathscr{L}(\mathscr{H})_*$ が自然にトレイス類 $\mathscr{T}(\mathscr{H})$ と同一視できること
を示す．

補題 2.2.14　線形写像 $t\colon \varphi\in\mathscr{L}(\mathscr{H})^*\mapsto t(\varphi)\in\mathscr{T}(\mathscr{H})$ で

$$(t(\varphi)\xi|\eta) = \varphi(\theta_{\xi,\eta}) \quad (\xi,\eta\in\mathscr{H})$$

を満たすものが一意的に存在する．この写像 t を前双対空間 $\mathscr{L}(\mathscr{H})_*$ へ制限
したものは全単射で，$\|\varphi\|=\mathrm{Tr}(|t(\varphi)|)$ を満たす．　　　　　　　□

［証明］　各 $\varphi\in\mathscr{L}(\mathscr{H})^*$ に対して，写像 $(\xi,\eta)\in\mathscr{H}\times\mathscr{H}\mapsto\varphi(\theta_{\xi,\eta})\in\mathbb{C}$ は有界
な半双線形汎関数であるから，$(t(\varphi)\xi|\eta)=\varphi(\theta_{\xi,\eta})$ を満たす有界作用素 $t(\varphi)$ が
ただ一つ存在する．この式から，対応 $\varphi\mapsto t(\varphi)$ は線形である．

つぎに $t(\varphi)$ はトレイス類であることを示す．$t(\varphi)$ の始空間の規格直交基底
を含む $\mathscr{H}$ の規格直交基底を $\{\varepsilon_i\}_{i\in I}$ とし，$t(\varphi)$ の極分解を $v|t(\varphi)|$ とすると，
I の任意な有限部分集合 J に対して，

$$\sum_{i\in J}(|t(\varphi)|\varepsilon_i|\varepsilon_i) = \sum_{i\in J}(t(\varphi)\varepsilon_i|v\varepsilon_i) = \sum_{i\in J}\varphi(\theta_{\varepsilon_i,v\varepsilon_i})$$

$$= \varphi\left(\sum_{i\in J}\theta_{\varepsilon_i,v\varepsilon_i}\right) \leqq \left\|\sum_{i\in J}\theta_{\varepsilon_i,v\varepsilon_i}\right\|\|\varphi\| \leqq \|\varphi\|.$$

したがって，$\mathrm{Tr}(|t(\varphi)|)\leqq\|\varphi\|$．ゆえに，$t(\varphi)\in\mathscr{T}(\mathscr{H})$．

いま，$t(\varphi)=0$ とすれば，$\varphi(\theta_{\xi,\eta})=(t(\varphi)\xi|\eta)=0$．したがって，$\varphi$ は $\mathscr{K}_0(\mathscr{H})$
上では 0 である．$\varphi\in\mathscr{L}(\mathscr{H})_*$ の場合には，$\mathscr{K}_0(\mathscr{H})$ は $\mathscr{L}(\mathscr{H})$ において σ 弱
稠密であるから，$\varphi=0$．ゆえに，写像 $\varphi\mapsto t(\varphi)$ は $\mathscr{L}(\mathscr{H})_*$ 上では単射である．

$x\in\mathscr{T}(\mathscr{H})$ とする．$|x|$ は x の始空間において $|x|\varepsilon_i=\lambda_i\varepsilon_i$ を満たす規格直交
基底 $\{\varepsilon_i\}_{i\in I}$ を用いて $\sum_{i\in I}\lambda_i\theta_{\varepsilon_i,\varepsilon_i}$ と表せ，$\mathrm{Tr}(|x|)=\sum_{i\in I}\lambda_i$ が成り立つ．右辺は
収束しているから，$\omega=\sum_{i\in I}\lambda_i\omega_{\varepsilon_i}$ が $\mathscr{L}(\mathscr{H})_*$ の元として定まる．ここで，x の
極分解 $v|x|$ を用いて，$\varphi(a)=\omega(av)\,(a\in\mathscr{L}(\mathscr{H}))$ とすれば，$\varphi\in\mathscr{L}(\mathscr{H})_*$ かつ

$$(t(\varphi)\xi|\eta) = \varphi(\theta_{\xi,\eta}) = \omega(\theta_{\xi,\eta}v) = \omega(\theta_{\xi,v^*\eta}) = \sum_{i\in I}\lambda_i\omega_{\varepsilon_i}(\theta_{\xi,v^*\eta})$$

$$= \sum_{i\in I}((\lambda_i\theta_{\varepsilon_i,\varepsilon_i})\xi|v^*\eta) = (|x|\xi|v^*\eta) = (x\xi|\eta).$$

ゆえに，線形写像 $\varphi\in\mathscr{L}(\mathscr{H})_*\mapsto t(\varphi)\in\mathscr{T}(\mathscr{H})$ は全単射である．さらに，

$$\|\varphi\| = \sup_{\|a\|\leqq 1}|\varphi(a)| = \sup_{\|a\|\leqq 1}|\omega(av)| \leqq \omega(1) = \sum_{i\in I}\lambda_i = \mathrm{Tr}(|t(\varphi)|).$$

ゆえに，$\|\varphi\|=\mathrm{Tr}(|t(\varphi)|)$. ∎

補題 2.2.15 A を単位的 C^* 環とする．A の任意の元は A のユニタリの線形結合で表される． □

[証明] $x\in A$, $x^*=x$, $\|x\|\leqq 1$ とする．$u=x+i(1-x^2)^{1/2}$ と置くと，u は A の元でユニタリである．$x=(u+u^*)/2$ である． ∎

定理 2.2.16(von Neumann-Schatten) 写像 $t: \varphi\in\mathscr{L}(\mathscr{H})_*\mapsto t(\varphi)\in\mathscr{T}(\mathscr{H})$ を補題 2.2.14 で与えたものとする．そのとき

(i) $\|x\|_1=\mathrm{Tr}(|x|)$ は $\mathscr{T}(\mathscr{H})$ 上のノルム(**トレイスノルム**と呼ばれる)であり，$\mathscr{T}(\mathscr{H})$ はこのノルムに関して Banach 空間である．

(ii) $\mathscr{T}(\mathscr{H})$ は $\mathscr{L}(\mathscr{H})$ の両側イデアルである．

(iii) $x\in\mathscr{L}(\mathscr{H})$ に対して，$\varphi(x)=\mathrm{Tr}(xt(\varphi))$.

(iv) $\mathscr{L}(\mathscr{H})_*$ は Banach 空間として $\mathscr{K}(\mathscr{H})^*$ と同型である． □

[証明] (i)は補題 2.2.14 から明らかである．

(ii) (i)から $\mathscr{T}(\mathscr{H})$ はベクトル空間である．$x\in\mathscr{T}(\mathscr{H})$, u をユニタリとすると，$|ux|=|x|$, $|xu|=u^*|x|u$ であるから，$ux, xu\in\mathscr{T}(\mathscr{H})$. したがって，補題 2.2.15 によって，$\mathscr{T}(\mathscr{H})$ は両側イデアルである．

(iii) 補題 2.2.14 の証明の中の記号をそのまま使うと，任意の $y\in\mathscr{L}(\mathscr{H})$ に対して，

$$\varphi(y) = \sum_{i\in I}\lambda_i\omega_{v\varepsilon_i,\varepsilon_i}(y) = \sum_{i\in I}(yv|t(\varphi)|\varepsilon_i|\varepsilon_i)$$

$$= \sum_{i\in I}(yt(\varphi)\varepsilon_i|\varepsilon_i) = \mathrm{Tr}(yt(\varphi)).$$

(iv) $\varphi\in\mathscr{K}(\mathscr{H})^*$ に対しても，$(t(\varphi)\xi|\eta)=\varphi(\theta_{\xi,\eta})$ なる $t(\varphi)\in\mathscr{T}(\mathscr{H})$ がただ1つ存在する．したがって，$(t(\varphi)\xi|\eta)=\psi(\theta_{\xi,\eta})$ なる $\psi\in\mathscr{L}(\mathscr{H})_*$ がある．ψ は φ の拡張である．Kaplansky の稠密性定理により $\|\psi\|=\|\varphi\|$ である． ∎

118   2　von Neumann 環

各 $x \in \mathscr{T}(\mathscr{H})$ に対して,

$$\mathrm{Tr}(yx) = \mathrm{Tr}(xy) \quad (y \in \mathscr{L}(\mathscr{H})), \quad \mathrm{Tr}(x^*x) = \mathrm{Tr}(xx^*)$$

などがわかる.

可換 von　Neumann 環 $l^\infty(\mathbb{Z})$ の 元 $\{a_n\}_{n\in\mathbb{Z}}$ の う ち, $\lim\limits_{n\to+\infty} a_n=0$ か つ $\lim\limits_{n\to-\infty} a_n=0$ を満たすもののなす部分空間 $c_\infty(\mathbb{Z})$ は C^*環であり,

$$c_\infty(\mathbb{Z})^* \cong l^1(\mathbb{Z}), \quad l^1(\mathbb{Z})^* \cong l^\infty(\mathbb{Z})$$

が成り立つ. 上の議論はこれと同様な事柄が $\mathscr{K}(\mathscr{H}), \mathscr{T}(\mathscr{H}), \mathscr{L}(\mathscr{H})$ の間でも成り立つことを示したことになる. しかし, 一般の関数環に対してはこのようなことは言えない. 例えば, Ω を局所コンパクト空間, μ をその上の正値測度とすると, $L^1(\Omega,\mu)^* \cong L^\infty(\Omega,\mu)$ であるが, $C_\infty(\Omega)^* \cong L^1(\Omega,\mu)$ というわけではない. しかし, $C_\infty(\Omega)^{**}$ は可換 von Neumann 環と同型になって, 第2.4節の結果を使うと, 別の測度空間 (Γ,ν) 上の $L^\infty(\Gamma,\nu)$ と同型になる.

行列式

可逆な作用素 $a \in GL(\mathscr{L}(\mathscr{H}))$ が $a-1 \in (\tau c)$ を満たす場合には, その行列式に相当する値 $\det(a)$ を

$$\exp\{\mathrm{Tr}(\log a)\}$$

により定義する. 実際, a が正規な場合には, a は規格直交基底 $\{\varepsilon_i\}_{i\in I}$ を用いて $\sum\limits_{i\in I}\lambda_i\theta_{\varepsilon_i,\varepsilon_i}(|\lambda_i|>0)$ と表せる. このとき, $\prod\limits_{i\in I}\lambda_i$ が 0 でない値に収束するための必要十分条件は $\sum\limits_{i\in I}|1-\lambda_i|$ が収束することである. そこで,

$$\det(a) = \exp\{\mathrm{Tr}(\log a)\} = \exp\left\{\sum_{i\in I}\log\lambda_i\right\} = \prod_{i\in I}\lambda_i$$

となる. a が一般の場合には, a の実部と虚部をそれぞれ b, c とすれば, $1-b$ と c はともにトレイス類に属するので, 正則関数 $z \mapsto \exp\{\mathrm{Tr}(\log(b+zc))\}$ を $z=1$ から $z=i$ へ解析接続して考える.

一般に, $a-1 \in (\tau c)$ の場合には, $|a|^2-1=a^*(a-1)+(a-1)^* \in (\tau c)$ かつ

$$\det(|a|^2) = \exp\{\mathrm{Tr}(\log|a|^2)\} = \exp\{2\mathrm{Tr}(\log|a|)\} = \det(|a|)^2$$

が成り立つ.

補題 2.2.17 $h, k \in (\tau c)$ とする. h が自己随伴ならば, $\det((e^k)^* e^h e^k) = e^{\mathrm{Tr}(k^*+h+k)}$ が成り立つ. □

[証明] $\mathbb{R}$ 上の関数 $f(t)=(e^{tk})^* e^h e^{tk}$ の導関数は $f'(t)=k^* f(t)+f(t)k$ となる. また,

$$\frac{d}{dt}\mathrm{Tr}(\log f(t)) = \mathrm{Tr}(f(t)^{-1}f'(t)) = \mathrm{Tr}(f(t)^{-1}k^* f(t) + k) = \mathrm{Tr}(k^* + k).$$

ゆえに, $\mathrm{Tr}(\log f(1))-\mathrm{Tr}(\log f(0))=\mathrm{Tr}(k^*+k)$. したがって,

$$\mathrm{Tr}(\log((e^k)^* e^h e^k)) - \mathrm{Tr}(h) = \mathrm{Tr}(k^* + k). \blacksquare$$

$a-1$ と $b-1$ が (τc) に属する可逆な作用素 a, b に対して, b の極分解を $v|b|$ とすれば,

$$\det(|ab|) = \{\det(|ab|^2)\}^{1/2} = \{\det(|b|v^*|a|^2 v|b|)\}^{1/2}$$
$$= \{\exp \mathrm{Tr}(\log|b| + \log(v^*|a|^2 v) + \log|b|)\}^{1/2}$$
$$= e^{\mathrm{Tr}(\log|a|+\log|b|)} = \det(|a|) \det(|b|)$$

が成り立つ.

命題 2.2.18 乗法群 $\{a \in GL(\mathscr{L}(\mathscr{H}))|a-1 \in (\tau c)\}$ における列 $\{a_n\}_n$ と元 a に対して $\|a_n-a\|_1 \to 0$ ならば, $\det(a_n) \to \det(a)$. □

[証明] トレイス族の列 $\{b_n\}_n$ に対して, $\|b_n\|_1 \to 0$ ならば, 十分大きな n に対して, $|b_n|<1$ となるので, $\mathrm{Tr}(\log(1+b_n)) \to 0$. したがって, $\det(1+b_n) \to 1$.

一般の場合の証明には準備を要するので, 後に使われる a_n, a が非負の場合だけを考える. $b_n=a^{-1/2}(a_n-a)a^{-1/2}$ とすれば, $\|b_n\|_1 \leqq \|a^{-1}\| \|a_n-a\|_1$ となるので,

$$\det(a_n) = \det(a^{1/2}(1+b_n)a^{1/2}) = \det(a^{1/2}) \det(1+b_n) \det(a^{1/2})$$
$$= \det(a) \det(1+b_n) \to \det(a). \blacksquare$$

2.2.5 Schmidt 類

次の集合を **Schmidt 類**といい (σc) で表す.

$$\{x \in \mathscr{L}(\mathscr{H}) \mid \mathrm{Tr}(x^*x) < +\infty\}.$$

このとき, $(\tau c) \subset (\sigma c)$ である. スペクトル分解により, $(\sigma c) \subset \mathscr{K}(\mathscr{H})$ でもある.

$$(2.1) \qquad (x+y)^*(x+y) + (x-y)^*(x-y) = 2(x^*x + y^*y)$$

であるから, 前項と同様にして, これは $\mathscr{L}(\mathscr{H})$ の両側イデアルである. したがって, $A = \mathscr{L}(\mathscr{H})$ とすれば, (σc) は両側 A 加群である. 実は, (σc) は内積

$$(x|y) = \mathrm{Tr}(y^*x) \quad (x, y \in (\sigma c))$$

により Hilbert 空間になる. 実際, $\mathscr{H}$ の規格直交基底 $\{\varepsilon_i\}_{i \in I}$ を用いて $x \in \mathscr{L}(\mathscr{H})$ を $(\lambda_{ij})_{i,j \in I}$ と行列表示すれば,

$$\mathrm{Tr}(x^*x) = \sum_{i \in I} \sum_{k \in I} |\lambda_{ki}|^2$$

となるので, x は行列表示を通じて Hilbert 空間 $l^2(I \times I)$ の元と同一視することができる. したがって, (σc) は上の内積に関して Hilbert 空間になる. そこで以後 $\mathrm{Tr}(x^*x)$ の平方根を **Schmidt**(または Hilbert-Schmidt)**ノルム**といい, $\|x\|_2$ で表す. この加群上で対合を読み替えると

$$J: x \in (\sigma c) \mapsto x^* \in (\sigma c)$$

なる対合的反ユニタリ J が得られる.

注 極分解を考えれば, このイデアルは随伴の演算で閉じている. したがって, $\mathrm{Tr}(x^*x) < +\infty$ と $\mathrm{Tr}(xx^*) < +\infty$ は同値である. ゆえに, 任意の $x \in \mathscr{L}(\mathscr{H})$ に対しても, $\mathrm{Tr}(x^*x) = \mathrm{Tr}(xx^*)$ が成り立つ. $\qquad\qquad$ □

Hilbert 空間の自然錐

定理 2.2.16 で得られた同型対応 $\varphi \in \mathscr{L}(\mathscr{H})_* \mapsto t(\varphi) \in \mathscr{T}(\mathscr{H})$ は $\varphi(x) =$

$\mathrm{Tr}(t(\varphi)x)$ で与えられた. とくに, $\varphi\geqq0$ ならば, $\omega_\xi(t(\varphi))=\varphi(\theta_{\xi,\xi})\geqq0$ となるので, $t(\varphi)\geqq0$. したがって, 上で与えられた $\mathscr{L}(\mathscr{H})_*^+=\mathscr{L}(\mathscr{H})_*\cap\mathscr{L}(\mathscr{H})_+^*$ から $\mathscr{T}(\mathscr{H})_+=\mathscr{T}(\mathscr{H})\cap\mathscr{L}(\mathscr{H})_+$ への対応は全単射である. ここで, $h=t(\varphi)^{1/2}$ とすれば, h は Schmidt 類 (σc) の正錐 $(\sigma c)_+=(\sigma c)\cap\mathscr{L}(\mathscr{H})_+$ の元である.

命題 2.2.19 (i) $\mathscr{L}(\mathscr{H})$ 上の正線形汎関数 $\varphi(x)=\mathrm{Tr}(h^2x)$ により定まる写像 $\varphi\in\mathscr{L}(\mathscr{H})_*^+\mapsto h\in(\sigma c)_+$ は順序を保存する全単射である.

(ii) 正線形汎関数 φ が(i)のように $h\in(\sigma c)_+$ に対応し, しかも $\varphi(x)=\mathrm{Tr}(y^*xy)\,(y\in(\sigma c))$ とも表されていたとする. このとき, $y=h$ または $y=-h$ となるための必要十分条件は $Jy=y$ かつ任意の $x\in\mathscr{L}(\mathscr{H})$ に対して $\mathrm{Tr}(y^*xJxJy)\geqq0$ が成り立つことである. $\quad\square$

[証明] (i) 写像 $\varphi\in\mathscr{L}(\mathscr{H})_*^+\mapsto h^2\in\mathscr{T}(\mathscr{H})_+$ は全単射であり, 順序を保存している. いま, 2つの正作用素 $h,k\in(\sigma c)$ に対して, $k^2\leqq h^2$ ならば $k\leqq h$ である. 実際, 任意の $\varepsilon>0$ に対して, $(h+\varepsilon1)^{-1}k^2(h+\varepsilon1)^{-1}\leqq1$ であるから,

$$\|(h+\varepsilon1)^{-1/2}k(h+\varepsilon1)^{-1/2}\|=\|(h+\varepsilon1)^{-1}k\|\leqq1.$$

よって, $(h+\varepsilon1)^{-1/2}k(h+\varepsilon1)^{-1/2}\leqq1$. したがって, $k\leqq h+\varepsilon1$. ゆえに, $k\leqq h$ である.

(ii) 条件が必要であることは明らかである. 十分であることを示す. $y\in(\sigma c)$ に対して, $Jy=y$ ならば, y は自己随伴である. $y\in(\sigma c)$ であるから, 1次元射影の列 $\{e_n\}_{n\in\mathbb{N}}$ と $l^2(\mathbb{N})$ の実数の列 $\{\lambda_n\}_{n\in\mathbb{N}}$ により, $y=\sum_{n=0}^\infty\lambda_ne_n$ と表せる. 実数列の中に符号の違う1組の0でない実数 λ_i と λ_j がある場合には, x として e_i を始射影に, e_j を終射影にもつ半等長作用素を選べば

$$\mathrm{Tr}(y^*xJxJy)=\mathrm{Tr}(y^*xyx^*)=\mathrm{Tr}(y^*\lambda_ie_j)=\lambda_i\lambda_j<0$$

となり, 矛盾する. したがって, $y\in(\sigma c)_+$ または $-y\in(\sigma c)_+$ であり, $y=h$ または $y=-h$ となる. $\quad\blacksquare$

これにより, $\mathscr{L}(\mathscr{H})$ 上の状態からそれを実現する(物理学で言うところの)ベクトル状態への自然な対応が与えられる.

注 $0\leqq k\leqq h$ ならば, 任意の $\lambda\in[0,1]$ に対して, $0\leqq k^\lambda\leqq h^\lambda$ となることは Heinz の不等式として知られている. $\quad\square$

122   2　von Neumann 環

以下，正線形汎関数 $\varphi(x)=\mathrm{Tr}(h^2x)\,(h\in(\sigma c)_+)$ は忠実であるとする．このとき h は必ずしも有界ではない逆作用素 h^{-1} をもち，定義域は稠密な部分空間 $h\mathscr{H}$ である．後に，第 2.9 節第 3 項で述べる冨田–竹崎理論でモジュラー自己同型と呼ばれている $\mathscr{L}(\mathscr{H})$ 上の 1 径数自己同型

$$\sigma_t^\varphi(x) = h^{2it}xh^{-2it} \quad (t\in\mathbb{R})$$

を用いると $\overline{hxh^{-1}}$ は作用素値関数 $t\in\mathbb{R}\mapsto\sigma_t^\varphi(x)\in\mathscr{L}(\mathscr{H})$ を複素平面の $-i/2$ まで解析接続して得られる値と考えられる．したがって，hxh^{-1} のような記述をするときには，x を解析接続可能な元に制限する必要があるが，ここでは深入りしない．

　ここで，$A=\mathscr{L}(\mathscr{H})$ に対して $E=Ah$ とすれば，E は (σc) の部分集合であるが，左 A 加群にもなっている．このとき，J は E 上で

$$Jxh = (\overline{hx^*h^{-1}})h \quad (x\in A)$$

と表せる．E 上の新たな作用 Δ を

$$\Delta^{1/2}xh = (\overline{hxh^{-1}})h \quad (x\in A)$$

で定義すれば，E 上で $\Delta^{1/2}=hJh^{-1}J$ となることがわかる．したがって，

$$J\Delta^{1/2}xh = J(\overline{hxh^{-1}})h = \overline{h(\overline{hxh^{-1}})^*h^{-1}}h = x^*h \quad (x\in A).$$

　いま，$\mathscr{L}(\mathscr{H})$ 上の σ 弱連続な正線形汎関数 ψ が $0\leqq\psi\leqq\varphi$ を満たしているとし，ψ に対応するトレイス類作用素 $t(\psi)$ の平方根を k とする．このとき，$k^2\leqq h^2$ であるから，$0\leqq\overline{h^{-1}k^2h^{-1}}\leqq 1$ かつ $\overline{kh^{-1}}\in A$．また，$k\leqq h$ であるから，$0\leqq\overline{h^{-1/2}kh^{-1/2}}\leqq 1$ かつ $\overline{k^{1/2}h^{-1/2}}\in A$．したがって，$k=(\overline{kh^{-1}})h$ は E の元である．しかも，

$$k = h^{1/2}(\overline{h^{-1/2}kh^{-1/2}})h^{-1/2}h = \Delta^{1/4}(a^*a)h \quad (a=\overline{k^{1/2}h^{-1/2}}).$$

ここで，φ に対する正錐

$$E_+ = \overline{\Delta^{1/4}\mathscr{L}(\mathscr{H})_+h} = \overline{\{xJxJh \mid x\in\mathscr{L}(\mathscr{H})\}}$$

を考え，$\mathscr{L}(\mathscr{H})_*^+$ からこの正錐への対応を，上のように $\psi \mapsto k$ で与える．上の議論は，正線形汎関数 ψ がある正数 λ により $\psi \leqq \lambda\varphi$ と表されている場合にも適用でき，このような ψ 全体のなす集合は $\mathscr{L}(\mathscr{H})_*^+$ において稠密であるから，上の対応は $\mathscr{L}(\mathscr{H})_*^+$ 全体に拡張することができる．以上をまとめると次の命題が得られる．

命題 2.2.20 $\mathscr{L}(\mathscr{H})$ 上の正線形汎関数 $\varphi(x)=\mathrm{Tr}(h^2 x)$ は忠実であるとする．各 $\psi(x)=\mathrm{Tr}(k^2 x)$ に対して定まる写像 $\psi \in \mathscr{L}(\mathscr{H})_*^+ \mapsto (\overline{kh^{-1}})h \in E_+$ は順序を保存する全単射である． □

この正錐を φ に関する E の**自然錐**という．

命題 2.2.21 φ が $\mathscr{L}(\mathscr{H})$ 上の忠実な正線形汎関数であるとき，E における共役線形写像 $xh \mapsto x^*h (x \in \mathscr{L}(\mathscr{H}))$ は可閉である． □

[証明] 任意の $x_n \in \mathscr{L}(\mathscr{H})$ と $y \in \pi_\varphi(\mathscr{M})'$ に対して，

$$(\eta_\varphi(x_n)|y\xi_\varphi) = (y^*\eta_\varphi(x_n)|\xi_\varphi) = (\pi_\varphi(x_n)y^*\xi_\varphi|\xi_\varphi)$$
$$= (y^*\xi_\varphi|\pi_\varphi(x_n)^*\xi_\varphi) = (y^*\xi_\varphi|\eta_\varphi(x_n^*)).$$

ここで，$\eta_\varphi(x_n) \to 0$ かつ $\eta_\varphi(x_n^*) \to \xi$ とすれば，

$$(y^*\xi_\varphi|\xi) = \lim_{n \to \infty}(y^*\xi_\varphi|\eta_\varphi(x_n^*)) = \lim_{n \to \infty}(\eta_\varphi(x_n)|y\xi_\varphi) = 0.$$

φ の忠実性により，ξ_φ は $\pi_\varphi(\mathscr{M})'$ に対して巡回的である．ゆえに $\xi=0$． ■

そこで，命題 2.2.21 により定まる $\mathscr{H}_\varphi$ 上の共役線形写像の閉包を S_φ で表し，その極分解を

$$S_\varphi = J_\varphi \Delta_\varphi^{1/2}$$

とする．$\eta_\varphi(\mathscr{M})$ は $\Delta_\varphi^{1/2}$ の芯である．すなわち，作用素 $\Delta_\varphi^{1/2}$ を部分空間 $\eta_\varphi(\mathscr{M})$ へ制限したものの閉包が $\Delta_\varphi^{1/2}$ と一致する．

Powers-Størmer の不等式

次の不等式は荒木により一般の von Neumann 環の元に対しても示されている．

補題 2.2.22（Powers-Størmer） a, b を Hilbet 空間上の正作用素とする．

124   2 von Neumann 環

(i) $\|a^{1/2}-b^{1/2}\|_2^2 \leqq \|a-b\|_1$.

(ii) $\mathrm{Tr}(a)=\mathrm{Tr}(b)=1$ のときには，$\|a-b\|_1 \leqq 2\|a^{1/2}-b^{1/2}\|_2$.   □

　[証明]　(i) $a-b$ がトレイス類の作用素であることと，その絶対値がトレイス類の作用素であることは同値である．絶対値のトレイスノルムが無限の場合は明らかであるから，$a-b$ がトレイス類作用素の場合を考える．$a^{1/2}+b^{1/2}$，$a^{1/2}-b^{1/2}$ をそれぞれ x，y とする．このとき，これらの作用素の作用する Hilbert 空間 $\mathscr{H}$ 可分性を仮定することができる．$\mathscr{L}(\mathscr{H})$ からその Calkin 環 $\mathscr{L}(\mathscr{H})/\mathscr{K}(\mathscr{H})$ への準同型写像を π とすれば，$\pi(a-b)=0$ である．ゆえに，

$$\pi(a^{1/2}) = \pi(a)^{1/2} = \pi(b)^{1/2} = \pi(b^{1/2}).$$

よって，$y=a^{1/2}-b^{1/2}$ は自己随伴なコンパクト作用素である．

　y の極分解を $u|y|$ とすれば，半等長作用素 u は自己随伴で $|y|=uy=yu$ となる．また，$x \geqq \pm y$ であるから，$x \geqq |y|$．ここで，$xy+yx=2(a-b)$ に注意すれば，

$$\mathrm{Tr}(|a-b|) = \sup_{\|z\| \leqq 1} |\mathrm{Tr}((a-b)z)| = \frac{1}{2} \sup_{\|z\| \leqq 1} |\mathrm{Tr}((xy+yx)z)|$$

$$\geqq \frac{1}{2} |\mathrm{Tr}((xy+yx)u)| = \mathrm{Tr}(|y|^{1/2}x|y|^{1/2}) \geqq \mathrm{Tr}(y^2).$$

　(ii) a を密度作用素にもつ状態 φ_a は $\omega_{a^{1/2}}$ と表せる．同様のことが b に対してもいえるので，$\|a-b\|_1 \leqq \|\varphi_a-\varphi_b\| \leqq 2\|a^{1/2}-b^{1/2}\|_2$.   ∎

2.3 正線形汎関数と W^*環

　命題 1.12.7 で述べたように，C^*環上の正線形汎関数は自動的に有界になるので，C^*環が可換な場合には指標空間上の Radon 測度と同一視することができる．C^*環が非可換な場合にも，正線形汎関数は非可換積分論における積分の役割を果たすが，非可換性から生じる難しさがある．

2.3.1 正規正線形汎関数

von Neumann 環 $\mathcal{M}$ 上の正線形汎関数 φ が，$\mathcal{M}_+$ の任意の有界な増加有向系 $\{x_i\}_{i \in I}$ に対して

$$\varphi\left(\sup_{i \in I} x_i\right) = \sup_{i \in I} \varphi(x_i)$$

を満たすとき，φ は**正規**であるという．また，任意の互いに直交する射影の族 $\{e_i\}_{i \in I}$ に対して，$\varphi(\sum_{i \in I} e_i) = \sum_{i \in I} \varphi(e_i)$ であるとき，$\mathcal{M}$ 上の線形汎関数 φ は**完全加法的**であるという．

定理 2.3.1(Dixmier)　von Neumann 環 $\mathcal{M}$ 上の正線形汎関数 φ に対して，次の 3 条件は同値である．

(i)　φ は正規である．

(ii)　φ は完全加法的である．

(iii)　φ は σ 弱連続である．　　　　　　　　　　　　　　　　　　□

[証明]　(iii)⇒(i) 補題 2.2.2 により明らか．(i)⇒(ii) も明らかである．

(ii)⇒(iii) φ は完全加法的であるとする．$e \in \mathcal{M}$ を 0 でない射影とすれば，$\psi(e) \neq 0$ となる $\psi \in \mathcal{M}_*^+$ がある．ψ を正数倍することにより，$\varphi(e) < \psi(e)$ と仮定することができる．このとき，$\varphi_1 = \psi - \varphi$ と置くと，φ_1 も完全加法的である．Zorn の補題を用いて，$\varphi_1(e_i) \leqq 0$ かつ $e_i \leqq e$ を満たし，互いに直交する 0 でない射影のなす族 $\{e_i\}_{i \in I}$ のうち，集合の包含関係に関して極大なものを改めて $\{e_i\}_{i \in I}$ とする．ここで，$p = e - \sum_{i \in I} e_i$ とすれば，極大性により，任意の 0 でない射影 $f \leqq p$ に対して $\varphi_1(f) > 0$ が成り立つ．このとき，

$$\varphi_1(p) = \varphi_1(e) - \varphi_1\left(\sum_{i \in I} e_i\right) = \varphi_1(e) - \sum_{i \in I} \varphi_1(e_i) \geqq \varphi_1(e) > 0$$

となるので，$p \neq 0$ である．第 2.2 節第 1 項の注により，任意の $x \in p\mathcal{M}_+p$ に対して $\varphi_1(x) \geqq 0$，すなわち $\varphi(x) \leqq \psi(x)$ である．任意の x に対して

$$|\varphi(xp)| \leqq \varphi(1)^{1/2} \varphi(px^*xp)^{1/2} \leqq \varphi(1)^{1/2} \psi(px^*xp)^{1/2}$$

であるから，$x \mapsto \varphi(xp)$ は σ 強連続．したがって，σ 弱連続である．

そこで，Zorn の補題を用いると，$x \mapsto \varphi(xp_j)$ が σ 弱連続であるような互い

に直交する 0 でない射影の族のうち, 集合の包含関係に関して極大な $\{p_j\}_{j \in J}$ が存在するが, 上のことから $\sum_{j \in J} p_j = 1$ である. x を $\mathscr{M}$ の単位球の元, F を J の有限部分集合とすると, $x \in \mathscr{M}$ に対して

$$\left| \varphi\left(x\left(1 - \sum_{j \in F} p_j \right) \right) \right| \leqq \varphi(xx^*)^{\frac{1}{2}} \varphi\left(1 - \sum_{j \in F} p_j \right)^{\frac{1}{2}}$$

$$\leqq \|\varphi\|^{\frac{1}{2}} \|x\| \varphi\left(1 - \sum_{j \in F} p_j \right)^{\frac{1}{2}}.$$

よって, $\lim_{F} \| \sum_{j \in F} p_j \varphi - \varphi \| = 0$. ゆえに, $\varphi \in \mathscr{M}_*$ である. ∎

注 von Neumann 環上の完全加法的線形汎関数は正でなくても有界であれば σ 弱連続であることが知られている. □

von Neumann 環 $\mathscr{M}$ から von Neumann 環 $\mathscr{N}$ への線形写像 π は, 任意の $x \in \mathscr{M}_+$ に対して $\pi(x) \in \mathscr{N}_+$ を満たすとき, **正**であるという. このような π が, $\mathscr{M}_+$ の任意の有界な増加有向系 $\{x_i\}_{i \in I}$ に対して

$$\pi\left(\sup_{i \in I} x_i \right) = \sup_{i \in I} \pi(x_i)$$

を満たすとき, **正規**であるという.

系 2.3.2 von Neumann 環 $\mathscr{M}$ から von Neumann 環 $\mathscr{N}$ への正線形写像 π に対して, 次の 2 条件は同値である.

(i) π は正規である.

(ii) π は σ 弱連続である. □

[証明] 補題 2.2.2 により (ii) ⇒ (i) は明らか.

π が正規ならば, 任意の $\varphi \in \mathscr{N}_*^+$ に対して, $\mathscr{M}$ 上の線形汎関数 $\varphi \circ \pi$ は正規であり, したがって, σ 弱連続である. ゆえに, π は σ 弱連続である. ∎

系 2.3.3 von Neumann 環 $\mathscr{M}$ から von Neumann 環 $\mathscr{N}$ の上への同型写像は, それぞれの σ 弱位相 (または σ 強位相) に関して同相写像である. □

[証明] 正規性は順序に関する性質であるから, 同型写像は正規である. したがって, σ 弱位相に関して同相である. π が同型写像ならば, $\pi(x^*x) = \pi(x)^*\pi(x)$ であるから, σ 強位相に関しても同相写像である. ∎

命題 2.3.4 von Neumann 環 $\mathscr{M}$ における状態 φ が正規ならば, GNS 表現

$\{\pi_\varphi, \mathscr{H}_\varphi, \xi_\varphi\}$ も正規であり, $\pi_\varphi(\mathscr{M})$ は von Neumann 環である. ☐

[証明] 各 $x, y, z \in \mathscr{M}$ に対して, $y\varphi z^*(x) = \varphi(z^* xy)$ と置くと, $y\varphi z^* \in \mathscr{M}_*$ である. $(\pi_\varphi(x)\pi_\varphi(y)\xi_\varphi | \pi_\varphi(z)\xi_\varphi) = y\varphi z^*(x)$ である. $\pi_\varphi(\mathscr{M})\xi_\varphi$ は $\mathscr{H}_\varphi$ で稠密であるから, π_φ は単位球上では, $\mathscr{M}$ 上の σ 弱位相と $\mathscr{L}(\mathscr{H}_\varphi)$ 上の弱位相に関して連続である. よって, 定理 2.1.11 により, π_φ は $\mathscr{M}$ 上で σ 弱連続である. ゆえに, 命題 2.1.14 により, $\pi_\varphi(\mathscr{M})$ は von Neumann 環である. ∎

Hilbert 空間 $\mathscr{H}$ 上の von Neumann 環 $\mathscr{M}$ から Hilbert 空間 $\mathscr{K}$ 上の von Neumann 環 $\mathscr{N}$ の上への同型写像 π が $\mathscr{H}$ から $\mathscr{K}$ の上へのユニタリ U により与えられているとき, すなわち, $\pi(x) = UxU^*$ のとき, 同型写像 π は**空間的**であるといい

$$\{\mathscr{M}, \mathscr{H}\} \cong \{\mathscr{N}, \mathscr{K}\}$$

で表す. このとき, $\mathscr{M}$ と $\mathscr{N}$ は**空間同型**であるという.

2.3.2 線形汎関数の極分解

正線形汎関数 $\varphi \in \mathscr{M}_*^+$ により定まる集合 $N_\varphi = \{x \in \mathscr{M} | \varphi(x^* x) = 0\}$ は σ 弱閉な左イデアルであるから, $N_\varphi = \mathscr{M}f$ なる $\mathscr{M}$ の射影 f がただ 1 つ存在する. このとき, $e = 1 - f$ を正線形汎関数 φ の**台射影**といい $s(\varphi)$ で表す. Schwarz の不等式により $\varphi = e\varphi = \varphi e = e\varphi e$ が成り立つ. この台射影は $p\varphi = \varphi$ を満たす $\mathscr{M}$ の射影 p のうちで最小の射影でもある.

補題 2.3.5 C^* 環 A 上の任意の線形汎関数 $\varphi \in A^*$ に対して, $a, b \in A$ が $ab^* = 0$ かつ $\|a\| \leq 1, \|b\| \leq 1$ を満たせば,

$$\|a\varphi\|^2 + \|b\varphi\|^2 \leq \|\varphi\|^2.$$

とくに, $\|a\varphi\| = \|\varphi\|$ ならば, $b\varphi = 0$. ☐

[証明] 任意の $\varepsilon > 0$ に対して,

$$\|a\varphi\| \leq a\varphi(x) + \varepsilon, \quad \|b\varphi\| \leq b\varphi(y) + \varepsilon$$

を満たす単位球の元 $x, y \in A$ が存在する. $\lambda \geq 0, \mu \geq 0$ に対して $\delta = (\lambda + \mu)\varepsilon$ とすれば,

128   2 von Neumann 環

$$\lambda\|a\varphi\| + \mu\|b\varphi\| \leqq \lambda a\varphi(x) + \mu b\varphi(y) + \delta = \varphi(\lambda xa + \mu yb) + \delta$$
$$\leqq \|\varphi\|\|\lambda xa + \mu yb\| + \delta$$
$$= \|\varphi\|\|(\lambda xa + \mu yb)(\lambda xa + \mu yb)^*\|^{1/2} + \delta$$
$$= \|\varphi\|\|\lambda^2 xaa^*x^* + \mu^2 ybb^*y^*\|^{1/2} + \delta$$
$$\leqq \|\varphi\|(\lambda^2 + \mu^2)^{1/2} + \delta.$$

$\lambda=\|a\varphi\|$, $\mu=\|b\varphi\|$ と置いて, $\varepsilon\to 0$ とすれば, 不等式が得られる. ∎

つぎに, 定理 1.14.7 において C^*環の場合に与えた Jordan 分解を von Neumann 環の場合にも示す. ここでは分解後も σ 弱連続性が保存されることを示す.

定理 2.3.6(境) $\mathscr{M}$ を von Neumann 環とし, $\varphi\in\mathscr{M}_*$ とする.

(i)(極分解) $\varphi=v\psi$, $v^*v=s(\psi)$ なる $\psi\in\mathscr{M}_*^+$ と半等長 $v\in\mathscr{M}$ が一意的に存在する.

(ii)(Jordan 分解) $\varphi^*=\varphi$ ならば,

$$\varphi = \varphi_+ - \varphi_-, \quad \|\varphi\| = \|\varphi_+\| + \|\varphi_-\|$$

を満たす $\varphi_+\in\mathscr{M}_*^+$ と $\varphi_-\in\mathscr{M}_*^+$ が一意的に存在する. □

[証明] (i) $\mathscr{M}$ の単位球は σ 弱コンパクトであるから, $\|\varphi\|=\varphi(x)$ を満たす単位球の元 x が存在する. x の極分解を $u|x|$ とする.

$$\|\varphi\| = \varphi(|x^*|u) = u\varphi(|x^*|) \leqq \|u\varphi\| \leqq \|\varphi\|.$$

したがって, 命題 1.14.5 により, $u\varphi\geqq 0$. そこで, $\psi=u\varphi$, $e=u^*u$ と置く. $x=xe$ であるから, $\|\varphi\|=\varphi(xe)=e\varphi(x)$. したがって, $\|e\varphi\|=\|\varphi\|$. 補題 2.3.5 により, $\varphi=e\varphi$. よって, $\psi=u\varphi=uu^*\psi$. ゆえに, $uu^*\geqq s(\psi)$. ここで, $v=u^*s(\psi)$ と置けば, v は半等長で $v^*v=s(\psi)$ かつ $v\psi=u^*s(\psi)\psi=u^*\psi=\varphi$ である.

つぎに極分解の一意性を示す.

$$\varphi = v_1\psi_1, \quad v_1^*v_1 = s(\psi_1) \quad (\psi_1 \in \mathscr{M}_*^+)$$

とする. $e_0=v^*v$, $e_1=v_1^*v_1$ と置く. 任意の $y\in\mathscr{M}$ に対して

$$\psi(y) = \psi(ye_0) = \psi(yv^*v) = \varphi(yv^*) = \psi_1(yv^*v_1)$$
$$= \psi_1(e_1yv^*v_1) = \varphi(e_1yv^*) = \psi(e_1y).$$

したがって，$\psi(1-e_1)=0$．$e_0=s(\psi)$ であるから，$e_0\leqq e_1$．議論の対称性により，$e_1\leqq e_0$．したがって，$e_0=e_1$．また $v_1\psi_1=\varphi=v\psi$ であるから，

$$\psi_1((e_1 - v^*v_1)^*(e_1 - v^*v_1))$$
$$= \psi_1(e_1) - \overline{\psi_1(e_1v^*v_1)} - \psi_1(e_1v^*v_1) + \psi_1(v_1^*vv^*v_1)$$
$$= \psi_1(1) - \overline{\psi(1)} - \psi(1) + \psi(v_1^*v)$$
$$= \psi_1(1) - 2\psi(1) + \psi_1(1)$$
$$= 2\|\psi_1\| - 2\|\psi\| = 2\|\varphi\| - 2\|\varphi\| = 0.$$

よって，$v^*v_1=e_1$．したがって，$(v-v_1)^*(v-v_1)=0$ となり，$v=v_1$．

(ii) φ は自己随伴とする．$\|\varphi\|=\varphi(x)$ かつ $\|x\|\leqq1$ であるような自己随伴な $x\in\mathcal{M}$ が存在する．e,f をそれぞれ x の正部分 x_+ と負部分 x_- の台射影とする．φ の正部分と負部分をそれぞれ φ_+,φ_- とする．このとき，

$$\|\varphi\| = \varphi(x_+ - x_-) = \varphi_+(x_+) + \varphi_-(x_-) - (\varphi_+(x_-) + \varphi_-(x_+))$$
$$\leqq \varphi_+(x_+) + \varphi_-(x_-) \leqq \varphi_+(e) + \varphi_-(f)$$
$$\leqq \varphi_+(1) + \varphi_-(1) = \|\varphi\|$$

であるから，$\varphi_+(e)=\varphi_+(1)$ かつ $\varphi_-(f)=\varphi_-(1)$ である．さらに，$\varphi_-(e)\leqq\varphi_-(1-f)=0$ であるから，$\varphi_-(e)=0$ である．Schwarz の不等式により，$(1-e)\varphi_+=e\varphi_-=0$ である．ゆえに，$\varphi_+=e\varphi\in\mathcal{M}_*$．したがって，$\varphi_-=-(1-e)\varphi\in\mathcal{M}_*$ である．これらのことは，また分解の一意性を示している． ∎

上の定理における ψ を φ の**絶対値**といい，$|\varphi|$ で表す．$\varphi^*=\varphi$ のときは $|\varphi|=\varphi_++\varphi_-$ と表せる．ただし，φ_+,φ_- は φ の正部分と負部分である．

補題 2.3.7 C^*環 A 上の正線形汎関数 φ と $a\in A$ に対して，$a\varphi$ が自己随伴ならば

$$|a\varphi(x)| \leqq \|a\|\varphi(x) \quad (x \in A_+). \qquad \square$$

[証明] $\varphi(xa)=\overline{\varphi(x^*a)}=\varphi(a^*x)$ である．$x\geqq0$ とすると，

130 2 von Neumann 環

$$|a\varphi(x)| = |\varphi(a^*x)| \leqq \varphi(a^*xa)^{1/2}\varphi(x)^{1/2} = \varphi(a^{*2}x)^{1/2}\varphi(x)^{1/2}$$

$$\leqq \varphi(a^{*2^n}x)^{2^{-n}}\varphi(x)^{2^{-1}+\cdots+2^{-n}}$$

$$\leqq \|\varphi\|^{2^{-n}}\|a\|\|x\|^{2^{-n}}\varphi(x)^{1-2^{-n}}$$

である. $n\to\infty$ とすれば, $|a\varphi(x)|\leqq\|a\|\varphi(x)$ が得られる. ∎

定理 2.3.8 von Neumann 環 $\mathscr{M}$ 上の正線形汎関数 $\varphi,\psi\in\mathscr{M}_*$ が $\psi\leqq\varphi$ を満たせば,

$$\psi(x) = \varphi(hxh) \quad (x\in\mathscr{M})$$

なる $h\in\mathscr{M}$ で $0\leqq h\leqq 1$ なるものが存在する. ☐

[証明] $s(\psi)\leqq s(\varphi)$ であるから, φ を $s(\varphi).\mathscr{M}s(\varphi)$ に制限することにより, 議論を φ が忠実な場合に帰着することができる. さらに, $\mathscr{M}$ を φ に関する GNS 表現と同一視することにより, φ は巡回かつ分離ベクトル ξ により, $\varphi=\omega_\xi|_{\mathscr{M}}$ と表せる. このとき, 写像 $(x\xi,y\xi)\mapsto\psi(y^*x)$ は有界半双線形汎関数であるから, $\psi(y^*x)=(h'^2x\xi|y\xi),0\leqq h'\leqq 1$ なる作用素 h' がある.

$$(h'^2xz\xi|y\xi) = \psi(y^*xz) = (h'^2z\xi|x^*y\xi) = (xh'^2z\xi|y\xi) \quad (x,y,z\in\mathscr{M})$$

であるから, $h'^2\in\mathscr{M}'$. ゆえに, $h'\in\mathscr{M}'$.

つぎに, $\varphi'=\omega_\xi|_{\mathscr{M}'}$ かつ $f=h'\varphi'$ と置く. f の極分解を $v'|f|$ とする. $|f|=v'^*f=(v'^*h')\varphi'$ であるから, 補題 2.3.7 により $|f|\leqq\|v'^*h'\|\varphi'\leqq\varphi'$ である. したがって, φ と ψ に対しておこなった上の議論を可換子環 $\mathscr{M}'$ 上で φ' と $|f|$ に対して繰り返すことにより, $|f|(x')=(hx'\xi|\xi)(x'\in\mathscr{M}')$ かつ $0\leqq h\leqq 1$ を満たす $h\in\mathscr{M}$ が存在する. $x'\in\mathscr{M}'$ に対して

$$(v'^*h'\xi|x'\xi) = (v'^*h')\varphi'(x'^*) = |f|(x'^*) = (hx'^*\xi|\xi) = (h\xi|x'\xi)$$

となるから, $v'^*h'\xi=h\xi$ である. x' に v'^*x' を代入すると,

$$(v'v'^*h'\xi|x'\xi) = |f|(x'^*v') = f(x'^*) = (x'^*h'\xi|\xi) = (h'\xi|x'\xi)$$

となるから, $v'v'^*h'\xi=h'\xi$ である. したがって, $x\in\mathscr{M}$ に対して

$$\psi(x) = (xh'\xi|h'\xi) = (xv'v'^*h'\xi|h'\xi) = (xv'^*h'\xi|v'^*h'\xi)$$
$$= (xh\xi|h\xi) = \varphi(hxh).$$ ∎

この定理は Radon-Nikodým の定理の非可換版の一種で, 前節の命題 2.2.19 の一般化にもなっている.

2.3.3 普遍包絡 von Neumann 環

この項では C^* 環 A の第 2 双対空間 A^{**} が von Neumann 環と見なせることを示す. 前半では, 加群の議論を用いて, A^{**} に積と対合を導く議論を展開するが, この部分は跳ばして直接後半の S. Sherman と武田二郎による命題 2.3.13 へ進んでもよい. その際, $\tilde{\pi}$ は表現ではなく線形写像とする. 続く定理 2.3.14 により von Neumann 環の代数構造を A^{**} に引き戻すことができる.

Banach 環 A, B が与えられているとき, Banach 両側 A-B 加群 E があるBanach 空間の双対空間であって, 各 $a \in A$ かつ $b \in B$ に対して, 写像 $\xi \to a\xi$ および $\xi \to \xi b$ が弱*連続のとき, E を**双対 Banach 両側 A-B 加群**という.

補題 2.3.9 A, B を Banach 空間とする. E を Banach 両側 A-B 加群とすると, E^{**} は双対 Banach 両側 A-B 加群である. ▢

[証明] Banach 空間 E は Banach 両側 A-B 加群であるから,

$$\|x\xi\| \leqq \lambda\|x\|\|\xi\|, \quad \|\xi y\| \leqq \lambda\|y\|\|\xi\| \quad (x \in A, \; y \in B, \; \xi \in E)$$

を満たす正数 λ が存在する. したがって, 各 $x \in A$ に対して, 線形写像 $L_x: \xi \in E \mapsto x\xi \in E$ は有界である. $^{tt}L_x = {}^t({}^tL_x)$ とすれば, 写像 $^{tt}L_x: E^{**} \to E^{**}$ も有界線形で,

$$\|{}^{tt}L_x\| = \|{}^tL_x\| = \|L_x\| \leqq \lambda\|x\|$$

を満たす. E を E^{**} に埋蔵して考えると, $^{tt}L_x$ は L_x の拡張になっている.

つぎに, $x \in A$, $\xi \in E^{**}$ に対して, $x\xi = {}^{tt}L_x(\xi)$ と置くと, E^{**} は左 A 加群になり, $\|x\xi\| \leqq \lambda\|x\|\|\xi\|$ を満たす. また, $^{tt}L_x$ は $\sigma(E^{**}, E^*)$ 連続であるから, 左乗法 $\xi \in E^{**} \mapsto x\xi \in E^{**}$ は $\sigma(E^{**}, E^*)$ 連続である. 同様に, $y \in B$ に対して, $R_y: \xi \in E \mapsto \xi y \in E$ と置いて, $\xi y = {}^{tt}R_y(\xi)$ と置けば, E^{**} は右 B 加群で $\|\xi y\|$

132   2 von Neumann 環

$\leqq\mu\|y\|\|\xi\|$ を満たし，右乗法 $\xi\in E^{**}\mapsto\xi y\in E^{**}$ も $\sigma(E^{**},E^*)$ 連続である．2 つの写像 $\xi\in E^{**}\mapsto x(\xi y)\in E^{**}$ と $\xi\in E^{**}\mapsto(x\xi)y\in E^{**}$ は $\sigma(E^{**},E^*)$ 連続で，E^{**} の稠密部分空間 E 上で一致しているから，E^{**} 上でも一致する．したがって，$\xi\in E^{**}, x\in A, y\in B$ に対して $x(\xi y)=(x\xi)y$ が成り立つ．ゆえに，E^{**} は双対両側 A-B 加群である．∎

A と B を Banach 空間とする．E は Banach 空間 F の双対空間で，しかも双対 Banach 両側 A-B 加群とする．各 $x\in A$ に対して，左乗法 $\xi\in E\mapsto x\xi\in E$ は弱*連続であるから，任意の $\varphi\in F$ に対して，線形汎関数 $\xi\in E\mapsto\langle x\xi,\varphi\rangle$ は弱*連続である．そこで，この F の元を φx で表す．同様に，各 $y\in B$ に対して，線形汎関数 $\xi\in E\mapsto\langle\xi y,\varphi\rangle$ も F の元であるから，$y\varphi$ で表す．つまり

$$(\varphi x)(\xi)=\langle x\xi,\varphi\rangle,\quad(y\varphi)(\xi)=\langle\xi y,\varphi\rangle\quad(\xi\in E)$$

である．E は両側 A-B 加群であるから，$(y\varphi)x=y(\varphi x)$ もわかり，F は両側 B-A 加群になる．

命題 2.3.10 A, B を Banach 空間とする．E は Banach 空間 F の双対空間で，しかも双対 Banach 両側 A-B 加群とする．任意の $\varphi\in F$ に対して，集合

$$\{\varphi x\mid x\in A,\ \|x\|\leqq1\},\quad\{y\varphi\mid y\in B,\ \|y\|\leqq1\}$$

が F において相対 $\sigma(F,E)$ コンパクトならば，次のことが成り立つ．

(i) E は双対 Banach 両側 A^{**}-B^{**} 加群である．

(ii) とくに，A が Banach 環で，$B=A, E=A^{**}$ としたときは，A^{**} の E への左作用から導かれる A^{**} の積と，B^{**} の E への右作用から導かれる A^{**} の積は一致し，A^{**} は Banach 環になる．さらに，A^{**} の積は $\sigma(A^{**},A^*)$ 位相に関して個別連続であり，A^{**} の代数構造は A の代数構造を連続的に拡張したものになっている． □

[証明] (i) すべての $x\in A, y\in B, \xi\in E$ に対して

$$\|x\xi\|\leqq\lambda\|x\|\|\xi\|,\quad\|\xi y\|\leqq\lambda\|y\|\|\xi\|$$

を満たす正数 λ が存在する．したがって，各 $\xi\in E$ に対して定まる線形写像

$\pi_r(\xi): x \in A \mapsto x\xi \in E$ は有界である．F を E^* の部分空間とみなせば，線形写像 ${}^t\pi_r(\xi)|_F: F \to A^*$ は有界で，

$$\|{}^t\pi_r(\xi)|_F\| \leqq \|{}^t\pi_r(\xi)\| \leqq \lambda\|\xi\|$$

となる．したがって，${}^t({}^t\pi_r(\xi)|_F)$ は A^{**} から E への有界線形写像であり，$\|{}^t({}^t\pi_r(\xi)|_F)\| \leqq \lambda\|\xi\|$ を満たす．そこで，A^{**} の元 x の E への左作用を $x\xi = {}^t({}^t\pi_r(\xi)|_F)(x)$ とすれば，E は $\|x\xi\| \leqq \lambda\|x\|\|\xi\|$ を満たす左 A^{**} 加群である．同様に，線形写像 $\pi_l(\xi): y \in B \mapsto \xi y \in E$ を用いて，B^{**} の元 y の E への右作用を $\xi y = {}^t({}^t\pi_l(\xi)|_F)(y)$ とすれば，E は $\|\xi y\| \leqq \lambda\|y\|\|\xi\|$ を満たす右 B^{**} 加群である．

A^{**} の単位球の任意の元 x に対して，$\{x_i\}_i$ を $\sigma(A^{**}, A^*)$ 位相で x に収束する A の単位球における有向系とする．$\xi \in E$, $\varphi \in F$ に対して，

$$\langle x\xi, \varphi \rangle = {}^t({}^t\pi_r(\xi)|_F)(x) = \lim_i {}^t({}^t\pi_r(\xi)|_F)(x_i) = \lim_i \langle x_i\xi, \varphi \rangle = \lim_i \langle \xi, \varphi x_i \rangle$$

である．仮定により，有向系 $\{\varphi x_i\}_i$ は接触点 $\psi \in F$ をもつ．よって，$\langle x\xi, \varphi \rangle = \langle \xi, \psi \rangle$ である．したがって，$x \in A^{**}$ に対して線形写像 $\xi \in E \mapsto x\xi \in E$ は弱*連続である．同様にして，$y \in B^{**}$ に対して線形写像 $\xi \in E \mapsto \xi y \in E$ は弱*連続である．

$y \in B$, $\xi \in E$ とする．

$$x\xi = {}^t({}^t\pi_r(\xi)|_F)(x), \quad x(\xi y) = {}^t({}^t\pi_r(\xi y)|_F)(x)$$

であるから，2 つの写像 $x \in A^{**} \mapsto x(\xi y) \in E$ と $x \in A^{**} \mapsto (x\xi)y \in E$ は弱*連続で，弱*稠密部分空間 A 上で一致する．したがって，A^{**} 上でも一致する．したがって，$y \in A^{**}$ に対して $x(\xi y) = (x\xi)y$．つぎに，$x \in A^{**}$, $\xi \in E$ とする．2 つの写像 $y \in B^{**} \mapsto x(\xi y) \in E$ と $x \in A^{**} \mapsto (x\xi)y \in E$ は弱*連続で，弱*稠密部分空間 B 上で一致する．したがって，B^{**} 上でも一致する．すなわち，$y \in B^{**}$ に対して $x(\xi y) = (x\xi)y$．ゆえに，E は双対 Banach 両側 A^{**}-B^{**} 加群である．

(ii) A は Banach 環で，$B = A$, $E = A^{**}$ とする．補題 2.3.9 により，E は双対 Banach 両側 A 加群である．したがって，(i) により双対 Banach 両側 A^{**} 加群でもある．

134　2 von Neumann 環

このとき, $x \in A^{**} \mapsto {}^t({}^t\pi_r(y)|_{A \cdot})(x) \in A^{**}$ が $y \in A^{**}$ の右乗法で, $y \in A^{**}$
$\mapsto {}^t({}^t\pi_l(x)|_{A \cdot})(y) \in A^{**}$ が $x \in A^{**}$ の左乗法である. (i)により, 写像 $y \in A^{**} \mapsto$
${}^t({}^t\pi_r(y)|_{A \cdot})(x) \in A^{**}$ と $x \in A^{**} \mapsto {}^t({}^t\pi_l(x)|_{A \cdot})(y) \in A^{**}$ はともに弱*連続であ
り, しかも任意の $x, y \in A$ に対して,

$$ {}^t({}^t\pi_l(x)|_{A \cdot})(y) = \pi_l(x)(y) = xy = \pi_r(y)(x) = {}^t({}^t\pi_r(y)|_{A \cdot})(x) $$

が成り立つ. したがって, 各 $y \in A$ に対して定まる A^{**} から A^{**} への2つの
弱*連続写像 $x \mapsto {}^t({}^t\pi_l(x)|_{A \cdot})(y)$ と $x \mapsto {}^t({}^t\pi_r(y)|_{A \cdot})(x)$ とは弱*稠密部分空間 A
上でも一致し, A^{**} 上でも一致することがわかる. よって, 任意の $x \in A^{**}$,
$y \in A$ に対して, ${}^t({}^t\pi_r(y)|_{A \cdot})(x) = {}^t({}^t\pi_l(x)|_{A \cdot})(y)$ が成り立つ. 同様に, 各 $x \in$
A^{**} に対して定まる A^{**} から A^{**} への2つの弱*連続写像 $y \mapsto {}^t({}^t\pi_r(y)|_{A \cdot})(x)$
と $y \mapsto {}^t({}^t\pi_l(x)|_{A \cdot})(y)$ は弱*稠密部分空間 A 上で一致するので, A^{**} 上でも一
致することがわかる. よって, 任意の $x, y \in A^{**}$ に対して, ${}^t({}^t\pi_r(y)|_{A \cdot})(x) =$
${}^t({}^t\pi_l(x)|_{A \cdot})(y)$ が成り立つ. したがって, x を左から y に乗じたものと, y を
右から x に乗じたものは一致する. そこで, A^{**} の積を

$$ xy = {}^t({}^t\pi_r(y)|_{A \cdot})(x) = {}^t({}^t\pi_l(x)|_{A \cdot})(y) $$

で定義する. このとき, 双線形写像 $(x, y) \in A^{**} \times A^{**} \mapsto xy \in A^{**}$ は弱*位相に
関して個別連続である. したがって, A^{**} の積は A の積を連続的に拡張した
ものになっている. $y, z \in A$ とすると, 弱*連続写像 $x \in A^{**} \mapsto x(yz) \in A^{**}$ と $x \in$
$A^{**} \mapsto (xy)z \in A^{**}$ は A 上で一致する. よって, A^{**} 上で一致する. すなわち,
$x \in A^{**}$ に対して $x(yz) = (xy)z$ である. 同様にして, $x, y, z \in A^{**}$ に対して
$x(yz) = (xy)z$ である. ゆえに, A^{**} は Banach 環である. ∎

　Banach 環 A は第2双対空間 A^{**} に自然に埋め込まれるから, 以後 A を
A^{**} の部分空間と見なす. さらに, 前節と同様に, Banach 環 A の双対空間
A^* への作用

$$ (a, \varphi) \in A \times A^* \mapsto a\varphi \in A^*, \quad (\varphi, a) \in A^* \times A \mapsto \varphi a \in A^* $$

を $a\varphi(x) = \varphi(xa)$ と $\varphi a(x) = \varphi(ax)$ により定めれば, A^* は双対 Banach 両側 A
加群になる. さらに, 補題 2.3.9 により, A^{**} も双対 Banach 両側 A 加群にな

2.3 正線形汎関数と W^*環　　135

る．

　一般に，右 A 加群 E 上の線形写像 x が任意の $\xi\in E$ と $a\in A$ に対して $x(\xi a)$ $=(x\xi)a$ を満たすとき，x を**右 A 加群写像**といい，このような写像全体のなす集合を $\mathscr{L}(E_A)$ で表す．左 A 加群 E の場合には，$\mathscr{L}(_AE)$ で表す．

　ここで，$x\in A^{**}$，$\varphi\in A^*$ により定まる A 上の有界線形汎関数 $a\in A\mapsto x(\varphi a)$ を $\tilde{R}_x\varphi$ で表す．同様に，有界線形汎関数 $a\in A\mapsto x(a\varphi)$ を $\tilde{L}_x\varphi$ で表す．このとき，$\tilde{R}$ は A^{**} から $\mathscr{L}(A_A^*)$ への，$\tilde{L}$ は A^{**} から $\mathscr{L}(_AA^*)$ への A 加群写像を与えている．

　つぎに，A を Banach*環とする．$x\in A^{**}$ に対して，

$$x^*(\varphi) = \overline{x(\varphi *)} \qquad (\varphi \in A^*)$$

と置くと，$x^*\in A^{**}$ である．明らかに，$(x^*)^*=x$ かつ $\|x^*\|\leqq\|x\|$ であるから，$\|x^*\|=\|x\|$ である．また，共役線形写像 $x\in A^{**}\mapsto x^*\in A^{**}$ は弱*連続であり，共役線形写像 $\varphi\in A^*\mapsto\varphi^*\in A^*$ は弱連続である．さらに，$x\in A^{**}$，$\varphi\in A^*$ に対して，$\tilde{R}_x\varphi=(\tilde{L}_{x^*}\varphi^*)^*$ である．実際，

$$(\tilde{R}_x\varphi)(a) = x(\varphi a) = \overline{x^*((\varphi a)^*)} = \overline{x^*(a^*\varphi^*)}$$
$$= \overline{(\tilde{L}_{x^*}\varphi^*)(a^*)} = (\tilde{L}_{x^*}\varphi^*)^*(a).$$

補題 2.3.11　A は C^*環とする．そのとき，任意の $\varphi\in A^*$ に対して，集合

$$\{\tilde{L}_x\varphi \mid x \in A^{**}, \ \|x\| \leqq 1\}, \quad \{\tilde{R}_x\varphi \mid x \in A^{**}, \ \|y\| \leqq 1\}$$

は A^* において相対 $\sigma(A^*,A^{**})$ コンパクトである．　　　　　　　□

　[証明]　Jordan 分解により，φ が A の状態のときにだけ示せばよい．C^*環 A の状態 φ による GNS 構成法で使われる A から $\mathscr{H}_\varphi$ への GNS 写像を η_φ とすると，$\|\eta_\varphi(x)\|\leqq\|x\|$ が成り立つ．したがって，その転置写像 ${}^t\eta_\varphi:\mathscr{H}_\varphi^*\to A^*$ は $\|{}^t\eta_\varphi\|\leqq 1$ を満たす．再び転置写像 ${}^{tt}\eta_\varphi:A^{**}\to\mathscr{H}_\varphi^{**}=\mathscr{H}_\varphi$ をとる．このとき，$x\in A^{**}$，$\xi\in\mathscr{H}_\varphi^*$ に対して，$\langle x,{}^t\eta_\varphi(\xi)\rangle=\langle{}^{tt}\eta_\varphi(x),\xi\rangle$ であるから，${}^t\eta_\varphi$ は $\sigma(\mathscr{H}_\varphi^*,\mathscr{H}_\varphi)$ 位相と $\sigma(A^*,A^{**})$ 位相に関して連続である．

　A の単位球は A^{**} の単位球において $\sigma(A^{**},A^*)$ 稠密であるから，A^{**} の単位球の元 x に $\sigma(A^{**},A^*)$ 収束する A の単位球の有向系 $\{x_i\}_i$ が存在する．$y\in$

A に対して，$y\varphi \in A^*$ であるから

$$|(\tilde{L}_x\varphi)(y)| = |x(y\varphi)| = \lim_i |x_i(y\varphi)| = \lim_i |\varphi(x_i y)| \leqq \|\eta_\varphi(y)\|$$

である．したがって，$\xi(\eta_\varphi(y))=(\tilde{L}_x\varphi)(y)$ である $\mathscr{H}_\varphi^*$ の単位球の元 ξ が存在する．よって，$\tilde{L}_x\varphi={}^t\eta_\varphi(\xi)$ である．ゆえに，集合 $\{\tilde{L}_x\varphi | x\in A^{**}, \|x\|\leqq 1\}$ は $\mathscr{H}_\varphi^*$ の単位球の転置写像 ${}^t\eta_\varphi$ による像に含まれる．他方，$\mathscr{H}_\varphi^*$ の単位球は $\sigma(\mathscr{H}_\varphi^*, \mathscr{H}_\varphi)$ コンパクトであるから，集合 $\{\tilde{L}_x\varphi | x\in A^{**}, \|x\|\leqq 1\}$ は $\sigma(A^*, A^{**})$ コンパクト集合に含まれている．写像 $\varphi\in A^*\mapsto \varphi^*\in A^*$ は $\sigma(A^*, A^{**})$ 連続で，$\tilde{R}_x\varphi=(\tilde{L}_{x^*}\cdot\varphi^*)^*$ であるから，$\{\tilde{R}_x\varphi | x\in A^{**}, \|x\|\leqq 1\}$ も相対コンパクトである． ∎

命題 2.3.12　C^*環 A の第 2 双対空間 A^{**} は単位的 Banach*環である．さらに，$\sigma(A^{**}, A^*)$ 位相に関して，A^{**} における積は個別連続かつ対合は連続である． □

［証明］　命題 2.3.10 と補題 2.3.11 より，A^{**} は Banach 環であり，しかも $\sigma(A^{**}, A^*)$ 位相に関して A^{**} における積は個別連続かつ対合は連続である．

$y\in A$ とする．写像 $x\in A^{**}\mapsto (xy)^*\in A^{**}$ と $x\in A^{**}\mapsto y^*x^*\in A^{**}$ は連続で，A 上で一致する．したがって，A^{**} 上で一致する．すなわち，$x\in A^{**}$ に対して $(xy)^*=y^*x^*$ である．同様にして，$y\in A^{**}$ に対して $(xy)^*=y^*x^*$ である．よって，$x\mapsto x^*$ は A^{**} の対合である．

A の近似単位元の A^{**} における接触点は，積の個別連続性により明らかに A^{**} の単位元である．ゆえに，A^{**} は単位的 Banach*環である． ∎

A が C^*環の場合には，単位的 Banach*環 A^{**} は $\mathscr{L}(A_A^*)$ の部分 Banach 環と同一視することができる．実際，$|(\tilde{R}_y\varphi)(a)|\leqq\|y\|\|\varphi\|\|a\|$ は明らかである．また，C^*環 A の近似単位元 $\{e_i\}_i$ を使うと

$$|y(\varphi)| = \lim_i |y(\varphi e_i)| = \lim_i |(\tilde{R}_y\varphi)(e_i)| \leqq \|\tilde{R}_y\|\|\varphi\|$$

が成り立つので，$\|\tilde{R}_y\|=\|y\|$ となる．

命題 2.3.12 により C^*環 A の第 2 双対空間 A^{**} へ導かれた単位的 Banach*環の構造は，次の定理 2.3.14 によりさらに，具体性を帯びた対象であることがわかる．

$$A^{**} \xrightarrow{\ \widetilde{\pi}\ } \pi(A)''$$

$$A^* \xleftarrow{\ {}^t\pi|_{(\pi(A)'')_*}\ } (\pi(A)'')_*$$

$$A \xrightarrow{\ \pi\ } \pi(A)''$$

図 2.1 $\widetilde{\pi}$ の決め方.

命題 2.3.13(Sherman-武田)　A を C^*環, π をその表現とする. そのとき π は A^{**} から von Neumann 環 $\pi(A)''$ 上への $\sigma(A^{**}, A^*)$ 位相と σ 弱位相に関して連続な表現 $\widetilde{\pi}$ に一意的に拡張される.　　　　　　　　　　　　$\Box$

［証明］　命題 1.4.8 により, $(A/\mathrm{Ker}(\pi))^* \cong (\mathrm{Ker}(\pi))^\circ$ である. 命題 1.4.7 により, $A^{**}/(\mathrm{Ker}(\pi))^{\circ\circ} \cong ((\mathrm{Ker}(\pi))^\circ)^*$ と な る の で, $(A/\mathrm{Ker}(\pi))^{**} \cong A^{**}/(\mathrm{Ker}(\pi))^{\circ\circ}$. ここで, $(\mathrm{Ker}(\pi))^{\circ\circ}$ は A^{**} における極集合であり, $\mathrm{Ker}(\pi)$ の $\sigma(A^{**}, A^*)$ 位相に関する閉包である. 命題 2.3.12 により A^{**} における積は個別連続であるから, $(\mathrm{Ker}(\pi))^{\circ\circ}$ は両側イデアルである. したがって, π が単射の場合を考えればよい. $\widetilde{\pi} = {}^t({}^t\pi|_{(\pi(A)'')_*})$ は A^{**} から $\pi(A)''$ への $\sigma(A^{**}, A^*)$ 位相と σ 弱位相に関して連続な線形写像である. よって, $\widetilde{\pi}$ は表現である(図 2.1).

　A_1 を A の単位球とする. π は等長であるから $\pi(A_1)$ は $\pi(A)$ の単位球であり, Kaplansky の稠密性定理により $\pi(A)''$ の単位球で σ 弱稠密である. したがって, $\widetilde{\pi}(\overline{A_1})$ は $\pi(A)''$ の単位球で σ 弱稠密である. $\overline{A_1}$ は $\sigma(A^{**}, A^*)$ コンパクトであるから, $\widetilde{\pi}(\overline{A_1})$ は σ 弱コンパクトである. したがって, $\widetilde{\pi}(\overline{A_1})$ は $\pi(A)''$ の単位球と一致する. ゆえに, $\widetilde{\pi}(A^{**}) = \pi(A)''$ である. A は A^{**} で $\sigma(A^{**}, A^*)$ 稠密であるから一意性は明らかである.　　　　　■

定理 2.3.14　C^*環 A の第 2 双対空間 A^{**} は von Neumann 環と同一視することができる.　　　　　　　　　　　　　　　　　　　　　　$\Box$

［証明］　A の状態空間 $S(A)$ を用いて, $\{\pi, \mathscr{H}\} = \sum_{\varphi \in S(A)}^{\oplus} \{\pi_\varphi, \mathscr{H}_\varphi\}$ とし, $\mathscr{M} = \pi(A)''$ と置く. 各 $\varphi \in S(A)$ は巡回ベクトル ξ_φ を用いて, $\varphi = \omega_{\xi_\varphi} \circ \pi$ と表せるから $\varphi \in {}^t\pi(\mathscr{M}_*)$. したがって, Jordan 分解により, $A^* = {}^t\pi(\mathscr{M}_*)$. よって, $\widetilde{\pi} = {}^t({}^t\pi|_{\mathscr{M}_*})$ は単射である. 上の命題の証明から, $\widetilde{\pi}(\overline{A_1})$ は $\mathscr{M}$ の単位球

138   2 von Neumann 環

と一致する．したがって，$\tilde{\pi}$ は等長である．コンパクトな単位球の間の単射連続写像は同相であるから，$\tilde{\pi}$ の逆写像は単位球上で連続である．ゆえに，Banach の定理 1.12.8 により，$\tilde{\pi}$ の逆写像は連続である．したがって，$\tilde{\pi}$ は双方の弱*位相に関して同相な写像であり，A^{**} は C^*環である．ゆえに，A^{**} は von Neumann 環 $\mathscr{M}$ と同一視することができる．　∎

上の定理により，C^*環の第 2 双対空間は，Banach 空間の双対として表される C^*環であるから，次の項でいう W^*環になっている．

π' を A の表現とすると，命題 2.3.13 によって，その拡張で $\mathscr{M}$ から $\pi'(A)''$ の上への σ 弱連続な準同型がある．この意味で $\mathscr{M}$ は普遍的である．明らかにこのようなものは同型を除き一意的に定まる．そこで，竹崎は $\mathscr{M}$ を A の**普遍包絡 von Neumann 環**と命名した．

2.3.4　W^*環

ここでは von Neumann 環の定義に，作用する Hilbert 空間を使わない，境による記述の仕方を述べる[5]．

定義 2.3.15　A を C^*環，B をその部分 C^*環とする．A から B への線形写像 $\mathscr{E}$ が，任意の $x \in B$ に対して $\mathscr{E}(x)=x$ かつ $\|\mathscr{E}\| \le 1$ を満たすとき，**ノルム1 の射影**という．　⬜

定理 2.3.16(富山)　A を C^*環，B をその部分 C^*環，$\mathscr{E}$ を A から B の上へのノルム 1 の射影とする．そのとき，任意の $x \in A$ と $a \in B$ に対して

(i)　$\mathscr{E}(x^*x) \ge 0$.

(ii)　$\mathscr{E}(ax)=a\mathscr{E}(x)$，$\mathscr{E}(xa)=\mathscr{E}(x)a$.

(iii)　$\mathscr{E}(x)^*\mathscr{E}(x) \le \mathscr{E}(x^*x)$.　⬜

[証明]　${}^{tt}\mathscr{E}={}^t({}^t\mathscr{E})$ とする．${}^{tt}\mathscr{E}$ は A^{**} から B^{**} の上へのノルム 1 の射影である．A, B をそれぞれ A^{**}，B^{**} の部分空間と同一視すれば，${}^{tt}\mathscr{E}$ は $\mathscr{E}$ の拡張になっている．そこで，A は von Neumann 環，B は A の σ 弱閉な単位的部分 C^*環と仮定してよい．A, B の単位元をそれぞれ $1_A, 1_B$ とする．

---

5)　S. Sakai: A characterization of W^*-algebra, *Pacific J. Math.*, **6**(1956), 763-773.

2.3　正線形汎関数と W^* 環　　139

(i) $\varphi \in B_+^*$ に対して $\|\varphi \circ \mathscr{E}\| \leq \|\varphi\|$ かつ $\varphi \circ \mathscr{E}(1_B) = \varphi(1_B) = \|\varphi\|$. したがって, 命題 1.14.5 によって $\varphi \circ \mathscr{E} \geq 0$. ゆえに, 補題 1.14.1 により $\mathscr{E}(A_+) \subset B_+$ である. よって, $\mathscr{E}(x^*) = \mathscr{E}(x)^*$ である.

(ii) $x \in A$ と射影 $e \in B$ に対して, $y = \mathscr{E}(x(1_A - e))$ と置く. 任意の自然数 n に対して

$$(n+1)^2 \|ye\|^2 = \|(y + nye)e\|^2 \leq \|y + nye\|^2 \leq \|x(1_A - e) + nye\|^2$$
$$= \|(x(1_A - e) + nye)(x(1_A - e) + nye)^*\|$$
$$= \|x(1_A - e)x^* + n^2 yey^*\| \leq \|x\|^2 + n^2 \|ye\|^2$$

である. よって, $ye = 0$. x を $x 1_B$ で置き換えれば, $\mathscr{E}(x(1_B - e))e = 0$. e を $1_B - e$ で置き換えれば, $\mathscr{E}(xe)(1_B - e) = 0$. ゆえに, $\mathscr{E}(xe) = \mathscr{E}(xe)e = \mathscr{E}(x)e$. 第 2.2 節第 1 項の注により, 任意の $a \in B$ に対して $\mathscr{E}(xa) = \mathscr{E}(x)a$. $\mathscr{E}$ は自己随伴であるから, $\mathscr{E}(ax) = a\mathscr{E}(x)$ である.

(iii) (i) と (ii) により直ちに

$$0 \leq \mathscr{E}((x - \mathscr{E}(x))^*(x - \mathscr{E}(x))) = \mathscr{E}(x^* x) - \mathscr{E}(x)^* \mathscr{E}(x). \qquad \blacksquare$$

定理 2.3.17(境)　C^* 環 A が von Neumann 環と同型であるためには, A がある Banach 空間 E の双対空間 E^* と Banach 空間として同型であることが必要十分である.

この場合, このような Banach 空間 E は A^* の部分空間として一意的に定まり, 同型写像は $\sigma(A, E)$ 位相と σ 弱位相に関して同相写像でもある.　　□

[証明]　必要性は明らかであるから十分性を示す. C^* 環 A がある Banach 空間 E の双対空間 E^* と同型であるとする. そこで $A = E^*$ とし, E を $E^{**} = A^*$ へ埋蔵して考えると, 恒等写像 id: $E \to A^*$ の転置写像 $^t\mathrm{id}$ は A^{**} から $E^* = A$ への写像であり, $\sigma(A^{**}, A^*)$ 位相と $\sigma(A, E)$ 位相に関して連続である. 任意の $x \in A$, $\varphi \in E$ に対して,

$$\langle {}^t\mathrm{id}(x), \varphi \rangle = \langle x, \mathrm{id}(\varphi) \rangle = \langle x, \varphi \rangle$$

となるので, $^t\mathrm{id}(x) = x$, すなわち, $^t\mathrm{id}$ は A 上の恒等写像の拡張になっている. $\sigma(A^{**}, A^*)$ 位相に関して, A^{**} 上の積は個別連続であり, 対合は連続で

140 2 von Neumann 環

ある. ゆえに, 連続的拡大の一意性により, ${}^t\mathrm{id}$ は準同型写像である. $\mathscr{I}=\mathrm{Ker}\,{}^t\mathrm{id}$ と置くと, $\mathscr{I}$ は A^{**} の $\sigma(A^{**}, A^*)$ 位相に関する閉両側イデアルである. したがって, $\mathscr{I}=A^{**}(1-e)$ であるような中心射影 e がある. ゆえに, $A^{**}e$ と A は同型であり, ${}^t\mathrm{id}$ はコンパクトな単位球の間の同相写像を与えている. したがって, Banach の定理 1.12.8 により, $\sigma(A^{**}, A^*)$ 位相と $\sigma(A, E)$ 位相に関して $A^{**}e$ と A は同相である.

A が Banach 空間 E_1 の双対でもあるとすれば, 射影 f があって A と $A^{**}f$ は同型であり, $\sigma(A, E_1)$ 位相と $\sigma(A^{**}, A^*)$ 位相に関して同相である. 系 2.3.3 により, von Neumann 環 $A^{**}e$ と $A^{**}f$ は同相であるから, $\sigma(A, E)$ 位相と $\sigma(A, E_1)$ 位相は同相である. E, E_1 を A^* の部分空間と見なせば, それらは $\sigma(A, E)$ 位相と $\sigma(A, E_1)$ 位相に関して連続な線形汎関数のなす Banach 空間であるから, A^* の部分空間として $E=E_1$ となっている. ∎

この定理により, von Neumann 環を Hilbert 空間を使わずに定義することができる. Banach 空間を前双対空間にもつ C^*環は **W^*環** ともいわれる. von Neumann 環について知られている結果の多くは Hilbert 空間を使わずに証明することができる. 実際, この章でなされている証明は, 第 2.1 節と Hilbert 空間に依存する表現と可換子環に関する記述以外は, ほとんど Hilbert 空間を使っていない.

2.3.5 表現の準同値

C^*環の表現の間の同値性はユニタリ同値が使われることが多いが, これでは代数的構造を論じる際に少し強すぎることがある. そこで, J. M. G. Fell はこれを少し緩めて準同値という概念を導入した. これは後に Haag と D. Kastler により, C^*環を用いた数理物理のモデルの記述に際して導入された **物理的同値** とも同じ概念であることが知られている. 物理的同値性の定義に関しては荒木[11]を参照してほしい. この概念は群の表現に対しても同じように使われるが, 半単純 Lie 群の表現論ではあまり取り上げられない.

C^*環の表現 $\{\pi, \mathscr{H}\}$ に対して定まる von Neumann 環 $\pi(A)''$ を $\mathscr{M}(\pi)$ で表す. このとき, 準同型写像 $\pi: A \to \mathscr{M}(\pi)$ の転置写像 ${}^t\pi$ による $\mathscr{M}(\pi)_*$ の像 ${}^t\pi(\mathscr{M}(\pi)_*)$ は A^* の両側 A 加群である. 実際, 任意の $a, b \in A$ に対して

$a\,{}^t\pi(\omega)b={}^t\pi(\pi(a)\omega\pi(b))$ が成り立つ. A を第 2 双対空間 A^{**} に埋蔵すると, A は A^{**} において弱*稠密である. このとき, 準同型写像 π の拡張である転置写像 ${}^t({}^t\pi|_{\mathcal{M}(\pi)_*})\colon A^{**}\to\mathcal{M}(\pi)$ は弱*位相と σ 弱位相に関して連続であるから, 全射準同型であることがわかる. ゆえに, その核は σ 弱閉イデアルになる. したがって, A^{**} の中心射影 $e(\pi)$ が存在して, von Neumann 環として $A^{**}e(\pi)\cong\mathcal{M}(\pi)$ となり, Banach 空間として, $A^*e(\pi)\cong\mathcal{M}(\pi)_*$ となる. 以後, この A^{**} における中心射影 $e(\pi)$ を表現 π の台射影という.

注 上の議論の C^* 環 A と表現 π として, von Neumann 環 $\mathcal{M}$ と恒等写像 id を選ぶと, id の台射影 $e(\mathrm{id})$ は $\mathcal{M}^{**}$ の中心射影になり, $\mathcal{M}^*e(\mathrm{id})=\mathcal{M}_*$ となっている. ▯

定義 2.3.18(Fell) C^* 環 A の 2 つの表現 π_1, π_2 に対して, von Neumann 環 $\pi_1(A)''$ から von Neumann 環 $\pi_2(A)''$ の上への同型写像 ρ が存在して,

$$\rho(\pi_1(a))=\pi_2(a)\quad(a\in A)$$

が成り立つとき, これらの表現は**準同値**であるという. ▯

これは表現が重複度を除いてユニタリ同値ということの言い換えである.

命題 2.3.19 C^* 環 A の 2 つの表現 π_1, π_2 に対して, π_1 と π_2 が準同値であるための必要十分条件はそれらの台射影 $e(\pi_1)$ と $e(\pi_2)$ が一致することである. ▯

2.4 可換 von Neumann 環

一般に, 局所コンパクト空間上の測度は σ 有限になるとはかぎらないので, 集合関数としての測度として扱うときには, 例えば Dixmier, Segal, Halmos に見られるような新たに生じる問題を処理しなければならない[6](ただし, 局所コンパクト群は, 単位元の対称なコンパクト近傍 V の生成する開部分群

---

6) J. Dixmier: Sur certains espaces consideres par M. H. Stone, *Summa Brasil. Math.*, **11**(1951), 151-182. I. E. Segal: Equivalence of measure spaces, *Amer. J. Math.*, **73**(1951), 275-313. P. R. Halmos: *Measure Theory*, D. Van Nostrand Co. Inc.(1950).

$\bigcup_n V^n$ による左剰余類を考えることにより，互いに共通部分をもたない σ コンパクトな開かつ閉集合の和集合として表せるので，σ 有限な場合に準じた取り扱いをすることができる）．また，作用素環では集合の測度よりも，関数の積分の方を問題にすることが多いので，ここでは局所コンパクト空間上の積分論として，線形汎関数をもとにした議論を用いることにする．この積分論は集合関数をもとにする積分論とは定義も証明もかなり異なるところがあるので，例えば，Bourbaki の積分論を参照していただきたい[7]．

局所コンパクト空間上の積分

局所コンパクト空間 Ω においてコンパクトな台をもつ連続な複素数値関数の空間 $\mathscr{K}(\Omega)$ 上で定義された線形汎関数 μ が次の意味の連続性を満たすとき，μ を Ω 上の**測度**という．

Ω の任意のコンパクト部分集合 K に対して，ある正数 λ があって，台が K に含まれる任意の $f \in \mathscr{K}(\Omega)$ に対して，$|\mu(f)| \leqq \lambda \sup\limits_{\omega \in \Omega} |f(\omega)|$.

$\mathscr{K}(\Omega)$ 上の正線形汎関数は測度である．これは**正値測度**と呼ばれる．

μ を局所コンパクト空間 Ω 上の正値測度とする．$\mathscr{K}(\Omega)_+$ を Ω 上のコンパクトな台をもつ非負値連続関数全体とする．また，$\mathscr{I}_+$ を $\mathbb{R}_+ \cup \{+\infty\}$ に値をとる Ω 上の下半連続関数全体とする．$f \in \mathscr{I}_+$ に対して

$$\mu^*(f) = \sup_{g \leqq f, \, g \in \mathscr{K}(\Omega)_+} \mu(g)$$

と置く．$\mathbb{R}_+ \cup \{+\infty\}$ に値をとる Ω 上の関数 f に対して

$$\mu^*(f) = \inf_{g \geqq f, \, g \in \mathscr{I}_+} \mu^*(g)$$

と置く．$\mu^*(f)$ を関数 f の上積分という．もちろん，$f \in \mathscr{K}(\Omega)_+$ に対しては $\mu^*(f) = \mu(f)$ である．Ω の部分集合 A に対しては，A の特性関数 χ_A を用いて，$\mu^*(A) = \mu^*(\chi_A)$ と定義し，A の外測度と呼ぶ．コンパクト集合 K に対し

---

7) ブルバキ：数学原論 積分 1(柴岡泰光ほか訳)，東京図書(1968)；積分 2(杉ノ原保夫・清水達雄訳)，(1969).

ては，$\mu^*(K)<+\infty$ である．$\mu^*(N)=0$ のとき，集合 N を μ 零集合という．

Ω で定義され $\mathbb{R}\cup\{+\infty,-\infty\}$ あるいは位相空間 E に値をとる関数 f が次の条件を満たすとき，μ 可測であるという．

> Ω の任意のコンパクト部分集合 K に対して，μ 零集合 $N\subset K$ と，コンパクト集合の列 $\{K_n\}_n$ の作る $K\backslash N$ の分割が存在して，各 K_n への f の制限が連続である．

特性関数 χ_A が μ 可測のとき，集合 A を μ 可測という．μ 可測集合 A に対しては $\mu(A)=\mu^*(A)$ と置き，A の測度と呼ぶ．μ 可測集合全体は σ 集合体をなし，その上で μ は σ 加法的である．つまり集合関数としての測度である．Borel 集合は μ 可測である．したがって，Borel 可測関数は μ 可測である．

L^p 空間

$1\leqq p<+\infty$ のとき，Ω 上で定義され Banach 空間 E に値をとる関数 f で，上積分 $\mu^*(\|f(\cdot)\|^p)$ が有限であるもの全体のなすベクトル空間を $\mathscr{F}^p(\Omega,\mu;E)$ とすれば，これは半ノルム $\|f\|_p=\mu^*(\|f(\cdot)\|^p)^{1/p}$ に関して完備ベクトル空間になる．Ω においてコンパクトな台をもち E に値をとる連続関数の全体を $\mathscr{K}(\Omega;E)$ とする．$\mathscr{F}^p(\Omega,\mu;E)$ における $\mathscr{K}(\Omega;E)$ の閉包を $\mathscr{L}^p(\Omega,\mu;E)$ で表し，その元を p 乗 μ 可積分な関数という．$\mathscr{L}^p(\Omega,\mu;E)$ の半ノルムが 0 になる元のなす部分空間による商ベクトル空間 $L^p(\Omega,\mu;E)$ は Banach 空間である．f が p 乗 μ 可積分であることと，$\mu^*(\|f(\cdot)\|^p)<+\infty$ かつ f が可測であることは同値である．$E=\mathbb{C}$ のときには，$L^p(\Omega,\mu;E)$ を $L^p(\Omega,\mu)$ で表す．

関数が $\mathscr{L}^1(\Omega,\mu;E)$ に属するとき，μ 可積分という．$f\in\mathscr{K}(\Omega)$ に対しては $|\mu(f)|\leqq\mu(|f|)$ となるので，μ は $\mathscr{L}^1(\Omega,\mu)$ 上の連続線形汎関数に一意的に拡張される．それも同じ記号 μ で表すことにする．μ 可積分関数 f の集合関数 μ による積分は $\mu(f)$ と一致する．したがって，$\mu(f)$ は

$$\int f\,d\mu$$

とも表される．E を Banach 空間，E^* をその双対空間とする．$f\in\mathscr{K}(\Omega;E)$ と $\varphi\in E^*$ に対して

$$\langle \mu(f), \varphi \rangle = \int \langle f(\omega), \varphi \rangle \, d\mu(\omega)$$

と置いて，E^* の代数的双対の元 $\mu(f)$ を定義すると $\mu(f) \in E$ となることが知られている．このとき，$\|\mu(f)\| \leqq \mu(\|f(\cdot)\|)$ となるので，線形写像 $f \in \mathscr{K}(\Omega; E) \mapsto \mu(f) \in E$ は $\|\cdot\|_1$ に関して連続である．そこで，この写像の $\mathscr{L}^1(\Omega, \mu; E)$ への拡張も同じ記号 μ で表し，$\mu(f)$ を f の積分という．

E が距離空間のとき，Ω 上で E に値をとる関数 f が正値測度 μ に関して可測であるためには，次の条件が必要十分である．

> 任意のコンパクト集合 $K \subset \Omega$ に対して，E に値をとる可測な階段関数の列 $\{g_n\}_n$ が存在して，ほとんどすべての $\omega \in K$ に対して $f(\omega) = \lim_{n \to \infty} g_n(\omega)$ である．

E が Banach 空間のときに，f が μ 可測であるためには，次の2条件が必要十分である．

(a) f は弱可測，すなわち任意の $\varphi \in E^*$ に対して $\omega \mapsto \langle f(\omega), \varphi \rangle$ が可測．

(b) 任意のコンパクト集合 $K \subset \Omega$ に対して，E の可分な部分集合 A が存在して，ほとんどすべての $\omega \in K$ に対して $f(\omega) \in A$ である．

距離空間に値をとる関数については Egorov の定理が成り立つ．また，Banach 空間に値をとる関数については Lebesgue の収束定理が成り立つ．E が Banach 空間のときは，上の g_n は $\|g_n(\omega)\| \leqq \|f(\omega)\|$ を満たすようにとれる．したがって，可積分関数 f に対して，ほとんどすべての ω に対して $\|g_n(\omega)\| \leqq \|f(\omega)\|$ かつ $f(\omega) = \lim_{n \to \infty} g_n(\omega)$ を満たす階段関数の列 $\{g_n\}_n$ が存在して $\mu(f) = \lim_{n \to \infty} \mu(g_n)$ となる．

L^∞ 空間

すべてのコンパクト集合 K に対して $N \cap K$ が μ 零集合のときには，N は局所的 μ 零集合であるという．述語 P により定まる集合 $\{\omega \in \Omega \,|\, P(\omega)\}$ の補集合が局所的 μ 零集合のとき，局所的にほとんど至る所 P であるという．Ω 上で定義され Banach 空間に値をとる可測関数 f に対して，局所的にほとんど至る所 $\|f(\omega)\| \leqq \alpha$ となるような $\alpha \in \mathbb{R}_+ \cup \{+\infty\}$ の下限を $\|f\|_\infty$ とする．$\|f\|_\infty <$

$+\infty$ を満たす Ω 上の Banach 空間 E に値をとる可測関数全体 $\mathscr{L}^\infty(\Omega,\mu;E)$ は，半ノルム $\|\cdot\|_\infty$ をもつ完備ベクトル空間である．その元は本質的に μ 有界であるといわれる．$\mathscr{L}^\infty(\Omega,\mu;E)$ の半ノルムが 0 になる元のなす部分空間による商ベクトル空間 $L^\infty(\Omega,\mu;E)$ は Banach 空間である．$E=\mathbb{C}$ のときは，$L^\infty(\Omega,\mu;E)$ を $L^\infty(\Omega,\mu)$ で表す．

測度のいろいろな性質

実測度に対しては Jordan 分解が可能である．したがって，複素測度 μ は正値測度 μ_i によって $\mu=\mu_1-\mu_2+i(\mu_3-\mu_4)$ と表せる．また，絶対値 $|\mu|$ が存在する．$f\in\mathscr{K}(\Omega)_+$ に対して，$|\mu|(f)=\sup\{|\mu(g)|\,|\,g\in\mathscr{K}(\Omega),|g|\leqq f\}$ である．μ 可測性や μ 可積分性は $|\mu|$ を使って定義する．μ 可積分関数の積分は，連続性により μ を $\mathscr{K}(\Omega)$ から $\mathscr{L}^1(\Omega,|\mu|)$ へ拡張して定義する．

Lebesgue の収束定理，Fubini の定理，Radon-Nikodým の定理などほとんどの事柄が集合関数の測度の場合と同じように成り立つ．正値測度 μ,ν に対して，局所 μ 零集合は局所 ν 零集合であるとき，ν は μ に関して絶対連続であるという．あるいは，同値なことであるが，

> 任意の関数 $f\in\mathscr{K}(\Omega)_+$ および任意の数 $\varepsilon>0$ に対して，適当に $\delta>0$ を選べば，$g\leqq f$ かつ $\displaystyle\int g\,d\mu<\delta$ を満たす任意の $g\in\mathscr{K}(\Omega)_+$ に対して $\displaystyle\int g\,d\nu<\varepsilon$ が成立する

とき，ν は μ に関して絶対連続であるという．複素測度に対しては，μ に関する ν の Radon-Nikodým 導関数が存在するためには，$|\nu|$ が $|\mu|$ に関して絶対連続であることが必要十分である．

一般に，$\mathscr{K}(\Omega)$ 上の測度 $\mu\colon f\to\mu(f)$ に対して，

$$\mu(f) = \int f\,d\nu$$

を満たす Borel 測度 ν への拡張は無数にあり一意的には定まらない．Ω が σ コンパクト，すなわち，Ω が可算個のコンパクト集合の和集合として表せるときには，外部正則の条件

146   2　von Neumann 環

任意のコンパクト集合 K に対して

$$\nu(K) = \inf\{\nu(U) \mid U \supset K, \ U \text{ は開集合}\}$$

を満たす Borel 測度が一意的に定まる.この意味で σ コンパクト性は積分論において基本概念である.とくに,Ω が第 2 可算公理を満たすとき,Ω は σ コンパクトであるから,この外部正則条件が満たされる.

次の命題は,通常の σ 有限な測度空間に対しては,実解析において馴染みのものであるが,ここではもっと一般的な状況で記述されている.

命題 2.4.1 μ を局所コンパクト空間 Ω 上の正値測度とする.そのとき,$L^1(\Omega,\mu)$ の双対空間は $L^\infty(\Omega,\mu)$ と同型である.したがって,$L^\infty(\Omega,\mu)$ は W^* 環である. □

[証明]　$f\in L^1(\Omega,\mu)$ と $x\in L^\infty(\Omega,\mu)$ に対して,

$$\varphi(f) = \int fx \, d\mu$$

と置けば,$|\varphi(f)| \leqq \|f\|_1 \|x\|_\infty$ であるから,$\varphi \in L^1(\Omega,\mu)^*$ である.

逆に,$\varphi \in L^1(\Omega,\mu)^*$ ならば,任意の $f\in L^1(\Omega,\mu)$ に対して,上の式を満たす本質的に μ 有界な μ 可測関数 x が存在することを示す.ν を φ の $\mathscr{K}(\Omega)$ への制限とすると,ν は測度である.任意の $f\in \mathscr{K}(\Omega)_+$ に対して,

$$|\nu|(f) = \sup_{|g|\leqq f, g\in \mathscr{K}(\Omega)} |\nu(g)| \leqq \sup_{|g|\leqq f, g\in \mathscr{K}(\Omega)} \|\varphi\| \|g\|_1 \leqq \|\varphi\| \|f\|_1$$

となるから,$|\nu|$ は μ に関して絶対連続である.ゆえに,μ に関する $|\nu|$ の Radon-Nikodým 導関数 x が存在する.もし $\|\varphi\| < \alpha < \|x\|_\infty$ なる実数 α があるとする.そのとき,集合 $\{\omega | x(\omega) \geqq \alpha\}$ は局所的 μ 零集合ではない.したがって,あるコンパクト集合 L に対して,$A = L\cap\{\omega | x(\omega) \geqq \alpha\}$ は μ 零集合ではない.したがって,$0 < \varepsilon < \mu(A)$ なる任意の ε に対して,

$$\mu(U \setminus K) < \varepsilon, \quad \mu(K) > 0, \quad K \subset A \subset U$$

を満たすコンパクト集合 K と開集合 U がある.したがって,K 上で 1 で $\mathrm{Supp}(f)\subset U$, $0\leqq f\leqq 1$ となる関数 $f\in\mathscr{K}(\Omega)$ が存在する.このとき,

$$|\nu|(f) = \int f x \, d\mu \geqq \alpha \mu(K) \geqq \alpha(\mu(f) - \varepsilon),$$

$$\|\varphi\| \geqq \frac{1}{\|f\|_1} |\nu|(f) \geqq \alpha \left(1 - \frac{\varepsilon}{\mu(f)} \right) \geqq \alpha \left(1 - \frac{\varepsilon}{\mu(A) - \varepsilon} \right)$$

となる. ε は任意であるから, $\|\varphi\| \geqq \alpha$ となり矛盾が生じる. ゆえに, $\|x\|_\infty \leqq \|\varphi\|$ である. 他方, $|v|=1$ を満たす可測関数 v を用いて $\nu = v \cdot |\nu|$ と表せば,

$$\nu(f) = \int f v x \, d\mu.$$

$\mathscr{K}(\Omega)$ は $\mathscr{L}^1(\Omega, \mu)$ において稠密であるから, $f \in \mathscr{L}^1(\Omega, \mu)$ に対しても,

$$\varphi(f) = \int f v x \, d\mu.$$

$\|vx\|_\infty \geqq \|\varphi\|$ は明らかであるから, $\|vx\|_\infty = \|\varphi\|$ である. ∎

極大可換環の表現

定理 2.4.2 可換 von Neumann 環 $\mathscr{M}$ は, ある局所コンパクト空間 Ω とその上の正値測度 μ があって, $L^\infty(\Omega, \mu)$ と同型である. □

[証明] $\mathscr{M}$ は可換 C^*環であるから, コンパクト空間 Γ 上の連続関数環 $C(\Gamma)$ と同型である. Zorn の補題により, 台 $s(\varphi_i)$ が互いに直交するような $C(\Gamma)$ の正規な状態のなす族のうち, 集合の包含関係に関して極大な族 $\{\varphi_i\}_{i \in I}$ が存在する. 極大性により, $\sum_{i \in I} s(\varphi_i) = 1$ である. このとき, $s(\varphi_i) = \chi_{U_i}$ を満たす開かつコンパクトな集合 U_i のなす族 $\{U_i\}_{i \in I}$ は互いに共通部分をもたない. したがって, 開集合 $\Omega = \bigcup_{i \in I} U_i$ は局所コンパクトである. Ω のコンパクト集合は有限個の U_i としか交わらない. また, $x \in \mathscr{K}(\Omega)$ を Ω の補集合上では 0 と置いて, Γ 上の連続関数 $\bar{x}$ に拡張することができる. したがって,

$$\mu(x) = \sum_{i \in I} \varphi_i(\bar{x}) \quad (x \in \mathscr{K}(\Omega))$$

と置いて Ω 上の正値測度 μ を定義できる. そのとき, 準同型写像

$$j : x \in C(\Gamma) \mapsto x|_U \in L^\infty(\Omega, \mu)$$

は σ 弱位相と $\sigma(L^\infty(\Omega, \mu), \mathscr{K}(\Omega))$ 位相に関して連続である. 実際, 各 $y \in \mathscr{K}(\Omega)$ に対して, $\mathrm{Supp}(y) \subset \bigcup_{k=1}^{n} U_{i_k}$ を満たす $U_{i_1}, \cdots, U_{i_n}$ が存在するので,

$\langle j(x), y\rangle = \sum_{k=1}^{n} \varphi_{i_k}(x\bar{y})$ と表せる. $\mathscr{K}(\Omega)$ は $L^1(\Omega,\mu)$ において稠密であるから, 単位球上では $\sigma(L^\infty(\Omega,\mu),\mathscr{K}(\Omega))$ 位相と $\sigma(L^\infty(\Omega,\mu),L^1(\Omega,\mu))$ 位相は一致する. したがって, $C(\Gamma)$ の単位球上で j は σ 弱連続である. よって, $C(\Gamma)$ 上でも σ 弱連続である.

したがって, 命題 2.1.14 により, $j(C(\Gamma))$ は W^*環であり, $L^\infty(\Omega,\mu)$ において σ 弱閉である. $\mathscr{K}(\Omega) \subset j(C(\Gamma))$ であり, $\mathscr{K}(\Omega)$ の $L^1(\Omega,\mu)$ における極集合は $\{0\}$ であるから, $\mathscr{K}(\Omega)$ は $L^\infty(\Omega,\mu)$ で σ 弱稠密である. したがって, $j(C(\Gamma))=L^\infty(\Omega,\mu)$ である. 最後に j は単射である. 実際, e を $\mathrm{Ker}\, j = C(\Gamma)e$ を満たす射影とすると, $j(e)$ は μ に関して局所的にほとんど至る所 0 であるから, 各 $i \in I$ に対して $j(e)\chi_{U_i}$ もほとんど至る所 0 である. したがって, $\varphi_i(es(\varphi_i))=\mu(j(e)\chi_{U_i})=0.$ よって, $es(\varphi_i)=0.$ ゆえに $e=0.$ よって, $\mathscr{M}$ は $L^\infty(\Omega,\mu)$ と同型である. ∎

von Neumann 環 $\mathscr{M}$ の部分 von Neumann 環 $\mathscr{N}$ が可換かつ集合の包含関係により定まる順序に関して極大のとき, $\mathscr{N}$ は $\mathscr{M}$ において**極大可換**であるという. これは $\mathscr{N}'\cap\mathscr{M}=\mathscr{N}$ と同値である. とくに, $\mathscr{M}=\mathscr{L}(\mathscr{H})$ の場合には, $\mathscr{N}'=\mathscr{N}$ と表せる.

定理 2.4.3　Ω を局所コンパクト空間, μ をその上の正値測度とする.

(i)　$x \in L^\infty(\Omega,\mu)$ に対して

$$\pi(x)\xi = x\xi \quad (\xi \in L^2(\Omega,\mu))$$

と置けば, π は $L^\infty(\Omega,\mu)$ の $L^2(\Omega,\mu)$ 上での忠実かつ正規な表現であり, $\pi(L^\infty(\Omega,\mu))$ は von Neumann 環である.

(ii)　$\pi(L^\infty(\Omega,\mu))$ は極大可換である. すなわち

$$\pi(L^\infty(\Omega,\mu))' = \pi(L^\infty(\Omega,\mu)). \qquad \Box$$

[証明]　(i) 明らかに π は表現である. $x \in L^\infty(\Omega,\mu)$, $\xi,\eta \in L^2(\Omega,\mu)$ に対して

$$(\pi(x)\xi|\eta) = \int_\Omega x\xi\bar{\eta}\,d\mu$$

かつ $L^2(\Omega,\mu)^2 = L^1(\Omega,\mu)$ であるから, π は忠実で $\sigma(L^\infty(\Omega,\mu),L^1(\Omega,\mu))$ 位

相と弱位相に関して連続である．Banach の定理によって，π は σ 弱連続である．

(ii) $\pi(L^\infty(\Omega,\mu))$ は可換であるから，$\pi(L^\infty(\Omega,\mu))\subset\pi(L^\infty(\Omega,\mu))'$．逆の包含関係を示すために，$x'\in\pi(L^\infty(\Omega,\mu))'$ かつ $x'\geqq0$ とする．各 $x\in\mathcal{K}(\Omega)$ に対して，その台 $K=\mathrm{Supp}\,(x)$ を用いて，

$$\nu(x) = (x'\pi(x)\chi_K|\chi_K)$$

と置く．$L\supset K$ を満たす任意のコンパクト集合 L に対して，

$$
\begin{aligned}
(x'\pi(x)\chi_L|\chi_L) &= (x'\pi(x\chi_K)\chi_L|\chi_L) = (\pi(\chi_K)x'\pi(x)\pi(\chi_K)\chi_L|\chi_L) \\
&= (x'\pi(x)\pi(\chi_K)\chi_L|\pi(\chi_K)\chi_L) \\
&= (x'\pi(x)\chi_K|\chi_K) = \nu(x)
\end{aligned}
$$

が成り立つ．任意の $x,y\in\mathcal{K}(\Omega)$ に対して，$K=\mathrm{Supp}\,(x)\cup\mathrm{Supp}\,(y)$ とすれば，

$$
\begin{aligned}
\nu(x+y) &= (x'\pi(x+y)\chi_K|\chi_K) = (x'\pi(x)\chi_K|\chi_K) + (x'\pi(y)\chi_K|\chi_K) \\
&= \nu(x) + \nu(y).
\end{aligned}
$$

よって，ν は $\mathcal{K}(\Omega)$ 上の線形汎関数である．さらに，$x\in\mathcal{K}(\Omega)_+$ に対してその台を K とすれば，

$$\nu(x) = (x'\pi(x)\chi_K|\chi_K) = (x'\pi(x^{1/2})\chi_K|\pi(x^{1/2})\chi_K) \geqq 0.$$

よって，ν は正値測度である．また，$x\in\mathcal{K}(\Omega)$ の台を K，極分解を $x=v|x|$ とすれば，

$$
\begin{aligned}
|\nu(x)| &= |(x'\pi(v)\pi(|x|^{1/2})\chi_K|\pi(|x|^{1/2})\chi_K)| \leqq \|x'\|\|\pi(|x|^{1/2})\chi_K\|^2 \\
&= \|x'\| \int|x|\chi_K\,d\mu = \|x'\| \int|x|\,d\mu = \|x'\|\|x\|_1.
\end{aligned}
$$

したがって，ν は μ に関して絶対連続であり，Radon-Nikodým の導関数は $d\nu/d\mu\in L^1(\Omega,\mu)^*=L^\infty(\Omega,\mu)$ である．$x,y\in\mathcal{K}(\Omega)$ に対して，$K=\mathrm{Supp}\,(x)\cup\mathrm{Supp}\,(y)$ と置く．$x,y\in L^2(\Omega,\mu)$ であるから

150   2 von Neumann 環

$$(x'x|y) = (x'\pi(x)\chi_K|\pi(y)\chi_K) = (x'\pi(y^*x)\chi_K|\chi_K)$$

$$= \nu(y^*x) = \int y^*x \frac{d\nu}{d\mu}\,d\mu = \left(\pi\left(\frac{d\nu}{d\mu}\right)x\bigg|y\right).$$

$\mathcal{K}(\Omega)$ は $L^2(\Omega, \mu)$ において稠密であるから，$x'=\pi(d\nu/d\mu)$ である．ゆえに，$\pi(L^\infty(\Omega, \mu))' \subset \pi(L^\infty(\Omega, \mu))$ である． ∎

系 2.4.4 可換 von Neumann 環は巡回ベクトルをもてば極大可換である． ☐

[証明] ξ が可換 von Neumann 環 $\mathcal{M}$ の巡回ベクトルならば，分離ベクトルでもある．したがって，定理 2.4.2 において $\mu=\omega_\xi$ ととれる．定理 2.4.3 において，$Ux\xi=\pi(x)1$ なる $\mathcal{H}$ から $L^2(\Omega, \mu)$ の上へのユニタリ U がある．$\mathcal{M}$ は空間的に $L^\infty(\Omega, \mu)$ と同型となるので，$\mathcal{M}$ は極大可換である． ∎

2.5 von Neumann 環と C^*環のテンソル積

まず Hilbert 空間を使って von Neumann 環のテンソル積を定義する．系 2.3.3 により，von Neumann 環の構造は作用している Hilbert 空間には依存しないのであるから，テンソル積も Hilbert 空間には依存しないことを示さなければならない．そのためにクロスノルムと C^*環のテンソル積についても述べる．

2.5.1 von Neumann 環のテンソル積

ベクトル空間のテンソル積の復習から始める．ベクトル空間 E, F に対して，次の普遍性条件

(i) $E\times F$ からベクトル空間 G_0 への双線形写像 f_0 が存在して，その像は G_0 を生成する．

(ii) f が $E\times F$ からベクトル空間 G への双線形写像ならば，$f(\xi, \eta)=\pi(f_0(\xi, \eta))$ を満たす G_0 から G への線形写像 π が存在する．

を満たすベクトル空間 G_0 を E と F のテンソル積といい $E\otimes F$ で表す．この条件により，テンソル積は同型を除いて一意的に定まる．このような G_0 が実際に存在することは次のようにしてわかる．E, F の元の対 (ξ, η) $(\xi\in E, \eta\in F)$

全体が自由に生成する(つまり, $E \times F$ の元すべてが 1 次独立となるような)ベクトル空間において,

$$(\lambda\xi + \mu\eta, \zeta) - \lambda(\xi, \zeta) - \mu(\eta, \zeta)$$

$$(\xi, \lambda\eta + \mu\zeta) - \lambda(\xi, \eta) - \mu(\xi, \zeta)$$

の生成する部分ベクトル空間を考え, その商ベクトル空間と商写像を $E \times F$ へ制限したものを G_0, f_0 とすれば, これらは上の条件を満たしている. 以後, 位相ベクトル空間のテンソル積と区別するために, これを代数的テンソル積といい, Hilbert 空間の場合には記号も $\otimes$ の代わりに $\odot$ を使う.

Hilbert 空間の場合

Hilbert 空間の場合には話が簡単になる. $\mathscr{H}$ と $\mathscr{K}$ を Hilbert 空間とする. 各 $\xi \in \mathscr{H}$, $\eta \in \mathscr{K}$ に対して定まる双共役線形汎関数 $(\xi', \eta') \in \mathscr{H} \times \mathscr{K} \mapsto (\xi|\xi')(\eta|\eta') \in \mathbb{C}$ の生成するベクトル空間が $\mathscr{H}$ と $\mathscr{K}$ の代数的テンソル積である. このとき, 汎関数を $\xi \otimes \eta$, ベクトル空間を $\mathscr{H} \odot \mathscr{K}$ で表す. つぎに, 共役空間への共役線形写像 $\xi \mapsto \xi^c$ を用いて, 各元 $\zeta \in \mathscr{H} \odot \mathscr{K}$ に対して, $f_\zeta(\xi'^c, \eta'^c) = \zeta(\xi', \eta')$ とすれば, f_ζ は双線形汎関数になるから, テンソル積の普遍性により, $f_\zeta(\xi'^c, \eta'^c) = \pi_\zeta(\xi'^c \otimes \eta'^c)$ を満たす線形写像 $\pi_\zeta : \mathscr{H}^c \odot \mathscr{K}^c \to \mathbb{C}$ が存在する. そこで, 任意の $\zeta' = \sum_{j=1}^{n} \xi_j \otimes \eta_j$ に対して, $\zeta'^c = \sum_{j=1}^{n} \xi_j^c \otimes \eta_j^c$ とし,

$$(\zeta|\zeta') = \pi_\zeta(\zeta'^c)$$

とすれば, $(\cdot|\cdot)$ は $(\xi_1 \otimes \eta_1 | \xi_2 \otimes \eta_2) = (\xi_1|\xi_2)(\eta_1|\eta_2)$ を満たす $\mathscr{H} \odot \mathscr{K}$ の内積になる. これを確かめるには,

$$\left(\sum_{i=1}^{n} \xi_i \otimes \eta_i \,\middle|\, \sum_{i=1}^{n} \xi_i \otimes \eta_i \right) \geqq 0,$$

$$\left(\sum_{i=1}^{n} \xi_i \otimes \eta_i \,\middle|\, \sum_{i=1}^{n} \xi_i \otimes \eta_i \right) = 0 \Rightarrow \sum_{i=1}^{n} \xi_i \otimes \eta_i = 0$$

を示せば十分である. Schmidt の直交化により, $\{\xi_i\}_{i=1}^{n}$ は直交系としてよい.

152   2 von Neumann 環

$$\left(\sum_{i=1}^{n} \xi_i \otimes \eta_i \,\middle|\, \sum_{i=1}^{n} \xi_i \otimes \eta_i \right) = \sum_{i,j=1}^{n} (\xi_i|\xi_j)(\eta_i|\eta_j) = \sum_{i=1}^{n} \|\xi_i\|^2 \|\eta_i\|^2 \geqq 0.$$

左辺が 0 のときは，上の式から，各 i について $\xi_i=0$ または $\eta_i=0$ となるから $\sum_{i=1}^{n} \xi_i \otimes \eta_i = 0$ である．したがって，$\mathscr{H} \odot \mathscr{K}$ は前 Hilbert 空間である．これを完備化して得られる Hilbert 空間を $\mathscr{H}$ と $\mathscr{K}$ のテンソル積といい，$\mathscr{H} \otimes \mathscr{K}$ で表す．

作用素の場合

つぎに，任意の $x \in \mathscr{L}(\mathscr{H}), y \in \mathscr{L}(\mathscr{K})$ に対して，写像 $(\xi, \eta) \in \mathscr{H} \times \mathscr{K} \mapsto (x\xi) \otimes (y\eta)$ は双線形であるから

$$(x \otimes y)(\xi \otimes \eta) = (x\xi) \otimes (y\eta)$$

を満たす $\mathscr{H} \odot \mathscr{K}$ 上の線形作用素 $x \otimes y$ が存在する．$\{\eta_i\}_i$ を $\mathscr{K}$ の規格直交系とすると

$$\left\| (x \otimes 1) \sum_{i=1}^{n} \xi_i \otimes \eta_i \right\|^2 = \left\| \sum_{i=1}^{n} x\xi_i \otimes \eta_i \right\|^2 = \sum_{i=1}^{n} \|x\xi_i\|^2$$

$$\leqq \|x\|^2 \sum_{i=1}^{n} \|\xi_i\|^2 = \|x\|^2 \left\| \sum_{i=1}^{n} \xi_i \otimes \eta_i \right\|^2.$$

したがって，$x \otimes 1$ は有界作用素である．同様に，$1 \otimes y$ も有界作用素である．$x \otimes y = (x \otimes 1)(1 \otimes y)$ であるから $x \otimes y$ は有界線形作用素である．これを $\mathscr{H} \otimes \mathscr{K}$ へ拡張したものを改めて $x \otimes y$ で表し，線形作用素 x と y のテンソル積という．次の性質は容易にわかる．

$$(\lambda x_1 + \mu x_2) \otimes y = \lambda(x_1 \otimes y) + \mu(x_2 \otimes y)$$

$$x \otimes (\lambda y_1 + \mu y_2) = \lambda(x \otimes y_1) + \mu(x \otimes y_2)$$

$$(x_1 \otimes y_1)(x_2 \otimes y_2) = x_1 x_2 \otimes y_1 y_2$$

$$(x \otimes y)^* = x^* \otimes y^*, \quad \|x \otimes y\| = \|x\|\|y\|.$$

von Neumann 環の場合

作用素のテンソル積をそのまま von Neumann 環の場合へ適用すると次の定

義が得られる.

定義 2.5.1 $\mathscr{M}$ と $\mathscr{N}$ をそれぞれ Hilbert 空間 $\mathscr{H}$ と $\mathscr{K}$ 上の von Neumann 環とする. $x \otimes y (x \in \mathscr{M}, \ y \in \mathscr{N})$ のすべてから生成されるベクトル空間は, $\mathscr{L}(\mathscr{H} \otimes \mathscr{K})$ の部分*多元環であるから, それの σ 弱閉包は von Neumann 環になる. それを $\mathscr{M}$ と $\mathscr{N}$ のテンソル積といい, $\mathscr{M} \overline{\otimes} \mathscr{N}$ で表す. □

任意の $\xi, \eta \in \mathscr{H} \odot \mathscr{K}$ に対して, 汎関数 $x \in \mathscr{M} \mapsto ((x \otimes 1)\xi|\eta)$ は弱連続であるから, 写像 $x \in \mathscr{M} \mapsto x \otimes 1 \in \mathscr{M} \overline{\otimes} \mathbb{C}1$ は単位球上で σ 弱連続である. したがって, $\mathscr{M}$ 上でも σ 弱連続である. よって, 命題 2.1.14 によりその像は von Neumann 環である. ゆえに, $\mathscr{M} \overline{\otimes} \mathbb{C}1$ は $\mathscr{M}$ と同型であり, $\mathscr{M} \overline{\otimes} \mathbb{C}1$ は代数的テンソル積 $\mathscr{M} \otimes \mathbb{C}1$ と一致する.

$\{\varepsilon_i\}_{i \in I}$ を $\mathscr{K}$ の規格直交基底とする. $U_i \xi = \xi \otimes \varepsilon_i$ と置くと, U_i は $\mathscr{H}$ から $\mathscr{H} \otimes \mathscr{K}$ への等長線形写像である. したがって, その像 $\mathscr{H}_i = \mathscr{H} \otimes \mathbb{C}\varepsilon_i$ は Hilbert 空間である. これらは互いに直交するから $\mathscr{H} \otimes \mathscr{K} = \sum_{i \in I}^{\oplus} \mathscr{H}_i$ である. 各 $x \in \mathscr{L}(\mathscr{H} \otimes \mathscr{K})$ に対して, $x_{ij} = U_i^* x U_j \, (i, j \in I)$ と置くと $x_{ij} \in \mathscr{L}(\mathscr{H})$ である. x は行列 (x_{ij}) と同一視することができる. このとき, この行列は通常の行列と同じ性質を満たす. $x = (x_{ij}), y = (y_{ij})$ とすると

$$\lambda x + \mu y = (\lambda x_{ij} + \mu y_{ij}) \quad (\lambda, \mu \in \mathbb{C})$$

$$xy = (z_{ij}) \quad (z_{ij} = \sum_{k \in I} x_{ik} y_{kj})$$

$$x^* = (x_{ji}^*).$$

1 階の作用素 $\theta_{\varepsilon_i, \varepsilon_j}$ を u_{ij} とする. 行列 (u_{ij}) の各要素は階数 1 の半等長作用素からなり, 対角上では射影になっている. $1 \otimes u_{ij} = U_i U_j^*$ かつ $(1 \otimes u_{ii}) x (1 \otimes u_{jj}) = U_i x_{ij} U_j^* = x_{ij} \otimes u_{ij}$ が成り立つ. 強位相で収束して $\sum_{i \in I} u_{ii} = 1$ であるから, 強位相で収束して

$$x = \sum_{i,j \in I} x_{ij} \otimes u_{ij}$$

である. この展開は一意的である.

命題 2.5.2 $\mathscr{M}$ を Hilbert 空間 $\mathscr{H}$ 上の von Neumann 環, $\mathscr{K}$ を Hilbert 空間とする. そのとき

(i) $(\mathcal{M}\otimes\mathbb{C}1)'=\mathcal{M}'\overline{\otimes}\mathcal{L}(\mathcal{K})$.

(ii) $(\mathcal{M}\overline{\otimes}\mathcal{L}(\mathcal{K}))'=\mathcal{M}'\otimes\mathbb{C}1$.

(iii) $\mathcal{M}\overline{\otimes}\mathcal{L}(\mathcal{K})=\{(x_{ij})\in\mathcal{L}(\mathcal{H}\otimes\mathcal{K})|x_{ij}\in\mathcal{M}\}$.   □

[証明] (i) $(\mathcal{M}\otimes\mathbb{C}1)'\supset\mathcal{M}'\overline{\otimes}\mathcal{L}(\mathcal{K})$ は明らかである. $x=\sum\limits_{i,j\in I}x_{ij}\otimes u_{ij}\in$ $(\mathcal{M}\otimes\mathbb{C}1)'$ とすると, 任意の $x\in\mathcal{M}$ に対して, $\sum\limits_{i,j\in I}xx_{ij}\otimes u_{ij}=\sum\limits_{i,j\in I}x_{ij}x\otimes u_{ij}$. したがって, $xx_{ij}=x_{ij}x$. よって, $x_{ij}\in\mathcal{M}'$. ゆえに, $x\in\mathcal{M}'\overline{\otimes}\mathcal{L}(\mathcal{K})$.

(ii) (i) により明らか.

(iii) 集合 $\{(x_{ij})\in\mathcal{L}(\mathcal{H}\otimes\mathcal{K})|x_{ij}\in\mathcal{M}\}$ が $\mathcal{M}\overline{\otimes}\mathcal{L}(\mathcal{K})$ に含まれることは明らかである. 逆に, $x=\sum\limits_{i,j\in I}x_{ij}\otimes u_{ij}\in\mathcal{M}\overline{\otimes}\mathcal{L}(\mathcal{K})$ とする. (ii) により, 任意の $x'\in\mathcal{M}'$ に対して $x(x'\otimes1)=(x'\otimes1)x$. したがって, $x_{ij}x'=x'x_{ij}$. よって, $x_{ij}\in\mathcal{M}''=\mathcal{M}$. ∎

上の命題の (i) より

$$\mathcal{L}(\mathcal{H})\overline{\otimes}\mathcal{L}(\mathcal{K})=(\mathbb{C}1_{\mathcal{H}}\otimes\mathbb{C}1_{\mathcal{K}})'=(\mathbb{C}1_{\mathcal{H}\otimes\mathcal{K}})'=\mathcal{L}(\mathcal{H}\otimes\mathcal{K}).$$

ただし, $1_{\mathcal{H}}$ は Hilbert 空間 $\mathcal{H}$ 上の恒等作用素である.

定義 2.5.3 von Neumann 環 $\mathcal{M}$ の元 $w_{ij}(i,j\in I)$ で次の 3 条件

$$w_{ij}^*=w_{ji}, \quad w_{ij}w_{kl}=\delta_{jk}w_{il}, \quad \sum_{i\in I}w_{ii}=1$$

を満たすものを, $\mathcal{M}$ の**行列単位**という. ただし, 収束は強位相による.   □

明らかに w_{ii} は射影であり, w_{ij} は半等長である.

命題 2.5.4 Hilbert 空間 $\mathcal{H}$ 上の von Neumann 環 $\mathcal{M}$ に対し, $w_{ij}(i,j\in I)$ を $\mathcal{M}$ の行列単位とする. $i_0\in I$ を選び, $e=w_{i_0i_0},\mathcal{H}_e=e\mathcal{H},\mathcal{K}=l^2(I)$ とする. そのとき

$$\{\mathcal{M},\mathcal{H}\}\cong\{\mathcal{M}_e\overline{\otimes}\mathcal{L}(\mathcal{K}),\mathcal{H}_e\otimes\mathcal{K}\}.$$ □

[証明] $\{\varepsilon_i\}_{i\in I}$ を $\mathcal{K}$ の規格直交基底とする. $w_{ii_0}\mathcal{H}_e=w_{ii_0}\mathcal{H}$ であり, これらは $\mathcal{H}_e$ と同型で互いに直交する. したがって, $\mathcal{H}=\sum\limits_{i\in I}^{\oplus}w_{ii_0}\mathcal{H}_e$ となる. ここで, $\mathcal{H}$ から $\mathcal{H}_e\otimes\mathcal{K}$ への作用素 U を

$$U\sum_{i\in I}w_{ii_0}\xi_i=\sum_{i\in I}\xi_i\otimes\varepsilon_i \quad (\xi_i\in\mathcal{H}_e)$$

で定義する．このとき，

$$\left\| U \sum_{i\in I} w_{ii_0}\xi_i \right\|^2 = \sum_{i\in I} \|\xi_i\|^2 = \sum_{i\in I} \|w_{ii_0}\xi_i\|^2 = \left\| \sum_{i\in I} w_{ii_0}\xi_i \right\|^2$$

が成り立つので，U は $\mathscr{H}$ から $\mathscr{H}_e \otimes \mathscr{K}$ への全射等長作用素である．

各 $x \in \mathscr{M}$ に対して，$x_{ij} = w_{ii_0}^* x w_{ji_0}|_{\mathscr{H}_e}$ と置くと $x_{ij} \in \mathscr{M}_e$．このとき，$w_{ii_0} x_{ij} w_{ji_0}^* = w_{ii}xw_{jj}$ となるが，$\sum_{i\in I} w_{ii} = 1$ であるから，

$$x = \sum_{i,j\in I} w_{ii_0} x_{ij} w_{ji_0}^*$$

と表せる．また，

$$U w_{ii_0} x_{ij} w_{ji_0}^* U^* \sum_{k\in I} \xi_k \otimes \varepsilon_k = U w_{ii_0} x_{ij} w_{ji_0}^* \sum_{k\in I} w_{ki_0}\xi_k$$

$$= U w_{ii_0} x_{ij} \xi_j = x_{ij}\xi_j \otimes \varepsilon_i = (x_{ij} \otimes u_{ij}) \sum_{i\in I} \xi_i \otimes \varepsilon_i$$

となるから，$UxU^* = \sum_{i,j\in I} x_{ij} \otimes u_{ij} \in \mathscr{M}_e \overline{\otimes} \mathscr{L}(\mathscr{K})$．ただし，$u_{ij} = \theta_{\varepsilon_i,\varepsilon_j}$．したがって，$U\mathscr{M}U^* \subset \mathscr{M}_e \overline{\otimes} \mathscr{L}(\mathscr{K})$ である．逆に，$x_{ij} \in \mathscr{M}_e$ ならば，$U^*(x_{ij} \otimes u_{ij})U = w_{ii_0} x_{ij} w_{ji_0}^* \in \mathscr{M}$ となる．ゆえに，命題 2.5.2 より，$U\mathscr{M}U^* = \mathscr{M}_e \overline{\otimes} \mathscr{L}(\mathscr{K})$ である．∎

2.5.2 Banach 空間のテンソル積

Banach 空間 E, F に対して，それらの代数的テンソル積を $E \otimes F$ とする．この上のノルム $\|\cdot\|_\beta$ で

$$\|\xi \otimes \eta\|_\beta = \|\xi\|\|\eta\| \quad (\xi \in E,\ \eta \in F)$$

を満たすものを**クロスノルム**という．一般に，クロスノルムは1つとはかぎらない．クロスノルム $\|\cdot\|_\beta$ により $E \otimes F$ を完備化して得られる Banach 空間を $E \otimes_\beta F$ で表す．

Hilbert 空間のテンソル積の内積と同じように，$E \otimes F$ と $E^* \otimes F^*$ は次式を満たす双線形汎関数

$$\langle \xi \otimes \eta, f \otimes g \rangle = \langle \xi, f \rangle \langle \eta, g \rangle \quad (\xi \in E,\ \eta \in F,\ f \in E^*,\ g \in F^*)$$

により，双対ペアになる．実際，すべての $f \in E^*, g \in F^*$ に対して，$\langle \zeta, f \otimes g \rangle =$

0 とする. $\zeta=\sum_{i=1}^{n}\xi_i\otimes\eta_i$ において $\{\eta_i\}_{i=1}^{n}$ を線形独立に選びなおすことができる. このとき, $\langle\zeta,f\otimes g\rangle=\langle\sum_{i=1}^{n}\langle\xi_i,f\rangle\eta_i,g\rangle$ となるので, $\sum_{i=1}^{n}\langle\xi_i,f\rangle\eta_i=0$ である. $\{\eta_i\}_{i=1}^{n}$ は線形独立であるから, $\langle\xi_i,f\rangle=0$. したがって, すべての i に対して $\xi_i=0$ となり, $\zeta=0$. 同様に, すべての $\xi\in E,\eta\in F$ に対して $\langle\xi\otimes\eta,f\rangle=0$ ならば, $f=0$ である. したがって, 上の双線形汎関数は互いに他を分離している.

$E\otimes F$ から $\mathscr{L}(E^*,F)$ と $\mathscr{L}(F^*,E)$ への単射な線形写像がある. $\Phi(\xi,\eta)(f)=\langle\xi,f\rangle\eta\,(f\in E^*)$ とすると, Φ は $E\times F$ から $\mathscr{L}(E^*,F)$ への双線形写像である. したがって, $\Psi(\xi\otimes\eta)=\Phi(\xi,\eta)$ を満たす $E\otimes F$ から $\mathscr{L}(E^*,F)$ への線形写像 Ψ が存在する. $\Psi(\zeta)=0\,(\zeta\in E\otimes F)$ とすると, すべての $f\in E^*,g\in F^*$ に対して $\langle\zeta,f\otimes g\rangle=\langle\Psi(\zeta)(f),g\rangle=0$. したがって, $\zeta=0$ である. ゆえに, Ψ は単射である.

さて, $E\otimes F$ の元 $\zeta\in E\otimes F$ に対して,

$$\|\zeta\|_\lambda=\sup\{|\langle\zeta,f\otimes g\rangle|\mid f\in E^*,\ \|f\|\leqq 1,\ g\in F^*,\ \|g\|\leqq 1\},$$

$$\|\zeta\|_\gamma=\inf\left\{\sum_{i=1}^{n}\|\xi_i\|\|\eta_i\|\mid\zeta=\sum_{i=1}^{n}\xi_i\otimes\eta_i\ (\xi_i\in E,\ \eta_i\in F)\right\}$$

と置く. これらは, それぞれ**単射的ノルム**(または λ ノルム)と**射影的ノルム** (または γ ノルム)と呼ばれ, その完備化をそれぞれ, **単射的テンソル積**または **は射影的テンソル積**という. このとき, $\langle\zeta,f\otimes g\rangle=\langle\Psi(\zeta)(f),g\rangle$ であるから, $\|\zeta\|_\lambda=\|\Psi(\zeta)\|$ となる. $\|\zeta\|_\lambda=0$ ならば $\zeta=0$ である. 三角不等式は明らかであるから, $\|\cdot\|_\lambda$ はノルムである. この λ ノルムがクロスノルムであることと, 不等式 $\|\cdot\|_\lambda\leqq\|\cdot\|_\gamma$ は明らかである. γ ノルムが三角不等式を満たすことも明らかである. また, $\|\zeta\|_\gamma=0$ ならば $\|\zeta\|_\lambda=0$ であるから $\zeta=0$. $\|\xi\|\|\eta\|=$ $\|\xi\otimes\eta\|_\lambda\leqq\|\xi\otimes\eta\|_\gamma\leqq\|\xi\|\|\eta\|$ であるから, $\|\xi\otimes\eta\|_\gamma=\|\xi\|\|\eta\|$. したがって, γ ノルムもクロスノルムである. したがって, λ ノルムと γ ノルムの挟まれるノルムはどれもクロスノルムである.

γ ノルムは, その定義により, 最大のクロスノルムである. また, $\|\zeta\|_\lambda=$ $\|\Psi(\zeta)\|$ であったから, 写像 Ψ は $E\otimes_\lambda F$ から $\mathscr{L}(E^*,F)$ への等長写像に拡張される.

$E\otimes F$ と $E^*\otimes F^*$ は双対ペアであったから, ノルム $\|\cdot\|_\beta$ が $E\otimes F$ 上のクロスノルムならば, $E^*\otimes F^*$ 上に自然な**双対ノルム**

$$\|f\|_\beta^* = \sup\{|\langle \zeta, f\rangle| \mid \zeta \in E \otimes F, \ \|\zeta\|_\beta \leq 1\} \quad (f \in E^* \otimes F^*)$$

を考えることができる. ただし, $\|f\|_\beta^*$ が有限になるとはかぎらない. λ ノルムの定義により $\|f\otimes g\|_\lambda^* \leq \|f\|\|g\|$ であるから, $\|\cdot\|_\lambda \leq \|\cdot\|_\beta$ ならば, $\|f\otimes g\|_\beta^* \leq \|f\|\|g\|$ となる. したがって, $\|\cdot\|_\beta^*$ は有限である. 逆に, $\|\cdot\|_\beta^*$ が有限で $\|f\otimes g\|_\beta^* \leq \|f\|\|g\|$ ならば, 次の命題の証明により, $\|\cdot\|_\lambda \leq \|\cdot\|_\beta$ である.

命題 2.5.5 $\|\cdot\|_\beta \leq \|\cdot\|_\gamma$ とする. 双対ノルム $\|\cdot\|_\beta^*$ が $E^* \otimes F^*$ のクロスノルムであるためには, $\|\cdot\|_\lambda \leq \|\cdot\|_\beta$ となることが必要十分である. ☐

[証明] $\|\cdot\|_\lambda \leq \|\cdot\|_\beta \leq \|\cdot\|_\gamma$ とする.

$$\|f\|\|g\| = \sup\{|\langle \xi \otimes \eta, f \otimes g\rangle| \mid \xi \in E, \ \|\xi\| \leq 1, \ \eta \in F, \ \|\eta\| \leq 1\}$$
$$\leq \|f \otimes g\|_\gamma^* \leq \|f \otimes g\|_\beta^* \leq \|f \otimes g\|_\lambda^* \leq \|f\|\|g\|$$

であるから $\|\cdot\|_\beta^*$ はクロスノルムである.

逆に $\|\cdot\|_\beta^*$ はクロスノルムであるとする. $\|\cdot\|_\beta^*$ が有限であるから $E^* \otimes F^*$ は $\|\cdot\|_\beta$ に関する $E \otimes F$ の双対空間の部分空間である. したがって, $\zeta \in E \otimes F$ に対して

$$\|\zeta\|_\lambda = \sup\{|\langle \zeta, f \otimes g\rangle| \mid f \in E^*, \ \|f\| \leq 1, \ g \in F^*, \ \|g\| \leq 1\}$$
$$\leq \sup\{|\langle \zeta, f \otimes g\rangle| \mid f \in E^*, \ g \in F^*, \ \|f \otimes g\|_\beta^* \leq 1\} \leq \|\zeta\|_\beta.$$

ゆえに, $\|\cdot\|_\lambda \leq \|\cdot\|_\beta$ である. ∎

このとき, クロスノルム $\|\cdot\|_\beta^*$ により $E^* \otimes F^*$ を完備化して得られる Banach 空間を $E^* \otimes_\beta F^*$ で表す.

例 2.5.6 (i) 局所コンパクト空間 Ω 上で定義され, Banach 空間 E に値をとる連続関数 x で $\lim_{\omega\to\infty}\|x(\omega)\|=0$ であるもの全体 $C_\infty(\Omega, E)$ はノルム

$$\|x\| = \sup_{\omega\in\Omega}\|x(\omega)\| \quad (x \in C_\infty(\Omega, E))$$

により, Banach 空間になる. 写像 $f\otimes\xi\mapsto f\xi$ の拡張により, $C_\infty(\Omega)\otimes_\lambda E$ と $C_\infty(\Omega, E)$ は Banach 空間として同型である. したがって, 局所コンパクト空間 Ω_1, Ω_2 に対して, $C_\infty(\Omega_1\times\Omega_2)\cong C_\infty(\Omega_1)\otimes_\lambda C_\infty(\Omega_2)$ が成り立つ.

(ii) μ を局所コンパクト空間 Ω 上の正値測度とする. Banach 空間 E に値

をとる可積分関数でほとんど至る所一致するものを同一視して得られる空間 $L^1(\Omega, \mu; E)$ はノルム

$$\|x\|_1 = \int_\Omega \|x(\omega)\| \, d\mu(\omega) \quad (x \in L^1(\Omega, \mu; E))$$

により, Banach 空間になる. この空間は上と同じような対応により, $L^1(\Omega, \mu) \otimes_\gamma E$ と同型である. μ_1, μ_2 をそれぞれ局所コンパクト空間 Ω_1, Ω_2 上の測度とすると, $L^1(\Omega_1 \times \Omega_2, \mu_1 \otimes \mu_2) = L^1(\Omega_1, \mu_1) \otimes_\gamma L^1(\Omega_2, \mu_2)$ が成り立つ.

$\square$

2.5.3 C^*環のテンソル積

C^*環 A, B のテンソル積を考える場合には, 完備化をするときのノルムの選択にさまざまな問題が生じる. 鶴丸孝司[8]は C^*環を Hilbert 空間上の C^*環と見なし, その上でテンソル積の作用素ノルムを考え, それが Hilbert 空間の選び方によらないことを示した. これにより, C^*環のテンソル積の研究が始まった. これが極小ノルムの誕生である. その後 A. Guichardet[9]は Banach*環 $A \otimes_\gamma B$ の包絡 C^*環のノルムを考え, 極大ノルムが誕生した. 以下この項および第 II 巻の第 3.7 節において, これらのことを詳しく論じることにする.

ノルムの定義

A, B を C^*環とする. $x_1, x_2 \in A, \ y_1, y_2 \in B$ に対して

$$(x_1 \otimes y_1)(x_2 \otimes y_2) = x_1 x_2 \otimes y_1 y_2, \quad (x_1 \otimes y_1)^* = x_1^* \otimes y_1^*$$

とすると, 代数的テンソル積 $A \otimes B$ は*多元環になる. $A \otimes B$ 上のノルム $\|\cdot\|_\beta$ が

$$\|xy\|_\beta \leqq \|x\|_\beta \|y\|_\beta, \quad \|x^* x\|_\beta = \|x\|_\beta^2 \quad (x, y \in A \otimes B)$$

---

8) On the direct product of operator algeras, I, *Tôhoku Math. J.*, **4**(1952), 242-251.

9) Tensor product of C^*-algebras, *Dokl. Akad. Nauk. SSSR*, **160**(1965), 986-989.

を満たすとき C^* ノルムといわれる．このとき，このノルムにより完備化して得られる C^* 環 $A \otimes_\beta B$ を C^* 環 A と C^* 環 B のノルム $\|\cdot\|_\beta$ による **C^*テンソル積**または単にテンソル積という．後に，命題 2.5.11 において，このときのノルムはクロスノルムであることがわかる．

以後，*多元環 A の表現すべての集まりも $\mathrm{Rep}(A)$ で表す．したがって，$\pi \in \mathrm{Rep}(A)$ は π が A の表現であることを意味する．

π_1, π_2 がそれぞれ A, B の表現であるとき，$(\pi_1 \otimes \pi_2)(x \otimes y) = \pi_1(x) \otimes \pi_2(y)$ $(x \in A, y \in B)$ であるような $A \otimes B$ の表現 $\pi_1 \otimes \pi_2$ がある．$x \in A \otimes B$ に対して，

$$\|x\|_{\min} = \sup\{\|(\pi_1 \otimes \pi_2)(x)\| \mid \pi_1 \in \mathrm{Rep}(A),\ \pi_2 \in \mathrm{Rep}(B)\}$$

$$\|x\|_{\max} = \sup\{\|\pi(x)\| \mid \pi \in \mathrm{Rep}(A \otimes B)\}$$

と定義し，それぞれ，**極小ノルム**，**極大ノルム**という．明らかに，$\|\cdot\|_{\min}$ と $\|\cdot\|_{\max}$ は C^* ノルムであり，$\|\cdot\|_{\min} \leqq \|\cdot\|_{\max}$ である．後の定理 2.5.18 でわかることであるが，これらのノルムは Banach 空間のテンソル積ノルムの中でも，C^* ノルムという条件のもとで最小と最大という意味である．

第 II 巻の第 3.7 節核型 C^* 環で詳しく述べるように，C^* 環 A または B のいずれかが核型の場合にはこれら 2 つのノルムは一致するが，核型でない場合には必ずしも一致しない．また，S. Wassermann は無限に異なる C^* ノルムが存在するような非核型 C^* 環の例を与えている．

次の例でわかるように，γ ノルムは必ずしも C^* ノルムにはならない．

例 2.5.7 異なる 2 点 ω_1, ω_2 からなる集合 Ω 上の複素数値関数全体の集合は，$l^\infty(\Omega)$ とも $l^1(\Omega)$ とも見ることができ，互いに他の双対空間である．$f(\omega_1) = 0, f(\omega_2) = 1$ なる関数 f を用いて，$l^\infty(\Omega) \otimes l^\infty(\Omega) = l^1(\Omega) \otimes l^1(\Omega)$ の元 g を

$$g = 1 \otimes 1 - 2f \otimes f$$

で定義する．代数的テンソル積 $l^\infty(\Omega) \otimes l^\infty(\Omega)$ はいかなるノルムについても完備であるから，この上の C^* ノルムは $\|\cdot\|_\infty$ だけである．明らかに $\|g\|_\infty = 1$ である．$l^\infty(\Omega) \otimes l^\infty(\Omega)$ は有限次元であるから，双極定理によりこの上で $\|\cdot\|_\gamma = \|\cdot\|_\lambda^*$ である．Ψ を前項の等長写像とすると，$l^1(\Omega) \otimes l^1(\Omega)$ の元として，

$\|g\|_\lambda = \|\Psi(g)\| = 2\sqrt{2}$ である．ゆえに，$l^\infty(\Omega) \otimes l^\infty(\Omega)$ の元として，$\|g\|_\gamma \geqq \langle \|g\|_\lambda^{-1} g, g \rangle = \sqrt{2}$．よって，$\|g\|_\gamma \neq \|g\|_\infty$ である．したがって，γ ノルムは C^* ノルムではない．　　　　　　　　　　　　　□

C^* 環の表現は巡回表現に直和分解され，巡回表現は GNS 表現と同型なので，代数的テンソル積 $A \otimes B$ の元 x に対して

$$\|x\|_{\min} = \sup\{\|(\pi_\varphi \otimes \pi_\psi)(x)\| \mid \varphi \in S(A),\ \psi \in S(B)\}$$

と表せる．ノルム $\|\cdot\|_\beta$ が $A \otimes B$ 上の C^* ノルムならば，$A \otimes_\beta B$ は C^* 環であるから等長な表現をもつ．したがって，$\|\cdot\|_\beta \leqq \|\cdot\|_{\max}$ である．$A \otimes B$ のノルム $\|\cdot\|_{\min}$，$\|\cdot\|_{\max}$ による完備化をそれぞれ**極小テンソル積**（または空間的テンソル積），**極大テンソル積**といい，$A \otimes_{\min} B, A \otimes_{\max} B$ で表す．

補題 2.5.8　C^* 環 A, B の代数的テンソル積 $A \otimes B$ の表現 $\{\pi, \mathscr{H}\}$ に対して，

$$\|\pi(x \otimes y)\| \leqq \lambda \|x\| \|y\| \quad (x \in A, y \in B)$$

を満たす正数 $\lambda > 0$ が存在する．とくに，$A \otimes B$ 上の C^* ノルム $\|\cdot\|_\beta$ に対しては

$$\|x \otimes y\|_\beta \leqq \lambda \|x\| \|y\|. \qquad\qquad □$$

[証明]　まず $x \in A_+$ とする．任意の $\varphi \in \mathscr{L}(\mathscr{H})^+_*$ に対して，線形汎関数 $y \in B \mapsto \varphi(\pi(x \otimes y))$ は正であるから，命題 1.14.8 により有界である．したがって，任意の $\varphi \in \mathscr{L}(\mathscr{H})_*$ に対しても有界である．つまり，$\{\pi(x \otimes y) \mid y \in B, \|y\| \leqq 1\}$ は σ 弱有界である．ゆえに，ノルムに関しても有界である．よって，任意の $x \in A$ に対しても，集合 $\{\pi(x \otimes y) \mid y \in B, \|y\| \leqq 1\}$ は有界である．ここで，$\pi_x(y) = \pi(x \otimes y)$ とすれば，π_x は B から $\mathscr{L}(\mathscr{H})$ への有界線形写像である．集合 $\{\pi_x \mid x \in A\}$ に対して，一様有界性定理を適用すると，$\sup\{\|\pi_x\| \mid x \in A, \|x\| \leqq 1\} < +\infty$．ゆえに，

$$\sup\{\|\pi(x \otimes y)\| \mid x \in A,\ y \in B,\ \|x\| \leqq 1,\ \|y\| \leqq 1\} < +\infty.$$

とくに，$\|\cdot\|_\beta$ が $A \otimes B$ 上の C^* ノルムのときには，$A \otimes_\beta B$ の忠実な表現 π が

2.5 von Neumann 環と C^*環のテンソル積　*161*

存在するが，これは等長であるから結論が得られる．∎

補題 2.5.9　A, B を C^*環とする．代数的テンソル積 $A \otimes B$ の表現 $\{\pi, \mathscr{H}\}$ に対して，

$$\pi(x \otimes y) = \pi_1(x)\pi_2(y) = \pi_2(y)\pi_1(x) \quad (x \in A, y \in B)$$

を満たす A の表現 $\{\pi_1, \mathscr{H}\}$ と B の表現 $\{\pi_2, \mathscr{H}\}$ が一意的に存在する．　☐

[証明]　$x \in A$ に対して，B の近似単位元 $\{f_j\}_{j \in J}$ を用いて得られる有向系 $\{\pi(x \otimes f_j)\}_{j \in J}$ の σ 弱位相に関する極限を $\pi_1(x)$ と定めればよいことを示す．補題 2.5.8 により，有向系 $\{\pi(x \otimes f_j)\}_{j \in J}$ は有界であるから，σ 弱位相に関する接触点 a をもつ．また，b も接触点とする．各 $y \in A$ と $z \in B$ に対して，$a\pi(y \otimes z)$ と $b\pi(y \otimes z)$ は有向系 $\{\pi(xy \otimes f_j z)\}_{j \in J}$ の σ 弱位相に関する接触点である．他方，再び補題 2.5.8 により，

$$\lim_{j \in J}\|\pi(xy \otimes f_j z) - \pi(xy \otimes z)\| = 0.$$

したがって，

$$a\pi(y \otimes z) = b\pi(y \otimes z) = \pi(xy \otimes z).$$

表現 π は非退化であるから，$\pi(A \otimes B)$ の σ 弱閉包は単位元を含む．したがって，$a = b$．コンパクト空間において接触点が唯一の場合は，その点が極限点であるから，$\{\pi(x \otimes f_j)\}_{j \in J}$ は σ 弱位相で a へ収束する．これを $\pi_1(x)$ で表す．各 $x, y, a \in A$, $b \in B$ に対して，

$$\pi_1(xy)\pi(a \otimes b) = \pi(xya \otimes b) = \pi_1(x)\pi(ya \otimes b) = \pi_1(x)\pi_1(y)\pi(a \otimes b)$$

$$\pi_1(x^*) = \lim_j \pi(x^* \otimes f_j) = \lim_j \pi(x \otimes f_j)^* = \pi_1(x)^*$$

となるから，$\pi_1(xy) = \pi_1(x)\pi_1(y)$ かつ $\pi_1(x^*) = \pi_1(x)^*$．ゆえに，π_1 は A の表現である．同様に，$\{e_i\}_{i \in I}$ を A の近似単位元として，$\pi_2(y) = \lim_{i \in I} \pi(e_i \otimes y)$ と置くと，π_2 は B の表現である．このとき，$x \in A$ と $y \in B$ に対して

$$\pi_1(x)\pi_2(y) = \lim_{i \in I} \pi_1(x)\pi(e_i \otimes y) = \lim_{i \in I} \pi(xe_i \otimes y) = \pi(x \otimes y).$$

同様にして，$\pi_2(y)\pi_1(x) = \pi(x \otimes y)$．したがって，$\pi_1$ と π_2 は非退化である．よ

162   2 von Neumann 環

って，π_1 と π_2 は一意的に決まる．

上の補題の π_1 と π_2 をそれぞれ **π の A と B への制限**と呼ぶ．

C^*環 A, B 上の線形汎関数 φ, ψ に対して，写像

$$(x, y) \in A \times B \mapsto \varphi(x)\psi(y) \in \mathbb{C}$$

は双線形であるから，$(\varphi \otimes \psi)(x \otimes y) = \varphi(x)\psi(y)$ を満たす，代数的テンソル積 $A \otimes B$ 上の線形汎関数 $\varphi \otimes \psi$ が存在する．

補題 2.5.10　A, B を C^*環，$\varphi \in S(A), \psi \in S(B)$ とする．そのとき，任意の $x \in A \otimes B$ に対して $(\varphi \otimes \psi)(x^*x) \geqq 0$ である．　　　　□

[証明]　命題 1.14.11 により，表現 π_φ, π_ψ は $\varphi = \omega_{\xi_\varphi} \circ \pi_\varphi, \psi = \omega_{\xi_\psi} \circ \pi_\psi$ であるような巡回ベクトル ξ_φ, ξ_ψ をもつ．このとき，$(\varphi \otimes \psi)(x) = ((\pi_\varphi \otimes \pi_\psi)(x)(\xi_\varphi \otimes \xi_\psi) | \xi_\varphi \otimes \xi_\psi)$ となる．したがって，

$$(\varphi \otimes \psi)(x^*x) = \|(\pi_\varphi \otimes \pi_\psi)(x)(\xi_\varphi \otimes \xi_\psi)\|^2 \geqq 0.$$
■

上の補題で，$\varphi \otimes \psi \in A^* \otimes B^*$ が代数的テンソル積 $A \otimes B$ 上の C^*ノルム $\|\cdot\|_\beta$ の双対ノルムに関して有限，つまり $\|\varphi \otimes \psi\|_\beta^* < +\infty$ ならば，$\varphi \otimes \psi$ は C^*環 $A \otimes_\beta B$ 上の有界正線形汎関数に拡張される．命題 1.14.11 と補題 2.5.8 により，それは $A \otimes_\beta B$ の状態である．

命題 2.5.11　A, B を C^*環とする．そのとき

$$\|\cdot\|_\lambda \leqq \|\cdot\|_{\min} \leqq \|\cdot\|_{\max} \leqq \|\cdot\|_\gamma.$$

したがって，$\|\cdot\|_{\min}, \|\cdot\|_{\max}$ およびその双対ノルムはクロスノルムである．　□

[証明]　補題 2.5.9 により $\|\cdot\|_{\max} \leqq \|\cdot\|_\gamma$ である．規格化された線形汎関数 $f \in A^*$ と $g \in B^*$ に対して，f^*, g^* の W^*環 A^{**}, B^{**} における極分解を

$$f^* = v\varphi, \quad g^* = w\psi$$

とする．φ, ψ は A^{**}, B^{**} における状態である．補題 2.5.10 の証明の等式から，代数的テンソル積 $A \otimes B$ の元 x に対して $(\varphi \otimes \psi)(x^*x) \leqq \|x\|_{\min}^2$ となる．$\varphi \otimes \psi$ は代数的テンソル積 $A^{**} \otimes B^{**}$ 上の正線形汎関数であるから，Schwarz の不等式により，$x \in A \otimes B$ に対して

$$|\langle x, f \otimes g \rangle| = |\langle (v^* \otimes w^*)x, \varphi \otimes \psi \rangle|$$

$$\leqq \langle x^* x, \varphi \otimes \psi \rangle^{1/2} \langle v^* v \otimes w^* w, \varphi \otimes \psi \rangle^{1/2}$$

$$\leqq \|x\|_{\min} \varphi(v^* v)^{1/2} \psi(w^* w)^{1/2} \leqq \|x\|_{\min}.$$

したがって，$\|\cdot\|_\lambda \leqq \|\cdot\|_{\min}$ である．よって命題の不等式が得られ，$\|\cdot\|_{\min}$，$\|\cdot\|_{\max}$ はクロスノルムである．また，命題 2.5.5 により，それらの双対ノルムもクロスノルムである． ∎

極小ノルムの性質

C^*環 A, B の表現 $\{\pi_1, \mathscr{H}_1\}, \{\pi_2, \mathscr{H}_2\}$ に対して，代数的テンソル積 $A \otimes B$ の表現 $\pi_1 \otimes \pi_2$ は C^*環 $A \otimes_{\min} B$ の表現に一意的に拡張される．これを $\{\pi_1 \otimes \pi_2, \mathscr{H}_1 \otimes \mathscr{H}_2\}$ で表す．

命題 2.5.12 C^*環 A と C^*環 B それぞれの表現 $\{\pi_1, \mathscr{H}_1\}$ と $\{\pi_2, \mathscr{H}_2\}$ に対して，

(i) π_1, π_2 がともに忠実ならば，$\pi_1 \otimes \pi_2$ も忠実である．

(ii) $(\pi_1 \otimes \pi_2)(A \otimes_{\min} B)'' = \pi_1(A)'' \overline{\otimes} \pi_2(B)''.$

(iii) π_1, π_2 がともに既約ならば，$\pi_1 \otimes \pi_2$ も既約である． ☐

［証明］ (i) まず，前双対空間 $\mathscr{L}(\mathscr{H}_i)_*$ において，

$$S_i = \mathrm{co}\{\omega_{\xi_i, \eta_i} \mid \xi_i, \eta_i \in \mathscr{H}_i, \ \|\xi_i\| \leqq 1, \ \|\eta_i\| \leqq 1\} \quad (i = 1, 2)$$

とする．表現 π_1 は忠実であるから，等長である．したがって，$(S_1 \circ \pi_1)^\circ$ は A の単位球である．ゆえに，双極定理により，集合 $S_1 \circ \pi_1$ は A^* の単位球 A_1^* において $\sigma(A^*, A)$ 稠密である．同様に，$S_2 \circ \pi_2$ は B^* の単位球 B_1^* において $\sigma(B^*, B)$ 稠密である．集合 $\{\varphi \otimes \psi | \varphi \in S_1 \circ \pi_1, \psi \in S_2 \circ \pi_2\}$ は集合 $\{\varphi \otimes \psi | \varphi \in A_1^*, \psi \in B_1^*\}$ において $\sigma(A^* \otimes B^*, A \otimes B)$ 稠密であるが，ノルム有界でもあるから，$\sigma(A^* \otimes B^*, A \otimes_{\min} B)$ 稠密である．

さて，以上のことを用いて忠実性の証明に入る．C^*環 $A \otimes_{\min} B$ の元 x に対して $(\pi_1 \otimes \pi_2)(x) = 0$ とする．このとき，任意の $\varphi \in S_1 \circ \pi_1$ と $\psi \in S_2 \circ \pi_2$ に対して，$(\varphi \otimes \psi)(x) = 0$ となるので，任意の $\varphi \in A_1^*, \psi \in B_1^*$ に対して $(\varphi \otimes \psi)(x) = 0$. したがって，任意の $\varphi \in S(A), \psi \in S(B)$，$y, z \in A \otimes B$ に対して，$(\varphi \otimes \psi)(z^* x y)$

164　2　von Neumann 環

$=0$. ゆえに, $(\pi_\varphi \otimes \pi_\psi)(x)=0$. したがって, $\|x\|_{\min}=0$ となり, $x=0$.

(ii) C^*環 $(\pi_1 \otimes \pi_2)(A \otimes_{\min} B)$ は*多元環 $(\pi_1 \otimes \pi_2)(A \otimes B)=\pi_1(A) \otimes \pi_2(B)$ の
ノルム閉包に含まれるから, $\pi_1(A)'' \overline{\otimes} \pi_2(B)''$ に含まれる. *多元環 $\pi_1(A)'' \otimes$
$\pi_2(B)''$ は von Neumann 環 $\pi_1(A)'' \overline{\otimes} \pi_2(B)''$ において σ 弱稠密である. Ka-
plansky の稠密性定理により, $\pi_1(A) \otimes \pi_2(B)$ は $\pi_1(A)'' \otimes \pi_2(B)''$ において強
稠密であるから, von Neumann 環 $\pi_1(A)'' \overline{\otimes} \pi_2(B)''$ において σ 強稠密である.
したがって, $(\pi_1 \otimes \pi_2)(A \otimes_{\min} B)''=\pi_1(A)'' \overline{\otimes} \pi_2(B)''$ である.

(iii) π_1, π_2 が既約ならば, $\pi_1(A)'' \overline{\otimes} \pi_2(B)''=\mathscr{L}(\mathscr{H}_1 \otimes \mathscr{H}_2)$ となるから, π_1
$\otimes \pi_2$ も既約である. ∎

補題 2.5.13　C^*環 A 上の状態 φ と C^*環 B 上の状態 ψ に対して, 代数的
テンソル積 $A \otimes B$ 上の状態 $\varphi \otimes \psi$ が C^*ノルム $\|\cdot\|_\beta$ に関して有界ならば,

(i)　$\pi_\varphi \otimes \pi_\psi$ は C^*環 $A \otimes_\beta B$ の表現に一意的に拡張される.

(ii)　$(\pi_\varphi \otimes \pi_\psi)(A \otimes_\beta B)''=\pi_\varphi(A)'' \overline{\otimes} \pi_\psi(B)''$.

(iii)　φ と ψ が純粋状態ならば, $\varphi \otimes \psi$ も純粋状態である. □

[証明]　(i)　任意の $a, x \in A \otimes B$ に対して

$$\|(\pi_\varphi \otimes \pi_\psi)(xa)(\xi_\varphi \otimes \xi_\psi)\|^2 = (\varphi \otimes \psi)(a^* x^* x a) \leqq (\varphi \otimes \psi)(a^* a)\|x^* x\|_\beta$$
$$= \|(\pi_\varphi \otimes \pi_\psi)(a)(\xi_\varphi \otimes \xi_\psi)\|^2 \|x\|_\beta^2$$

となるから, $\|(\pi_\varphi \otimes \pi_\psi)(x)\| \leqq \|x\|_\beta$ である. したがって, $\pi_\varphi \otimes \pi_\psi$ は C^*環 $A \otimes_\beta$
B の表現に一意的に拡張される.

(ii), (iii)の証明は命題 2.5.12 の証明と同様である. ∎

第1.14節末で述べたように, C^*環では既約表現の直和を考えることによ
り, 忠実な表現が得られるから,

$$\|x\|_{\min} = \sup\{\|(\pi_{\omega_1} \otimes \pi_{\omega_2})(x)\| \mid \omega_1 \in P(A),\ \omega_2 \in P(B)\}.$$

補題 2.5.14　C^*環 A, B において, A が可換ならば,

(i)　C^*テンソル積 $A \otimes_\beta B$ の純粋状態 ω に対して, $\omega=\omega_1 \otimes \omega_2$ を満たす A
　　の純粋状態 ω_1 と B の純粋状態 ω_2 が存在する.

(ii)　代数的テンソル積 $A \otimes B$ において, $\|\cdot\|_{\min}=\|\cdot\|_\lambda$. □

[証明]　(i)　ω を $A \otimes_\beta B$ の純粋状態とする. π_1, π_2 をそれぞれ π_ω の A と

B への制限とする．A の可換性により，$\pi_1(A)\subset\pi_\omega(A\otimes B)'$ となるから，$\pi_1(A)=\mathbb{C}1$ である．ω_1 を $\omega_1(x)1=\pi_1(x)$ により定まる A 上の線形汎関数とすると，ω_1 は A の指標である．したがって，定理 1.12.3 により，ω_1 は A の純粋状態である．ここで，ω の巡回ベクトル ξ_ω を用いて，$\omega_2(y)=(\pi_2(y)\xi_\omega|\xi_\omega)$ と置くと，

$$\omega(x \otimes y) = (\pi_1(x)\pi_2(y)\xi_\omega|\xi_\omega) = \omega_1(x)(\pi_2(y)\xi_\omega|\xi_\omega) = \omega_1(x)\omega_2(y).$$

したがって，$\omega=\omega_1\otimes\omega_2$ となる．$\pi_\omega(A\otimes B)=\pi_2(B)$ となるから，表現 π_2 は既約である．したがって，ω_2 は B の純粋状態である．

(ii) ω_1,ω_2 をそれぞれ A,B の純粋状態とする．π_{ω_1} の表現空間は 1 次元であるから

$$\|(\pi_{\omega_1} \otimes \pi_{\omega_2})(x)\| = \sup_{\|\xi\|\leqq 1,\ \|\eta\|\leqq 1} |(\pi_{\omega_1} \otimes \pi_{\omega_2})(x)(\xi_{\omega_1} \otimes \xi)|\xi_{\omega_1} \otimes \eta)|$$

$$= \sup_{\|\xi\|\leqq 1,\ \|\eta\|\leqq 1} |(\omega_1 \otimes (\omega_{\xi,\eta} \circ \pi_{\omega_2}))(x)| \leqq \|x\|_\lambda.$$

したがって，$\|x\|_{\min}\leqq\|x\|_\lambda$．ゆえに，命題 2.5.11 により，$\|\cdot\|_{\min}=\|\cdot\|_\lambda$. ∎

例 2.5.6 と関係して次のことがわかる．

補題 2.5.15 2 つの可換 C^* 環 A,B の代数的テンソル積 $A\otimes B$ ではどの C^* ノルムも λ ノルムと一致する． □

[証明] C^* テンソル積 $A\otimes_\beta B$ の指標 χ は 1 次元表現であるから，補題 2.5.9 により，A の指標 χ_1 と B の指標 χ_2 を用いて $\chi=\chi_1\otimes\chi_2$ と表せる．ここで，集合 $\{(\chi_1,\chi_2)\in P(A)\times P(B)|\chi_1\otimes\chi_2\in P(A\otimes_\beta B)\}$ を Γ とすれば，

$$\Gamma = \bigcap_{x\in A\otimes B} \{(\chi_1,\chi_2) \in P(A) \times P(B) \mid |(\chi_1 \otimes \chi_2)(x)| \leqq \|x\|_\beta\}$$

と表せるので，Γ は直積空間 $P(A)\times P(B)$ の閉部分集合である．もし $\Gamma\subsetneqq P(A)\times P(B)$ ならば，$P(A),P(B)$ の相対コンパクトな開集合 U,V で $(U\times V)\cap\Gamma=\emptyset$ を満たすものが存在する．したがって，$\mathrm{Supp}(x)\subset U$, $\mathrm{Supp}(y)\subset V$ を満たす 0 でない連続関数 $x\in A$, $y\in B$ が存在する．任意の $\chi\in P(A\otimes_\beta B)$ に対して，$\chi(x\otimes y)=\chi_1(x)\chi_2(y)=x(\chi_1)y(\chi_2)=0$ となるから，$x\otimes y=0$．これは x, y が 0 でないことと矛盾する．ゆえに $\Gamma=P(A)\times P(B)$．したがって，$P(A\otimes_\beta$

$B)=\{\chi_1\otimes\chi_2|\chi_1\in P(A),\chi_2\in P(B)\}$. ゆえに，任意の $z\in A\otimes_\beta B$ に対して，

$$\|z\|_\beta = \sup_{\chi\in P(A\otimes_\beta B)} \|\pi_\chi(z)\|$$

$$= \sup_{\chi_1\in P(A),\ \chi_2\in P(B)} \|(\pi_{\chi_1}\otimes\pi_{\chi_2})(z)\| = \|z\|_{\min} = \|z\|_\lambda. \qquad\blacksquare$$

補題 2.5.16 C^*環 A と B の C^*テンソル積を $A\otimes_\beta B$ とし，C を B の部分 C^*環とする．A の純粋状態 ω と C の状態 φ のテンソル積 $\omega\otimes\varphi$ が $A\otimes C$ において ノルム $\|\cdot\|_\beta$ に関して有界ならば，φ を B へ拡張して得られる状態 ψ で， $\omega\otimes\psi$ が $A\otimes_\beta B$ 上の状態となるものがある． $\square$

[証明] $\omega\otimes\varphi$ を $A\otimes_\beta B$ へ拡張した状態 ρ が存在する．そこで，その GNS 表現 π_ρ の A,B への制限をそれぞれ π_1,π_2 とする．部分 C^*環 C の近似単位 元 $\{e_i\}_{i\in I}$ に対して，$\{\pi_2(e_i)\}_{i\in I}$ の σ 弱位相に関する接触点を e とすると，e $\in\pi_2(B)''\subset\pi_1(A)'$ かつ $\lim_{i\in I}\varphi(e_i)=\|\varphi\|=1$ である．e は $\pi_2(C)$ の σ 弱閉包の単 位元であるから，射影である．e は唯一の接触点であるから，$\{\pi_2(e_i)\}_{i\in I}$ は e に σ 弱収束する．各 $x\in A$ に対して，

$$\omega(x) = \lim_{i\in I} \omega(x)\varphi(e_i) = \lim_{i\in I}(\pi_1(x)\pi_2(e_i)\xi_\rho|\xi_\rho)$$

$$= (\pi_1(x)e\xi_\rho|\xi_\rho) = (\pi_1(x)e\xi_\rho|e\xi_\rho)$$

である．$\rho'=\omega_{e\xi_\rho}\circ\pi_\rho$ と置くと，ρ' は $\omega\otimes\varphi$ の拡張であり，$A\otimes_\beta B$ の状態であ る．実際，$x\in A,\ y\in C$ に対して，

$$\rho'(x\otimes y) = (\pi_1(x)\pi_2(y)e\xi_\rho|e\xi_\rho) = (\pi_1(x)e\pi_2(y)e\xi_\rho|\xi_\rho)$$

$$= (\pi_1(x)\pi_2(y)\xi_\rho|\xi_\rho) = \rho(x\otimes y) = (\omega\otimes\varphi)(x\otimes y).$$

ここで，f を $\mathscr{H}_\rho$ の閉部分空間 $\overline{\pi_1(A)e\xi_\rho}$ の上への射影とすると，A の GNS 表現 π_ω と $\pi_1|_{f\mathscr{H}_\rho}$ は空間同型である．ω は純粋状態だから，$\pi_1|_{f\mathscr{H}_\rho}$ は既約で あり，$\pi_2(B)_f\subset(\pi_1(A)')_f=(\pi_1(A)_f)'=\mathbb{C}f$ となる．ψ を $\psi(y)f=f\pi_2(y)f$ によ り定まる B 上の線形汎関数とすると，$x\in A,\ y\in B$ に対して

$$\rho'(x\otimes y) = (\pi_2(y)\pi_1(x)e\xi_\rho|e\xi_\rho) = (f\pi_2(y)f\pi_1(x)e\xi_\rho|e\xi_\rho) = \omega(x)\psi(y).$$

ゆえに，$\rho'=\omega\otimes\psi$．さらに，$y\in C$ のときには，$\omega(x)\varphi(y)=\rho'(x\otimes y)=\omega(x)\psi(y)$ となるので，ψ は φ の拡張で，B の状態である． $\blacksquare$

2.5 von Neumann 環と C^* 環のテンソル積　　167

定理 2.5.17　C^* 環 A, B の代数的テンソル積 $A \otimes B$ において，A が可換ならば，$A \otimes B$ 上の C^* ノルムはどれも λ ノルムと一致する．　　　□

[証明]　$A \otimes B$ 上の C^* ノルムを $\|\cdot\|_\beta$ とする．ω_1 を A の純粋状態とする．B の 0 でない自己随伴な元 a により生成される可換部分 C^* 環を C とすれば，C 上には $|\chi(a)| = \|a\|\,(a \in C)$ を満たす指標 χ が存在する．補題 2.5.15 により，$A \otimes C$ 上ではノルム $\|\cdot\|_\beta$ と λ ノルムは一致しているから，$\omega_1 \otimes \chi$ はノルム $\|\cdot\|_\beta$ に関して有界である．したがって，補題 2.5.16 により，χ を B へ拡張した状態 φ で，$\omega_1 \otimes \varphi$ が $A \otimes_\beta B$ の状態となっているものが存在する．ここで，

$$S = \{\psi \in B_h^* \mid \|\psi\| \leqq 1,\ \|\omega_1 \otimes \psi\|_\beta^* \leqq 1\}$$

とすれば，

$$S = \bigcap_{x \in A \otimes B} \{\psi \in B_h^* \mid \|\psi\| \leqq 1,\ |(\omega_1 \otimes \psi)(x)| \leqq \|x\|_\beta\}$$

となるので，S は 0 を含む $\sigma(B^*, B)$ 閉凸集合である．上の元 a に対して，$\sup_{\psi \in S} |\psi(a)| = \|a\|$ となるから，双対ペア B_h, B_h^* で考えると，B_h の単位球は S° と表せる．したがって，双極定理により，S は B_h^* の単位球である．よって，集合 $\{\omega_1 \otimes \psi | \psi \in S(B)\}$ は $S(A \otimes_\beta B)$ に含まれ，$\omega_1 \otimes \psi$ はノルム $\|\cdot\|_\beta$ に関して有界である．ゆえに，補題 2.5.13 により，$\{\omega_1' \otimes \omega_2 | \omega_1' \in P(A), \omega_2 \in P(B)\} \subset P(A \otimes_\beta B)$ である．ω を $A \otimes_\beta B$ の純粋状態とすると，補題 2.5.14 により，$\omega = \omega_1 \otimes \omega_2$ であるような $\omega_1 \in P(A), \omega_2 \in P(B)$ が存在する．したがって，$P(A \otimes_\beta B) = \{\omega_1 \otimes \omega_2 | \omega_1 \in P(A), \omega_2 \in P(B)\}$ である．ゆえに

$$\|x\|_\beta = \sup_{\omega \in P(A \otimes_\beta B)} \|\pi_\omega(x)\| = \sup_{\omega_1 \in P(A),\ \omega_2 \in P(B)} \|(\pi_{\omega_1} \otimes \pi_{\omega_2})(x)\|$$

$$= \|x\|_{\min} = \|x\|_\lambda.$$　∎

定理 2.5.18　C^* 環 A, B に対して，$\|\cdot\|_{\min}$ は代数的テンソル積 $A \otimes B$ における最小の C^* ノルムである．　　　□

[証明]　$\|\cdot\|_\beta$ を $A \otimes B$ 上の C^* ノルムとする．ω_1 を A の純粋状態とする．B の 0 でない自己随伴な元 a により生成される可換部分 C^* 環を C とする．C 上には $|\chi(a)| = \|a\|$ を満たす指標 χ が存在する．定理 2.5.17 により，$A \otimes C$ 上ではノルム $\|\cdot\|_\beta$ と λ ノルムとが一致しているから，汎関数 $\omega_1 \otimes \chi$ はノル

ム $\|\cdot\|_\beta$ に関して有界である．したがって，補題 2.5.16 により，χ を B へ拡張して得られる状態 φ で，$\omega_1\otimes\varphi\in S(A\otimes_\beta B)$ を満たすものが存在する．定理 2.5.17 の証明と同様にして，集合 $\{\omega_1\otimes\psi|\psi\in S(B)\}$ は $S(A\otimes_\beta B)$ に含まれる．したがって，$\{\omega_1\otimes\omega_2|\omega_1\in P(A),\omega_2\in P(B)\}\subset P(A\otimes_\beta B)$．ゆえに，$x\in A\otimes B$ に対して

$$\|x\|_\beta = \sup_{\omega\in P(A\otimes_\beta B)}\|\pi_\omega(x)\| \geqq \sup_{\omega_1\in P(A),\ \omega_2\in P(B)}\|\pi_{\omega_1}\otimes\pi_{\omega_2}(x)\| = \|x\|_{\min}. \blacksquare$$

この定理を用いて，つぎに，C^*環のテンソル積の単純性について考えよう．

補題 2.5.19 von Neumann 環 $\mathscr{M}$ の元のなす $n\times n$ 行列 $(x_{ij})_{ij}$ とその可換子環の元のなす $n\times n$ 行列 (x'_{ij}) が $(x_{ij})(x'_{ij})=0$ を満たすときには，$\mathscr{M}$ の中心の元からなる $n\times n$ 行列 (z_{ij}) で，$(x_{ij})(z_{ij})=0$ かつ $(z_{ij})(x'_{ij})=(x'_{ij})$ を満たすものが存在する． $\Box$

[証明] $M(n,\mathbb{C})$ を $n\times n$ 行列全体のなす多元環とする．$x=(x_{ij}),x'=(x'_{ij})$ と置くと，$x\in M(n,\mathbb{C})\otimes\mathscr{M},x'\in M(n,\mathbb{C})\otimes\mathscr{M}'$ である．命題 2.5.2 により，$M(n,\mathbb{C})\otimes\mathscr{M},M(n,\mathbb{C})\otimes\mathscr{M}'$ は von Neumann 環である．仮定から $xx'=0$ である．$\mathscr{I}=\{y\in M(n,\mathbb{C})\otimes\mathscr{M}'|xy=0\}$ と置くと，$\mathscr{I}$ は σ 弱閉な右イデアルである．したがって，$\mathscr{I}=z(M(n,\mathbb{C})\otimes\mathscr{M}')$ を満たす射影 $z\in M(n,\mathbb{C})\otimes\mathscr{M}'$ が存在する．このとき，$xz=0$ かつ $zx'=x'$ が成り立つ．他方，$(\mathbb{C}1\otimes\mathscr{M}')\mathscr{I}\subset\mathscr{I}$ が成り立つので，$z\in(\mathbb{C}1\otimes\mathscr{M}')'=M(n,\mathbb{C})\otimes\mathscr{M}$．ここで，$z=(z_{ij})$ とすると，$z_{ij}\in\mathscr{M}\cap\mathscr{M}'$ である．ゆえに，(z_{ij}) が求めるものである． $\blacksquare$

系 2.5.20 $\mathscr{M}$ を因子環とする．そのとき，代数的テンソル積 $\mathscr{M}\otimes\mathscr{M}'$ から $\mathscr{M}\mathscr{M}'$ によって代数的に生成される *多元環への写像で $x\otimes x'$ を xx' に移すものが定まり，同型写像になる． $\Box$

[証明] 写像 $(x,x')\mapsto xx'$ は双線形であるから，$\mathscr{M}\otimes\mathscr{M}'$ から $\mathscr{M}\mathscr{M}'$ によって代数的に生成される *多元環の上への準同型写像が存在する．単射性を示すために，$\sum_{i=1}^n x_i x'_i=0$ を仮定して，$\sum_{i=1}^n x_i\otimes x'_i=0$ を示す．そのために，$x_{ij}=x_j,x'_{ij}=x'_i$ と置く．仮定により，$\sum_{k=1}^n x_{ik}x'_{kj}=\sum_{k=1}^n x_k x'_k=0$ である．よって，補題 2.5.19 によって $\mathscr{M}$ の中心の元からなる行列 $(z_{ij})_{ij}$ で，$\sum_{k=1}^n x_{ik}z_{kj}=0$ かつ

2.5 von Neumann 環と C^*環のテンソル積　　*169*

$\sum_{k=1}^{n} z_{ik}x'_{kj}=x'_{ij}$ を満たすものが存在する. したがって, $\sum_{k=1}^{n} x_k z_{kj}=0$ かつ $\sum_{k=1}^{n} z_{ik}x'_k=x'_i$ が成り立つ. $\mathscr{M}$ は因子環であるから, $z_{ij}=\lambda_{ij}1(\lambda_{ij}\in\mathbb{C})$ と表せる. したがって,

$$\sum_{i=1}^{n} x_i \otimes x'_i = \sum_{i=1}^{n} x_i \otimes \sum_{k=1}^{n} \lambda_{ik}x'_k = \sum_{k=1}^{n}\sum_{i=1}^{n} \lambda_{ik}x_i \otimes x'_k = 0. \qquad \blacksquare$$

定理 2.5.21　C^*環 A, B が単純ならば, $A\otimes_{\min}B$ も単純である.　　☐

[証明]　π を $A\otimes_{\min}B$ の既約表現とする. 補題 2.5.9 により, $\pi(x\otimes y)=\pi_1(x)\pi_2(y)=\pi_2(y)\pi_1(x)$ を満たす A, B の表現 π_1, π_2 がある. $\pi_1(A)\cup\pi_2(B)$ は $\pi_1(A)''\cup\pi_1(A)'$ に含まれるから,

$$\pi_1(A)'' \cap \pi_1(A)' = (\pi_1(A)'' \cup \pi_1(A)')' \subset (\pi_1(A) \cup \pi_2(B))'$$
$$\subset \pi(A \otimes B)' = \mathbb{C}1$$

である. したがって, $\pi_1(A)''\cap\pi_1(A)'=\mathbb{C}1$ である.

つぎに, 代数的テンソル積 $A\otimes B$ の元 $x=\sum_{i=1}^{n} x_i\otimes y_i$ に対して, $\pi(x)=0$ とすれば, $\sum_{i=1}^{n}\pi_1(x_i)\pi_2(y_i)=0$ となる. 系 2.5.20 により $(\pi_1\otimes\pi_2)(x)=\sum_{i=1}^{n}\pi_1(x_i)\otimes\pi_2(y_i)=0$ である. A, B は単純であるから, π_1, π_2 は忠実である. したがって, 命題 2.5.12 により $\pi_1\otimes\pi_2$ も $A\otimes_{\min}B$ において忠実であることがわかり, $x=0$. ここで, $A\otimes B$ において $\|x\|_\beta=\|\pi(x)\|$ と置けば, $\|\cdot\|_\beta$ は C^*ノルムである. $\|\cdot\|_{\min}$ は最小の C^*ノルムであるから $\|x\|_{\min}\leqq\|x\|_\beta$. π は $A\otimes_{\min}B$ の表現であるから, $\|\pi(x)\|\leqq\|x\|_{\min}$. したがって, $x\in A\otimes B$ に対して $\|\pi(x)\|=\|x\|_{\min}$. ゆえに, $x\in A\otimes_{\min}B$ に対しても $\|\pi(x)\|=\|x\|_{\min}$ となり, π は $A\otimes_{\min}B$ において忠実である. すなわち, $\mathrm{Ker}(\pi)=\{0\}$. よって, 原始イデアルは $\{0\}$ しかない. 命題 1.15.6 により, $A\otimes_{\min}B$ ではない閉両側イデアルは原始イデアルの共通部分であるから, $\{0\}$ である. ゆえに, $A\otimes_{\min}B$ は単純である.　　■

$A^*\otimes B^*$ 上の双対ノルムに関して次のことが成り立つ.

命題 2.5.22　$\|\cdot\|_{\min}^*=\|\cdot\|_{\max}^*$ である.　　☐

[証明]　代数的テンソル積 $A\otimes B$ 上の恒等写像の拡張である $A\otimes_{\max}B$ から $A\otimes_{\min}B$ への写像を j とする. $A\otimes_{\max}B/\mathrm{Ker}\,j$ と $A\otimes_{\min}B$ は等長同型であるから, 転置写像 ^tj は $(A\otimes_{\min}B)^*$ から $(\mathrm{Ker}(j))^\circ\cong(A\otimes_{\max}B/\mathrm{Ker}(j))^*$ への等

長写像である．各 $\varphi\in A^*\otimes_{\min}B^*$ に対して，${}^tj(\varphi)\in(\mathrm{Ker}(j))^\circ$ かつ ${}^tj(\varphi)|_{A\otimes B}$ $=\varphi|_{A\otimes B}$ であるから，$\|\cdot\|_{\min}^*=\|\cdot\|_{\max}^*$ である．∎

この命題と定理 2.5.18 により C^* ノルム $\|\cdot\|_\beta$ については $A^*\otimes_\beta B^*$ はすべて一致するので，単に $A^*\overline{\otimes}B^*$ で表す．

命題 2.5.23 A,B を C^* 環とする．B は単位元をもたないとし，単位元を付加した C^* 環を $\widetilde{B}$ とする．$\|\cdot\|_\beta$ を代数的テンソル積 $A\otimes B$ 上の C^* ノルムとする．そのとき，$\|\cdot\|_\beta$ の拡張である代数的テンソル積 $A\otimes\widetilde{B}$ 上の C^* ノルムがただ 1 つ存在する． ☐

[証明] C^* 環 $A\otimes_\beta B$ の忠実な表現 π の A と B への制限を π_1 と π_2 とする．π_2 を $\widetilde{\pi}_2(1)=1$ と置いて $\widetilde{B}$ の表現 $\widetilde{\pi}_2$ に拡張し，$A\otimes\widetilde{B}$ の表現 $\widetilde{\pi}$ を $\widetilde{\pi}(x\otimes y)$ $=\pi_1(x)\widetilde{\pi}_2(y)$ により定義する．このとき，$\widetilde{\pi}$ は忠実である．実際，$z\in A\otimes B, x$ $\in A$ に対して $\widetilde{\pi}(z+x\otimes 1)=0$ とする．C^* 環 A と B の近似単位元 $\{e_i\}_{i\in I}$ と $\{f_j\}_{j\in J}$ に対して，有向集合 $I\times J$ における順序を

$$(i,j)\leqq(i'j')\Longleftrightarrow i\leqq j \ \ \text{かつ} \ \ i'\leqq j'$$

とした有向系 $\{e_i\otimes f_j\}_{(i,j)\in I\times J}$ は C^* 環 $A\otimes_{\min}B$ の近似単位元である．このとき，$\pi(z(e_i\otimes f_j)+xe_i\otimes f_j)=0$ となる．表現 π は忠実であるから，$z(e_i\otimes f_j)+$ $xe_i\otimes f_j=0$ である．したがって，有向系 $\{xe_i\otimes f_j\}_{(i,j)\in I\times J}$ は $-z$ に，$\|\cdot\|_{\min}$ に関して収束する．したがって，任意の $\varepsilon>0$ に対して添字 (i_0,j_0) があって，$(i,j)\geqq(i_0,j_0)$, $(i,k)\geqq(i_0,j_0)$ ならば $\|xe_i\otimes(f_j-f_k)\|_{\min}<\varepsilon$. したがって，$\|xe_i\|\|f_j-f_k\|<\varepsilon$. よって，$\|x\|\|f_j-f_k\|\leqq\varepsilon$. もし $x\neq 0$ ならば，$\{f_j\}_{j\in J}$ は Cauchy 有向系になって，その極限は B の単位元である．これは，B が単位元をもたないという仮定に反するから $x=0$. よって，$z=0$. したがって，$\widetilde{\pi}$ は忠実である．ゆえに，$\|\widetilde{\pi}(\cdot)\|$ は $A\otimes\widetilde{B}$ 上の C^* ノルムである．

つぎに，拡張の一意性を示す．$\|\cdot\|_{\beta_1}$ と $\|\cdot\|_{\beta_2}$ を $\|\cdot\|_\beta$ の拡張である $A\otimes\widetilde{B}$ 上の C^* ノルムとする．φ を C^* 環 $A\otimes_{\beta_1}\widetilde{B}$ の純粋状態とし，π_1 と π_2 をそれぞれ π_φ の A と $\widetilde{B}$ への制限とする．$\mathscr{K}=\overline{\pi_2(B)\mathscr{H}_\varphi}$ と置くと，$\pi_\varphi(A\otimes\widetilde{B})\mathscr{K}\subset\mathscr{K}$ であるから，$\mathscr{K}=\mathscr{H}_\varphi$ か，または $\mathscr{K}=\{0\}$ である．

$\mathscr{K}=\mathscr{H}_\varphi$ の場合は，$\{f_j\}_{j\in J}$ を B の近似単位元とすると，補題 2.2.2 により，$\{\pi_2(f_j)\}_{j\in J}$ は $\sup_{j\in J}\pi_2(f_j)$ に σ 強収束する．$\sup_{j\in J}\pi_2(f_j)$ は σ 弱閉包 $\overline{\pi_2(B)}$

の単位元であるが，$\pi_2(B)$ は非退化であるから，$\sup_{j\in J}\pi_2(f_j)=1$ である．同様に，$\{e_i\}_{i\in I}$ を A の近似単位元とすると，$\{\pi_1(e_i)\}_{i\in I}$ も単位元 1 に σ 強収束する．したがって，有向系 $\{\pi_\varphi(e_i\otimes f_j)\}_{(i,j)\in I\times J}$ は単位元 1 に強収束し，$\|\varphi|_{A\otimes B}\|_\beta^*=1$ である．任意の $x\in A,\,z\in A\otimes B$ に対して

$$\begin{aligned}
|\varphi(xe_i\otimes f_j+z(e_i\otimes f_j))| &\leqq \|xe_i\otimes f_j+z(e_i\otimes f_j)\|_\beta \\
&= \|(x\otimes 1+z)(e_i\otimes f_j)\|_{\beta_2} \\
&\leqq \|x\otimes 1+z\|_{\beta_2}\|e_i\otimes f_j\|_{\beta_2} \\
&= \|x\otimes 1+z\|_{\beta_2}.
\end{aligned}$$

ゆえに

$$|\varphi(x\otimes 1+z)| = \lim_{(i,j)\in I\times J}|\varphi(xe_i\otimes f_j+z(e_i\otimes f_j))| \leqq \|x\otimes 1+z\|_{\beta_2}.$$

よって，$\|\varphi|_{A\otimes\widetilde{B}}\|_{\beta_2}^*\leqq 1$．また，$\|\varphi|_{A\otimes B}\|_\beta^*=1$ であったから，$\|\varphi|_{A\otimes\widetilde{B}}\|_{\beta_2}^*=1$．$\mathscr{K}=\{0\}$ の場合は，$\pi_2(B)=\{0\}$．ここで，

$$\varphi_1(x) = (\pi_1(x)\xi_\varphi|\xi_\varphi) \quad (x\in A)$$
$$\varphi_2(y+\lambda 1) = \lambda \quad (y\in B,\,\lambda\in\mathbb{C})$$

とすれば，φ_1 と φ_2 はそれぞれ A と $\widetilde{B}$ 上の状態で，$A\otimes\widetilde{B}$ 上で $\varphi(z)=(\varphi_1\otimes\varphi_2)(z)$ である．$\|\cdot\|_{\min}\leqq\|\cdot\|_{\beta_2}$ であるから，$\|\varphi|_{A\otimes\widetilde{B}}\|_{\beta_2}^*\leqq\|\varphi|_{A\otimes\widetilde{B}}\|_{\min}^*=1$．したがって，命題 1.14.11 により，$\|\varphi|_{A\otimes\widetilde{B}}\|_{\beta_2}^*=1$．いずれの場合にも，$\varphi$ は $A\otimes\widetilde{B}$ 上で $A\otimes_{\beta_2}\widetilde{B}$ の状態と一致する．したがって，$A\otimes\widetilde{B}$ の元 z に対して

$$\begin{aligned}
\|z\|_{\beta_1}^2 = \|z^*z\|_{\beta_1} &= \sup\{\varphi(z^*z)\mid\varphi\in P(A\otimes_{\beta_1}\widetilde{B})\} \\
&\leqq \sup\{\varphi(z^*z)\mid\varphi\in S(A\otimes_{\beta_2}\widetilde{B})\} = \|z\|_{\beta_2}^2.
\end{aligned}$$

ゆえに，$\|\cdot\|_{\beta_1}\leqq\|\cdot\|_{\beta_2}$．$\beta_1$ と β_2 を取りかえれば $\|\cdot\|_{\beta_1}=\|\cdot\|_{\beta_2}$ を得る． ∎

2.5.4 von Neumann 環のテンソル積の一意性

御園生善尚は von Neumann 環のテンソル積は作用している Hilbert 空間によらず，同型を除き一意的に決まることを示した[10]．ここではその議論をしよう．

172   2 von Neumann 環

von Neumann 環 $\mathcal{M}, \mathcal{N}$ の前双対空間の代数的テンソル積 $\mathcal{M}_* \otimes \mathcal{N}_*$ は前項の意味でのテンソル積 $\mathcal{M}^* \overline{\otimes} \mathcal{N}^*$ の部分空間であるから，その閉包を $\mathcal{M}_* \overline{\otimes} \mathcal{N}_*$ で表す．この Banach 空間 $E = \mathcal{M}_* \overline{\otimes} \mathcal{N}_*$ は C^* 環 $A = \mathcal{M} \otimes_{\min} \mathcal{N}$ の双対空間 A^* に含まれるから，境の定理 2.3.17 の証明の議論をそのまま使うことができて，恒等写像 id: $E \to A^*$ の転置写像 ${}^t\mathrm{id}: A^{**} \to E^*$ はそれぞれの弱*位相に関して連続である．このとき，$\mathcal{I} = \mathrm{Ker}\,{}^t\mathrm{id}$ は W^* 環 A^{**} の σ 弱閉両側イデアルである．実際，$z \in \mathcal{I}$, $x, x' \in \mathcal{M}$, $y, y' \in \mathcal{N}$ ならば，任意の $\varphi \in \mathcal{M}_*, \psi \in \mathcal{N}_*$ に対して，

$$(\varphi \otimes \psi)({}^t\mathrm{id}((x \otimes y)z(x' \otimes y'))) = (\mathrm{id}(\varphi \otimes \psi))((x \otimes y)z(x' \otimes y'))$$
$$= (\mathrm{id}(x'\varphi x \otimes y'\psi y))(z) = 0$$

となるので，$(\mathcal{M} \otimes \mathcal{N})z(\mathcal{M} \otimes \mathcal{N}) \subset \mathcal{I}$．$\mathcal{M} \otimes \mathcal{N}$ は A においてノルム稠密であり，A は A^{**} において弱*稠密であるから，$A^{**}zA^{**} \subset \mathcal{I}$．よって，$\mathcal{I}$ は W^* 環 A^{**} の σ 弱閉両側イデアルである．したがって，A^{**} の中心に射影 e が存在して，双対空間 E^* は Banach 空間として W^* 環 $A^{**}e$ と同型になり，それぞれの弱*位相に関して同相になっている．

定義 2.5.24   von Neumann 環 $\mathcal{M}, \mathcal{N}$ の前双対空間をそれぞれ $\mathcal{M}_*, \mathcal{N}_*$ とする．そのとき，$(\mathcal{M}_* \overline{\otimes} \mathcal{N}_*)^*$ を $\mathcal{M}$ と $\mathcal{N}$ の **W^*テンソル積**といい，$\mathcal{M} \overline{\otimes} \mathcal{N}$ で表す．   ⬜

定理 2.5.25   von Neumann 環 $\mathcal{M}, \mathcal{N}$ の忠実かつ正規な表現をそれぞれ π_1, π_2 とする．そのとき，$\mathcal{M} \otimes_{\min} \mathcal{N}$ の表現 $\pi_1 \otimes \pi_2$ の W^*テンソル積 $\mathcal{M} \overline{\otimes} \mathcal{N}$ への拡張で，定義 2.5.1 の意味でのテンソル積 $\pi_1(\mathcal{M}) \overline{\otimes} \pi_2(\mathcal{N})$ の上への忠実かつ正規な表現が一意的に存在する．   ⬜

［証明］   極小ノルムの定義により，$\pi_1 \otimes \pi_2$ は極小ノルムに関して有界である．したがって，$\pi_1 \otimes \pi_2$ の転置 ${}^t(\pi_1 \otimes \pi_2): (\pi_1(\mathcal{M}) \overline{\otimes} \pi_2(\mathcal{N}))^* \to (\mathcal{M} \otimes_{\min} \mathcal{N})^*$ も有界である．表現 π_1, π_2 は忠実かつ正規であるから，

$${}^t(\pi_1 \otimes \pi_2)(\pi_1(\mathcal{M})_* \otimes \pi_2(\mathcal{N})_*) = \mathcal{M}_* \otimes \mathcal{N}_* \,.$$

---

10)   On direct product of W^*-algebras, *Tôhoku Math. J.*, **6**(1954), 189-204.

von Neumann 環の前双対空間の元は Hilbert 空間のベクトルから作られるので，前双対空間の代数的テンソル積 $\pi_1(\mathcal{M})_* \otimes \pi_2(\mathcal{N})_*$ はノルム位相に関して前双対空間 $(\pi_1(\mathcal{M})\overline{\otimes}\pi_2(\mathcal{N}))_*$ において稠密である．したがって，${}^t(\pi_1\otimes\pi_2)$ を前双対空間 $(\pi_1(\mathcal{M})\overline{\otimes}\pi_2(\mathcal{N}))_*$ への制限した写像

$$(\pi_1(\mathcal{M})\overline{\otimes}\pi_2(\mathcal{N}))_* \to \mathcal{M}_*\overline{\otimes}\mathcal{N}_*$$

の像はノルム稠密である．したがって，この写像の双対空間への転置 π は W^* 環 $\mathcal{M}\overline{\otimes}\mathcal{N}$ から von Neumann 環 $\pi_1(\mathcal{M})\overline{\otimes}\pi_2(\mathcal{N})$ への σ 弱連続な忠実表現であり，その像は σ 弱稠密である．ゆえに，命題 2.1.14 により π は全射である． ∎

系 2.5.26 von Neumann 環 $\mathcal{M}_i (i=1,2)$ から von Neumann 環 $\mathcal{N}_i$ への正規準同型写像を π_i とする．このとき，$\mathcal{M}_1\overline{\otimes}\mathcal{M}_2$ から $\mathcal{N}_1\overline{\otimes}\mathcal{N}_2$ への正規準同型写像 π で

$$\pi(x \otimes y) = \pi_1(x) \otimes \pi_2(y) \quad (x \in \mathcal{M}_1,\ y \in \mathcal{M}_2)$$

を満たすものが一意的に存在する．とくに，π_1, π_2 が単射ならば，π も単射である． □

[証明] 命題 2.1.14 によって，$\pi_1(\mathcal{M}_1), \pi_2(\mathcal{M}_2)$ は von Neumann 環であるから，$\pi_1(\mathcal{M}_1)=\mathcal{N}_1, \pi_2(\mathcal{M}_2)=\mathcal{N}_2$ としてもよい．

定理 2.5.25 によって，W^* テンソル積と定義 2.5.1 の意味でのテンソル積は同一視することができるから，W^* テンソル積 $\mathcal{M}_1\overline{\otimes}\mathcal{M}_2$ から定義 2.5.1 の意味でのテンソル積 $\mathcal{N}_1\overline{\otimes}\mathcal{N}_2$ の上への正規準同型があることを示せばよい．定理 2.5.25 の証明と同様にして ${}^t(\pi_1\otimes\pi_2)((\mathcal{N}_1\overline{\otimes}\mathcal{N}_2)_*)\subset\mathcal{M}_{1*}\overline{\otimes}\mathcal{M}_{2*}$ である．したがって，${}^t(\pi_1\otimes\pi_2)$ を $(\mathcal{N}_1\overline{\otimes}\mathcal{N}_2)_*$ から $(\mathcal{M}_1\overline{\otimes}\mathcal{M}_2)_*$ への写像とみての転置写像を π とすれば，これが求めるものになっている．

π_1, π_2 が単射ならば，定理 2.5.25 から明らかに π も単射である． ∎

上の系の正規準同型写像 π を，C^* 環の場合と同じように，$\pi_1\otimes\pi_2$ で表す．

命題 2.5.27 von Neumann 環 $\mathcal{M}, \mathcal{N}$ それぞれの射影 e, f に対して，

$$(\mathcal{M}\overline{\otimes}\mathcal{N})_{e\otimes f} = \mathcal{M}_e\overline{\otimes}\mathcal{N}_f.$$ □

174　2　von Neumann 環

[証明]　まず, $(e \otimes f)(\mathcal{H} \otimes \mathcal{K})$ は $(e \otimes f)(\mathcal{H} \odot \mathcal{K}) = e\mathcal{H} \odot f\mathcal{K}$ の閉包であるから, $(e \otimes f)(\mathcal{H} \otimes \mathcal{K}) = e\mathcal{H} \otimes f\mathcal{K}$ である.

$$e\mathcal{M}e \otimes f\mathcal{N}f = (e \otimes f)(\mathcal{M} \otimes \mathcal{N})(e \otimes f),$$

$$(e \otimes f)(\mathcal{M}\overline{\otimes}\mathcal{N})(e \otimes f) \subset \overline{(e \otimes f)(\mathcal{M} \otimes \mathcal{N})(e \otimes f)}$$

$$\subset \overline{(e \otimes f)(\mathcal{M}\overline{\otimes}\mathcal{N})(e \otimes f)}$$

$$= (e \otimes f)(\mathcal{M}\overline{\otimes}\mathcal{N})(e \otimes f)$$

であるから, $\overline{e\mathcal{M}e \otimes f\mathcal{N}f} = (e \otimes f)(\mathcal{M}\overline{\otimes}\mathcal{N})(e \otimes f)$ である. 閉包は σ 弱位相による. 写像

$$x \in (e \otimes f)\mathcal{L}(\mathcal{H} \otimes \mathcal{K})(e \otimes f) \mapsto x|_{e\mathcal{H} \otimes f\mathcal{K}} \in \mathcal{L}(e\mathcal{H} \otimes f\mathcal{K})$$

は σ 弱位相に関して同相写像である. したがって, $\mathcal{M}_e \overline{\otimes} \mathcal{N}_f = (\mathcal{M}\overline{\otimes}\mathcal{N})_{e \otimes f}$ である. ∎

系 2.5.28　von Neumann 環 $\mathcal{M}, \mathcal{N}$ 上の正規な正線形汎関数 φ, ψ に対して, $\mathcal{M} \otimes \mathcal{N}$ 上の汎関数 $\varphi \otimes \psi$ は von Neumann 環 $\mathcal{M}\overline{\otimes}\mathcal{N}$ の正規な正線形汎関数に一意的に拡張される. 以後, この拡張も同じ記号 $\varphi \otimes \psi$ で表す. さらに $s(\varphi \otimes \psi) = s(\varphi) \otimes s(\psi)$ である. □

[証明]　正線形汎関数 φ と ψ が正規であるから, GNS 表現 $\{\pi_\varphi, \mathcal{H}_\varphi, \xi_\varphi\}$ と $\{\pi_\psi, \mathcal{H}_\psi, \xi_\psi\}$ も正規である. したがって, 系 2.5.26 により, $\mathcal{M}\overline{\otimes}\mathcal{N}$ の表現 $\pi_\varphi \otimes \pi_\psi$ も正規である. ここで,

$$\omega(x) = ((\pi_\varphi \otimes \pi_\psi)(x)(\xi_\varphi \otimes \xi_\psi)|\xi_\varphi \otimes \xi_\psi) \quad (x \in \mathcal{M}\overline{\otimes}\mathcal{N})$$

とすれば, ω は $\mathcal{M}\overline{\otimes}\mathcal{N}$ の正規な正線形汎関数で $\varphi \otimes \psi$ の拡張になっている.

まず, φ, ψ が忠実な場合. ξ_φ, ξ_ψ はそれぞれ $\pi_\varphi(\mathcal{M})', \pi_\psi(\mathcal{N})'$ の巡回ベクトルである. $\pi_\varphi(\mathcal{M})'\overline{\otimes}\pi_\psi(\mathcal{N})' \subset (\pi_\varphi(\mathcal{M})\overline{\otimes}\pi_\psi(\mathcal{N}))'$ であるから, $\xi_\varphi \otimes \xi_\psi$ は $(\pi_\varphi(\mathcal{M})\overline{\otimes}\pi_\psi(\mathcal{N}))'$ の巡回ベクトルでもある. したがって, $\pi_\varphi(\mathcal{M})\overline{\otimes}\pi_\psi(\mathcal{N})$ の分離ベクトルである. ゆえに, ω は忠実である.

一般の場合. $\omega(1 - s(\varphi) \otimes s(\psi)) = 0$ であるから $s(\varphi) \otimes s(\psi) \geqq s(\omega)$ である. φ, ψ はそれぞれ $\mathcal{M}_{s(\varphi)}, \mathcal{N}_{s(\psi)}$ 上で忠実である. ここでは, φ を $s(\varphi)\mathcal{M}s(\varphi)$ 上の線形汎関数と同一視している. ψ に対しても同様である. したがって, ω は

$\mathscr{M}_{s(\varphi)}\overline{\otimes}\mathscr{N}_{s(\psi)}$ 上で忠実である. 命題 2.5.27 により

$$\mathscr{M}_{s(\varphi)}\overline{\otimes}\mathscr{N}_{s(\psi)} = (\mathscr{M}\overline{\otimes}\mathscr{N})_{s(\varphi)\otimes s(\psi)}$$

となるから, $s(\omega)=s(\varphi)\otimes s(\psi)$ である. ∎

2.5.5 可換子環定理

以下, この項では冨田稔による可換子環定理 2.5.31 の証明をする. この結果は冨田により, 冨田理論から直ちに得られる結果として示されたが, その後, 竹崎, 境, M. Rieffel と A. van Daele により直接的な証明が与えられている. ここでの証明は Rieffel と Van Daele によるものである[11].

$\mathscr{H}$ を複素 Hilbert 空間とする. $(\xi|\eta)_{\mathbb{R}}=\mathrm{Re}\,(\xi|\eta)$ と置くと, $\mathscr{H}$ は内積 $(\cdot|\cdot)_{\mathbb{R}}$ をもつ実 Hilbert 空間である. $\mathscr{H}$ の実線形部分空間 E に対して

$$E^{\circ} = \{\xi \in \mathscr{H} \mid \forall\, \eta \in E : (\xi|\eta)_{\mathbb{R}} = 0\}$$

であり, E° は内積 $(\cdot|\cdot)_{\mathbb{R}}$ に関する E の直交補空間である. $\mathscr{H}$ 上の von Neumann 環 $\mathscr{M}$ と $\xi_0\in\mathscr{H}$ に対して, $i\mathscr{M}'_h\xi_0\subset(\mathscr{M}_h\xi_0)^{\circ}$ が成り立つ. 実際, $x'\in\mathscr{M}'_h, x\in\mathscr{M}_h$ とすると $(xx')^*=xx'$ であるから, $(ix'\xi_0|x\xi_0)_{\mathbb{R}}=-\mathrm{Im}\,(xx'\xi_0|\xi_0)$ $=0$. したがって, $ix'\xi_0\in(\mathscr{M}_h\xi_0)^{\circ}$.

補題 2.5.29 $\mathscr{M}$ を Hilbert 空間 $\mathscr{H}$ 上の von Neumann 環とし, 巡回ベクトル ξ_0 をもっているとする. $\mathscr{M}_1,\mathscr{M}_2$ をそれぞれ $\mathscr{M},\mathscr{M}'$ の部分 von Neumann 環とする. そのとき次の 3 つの条件は同値である.

(i) $\mathscr{M}_1=\mathscr{M}$ かつ $\mathscr{M}_2=\mathscr{M}'$.

(ii) $(\mathscr{M}_1)_h\xi_0+i(\mathscr{M}_2)_h\xi_0$ は $\mathscr{H}$ で稠密である.

(iii) $((\mathscr{M}_1)_h\xi_0)^{\circ}=i\overline{(\mathscr{M}_2)_h\xi_0}$. □

[証明] (i)⇒(ii) 条件(i)を仮定する. $\xi\in(\mathscr{M}_h\xi_0+i\mathscr{M}'_h\xi_0)^{\circ}$ とする. $\{\varepsilon_1, \varepsilon_2\}$ を $\mathbb{C}^2$ の規格直交基底とする. $\eta=\xi_0\otimes\varepsilon_1+\xi\otimes\varepsilon_2$ と置き, e' を $\overline{(\mathscr{M}\otimes\mathbb{C}1)\eta}$ への射影とする. $e'\in(\mathscr{M}\otimes\mathbb{C}1)'=\mathscr{M}'\overline{\otimes}\mathscr{L}(\mathbb{C}^2)$ であるから

---

11) M. A. Rieffel and A. van Daele: The commutation theorem for tensor products of von Neumann algebras, *Bull. London Math. Soc.*, **7**(1975), 257-260.

$$e' = \begin{pmatrix} p & r \\ r^* & q \end{pmatrix} \quad (p, q, r \in \mathscr{M}',\ 0 \leqq p \leqq 1,\ 0 \leqq q \leqq 1)$$

と書ける．$e'\eta = \eta$ であるから $p\xi_0 + r\xi = \xi_0$ である．$\xi \in (\mathscr{M}_h \xi_0)^\circ$ であるから，任意の $x \in \mathscr{M}_h$ に対して $(x\xi_0|\xi) = -(x\xi|\xi_0)$ である．したがって，任意の $x \in \mathscr{M}$ に対しても $(x\xi_0|\xi) = -(x\xi|\xi_0)$ である．よって，$((x \otimes 1)\eta|\xi \otimes \varepsilon_1 + \xi_0 \otimes \varepsilon_2) = 0$ である．ゆえに，$e'(\xi \otimes \varepsilon_1 + \xi_0 \otimes \varepsilon_2) = 0$．したがって，$p\xi + r\xi_0 = 0$ である．同様にして，$\xi \in (i\mathscr{M}'_h \xi_0)^\circ$ であるから，$y \in \mathscr{M}'_h$ に対して $(y\xi_0|\xi) = (y\xi|\xi_0)$ となる．よって，$(r\xi_0|\xi) = (r\xi|\xi_0)$ となり，

$$0 \leqq (p\xi|\xi) = -(r\xi_0|\xi) = -(r\xi|\xi_0) = -((1-p)\xi_0|\xi_0) \leqq 0.$$

したがって，$p\xi = 0$ かつ $(1-p)\xi_0 = 0$．ξ_0 は $\mathscr{M}'$ に対して分離ベクトルであるから $p = 1$．ゆえに，$\xi = 0$ である．よって条件(ii)が示せた．

(ii)$\Rightarrow$(iii)　$\mathscr{M}_2 \subset \mathscr{M}'_1$ であるから，$i\overline{(\mathscr{M}_2)_h \xi_0} \subset ((\mathscr{M}_1)_h \xi_0)^\circ$．条件(ii)により，$i(\mathscr{M}_2)_h \xi_0$ は $((\mathscr{M}_1)_h \xi_0)^\circ$ において稠密であるから，条件(iii)が成り立つ．

(iii)$\Rightarrow$(i)　条件(iii)により，

$$(\mathscr{M}_h \xi_0)^\circ \subset ((\mathscr{M}_1)_h \xi_0)^\circ = i\overline{(\mathscr{M}_2)_h \xi_0} \subset ((\mathscr{M}_2)'_h \xi_0)^\circ \subset (\mathscr{M}_h \xi_0)^\circ.$$

よって，$(\mathscr{M}_h \xi_0)^\circ = ((\mathscr{M}_1)_h \xi_0)^\circ$．したがって，$\overline{(\mathscr{M}_1)_h \xi_0} = \overline{\mathscr{M}_h \xi_0}$ である．よって，ξ_0 は $\mathscr{M}_1$ に対して巡回ベクトルである．条件(iii)により，$i(\mathscr{M}_1)'_h \xi_0 \subset ((\mathscr{M}_1)_h \xi_0)^\circ = i\overline{(\mathscr{M}_2)_h \xi_0}$ となるから，$a \in (\mathscr{M}_1)'_h$ に対して，$(\mathscr{M}_2)_h$ の列 $\{a_n\}_n$ があって $a\xi_0 = \lim_{n \to \infty} a_n \xi_0$ となる．さらに，$b \in \mathscr{M}'_2$，$x, y \in \mathscr{M}_1$ とすれば，

$$(bax\xi_0|y\xi_0) = (bxa\xi_0|y\xi_0) = \lim_{n \to \infty}(bxa_n\xi_0|y\xi_0) = \lim_{n \to \infty}(a_n bx\xi_0|y\xi_0)$$
$$= \lim_{n \to \infty}(bx\xi_0|ya_n\xi_0) = (bx\xi_0|ya\xi_0) = (abx\xi_0|y\xi_0).$$

したがって，$ba = ab$．よって，$\mathscr{M}'_1 \subset \mathscr{M}''_2 = \mathscr{M}_2$．仮定により，$\mathscr{M}'_1 \supset \mathscr{M}' \supset \mathscr{M}_2$ であるから，$\mathscr{M}_1 = \mathscr{M}$ かつ $\mathscr{M}_2 = \mathscr{M}'$ である．∎

補題 2.5.30　E, F をそれぞれ Hilbert 空間 $\mathscr{H}, \mathscr{K}$ の実部分ベクトル空間とする．部分空間 $E + iE$，$F + iF$ がそれぞれ $\mathscr{H}, \mathscr{K}$ において稠密ならば，部分空間 $E \odot F + i(E^\circ \odot F^\circ)$ も $\mathscr{H} \otimes \mathscr{K}$ において稠密である．□

2.5 von Neumann 環と C^*環のテンソル積　177

[証明]　テンソル積 $\mathscr{H} \otimes \mathscr{K}$ も内積 $(\cdot|\cdot)_\mathbb{R}=\mathrm{Re}(\cdot|\cdot)$ に関して実 Hilbert 空間になる. $\zeta \in (E \odot F + i(E^\circ \odot F^\circ))^\circ$ に対して, $f(\xi,\eta)=(\xi \otimes \eta|\zeta)_\mathbb{R}$ とすれば, f は $\mathscr{H} \times \mathscr{K}$ 上の有界な実双線形汎関数である. したがって, Riesz の定理により, 実 Hilbert 空間 $\mathscr{H}$ から実 Hilbert 空間 $\mathscr{K}$ への有界実線形作用素 a で $f(\xi,\eta)=(a\xi|\eta)_\mathbb{R}$ を満たすものが存在する. このとき,

$$(ai\xi|\eta)_\mathbb{R} = (i\xi \otimes \eta|\zeta)_\mathbb{R} = (\xi \otimes i\eta|\zeta)_\mathbb{R} = (a\xi|i\eta)_\mathbb{R} = (-ia\xi|\eta)_\mathbb{R}$$

が成り立つので, a は複素 Hilbert 空間 $\mathscr{H}$ から複素 Hilbert 空間 $\mathscr{K}$ への有界共役線形作用素でもある. このとき, $(a^*\eta|\xi)_\mathbb{R}=(a\xi|\eta)_\mathbb{R}$ も成り立つ. とくに, $\xi \in E$, $\eta \in F$ の場合には, $(a\xi|\eta)_\mathbb{R}=(\xi \otimes \eta|\zeta)_\mathbb{R}=0$ となるので, $aE \subset F^\circ$ かつ $a^*F \subset E^\circ$ が成り立つ. また, $\xi' \in E^\circ, \eta' \in F^\circ$ の場合には, $(-ia\xi'|\eta')_\mathbb{R}=(i(\xi' \otimes \eta')|\zeta)_\mathbb{R}=0$. したがって, $a\xi' \in i(F^\circ)^\circ=i\overline{F}$. よって, $aE^\circ \subset i\overline{F}$. ゆえに

$$a^*aE^\circ \subset a^*(i\overline{F}) \subset -i\overline{a^*F} \subset iE^\circ, \quad (a^*a)^2 E^\circ \subset E^\circ.$$

定理 1.11.2 の証明のように, 複素 Hilbert 空間 $\mathscr{H}$ 上の正線形作用素 a^*a を $(a^*a)^2$ の実係数多項式により近似すると, $a^*aE^\circ \subset E^\circ$ となる. したがって, $a^*aE^\circ \subset E^\circ \cap iE^\circ$. ここで, $\xi \in E^\circ \cap iE^\circ$ とすると, 任意の $\eta \in E$ に対して, $\mathrm{Re}(\xi|\eta)=0$ かつ $\mathrm{Re}(-i\xi|\eta)=0$ となるので,

$$(\xi|\eta) = i\mathrm{Im}(\xi|\eta) = i\mathrm{Re}(-i\xi|\eta) = 0,$$
$$(\xi|i\eta) = i\mathrm{Im}(\xi|i\eta) = i\mathrm{Re}(\xi|\eta) = 0.$$

よって, 任意の $\eta \in E+iE$ に対して $(\xi|\eta)=0$. 仮定により, $\overline{E+iE}=\mathscr{H}$ であるから, $\xi=0$. ゆえに, $a^*aE^\circ=\{0\}$. したがって, $aE^\circ=\{0\}$. E と F の役割を入れ換えると, $a^*F^\circ=\{0\}$ でもある. また, $aE^\circ=\{0\}$ から, $a^*\mathscr{K} \subset (E^\circ)^\circ=\overline{E}$ となるので, $a^*F \subset \overline{E} \cap E^\circ=\{0\}$. よって, $a^*(F+F^\circ)=\{0\}$. ゆえに, $a^*=0$. したがって, $a=0$ であり $\zeta=0$. ∎

定理 2.5.31(冨田)　von Neumann 環 $\mathscr{M}, \mathscr{N}$ に対し,

$$(\mathscr{M} \overline{\otimes} \mathscr{N})' = \mathscr{M}' \overline{\otimes} \mathscr{N}'. \qquad \square$$

[証明]　まず $\mathscr{M}, \mathscr{N}$ はそれぞれ作用する Hilbert 空間 $\mathscr{H}, \mathscr{K}$ において,

巡回ベクトル ξ_0, η_0 をもつものと仮定する. このとき, 集合 $\mathscr{M}_h\xi_0+i\mathscr{M}_h\xi_0$ と集合 $\mathscr{N}_h\eta_0+i\mathscr{N}_h\eta_0$ はそれぞれ $\mathscr{H}, \mathscr{K}$ において稠密である. したがって, 補題 2.5.30 により $\mathscr{M}_h\xi_0\odot\mathscr{N}_h\eta_0+i((\mathscr{M}_h\xi_0)^\circ\odot(\mathscr{N}_h\eta_0)^\circ)$ は $\mathscr{H}\otimes\mathscr{K}$ において稠密である. 補題 2.5.29 により $(\mathscr{M}_h\xi_0)^\circ=i\overline{\mathscr{M}_h'\xi_0}$ と $(\mathscr{N}_h\eta_0)^\circ=i\overline{\mathscr{N}_h'\eta_0}$ が成り立つから, $\mathscr{M}_h\xi_0\odot\mathscr{N}_h\eta_0+i(\mathscr{M}_h'\xi_0\odot\mathscr{N}_h'\eta_0)$ は $\mathscr{H}\otimes\mathscr{K}$ において稠密である. 一般に,

$$\mathscr{M}_h\xi_0 \odot \mathscr{N}_h\eta_0 \subset (\mathscr{M}\overline{\otimes}\mathscr{N})_h(\xi_0 \otimes \eta_0),$$

$$\mathscr{M}_h'\xi_0 \odot \mathscr{N}_h'\eta_0 \subset (\mathscr{M}'\overline{\otimes}\mathscr{N}')_h(\xi_0 \otimes \eta_0)$$

であるから, $(\mathscr{M}\overline{\otimes}\mathscr{N})_h(\xi_0\otimes\eta_0)+i(\mathscr{M}'\overline{\otimes}\mathscr{N}')_h(\xi_0\otimes\eta_0)$ は $\mathscr{H}\otimes\mathscr{K}$ において稠密である. $\xi_0\otimes\eta_0$ は $\mathscr{M}\overline{\otimes}\mathscr{N}$ の巡回ベクトルであるから, 補題 2.5.29 において, $\mathscr{M}_1=\mathscr{M}\overline{\otimes}\mathscr{N}$, $\mathscr{M}_2=\mathscr{M}'\overline{\otimes}\mathscr{N}'$ とすれば, $(\mathscr{M}\overline{\otimes}\mathscr{N})'=\mathscr{M}'\overline{\otimes}\mathscr{N}'$ となることがわかる.

つぎに一般の場合を示そう. $\mathscr{M}'\overline{\otimes}\mathscr{N}'\subset(\mathscr{M}\overline{\otimes}\mathscr{N})'$ は明らかであるから, 逆の包含関係を示す. そのために, 任意の $x\in(\mathscr{M}'\overline{\otimes}\mathscr{N}')'$, $y\in(\mathscr{M}\overline{\otimes}\mathscr{N})'$ に対する可換性を示す. まず, 任意の 0 でないベクトル $\xi\in\mathscr{H}$, $\eta\in\mathscr{K}$ に対して, $\overline{\mathscr{M}\xi}, \overline{\mathscr{N}\eta}$ への射影をそれぞれ e', f' とする. このとき, $e'\in\mathscr{M}'$, $f'\in\mathscr{N}'$ かつ ξ, η はそれぞれ $\mathscr{M}_{e'}, \mathscr{N}_{f'}$ の巡回ベクトルである. 命題 2.1.15 と命題 2.5.27 により,

$$((\mathscr{M}'\overline{\otimes}\mathscr{N}')')_{e'\otimes f'} = ((\mathscr{M}'\overline{\otimes}\mathscr{N}')_{e'\otimes f'})' = ((\mathscr{M}')_{e'}\overline{\otimes}(\mathscr{N}')_{f'})'$$

$$= ((\mathscr{M}_{e'})'\overline{\otimes}(\mathscr{N}_{f'})')' = \mathscr{M}_{e'}\overline{\otimes}\mathscr{N}_{f'},$$

$$((\mathscr{M}\overline{\otimes}\mathscr{N})')_{e'\otimes f'} = ((\mathscr{M}\overline{\otimes}\mathscr{N})_{e'\otimes f'})' = (\mathscr{M}_{e'}\overline{\otimes}\mathscr{N}_{f'})'.$$

したがって

$$(xy(\xi \otimes \eta)|\xi \otimes \eta)$$

$$= ((e' \otimes f')xy(e' \otimes f')(\xi \otimes \eta)|\xi \otimes \eta)$$

$$= \Big(((e' \otimes f')x(e' \otimes f'))((e' \otimes f')y(e' \otimes f'))(\xi \otimes \eta)\Big|\xi \otimes \eta\Big)$$

$$= \Big(((e' \otimes f')y(e' \otimes f'))((e' \otimes f')x(e' \otimes f'))(\xi \otimes \eta)\Big|\xi \otimes \eta\Big)$$

$$= (yx(\xi \otimes \eta)|\xi \otimes \eta).$$

よって，第 1.7 節の極分解により，$xy=yx$ となり，逆の包含関係 $(\mathscr{M}\overline{\otimes}\mathscr{N})'\subset(\mathscr{M}'\overline{\otimes}\mathscr{N}')''=\mathscr{M}'\overline{\otimes}\mathscr{N}'$ が示せた. ∎

系 2.5.32 von Neumann 環 $\mathscr{M}_i, \mathscr{N}_i\,(i=1,2)$ に対して，

$$(\mathscr{M}_1\overline{\otimes}\mathscr{M}_2) \cap (\mathscr{N}_1\overline{\otimes}\mathscr{N}_2) = (\mathscr{M}_1 \cap \mathscr{N}_1)\overline{\otimes}(\mathscr{M}_2 \cap \mathscr{N}_2),$$

$$(\mathscr{M}_1\overline{\otimes}\mathscr{M}_2) \vee (\mathscr{N}_1\overline{\otimes}\mathscr{N}_2) = (\mathscr{M}_1 \vee \mathscr{N}_1)\overline{\otimes}(\mathscr{M}_2 \vee \mathscr{N}_2).$$

ただし，$\mathscr{M}\vee\mathscr{N}$ は $\mathscr{M}$ と $\mathscr{N}$ で生成された von Neumann 環である. □

[証明]　後の式は定義から明らか. 前の式は後の式と定理 2.5.31 より明らか. ∎

系 2.5.33 von Neumann 環 $\mathscr{M}, \mathscr{N}$, $\mathscr{M}\overline{\otimes}\mathscr{N}$ の中心をそれぞれ $Z(\mathscr{M})$, $Z(\mathscr{N}), Z(\mathscr{M}\overline{\otimes}\mathscr{N})$ とすれば，

$$Z(\mathscr{M}\overline{\otimes}\mathscr{N}) = Z(\mathscr{M})\overline{\otimes}Z(\mathscr{N}).$$

□

2.6　von Neumann 環の分類

Cantor の集合の濃度の考え方を，集合の代わりに射影に対しても一般化し，「射影の濃度」ともいうべきものを用いて von Neumann 環を大きく I 型，II 型，III 型と 3 つのクラスに分類する. これは，第 2.6 節第 4 項以降でわかるように，トレイスという概念によって捉えなおすことができる. この節では I 型と II 型の von Neumann 環の基本的な構造について詳しく調べる. これらのクラスに属する因子環の例は次の第 2.7 節で与える. III 型因子環のさらに細かい分類については第 2.9 節で触れるが，詳細は [6] に譲る. I 型の分類は von Neumann 環の立場からはほぼ完成しているといってよいであろうが，II 型，III 型についてはまだ特別なクラス以外はよくわかっていない.

分類の方法は Murray と von Neumann による射影元の構造を用いるものと Dixmier によるトレイスを用いるものがある. ここでは歴史的順序に従って話を進める.

2.6.1 射影と von Neumann 環の分類

つぎの命題は von Neumann 環の射影のなす完備束が第 2.2 節第 1 項末の注で述べた量子論理に近い役割を果たすことを示唆している.

命題 2.6.1 (i) von Neumann 環 $\mathscr{M}$ の射影全体の集合 $\mathrm{Proj}(\mathscr{M})$ は完備束である. すなわち, $\mathrm{Proj}(\mathscr{M})$ の空でない部分集合 $\mathscr{E}$ は上限と下限をもつ.

(ii) この完備束は第 2.2 節第 1 項末注の弱モジュラー条件 (a) を満たす. ☐

[証明] (i) σ 弱閉な左イデアル共通部分 $\bigcap_{e\in\mathscr{E}}\mathscr{M}e$ は再び σ 弱閉な左イデアルであるから, $p\in\mathrm{Proj}(\mathscr{M})$ を用いて $\mathscr{M}p$ と表せる. このとき, $p\leqq e$ がすべての $e\in\mathscr{E}$ に対して成り立つ. もし $q\leqq e\,(q\in\mathrm{Proj}(\mathscr{M}))$ がすべての $e\in\mathscr{E}$ に対して成り立てば, $\mathscr{M}q\subset\bigcap_{e\in\mathscr{E}}\mathscr{M}e$. したがって, $q\leqq p$. ゆえに, p は $\mathscr{E}$ の $\mathrm{Proj}(\mathscr{M})$ における下限である.

$\mathscr{E}'=\{1-e|e\in\mathscr{E}\}$ の下限を f とすれば, 任意の $e\in\mathscr{E}$ に対して $f\leqq 1-e$ つまり $e\leqq 1-f$. よって, $1-f$ は $\mathscr{E}$ の上界である. $\mathscr{E}$ の任意の上界を q とすれば, 任意の $e\in\mathscr{E}$ に対して $e\leqq q$ つまり $1-q\leqq 1-e$. したがって $1-q$ は $\mathscr{E}'$ の下界である. ゆえに $1-q\leqq f$ つまり $1-f\leqq q$. よって $1-f$ は $\mathscr{E}$ の上限である.

(ii) $e\leqq f$ ならば, $e\vee(1-f)=e+(1-f)$. ゆえに, $f\wedge((1-f)\vee e)=f\wedge e=e$ かつ $(1-e)\wedge(e\vee(1-f))=(1-e)\wedge(1-f)=1-f$. この後の式から, $e\vee((1-e)\wedge f)=f$. ∎

ここで得られた $\mathscr{E}$ の下限は Hilbert 空間 $\mathscr{H}$ の閉部分空間 $\bigcap_{e\in\mathscr{E}}e\mathscr{H}$ への射影である. $\mathscr{E}$ の上限は $\bigcup_{e\in\mathscr{E}}e\mathscr{H}$ から生成される閉部分空間への射影である. これら $\mathscr{E}$ の上限と下限をそれぞれ

$$\sup\mathscr{E}=\bigvee_{e\in\mathscr{E}}e,\quad \inf\mathscr{E}=\bigwedge_{e\in\mathscr{E}}e$$

で表す.

この節では, $\mathscr{M}$ は Hilbert 空間 $\mathscr{H}$ 上の von Neumann 環とし, その中心 $Z(\mathscr{M})$ を $\mathscr{Z}$ とする.

定義 2.6.2 射影 $e,f\in\mathrm{Proj}(\mathscr{M})$ に対して $v^*v=e,vv^*=f$ を満たす半等長元 $v\in\mathscr{M}$ が存在するとき, e と f は**同値**であるといい, $e\sim f$ で表す. e が $f_1\leqq f$ を満たす $\mathscr{M}$ の射影 f_1 と同値のとき, $e\precsim f$ あるいは $f\succsim e$ で表す. ☐

明らかに "~" は同値関係である. $\{e_i\}_{i\in I}$ と $\{f_i\}_{i\in I}$ がそれぞれ互いに直交する $\mathcal{M}$ の射影の族で, $e_i\sim f_i\,(i\in I)$ ならば $\sum_{i\in I} e_i\sim\sum_{i\in I} f_i$ である. 関係 "$\precsim$" は反射的かつ推移的である. 以後, 互いに直交する射影の族を射影の直交族という言い方もする. $\mathcal{M}$ が可換でないかぎりこの関係は対称ではないが, 集合論における Bernstein の定理と類似の命題が成り立つ.

命題 2.6.3 射影 $e,f\in\mathrm{Proj}(\mathcal{M})$ に対して, $e\precsim f$ かつ $f\precsim e$ ならば, $e\sim f$. □

[証明] 仮定により $e=v^*v$ かつ $vv^*\leq f$ を満たす半等長元 v と, $f=w^*w$ かつ $ww^*\leq e$ を満たす半等長元 w が存在する. $p\leq e$ である $\mathcal{M}$ の射影 p に対して $F(p)=e-w(f-vpv^*)w^*$ と置く. F は $\mathrm{Proj}(\mathcal{M})$ に値をもつ単調増加関数である. $\mathscr{P}=\{p\in\mathrm{Proj}(\mathcal{M})\,|\,p\leq e, p\leq F(p)\}$ とする. $0\in\mathscr{P}$ であるから, $\mathscr{P}$ は空ではない. そこで, $e_0=\sup\mathscr{P}$ と置く. $p\in\mathscr{P}$ に対して $p\leq F(p)\leq F(e_0)$ であるから, $e_0\leq F(e_0)$ である. したがって, $F(e_0)\leq F(F(e_0))$ となって, $F(e_0)\in\mathscr{P}$ である. よって, $F(e_0)\leq e_0$. ゆえに, $F(e_0)=e_0$, すなわち, $w(f-ve_0v^*)w^*=e-e_0$. ゆえに

$$e = e_0 + (e - e_0) \sim ve_0v^* + (f - ve_0v^*) = f.$$ ∎

命題 2.6.4 任意の $x\in\mathcal{M}$ に対して $s(x)\sim s(x^*)$ である. □

[証明] $x=v|x|$ を x の極分解とすると, $v^*v=s(x), vv^*=s(x^*)$ である. ∎

命題 2.6.5 任意の射影 $e,f\in\mathcal{M}$ に対して $(e\vee f-e)\sim(f-e\wedge f)$ である. □

[証明] $x=f(1-e)$ とすれば, $s(x)=e\vee f-e$ かつ $s(x^*)=f-e\wedge f$ となることを示せばよい. $xe=0$ であるから $1-s(x)\geq e$. $(1-s(x))-e\leq 1-e$ であるから $f((1-s(x))-e)=f(1-e)((1-s(x))-e)=0$. したがって,

$$(1 - s(x)) - e \leq (1 - e) \wedge (1 - f).$$

他方, $x(e+(1-e)\wedge(1-f))=0$ であるから

$$1 - s(x) \geq e + (1 - e) \wedge (1 - f).$$

よって, $s(x)=1-e-(1-e)\wedge(1-f)$ である. また, $e\vee f=1-(1-e)\wedge(1-f)$ であるから, $s(x)=e\vee f-e$. 同様に

182　2　von Neumann 環

$$s(x^*) = s((1-e)f) = (1-f) \vee (1-e) - (1-f) = f - e \wedge f. \quad \blacksquare$$

$\mathscr{L}$ の射影全体は完備束であるから，$\mathscr{M}$ の射影 e に対して $e \leqq z$ なる最小の $\mathscr{L}$ の射影 z が存在する．それを e の**中心台**といい $c(e)$ で表す．$xey\,(x, y \in \mathscr{M})$ の線形結合全体の σ 弱閉包 $\mathscr{I}$ は $\mathscr{M}$ の両側イデアルであり，$\mathscr{I} = \mathscr{M}c(e)$ である．なぜなら，$\mathscr{M}e\mathscr{M}(1-c(e)) = \mathscr{M}e(1-c(e)).\mathscr{M} = \{0\}$ であるから，$\mathscr{I}(1-c(e)) = \{0\}$．したがって，$z$ を $\mathscr{I} = \mathscr{M}z$ なる $\mathscr{L}$ の射影とすると，$z \leqq c(e)$．また，$e \leqq z$ から $c(e) \leqq z$．ゆえに，$z = c(e)$ である．

補題 2.6.6　射影 $e \in \mathrm{Proj}(\mathscr{M})$ に対して $c(e) = \sup\{f \in \mathrm{Proj}(\mathscr{M}) | f \sim e\}$ である．　　　　　　□

[証明]　$z = \sup\{f \in \mathrm{Proj}(\mathscr{M}) | f \sim e\}$ と置く．$v \in \mathscr{M}$ を始射影 e，終射影 f をもつ半等長とする．このとき，任意のユニタリ $u \in \mathscr{M}$ に対して，uv は e を始射影にもつ半等長であり，$ufu^* = (uv)(uv)^* \leqq z$ となる．このとき，$f \leqq u^*zu$ となるから，$z \leqq u^*zu$．ここで，u を u^* と置き換えると逆向きの不等式が得られるので，$z = u^*zu$．したがって $z \in \mathscr{L}$ となる．また，$e \leqq z$ であるから $c(e) \leqq z$．$\mathscr{I}$ を e の生成する σ 弱閉両側イデアルとすると，$f \sim e$ ならば $f \in \mathscr{I}$ であるから，$z \leqq c(e)$．ゆえに，$z = c(e)$．　　　　　　■

補題 2.6.7　射影 $e, f \in \mathrm{Proj}(\mathscr{M})$ に対して，次の 3 条件は同値である．

(i)　$c(e)c(f) = 0$.

(ii)　$e\mathscr{M}f = \{0\}$.

(iii)　$e_1 \leqq e, f_1 \leqq f, e_1 \sim f_1$ なる $\mathscr{M}$ の射影 e_1, f_1 は 0 以外には存在しない．　　□

[証明]　e の生成する σ 弱閉両側イデアルは $\mathscr{M}c(e)$ と表せるから条件(i)と(ii)は同値である．つぎに $e_1 \leqq e$，$f_1 \leqq f$，$e_1 \sim f_1$ とすると，$f_1 \leqq c(e)$ であるから，条件(i)から(iii)が導かれる．最後に，$e\mathscr{M}f$ の 0 でない元 x に対して，$x = exf$ であるから，$s(x) \leqq f$，$s(x^*) \leqq e$ となる．命題 2.6.4 により，$s(x) \sim s(x^*)$．ゆえに条件(iii)ならば(ii)である．　　　　　　■

定理 2.6.8（比較定理）　von Neumann 環 $\mathscr{M}$ の 2 つの射影 e，f に対して，次のような中心射影 z が存在する．

$$ze \precsim zf \quad かつ \quad (1-z)e \succsim (1-z)f. \qquad □$$

[証明] Zorn の補題により，互いに直交する射影の族 $\{e_i\}_{i\in I}, \{f_i\}_{i\in I}$ の組で条件 $e_i \leqq e$, $f_i \leqq f$ かつ $e_i \sim f_i$ を満たすもののうち，それぞれの集合の包含関係に関して極大なものがある．この組を改めて $\{e_i\}_{i\in I}, \{f_i\}_{i\in I}$ とする．ここで，$e' = \sum_{i\in I} e_i$, $f' = \sum_{i\in I} f_i$ とすれば，$e' \sim f'$ となる．極大性と補題 2.6.7 により，$c(e-e')c(f-f')=0$．したがって，$z=1-c(e-e')$ とすれば，$z(e-e')=0$ かつ $(1-z)(f-f')=0$．ゆえに，

$$ze = ze' \sim zf' \leqq zf$$
$$(1-z)f = (1-z)f' \sim (1-z)e' \leqq (1-z)e.$$ ∎

von Neumann 環の準同型写像はつぎの定理で示されるように，拡大と制限と空間同型を組み合わせて得られる．この定理は第 II 巻の第 3 章で示すように，Stinespring により，C^*環の完全正写像の場合へ拡張されている．

定理 2.6.9 $\mathscr{M}, \mathscr{N}$ をそれぞれ Hilbert 空間 $\mathscr{H}, \mathscr{K}$ 上の von Neumann 環とする．そのとき，$\mathscr{M}$ から $\mathscr{N}$ の上への正規準同型写像 π はある Hilbert 空間 $\mathscr{H}_1$ と $\mathscr{M}' \overline{\otimes} \mathscr{L}(\mathscr{H}_1)$ の射影 e' と $e'(\mathscr{H} \otimes \mathscr{H}_1)$ から $\mathscr{K}$ の上へのユニタリ U を用いて

$$\pi(x) = U(x \otimes 1_{\mathscr{H}_1})e'U^* \quad (x \in \mathscr{M})$$

と表せる． □

[証明] $\mathscr{M}$ から $\mathscr{M} \oplus \mathscr{N}$ の中への同型写像 $\hat{\pi}$ を $\hat{\pi}(x)=x\oplus\pi(x)$ とし，$e = 1_{\mathscr{H}} \oplus 0$, $f = 0 \oplus 1_{\mathscr{K}}$ とすれば，$e, f \in \hat{\pi}(\mathscr{M})'$．したがって，$e = 1_{\mathscr{H}} \oplus 0$ の $\hat{\pi}(\mathscr{M})'$ における中心の台は単位元 $1 = 1_{\mathscr{H}} \oplus \pi(1_{\mathscr{H}})$ である．

まず $f_1 \leqq f$ を満たす 0 でない任意の射影 $f_1 \in \hat{\pi}(\mathscr{M})'$ に対して，$f_2 \leqq f_1$ かつ $f_2 \precsim e$ を満たす 0 でない射影 $f_2 \in \hat{\pi}(\mathscr{M})'$ が存在することを示す．射影 f_1 と e に対して比較定理を用いると

$$zf_1 \precsim ze, \quad (1-z)f_1 \succsim (1-z)e$$

なる $\hat{\pi}(\mathscr{M})'$ の中心の射影 z がある．$z=1$ ならば $f_1 \precsim e$ となるので，$f_2 = f_1$ とすればよい．$z \neq 1$ ならば，e の中心台が $\hat{\pi}(\mathscr{M})'$ の単位元であるから，$(1-z)e \neq 0$．また，$(1-z)e \precsim f_1$ であるから，$(1-z)e \sim f_2$ かつ $f_2 \leqq f_1$ を満たす 0 でな

い射影 $f_2 \in \hat{\pi}(\mathcal{M})'$ が存在する.

ここで上の結果を用いて Zorn の補題を適用すると, 可換子環 $\hat{\pi}(\mathcal{M})'$ において, $f_i \leqq f$ かつ $f_i \precsim e$ を満たし, 互いに直交する 0 でない射影の族 $\{f_i\}_{i \in I}$ のうちで, 集合の包含関係に関して極大なものがある. それを改めて $\{f_i\}_{i \in I}$ とする. 極大性により $\sum_{i \in I} f_i = f$ となる. ここで, p_i を $f_i \sim p_i \oplus 0$ かつ $p_i \oplus 0 \leqq e$ なる $\mathcal{M}'$ の射影とすれば,

$$\{\pi, \mathcal{K}\} \simeq \sum_{i \in I}{}^{\oplus} \{(\mathrm{id} \oplus \pi)_{f_i(\mathcal{H} \oplus \mathcal{K})}, f_i(\mathcal{H} \oplus \mathcal{K})\}$$

$$\simeq \sum_{i \in I}{}^{\oplus} \{(\mathrm{id} \oplus \pi)_{(p_i \oplus 0)(\mathcal{H} \oplus \mathcal{K})}, (p_i \oplus 0)(\mathcal{H} \oplus \mathcal{K})\}$$

$$\simeq \sum_{i \in I}{}^{\oplus} \{\mathrm{id}_{p_i \mathcal{H}}, p_i \mathcal{H}\}$$

となる. $\mathcal{H}_1$ を $\mathrm{Card}(I)$ 次元 Hilbert 空間とする. $\mathcal{H}_1$ の規格直交基底 $\{\varepsilon_i\}_{i \in I}$ を用いて, $e' = \sum_{i \in I} p_i \otimes \theta_{\varepsilon_i, \varepsilon_i}$ とすれば, e' は $\mathcal{M}' \overline{\otimes} \mathscr{L}(\mathcal{H}_1)$ の射影である. ゆえに, $\tilde{\pi}: x \in \mathcal{M} \mapsto x \otimes 1 \in \mathcal{M} \overline{\otimes} \mathscr{L}(\mathcal{H}_1)$ と置けば,

$$\{\pi, \mathcal{K}\} \simeq \{\tilde{\pi}_{e'(\mathcal{H} \otimes \mathcal{H}_1)}, e'(\mathcal{H} \otimes \mathcal{H}_1)\}$$

である. ∎

補題 2.6.10　von Neumann 環 $\mathcal{M}$ の射影 e に対して, $\mathcal{M}_e$ の中心は $\mathscr{Z}_e$ である. z が $e\mathcal{M}e$ の中心の射影ならば $z = ec(z)$ である. ☐

［証明］　$\mathscr{Z}_e$ が $\mathcal{M}_e$ の中心に含まれることは明らかである. z を $e\mathcal{M}e$ の中心の射影とする.

$$(e - z)\mathcal{M}z\mathcal{M} = (e - z)e\mathcal{M}ez\mathcal{M} = (e - z)ze\mathcal{M}e\mathcal{M} = \{0\}$$

であるから $(e - z)c(z) = 0$. したがって, $z = ec(z)$ である. von Neumann 環は射影から生成されるから, $\mathcal{M}_e$ の中心は $\mathscr{Z}_e$ に含まれる. ∎

$\{\mathcal{M}_i\}_{i \in I}$ を Hilbert 空間 $\mathcal{H}_i$ 上の von Neumann 環 $\mathcal{M}_i$ からなる族とする. $\{x_i\}_{i \in I} \in \prod_{i \in I} \mathcal{M}_i$ は $\sup_{i \in I} \|x_i\| < +\infty$ を満たすとする. $\oplus_{i \in I} \xi_i \in \sum_{i \in I}{}^{\oplus} \mathcal{H}_i$ に対して, $(\oplus_{i \in I} x_i)(\oplus_{i \in I} \xi_i) = \oplus_{i \in I} x_i \xi_i$ と置くと, $\oplus_{i \in I} x_i$ は有界線形作用素である. このような作用素の全体は和, 定数倍, 積, 対合

$$\oplus_{i\in I}x_i + \oplus_{i\in I}y_i = \oplus_{i\in I}(x_i + y_i), \quad \lambda(\oplus_{i\in I}x_i) = \oplus_{i\in I}(\lambda x_i),$$

$$(\oplus_{i\in I}x_i)(\oplus_{i\in I}y_i) = \oplus_{i\in I}(x_i y_i), \quad (\oplus_{i\in I}x_i)^* = \oplus_{i\in I}x_i^*$$

の演算により*多元環になる. これを $\{\mathcal{M}_i\}_{i\in I}$ の**直和**といい, $\sum_{i\in I}^{\oplus}\mathcal{M}_i$ で表す. $\left(\sum_{i\in I}^{\oplus}\mathcal{M}_i\right)' = \sum_{i\in I}^{\oplus}\mathcal{M}_i'$ となるから, von Neumann 環の直和は再び von Neumann 環になる.

定義 2.6.11 e を von Neumann 環 $\mathcal{M}$ の射影とする.

(i) $\mathcal{M}$ の任意の射影 f に対して $f \leqq e$ かつ $e \sim f$ ならば $e=f$ となるとき, e は**有限**であるといい, 有限でないときには**無限**であるという.

(ii) $\mathcal{M}$ の任意な 0 でない中心射影 z に対して ze が無限のとき, e は**固有無限**であるという. $f \leqq e$ なる 0 でない有限射影 f が存在しないとき, e は**純無限**であるという.

(iii) $e\mathcal{M}e$ が可換になるとき, e を **Abel 射影**という. □

明らかに, 純無限ならば固有無限であり, 固有無限ならば無限である. Abel 射影ならば有限である. これらは同値な射影に対しては変わらない.

定義 2.6.12 von Neumann 環 $\mathcal{M}$ の単位元 1 が有限, 無限, 固有無限または純無限のとき, $\mathcal{M}$ をそれぞれ**有限**, **無限**, **固有無限**または**純無限**という. □

$\mathcal{M}$ が有限で, e を 0 でない $\mathcal{M}$ の射影とする. $\mathcal{M}_e$ において $f \leqq e$ かつ $e \sim f$ ならば $1 = e+(1-e) \sim f+(1-e) \leqq 1$ であるから, $f+(1-e)=1$ すなわち $f=e$ である. したがって, $\mathcal{M}_e$ は有限である.

$\mathcal{M}$ が固有無限ならば, 0 でない射影 e が中心に属していれば, $\mathcal{M}_e$ は固有無限になるが, 属していないときには必ずしも固有無限にはならない. $\mathcal{M}$ が純無限のときには, $\mathcal{M}$ の 0 でない射影 e に対して, $\mathcal{M}_e$ も純無限になることは定義から明らかである.

定義 2.6.13 $\mathcal{M}$ を von Neumann 環とする.

(i) $\mathcal{M}$ の任意な 0 でない中心射影 z に対して, $e \leqq z$ なる $\mathcal{M}$ の 0 でない Abel 射影 e があるとき, $\mathcal{M}$ を **I 型**という.

(ii) $\mathcal{M}$ が 0 でない Abel 射影をもたず, $\mathcal{Z}$ の任意の 0 でない射影 z に対して $e \leqq z$ なる $\mathcal{M}$ の 0 でない有限な射影 e があるとき, $\mathcal{M}$ を **II 型**という.

(iii) $\mathscr{M}$ が II 型で有限のときは **II$_1$ 型**という.

(iv) $\mathscr{M}$ が II 型で固有無限のときは **II$_\infty$ 型**という.

(v) $\mathscr{M}$ が純無限のときは **III 型**という. □

z が $\mathscr{L}$ の 0 でない射影のとき, $\mathscr{M}_z$ の中心は $\mathscr{L}_z$ であることに注意すると, $\mathscr{M}$ が I 型, II$_1$ 型, II$_\infty$ 型, III 型であるとき $\mathscr{M}_z$ も $\mathscr{M}$ と同じ型をしている. これらの内, 同時に 2 つの型になることはない.

定理 2.6.14(Dixmier) von Neumann 環 $\mathscr{M}$ は I 型, II$_1$ 型, II$_\infty$ 型, III 型の von Neumann 環の直和に一意的に分解される. □

[証明] $\mathscr{M}$ の 0 でない Abel 射影 e_j の族で $c(e_j)$ が互いに直交するもののうち, 集合の包含関係に関して極大なものを $\{e_j\}_{j\in J}$ とする. $z_{\mathrm{I}}=\sum_{j\in J} c(e_j)$ と置く. z を 0 でない $\mathscr{M}_{z_{\mathrm{I}}}$ の中心の射影とする. したがって, z は $\mathscr{L}$ の元と思ってもよい. $zc(e_j)\neq0$ であるような $j\in J$ が存在する. したがって, 補題 2.6.6 により $e\sim e_j$ かつ $ezc(e_j)\neq0$ を満たす射影 e がある. e_j は Abel 射影だから e も Abel 射影であり, したがって, $ezc(e_j)$ も Abel 射影である. ゆえに, $\mathscr{M}_{z_{\mathrm{I}}}$ は I 型である.

$\mathscr{M}$ の 0 でない有限な射影の族で $c(e_j)$ が互いに直交し $e_j\leqq1-z_{\mathrm{I}}$ を満たすもののうち, 集合の包含関係に関して極大なものを $\{e_j\}_{j\in J'}$ とする. $z_{\mathrm{II}}=\sum_{j\in J'} c(e_j)$ と置く. z を $z\leqq z_{\mathrm{II}}$ である 0 でない $\mathscr{L}$ の射影とする. $zc(e_j)\neq0$ であるような $j\in J'$ がある. したがって, 補題 2.6.6 により $e\sim e_j$ かつ $ezc(e_j)\neq0$ であるような射影 e がある. e_j は有限であるから e も有限である. したがって, $ezc(e_j)$ も有限である. ゆえに, $\mathscr{M}_{z_{\mathrm{II}}}$ は II 型である. 極大性から $z_{\mathrm{III}}=1-z_{\mathrm{I}}-z_{\mathrm{II}}$ は純無限である.

$\{z_k\}_{k\in K}$ を 0 でない有限な $\mathscr{L}$ の射影の族で互いに直交し $z_k\leqq z_{\mathrm{II}}$ であるもののうち, 集合の包含関係に関して極大なものとする. $z_{\mathrm{II}_1}=\sum_{k\in K} z_k$ と置くと z_{II_1} は有限である. 実際, $z_{\mathrm{II}_1}\sim e\leqq z_{\mathrm{II}_1}$ とすると $z_k\sim ez_k\leqq z_k$ であるから, $ez_k=z_k$ である. したがって, $e=z_{\mathrm{II}_1}$. よって, $\mathscr{M}_{z_{\mathrm{II}_1}}$ は II$_1$ 型である. $z_{\mathrm{II}_\infty}=z_{\mathrm{II}}-z_{\mathrm{II}_1}$ と置くと, 極大性から $\mathscr{M}_{z_{\mathrm{II}_\infty}}$ は II$_\infty$ 型である.

分解の一意性は定理の直前で述べた注意から明らかである. ∎

定義 2.6.15 von Neumann 環 $\mathscr{M}$ において, $z_{\mathrm{III}}=0$ のとき, $\mathscr{M}$ は**半有限**であるという. また, I 型のものを**離散型**, $z_{\mathrm{I}}=0$ のものを**連続型**ともいう. □

2.6 von Neumann 環の分類　187

したがって，von Neumann 環が半有限であるための必要十分条件は，任意の 0 でない中心射影 z に対して，$e \leqq z$ なる $\mathscr{M}$ の 0 でない有限射影 e が存在することである．

上の定理 2.6.14 から因子環は I 型，II$_1$ 型，II$_\infty$ 型，III 型のいずれかである．

命題 2.6.16　von Neumann 環 $\mathscr{M}$ の 2 つの中心射影 p，q で，p は有限，q は固有無限かつ $p+q=1$ となるものが一意的に存在する．　　　　□

[証明]　もし $\mathscr{M}$ が固有無限でなければ，有限な 0 でない中心射影が存在する．$\{z_i\}_{i \in I}$ をこのような射影の族で，集合の包含関係に関して極大なものとする．ここで $p=\sum_{i \in I} z_i$ かつ $q=1-p$ と置く．$\mathscr{M}_p$ は有限である．$q \neq 0$ ならば，極大性により $z \leqq q$ を満たす 0 でない中心の射影 z はどれも無限であるから，$\mathscr{M}_q$ は固有無限である．　　　　■

命題 2.6.17　von Neumann 環 $\mathscr{M}$ が固有無限ならば，互いに直交する $\mathscr{M}$ の射影の列 $\{e_n\}_{n \in \mathbb{N}}$ で $e_n \sim 1$ かつ $\sum_{n=1}^{\infty} e_n = 1$ を満たすものが存在する．　　　　□

[証明]　z_0 を 0 でない $\mathscr{M}$ の中心射影とする．z_0 は無限であるから，$vv^* \lneqq v^*v = z_0$ を満たす $\mathscr{M}$ の半等長元 v が存在する．そのとき，$\{v^n v^{*n}\}_n$ は射影の減少列である．したがって，

$$e_0 = v^*v - vv^*, \quad e_n = v^n v^{*n} - v^{n+1} v^{*(n+1)} \quad (n > 0)$$

と置くと，$\{e_n\}_n$ は互いに同値でしかも互いに直交する射影の列である．Zorn の補題を用いて，$\{e_n\}_n$ を含む互いに同値で互いに直交する射影の族 $\{p_i\}_{i \in I}$ で $p_i \leqq z_0$ を満たすもののうち，集合の包含関係に関して極大なものを改めて $\{p_i\}_{i \in I}$ とする．比較定理により

$$z \left(z_0 - \sum_{i \in I} p_i \right) \precsim z e_0, \quad (1-z) \left(z_0 - \sum_{i \in I} p_i \right) \succsim (1-z) e_0$$

であるような $\mathscr{Z}$ の射影 z がある．$z e_0 = 0$ とすると，右の式から，$e_0 \precsim z_0 - \sum_{i \in I} p_i$ となり，極大性に反するので，$z e_0 \neq 0$ である．I は無限集合であるから，$(\sum_{i \in I} z p_i - z e_0) \sim \sum_{i \in I} z p_i$ である．したがって，上の左の式を使うと，

$$zz_0 = z\left(z_0 - \sum_{i\in I} p_i\right) + \sum_{i\in I} zp_i$$
$$\sim z\left(z_0 - \sum_{i\in I} p_i\right) + \left(\sum_{i\in I} zp_i - ze_0\right) \precsim \sum_{i\in I} zp_i \leqq zz_0.$$

よって，$\sum_{i\in I} zp_i \sim zz_0$ である．$\{I_n|n\in\mathbb{N}\}$ を $\mathrm{Card}(I_n)=\mathrm{Card}(I)$ を満たす I の分割とし，各 $n\in\mathbb{N}$ に対して $f_n=\sum_{i\in I_n} zp_i$ とすれば，$f_n\sim zz_0$．したがって，互いに直交する 0 でない射影の列 $\{f_n\}_n$ で $f_n\sim zz_0$ かつ $\sum_{n=1}^{\infty} f_n=zz_0$ を満たすものが存在する．

再び Zorn の補題を用いて，上のように細分される $\mathscr{L}$ の射影 zz_0 のなす族のうちで，集合の包含関係に関して極大なものを $\{z_j\}_{j\in J}$ とする．極大性により，$\sum_{j\in J} z_j=1$ となる．各 $j\in J$ に対して，互いに直交する射影の列 $\{f_{j,n}\}_n$ があって $f_{j,n}\sim z_j$ かつ $\sum_{n=1}^{\infty} f_{j,n}=z_j$ となる．ここで，$e_n=\sum_{j\in J} f_{j,n}$ と置けば，$e_n\sim 1$ かつ $\sum_{n=1}^{\infty} e_n=1$. ∎

命題 2.6.18　von Neumann 環 $\mathscr{M}$ が連続型ならば，任意の $p\in\mathrm{Proj}(\mathscr{M})$ に対して $p=e+f$ かつ $e\sim f$ を満たす $e,f\in\mathrm{Proj}(\mathscr{M})$ が存在する． ☐

[証明]　$p\mathscr{M}p$ は可換ではないから，$p\mathscr{M}p$ の中心には属さない $p\mathscr{M}p$ の射影 q がある．もし $p\mathscr{M}p$ における中心台 $c(q)$ と $c(p-q)$ が直交したとすれば，$q=c(q)$ となり，q の仮定と矛盾するので，$c(q)c(p-q)\neq0$. したがって，補題 2.6.7 により，$e_1\sim f_1$，$e_1\leqq q$，$f_1\leqq p-q$ を満たす 0 でない射影 e_1,f_1 がある．つぎに，Zorn の補題を用いると，$e_i\sim f_i$，$e_if_i=0$，$e_i\leqq p$，$f_i\leqq p$ を満たし互いに直交する 0 でない射影の族の対 $\{e_i\}_{i\in I}$ と $\{f_i\}_{i\in I}$ で集合の包含関係に関して極大なものが存在するので，改めて $\{e_i\}_{i\in I}$ と $\{f_i\}_{i\in I}$ とする．上のことから $p=\sum_{i\in I} e_i+\sum_{i\in I} f_i$ である．ここで，$e=\sum_{i\in I} e_i, f=\sum_{i\in I} f_i$ と置けば，$e\sim f$ かつ $p=e+f$ が成り立つ． ∎

次の補題により，von Neumann 環の議論は σ 有限な場合が基本的であることがわかる．

命題 2.6.19　von Neumann 環 $\mathscr{M}$ は次のように直和に書ける．

$$\mathscr{M} \cong \left(\sum_{i\in I}^{\oplus} \mathscr{M}_i\right) \oplus \left(\sum_{k\in K}^{\oplus} \mathscr{N}_k\overline{\otimes}\mathscr{L}(\mathscr{K}_k)\right).$$

$\mathscr{M}_i, \mathscr{N}_k$ は σ 有限な von Neumann 環で，$\dim\mathscr{K}_k$ は非可算である．同型は空

間的である.ただし,$\mathcal{N}_k$ は $\{0\}$ のこともある. □

[証明] Zorn の補題を用いると,$\mathcal{M}z_i$ が σ 有限となる 0 でない互いに直交する中心射影の族のうち,集合の包含関係に関して極大な族 $\{z_i\}_{i\in I}$ が存在する.これを用いて,$p=\sum_{i\in I} z_i$ と置く.$p=1$ であれば証明は済む.

$p\neq 1$ とする.q を $q\leqq 1-p$ なる 0 でない中心射影とし,φ を $\mathcal{M}q$ における正規状態とする.再び Zorn の補題により,互いに直交し $e_j\leqq q$ かつ $e_j\sim s(\varphi)$ を満たす 0 でない射影の族のうち,集合の包含関係に関して極大な族 $\{e_j\}_{j\in J}$ でその元の中に $s(\varphi)$ を含むものが存在する.比較定理により

$$z\left(q-\sum_{j\in J} e_j\right) \precsim zs(\varphi), \quad (1-z)\left(q-\sum_{j\in J} e_j\right) \succsim (1-z)s(\varphi)$$

なる中心射影 z がある.もし $zs(\varphi)=0$ ならば,上の右の式から,$s(\varphi)\precsim q-\sum_{j\in J} e_j$ となり,$\{e_j\}_{j\in J}$ の極大性と矛盾するので,$zs(\varphi)\neq 0$ である.他方,$e_j\sim s(\varphi)$ であるから,$v_j^* v_j=ze_j,\ v_j v_j^*=zs(\varphi)\,(j\in J)$ を満たす半等長元 $v_j\,(j\in J)$ が存在する.また,上の左の式から

$$v_0^* v_0 = z\left(q-\sum_{j\in J} e_j\right), \quad v_0 v_0^* \leqq zs(\varphi)$$

を満たす半等長元 v_0 が存在する.もし J が可算ならば,$J\cup\{0\}=\{j_n|n=1,2,\cdots\}$ と表せるので,正線形汎関数

$$\psi(x) = \sum_{n=0}^{\infty} \frac{1}{2^n}\varphi(v_{j_n} x v_{j_n}^*) \quad (x\in\mathcal{M}q)$$

が存在する.ψ の台射影は zq となるので,命題 2.2.12 により,zq は σ 有限である.これは最初の $\{z_i\}_{i\in I}$ の極大性と矛盾する.よって J は非可算である.この場合には,命題 2.6.17 の証明の中程の式の変形と同じようにして,$\sum_{j\in J} ze_j\sim zq$ となることがわかる.したがって,互いに直交する射影の族 $\{f_j\}_{j\in J}$ で $f_j\sim zs(\varphi)$ かつ $\sum_{j\in J} f_j=zq$ を満たすものが存在する.よって,$\mathrm{Card}(J)$ 次元 Hilbert 空間 $\mathcal{K}$ と $\mathcal{M}$ の行列単位を用いて,$\mathcal{M}zq\cong\mathcal{M}_f\bar{\otimes}\mathcal{L}(\mathcal{K})$ となる.f は f_j のうちの 1 つである.$v^*v=f,\ vv^*=zs(\varphi)$ を満たす等長元 v を用いて $\omega(x)=\varphi(vxv^*)\,(x\in\mathcal{M}_f)$ とすれば,ω は $\mathcal{M}_f$ の忠実で正規な正線形汎関数であるから,$\mathcal{M}_f$ は σ 有限である.

上の zq のような $\mathcal{Z}$ の射影で,互いに直交するものからなる族のうち,集

合の包含関係に関して極大なものを $\{z_k\}_{k\in K}$ とすれば，上のことから $\sum_{k\in K} z_k$ $=1-p$ となる． ∎

2.6.2　I型 von Neumann 環

この項で述べる定理 2.6.22 により，I型 von Neumann 環の構造は可換 von Neumann 環の構造，したがって，測度空間の構造に帰着されることがわかる．

補題 2.6.20　$e\in\mathrm{Proj}(\mathscr{M})$ が Abel 射影で $e\leqq c(f)$ ならば $e\precsim f$ である． ∎

［証明］　比較定理により，$(1-z)e\precsim(1-z)f$ かつ $ze\succsim zf$ を満たす中心射影 z がある．したがって，$ze\sim zf$ を示せば $e\precsim f$ がわかる．射影 e_1 を $zf\sim e_1$ かつ $e_1\leqq ze$ を満たすものとする．e は Abel 射影であるから，e_1 は $ze\mathscr{M}ze$ の中心射影である．したがって，補題 2.6.10 により，$e_1=c(e_1)ze$ と表せる．また $\mathscr{M}zf\mathscr{M}=z\mathscr{M}f\mathscr{M}$ であるから，$c(zf)=zc(f)$．したがって，仮定により，ze $\leqq zc(f)=c(zf)=c(e_1)$ となるから，$ze=e_1$ となり，$ze\sim zf$． ∎

補題 2.6.21　von Neumann 環 $\mathscr{M}$ の互いに同値な Abel 射影のなす 2 組の直交族 $\{e_i\}_{i\in I}$ と $\{f_j\}_{j\in J}$ が

$$c(e_i) = c(f_j) = \sum_{i'\in I} e_{i'} = \sum_{j'\in J} f_{j'}$$

を満たせば，$\mathrm{Card}(I)=\mathrm{Card}(J)$． ∎

［証明］　各 $\mathscr{M}_{c(e_i)}=\mathscr{M}_{c(f_j)}$ で考えればよいから，$c(e_i)=c(f_j)=1$ と仮定することができる．e_i, f_j は Abel 射影だから，補題 2.6.20 と命題 2.6.3 により，e_i $\sim f_j$ である．

e_i を始射影，e_j を終射影とする半等長は行列単位をなす．したがって，命題 2.5.4 によって，$\mathrm{Card}(I)$ 次元 Hilbert 空間 $\mathscr{K}$ により，$\mathscr{M}$ は $\mathscr{M}_{e_i}\overline{\otimes}\mathscr{L}(\mathscr{K})$ と空間同型になる．このとき，e_i には $\mathscr{K}$ の規格直交基底 $\{\varepsilon_i\}_{i\in I}$ を用いて表される射影 $1\otimes\theta_{\varepsilon_i,\varepsilon_i}$ が対応する．

まず，$\mathrm{Card}(I)$ は有限とする．φ を $\mathscr{M}_{e_{i_0}}$ 上の正規状態とする．Tr は $\mathscr{L}(\mathscr{K})$ 上の正規な正線形汎関数であるから，$\varphi\otimes\mathrm{Tr}$ は $\mathscr{M}_{e_{i_0}}\overline{\otimes}\mathscr{L}(\mathscr{K})$ 上の正規な正線形汎関数である．$\mathscr{M}_{e_{i_0}}$ は可換であるから，任意の $x\in\mathscr{M}_{e_0}\overline{\otimes}\mathscr{L}(\mathscr{K})$ に対して $(\varphi\otimes\mathrm{Tr})(x^*x)=(\varphi\otimes\mathrm{Tr})(xx^*)$ が成り立つ．したがって

$$(\varphi \otimes \mathrm{Tr})(f_j) = (\varphi \otimes \mathrm{Tr})(e_i) = (\varphi \otimes \mathrm{Tr})(e_{i_0}) = 1$$

である. ゆえに,

$$\mathrm{Card}(I) = (\varphi \otimes \mathrm{Tr}) \left(\sum_{i \in I} e_i \right) = (\varphi \otimes \mathrm{Tr}) \left(\sum_{j \in J} f_j \right) = \mathrm{Card}(J).$$

つぎに, I と J は無限とする. φ を $\mathscr{M}_{e_{i_0}}$ の正規な状態とする. $\varphi \otimes \omega_i$ を $\mathscr{M}$ 上の状態と同一視する. 系 2.5.28 により, $s(\varphi \otimes \omega_{\varepsilon_i}) = s(\varphi) \otimes s(\omega_{\varepsilon_i}) = (s(\varphi) \otimes 1) e_i$ である. $J_i = \{ j \in J | f_j(s(\varphi) \otimes 1) e_i \neq 0 \}$ と置く. $j \in J_i$ ならば

$$(\varphi \otimes \omega_{\varepsilon_i})(f_j) = (\varphi \otimes \omega_{\varepsilon_i})(e_i (s(\varphi) \otimes 1) f_j (s(\varphi) \otimes 1) e_i) > 0$$

であるが, $\sum_{j \in J_i} (\varphi \otimes \omega_{\varepsilon_i})(f_j) \leqq (\varphi \otimes \omega_{\varepsilon_i})(1) = 1$ なので, J_i はたかだか可算である. $c(f_j) = 1$ であるから, 任意の $j \in J$ に対して $f_j(s(\varphi) \otimes 1) \neq 0$ である. したがって, $f_j(s(\varphi) \otimes 1) e_i \neq 0$ なる $i \in I$ がある. よって, $J = \bigcup_{i \in I} J_i$ である. したがって, $\mathrm{Card}(J) \leqq \mathrm{Card}(I) \aleph_0 = \mathrm{Card}(I)$ である. 同様にして $\mathrm{Card}(I) \leqq \mathrm{Card}(J)$ も示せるので, $\mathrm{Card}(I) = \mathrm{Card}(J)$. ∎

von Neumann 環 $\mathscr{M}$ の互いに同値な 0 でない Abel 射影のなす直交族 $\{e_i\}_{i \in I}$ で $\sum_{i \in I} e_i = 1$ となるものがあるとき, 添字集合 I の濃度 α を用いて, $\mathscr{M}$ は $\mathbf{I}_\alpha$ 型であるという. 上の補題により, α は $\mathscr{M}$ の構造から一意的に決まることがわかる. この場合, $\mathscr{M}$ の中心と同型な可換 von Neumann 環 $\mathscr{A}$ が存在して, $\mathscr{M}$ は $\mathscr{A} \overline{\otimes} \mathscr{L}(\mathscr{H}_\alpha)$ と空間的同型になる. ただし, $\dim \mathscr{H}_\alpha = \alpha$ である.

定理 2.6.22　von Neumann 環 $\mathscr{M}$ が I 型ならば, 可換 von Neumann 環 $\mathscr{A}_\alpha$ と Hilbert 空間 $\mathscr{H}_\alpha$ があって

$$\mathscr{M} \cong \sum_\alpha {}^\oplus \mathscr{A}_\alpha \overline{\otimes} \mathscr{L}(\mathscr{H}_\alpha)$$

となる. ここで, 添字 α は $\dim \mathscr{H}_\alpha = \alpha$ を満たす濃度であり, 同型写像は空間的である. ☐

[証明]　まず, 互いに同値な Abel 射影のなす直交族 $\{p_i\}_{i \in I}$ で $c(p_j) = \sum_{i \in I} p_i (j \in I)$ を満たすものが存在することを示す. von Neumann 環 $\mathscr{M}$ は I 型であるから, 0 でない Abel 射影 e が存在する. Zorn の補題を用いて, e と同値な射影のなす直交族で, 集合の包含関係に関して極大なものを選び $\{e_i\}_{i \in I}$

とする．ここで $f=\sum_{i\in I} e_i$ とすれば，極大性により，$e\precsim 1-f$ となることはない．したがって，比較定理により，

$$z(1-f) \sim f_1, \quad f_1 \leqq ze$$

を満たす中心射影 z が存在する．$f_1=0$ ならば，$z=zf=\sum_{i\in I} ze_i$．このとき，$\{ze_i\}_{i\in I}$ は互いに同値な Abel 射影のなす直交族である．また，補題 2.6.6 により，$\sum_{i\in I} ze_i \leqq zc(e_j)(j\in I)$ となるので，$c(ze_j)=\sum_{i\in I} ze_i$．また，$f_1\neq 0$ ならば，e は Abel 射影であるから，f_1 は $\mathscr{M}_e$ の中心射影であり，したがって，$f_1=c(f_1)e$ と表せる．他方，$c(f_1)\leqq z$ かつ $z(1-f)\leqq c(z(1-f))=c(f_1)$ が成り立つから，

$$c(f_1)(1-f) = c(f_1)z(1-f) = z(1-f).$$

ここで，$c(f_1)e_i \sim c(f_1)e=f_1 \sim z(1-f)$ に注意すれば，$\{c(f_1)e_i\}_{i\in I}\cup\{z(1-f)\}$ は互いに同値な Abel 射影のなす直交族である．また，

$$c(f_1) = c(f_1)f + c(f_1)(1-f) = \sum_{i\in I} c(f_1)e_i + z(1-f).$$

つぎに，濃度 α の添字集合を I_α で表す．条件

互いに同値な Abel 射影のなす直交族 $\{e_i\}_{i\in I_\alpha}$ が存在し，$z=c(e_j)=\sum_{i\in I_\alpha} e_i (j\in I)$.

を満たす 0 でない中心射影 z のなす直交族のうち，集合の包含関係に関して極大なものを $\{z_j\}_{j\in J}$ とすると，$\sum_{j\in J} z_j$ も上の条件を満たす．この和を z_α で表せば，これは上の条件を満たす最大の中心射影である．こうして得られる von Neumann 環 $\mathscr{M}_{z_\alpha}$ は，補題 2.6.21 とその証明の直後に示したように，ある可換 von Neumann 環 $\mathscr{A}_\alpha$ を用いて得られるテンソル積 $\mathscr{A}_\alpha\overline{\otimes}\mathscr{L}(\mathscr{H}_\alpha)$ と空間的に同型になる．$\mathscr{M}$ の作用する Hilbert 空間を $\mathscr{H}$ とすれば，$\alpha\leqq\dim\mathscr{H}$ である．ただし，$\mathscr{H}_\alpha$ は α 次元 Hilbert 空間である．そこで，上の条件を満たす最大中心射影 $z_\alpha(\alpha\leqq\dim\mathscr{H})$ で 0 でないものすべてを用いると，次の空間的同型対応

$$\mathscr{M} \cong \sum_{\alpha}^{\oplus} \mathscr{A}_{\alpha} \overline{\otimes} \mathscr{L}(\mathscr{H}_{\alpha})$$

が得られる. 実際, もし $\sum_{\alpha} z_{\alpha} \neq 1$ とすると, $\mathscr{M}_{1-\sum_{\alpha} z_{\alpha}}$ はⅠ型であるから, これに最初の議論を適用すれば, 新たな中心射影が得られることになり, 上で 0 でない最大中心射影 z_{α} がすべて尽くされていることと矛盾する. ∎

可換 von Neumann 環と $\mathscr{L}(\mathscr{K})$ とのテンソル積がⅠ型であることは定義から明らかである.

系 2.6.23 Ⅰ型因子環は, ある Hilbert 空間 $\mathscr{K}$ 上の $\mathscr{L}(\mathscr{K})$ と同型である. □

命題 2.6.24 von Neumann 環 $\mathscr{M}$ がⅠ型ならば $\mathscr{M}'$ もⅠ型である. □

[証明] 定理 2.6.22 により, $\mathscr{M}$ が, ある可換 von Neumann 環 $\mathscr{A}$ と Hilbert 空間 $\mathscr{K}$ により $\mathscr{A} \overline{\otimes} \mathscr{L}(\mathscr{K})$ と表されている場合だけを考えればよい. 定理 2.4.2 と定理 2.4.3 により, $\pi(\mathscr{A})$ が極大可換であるような $\mathscr{A}$ の忠実な正規表現 π がある. $\mathscr{L}(\mathscr{K})$ 上の恒等写像 id を用いて, $\hat{\pi} = \pi \otimes \mathrm{id}$ とし, その逆写像 $\hat{\pi}^{-1}$ に対し定理 2.6.9 を適用すると, Hilbert 空間 $\mathscr{H}_1$ と $\hat{\pi}(\mathscr{M})' \overline{\otimes} \mathscr{L}(\mathscr{H}_1)$ の射影 e' とユニタリ U があって

$$\hat{\pi}^{-1}(x) = U(x \otimes 1_{\mathscr{H}_1}) e' U^* \quad (x \in \hat{\pi}(\mathscr{M}))$$

と表せる. ゆえに,

$$\mathscr{M}' \cong (\hat{\pi}(\mathscr{M})' \overline{\otimes} \mathscr{L}(\mathscr{H}_1))_{e'} = (\pi(\mathscr{A}) \overline{\otimes} \mathbb{C} 1_{\mathscr{K}} \overline{\otimes} \mathscr{L}(\mathscr{H}_1))_{e'}$$

である. ここで, $\pi(\mathscr{A}) \overline{\otimes} \mathbb{C} 1_{\mathscr{K}} \overline{\otimes} \mathscr{L}(\mathscr{H}_1)$ を $\mathscr{N}$ と表せば, $e' \in \mathscr{N}$ かつ $\mathscr{N}$ はⅠ型である. z を $\mathscr{N}_{e'}$ の 0 でない中心射影とすると, z は $\mathscr{N}$ の元と同一視することができる. したがって, $f \leq c(z)$ を満たす 0 でない $\mathscr{N}$ の Abel 射影 f がある. 補題 2.6.20 により $f \precsim z$ である. したがって, $f \sim f_1$ かつ $f_1 \leq z$ を満たす $\mathscr{N}$ の射影 f_1 がある. f_1 は Abel 射影である. したがって, $\mathscr{N}_{e'}$ の Abel 射影でもあり, $\mathscr{N}_{e'}$ はⅠ型である. ゆえに, $\mathscr{M}'$ はⅠ型である. ∎

系 2.6.25 von Neumann 環 $\mathscr{M}$ がⅠ型であるためには, $\pi(\mathscr{M})'$ が可換であるような $\mathscr{M}$ の忠実で正規な表現 π があることが必要十分である. □

[証明] $\mathscr{M}$ はⅠ型とする. 命題 2.6.24 の証明のように, 極大可換な von

Neumann 環 $\mathscr{A}_\alpha$ と Hilbert 空間 $\mathscr{H}_\alpha$ があって,

$$\mathscr{M} \cong \sum_\alpha{}^\oplus \mathscr{A}_\alpha \overline{\otimes} \mathscr{L}(\mathscr{H}_\alpha)$$

である.

$$\left(\sum_\alpha{}^\oplus \mathscr{A}_\alpha \overline{\otimes} \mathscr{L}(\mathscr{H}_\alpha)\right)' = \sum_\alpha{}^\oplus \mathscr{A}_\alpha \overline{\otimes} \mathbb{C}1$$

である.

逆に, $\pi(\mathscr{M})'$ が可換である忠実かつ正規な $\mathscr{M}$ の表現 π があるとすると, 命題 2.6.24 により, $\pi(\mathscr{M})$ は I 型である. ゆえに, $\mathscr{M}$ は I 型である. ∎

2.6.3 自己同型群

C^*環 A の自己同型写像の全体を $\mathrm{Aut}(A)$ で表し, その元 α, β の積を

$$(\alpha\beta)(x) = \alpha(\beta(x)) \quad (x \in A)$$

で定義すると, $\mathrm{Aut}(A)$ は群になるので, これを A の**自己同型群**という.

一般に, C^*環 A はユニタリ元をもつとはかぎらないが, もつ場合には, その(場合によっては, 乗法子環 $M(A)$ の)ユニタリ元 u を用いて定まる A 上の自己同型写像 Ad_u を

$$\mathrm{Ad}_u(x) = uxu^* \quad (x \in A)$$

で与える. 自己同型写像がこのように表せるとき**内部的**であるという. 内部的でないものを**外部的**という. また, 内部自己同型全体のなす群を**内部自己同型群**といい $\mathrm{Int}(A)$ で表す. 内部自己同型群は自己同型群の正規部分群である.

例 2.6.26 I 型因子環 $\mathscr{L}(\mathscr{H})$ の自己同型写像を β とする. $\mathscr{L}(\mathscr{H})$ の行列単位を $w_{ij}\,(i,j{\in}I)$ とし, $k{\in}I$ を 1 つ固定する. 射影作用素 w_{kk}, $\beta(w_{kk})$ は共に 1 次元であるから, $v^*v{=}w_{kk}$, $vv^*{=}\beta(w_{kk})$ を満たす等長作用素 v が存在する. ここで, $u{=}\sum_{i\in I}\beta(w_{ik})vw_{ki}$ とすれば, u はユニタリで

$$\beta(w_{ij}) = \beta(w_{ik}w_{kk}w_{kj}) = \beta(w_{ik})vw_{ki}w_{ij}w_{jk}v^*\beta(w_{kj}) = uw_{ij}u^*.$$

集合 $\{w_{ij}|i,j{\in}I\}$ の線形拡大は $\mathscr{L}(\mathscr{H})$ において σ 弱稠密であるから, $\beta(x){=}$

$uxu^*(x\in\mathscr{L}(\mathscr{H}))$ が成り立つ. したがって, I 型因子環の自己同型写像はいつも内部的である. しかし, 因子環でないときには外部的なものが現れる. 実際, 2×2 対角行列の全体 $\mathscr{A}$ は可換な I 型 von Neumann 環である. ここで, 行列単位を用いて $\gamma(\lambda w_{11}+\mu w_{22})=\mu w_{11}+\lambda w_{22}$ $(\lambda,\mu\in\mathbb{C})$ とすれば, γ は外部自己同型写像である. ☐

2.6.4 有限 von Neumann 環とトレイス

von Neumann 環をいくつかの同型類に分類するときにトレイスは重要である. とりわけ, 半有限 von Neumann 環の場合にはトレイスの果たす役割が大きいが, その存在証明は von Neumann 以来難しい問題の 1 つとされてきた. ここでは von Neumann とは違った, 不動点定理を用いる F. J. Yeaden[12] の新しいアイデアを使うことにする.

この節で行う半有限, II 型, III 型についての議論はすべて von Neumann 環が有限な場合の議論に帰着される.

補題 2.6.27 K を前双対空間の正錐 $\mathscr{M}_*^+$ の有界部分集合とする. 任意の互いに直交する射影の列 $\{e_n\}_{n\in\mathbb{N}}$ に対して, $\lim_{n\to\infty}\sup_{\varphi\in K}\varphi(e_n)=0$ ならば, K は $\sigma(\mathscr{M}_*,\mathscr{M})$ 位相に関して相対コンパクトである. ☐

[証明] K の $\mathscr{M}^*$ における $\sigma(\mathscr{M}^*,\mathscr{M})$ 位相に関する閉包 $\overline{K}$ はコンパクトであるから, $\overline{K}\subset\mathscr{M}_*$ を示せばよい. そのためには, 定理 2.3.1 により, 各 $\varphi\in\overline{K}$ が完全加法的であることを示せばよい. そこで, $\{f_i\}_{i\in I}$ を $\mathscr{M}$ の射影の直交族とする. 添字集合 I の有限部分集合全体のなす集合族 $\mathscr{F}$ に集合の包含関係に関する順序を入れる. 各 $J\subset I$ に対して, 和 $\sum_{i\in J}f_i$ を $f(J)$ で表すことにする. いま

$$\lim_{F\in\mathscr{F}}\sup_{\psi\in K}\psi(f(F^c)) = \inf_{F\in\mathscr{F}}\sup_{\psi\in K}\psi(f(F^c)) > \delta$$

を満たす正数 δ が存在したとする. 任意の $i_0\in I$ に対して $F_0=\{i_0\}$ とすれば, $\sup_{\psi\in K}\psi(f(F_0^c))>\delta$ となるから, $\psi_1(f(F_0^c))>\delta$ を満たす $\psi_1\in K$ が存在する. ψ_1

---

12) A new proof of the existence of a trace in a finite von Neumann algebra, *Bull. Amer. Math. Soc.*, **77**(1971), 257-260.

は σ 弱連続であるから,

$$\psi_1(f(F_0^c)) = \lim_{F\in\mathscr{F},\, F\subset F_0^c} \psi_1(f(F))$$

と表せる.したがって,$\psi_1(f(F_1))>\delta$ を満たす F_0^c の有限部分集合 F_1 がある.この議論を $F_0\cup F_1$ に適用すると,$\psi_2(f(F_2))>\delta$ を満たす $\psi_2\in K$ と $(F_0\cup F_1)^c$ の有限部分集合 F_2 が存在する.以下帰納的に,$\psi_n(f(F_n))>\delta$ を満たす K における列 $\{\psi_n\}_n$ と互いに共通部分をもたない $\mathscr{F}$ の列 $\{F_n\}_n$ がとれる.ここで,$e_n=f(F_n)$ と置くと $\{e_n\}_n$ は互いに直交する射影の列である.しかし,$\sup_{\psi\in K}\psi(e_n)\geqq\psi_n(e_n)>\delta$ となり,補題の仮定と矛盾する.したがって,$\lim_{F\in\mathscr{F}}\sup_{\psi\in K}\psi(f(F^c))=0$.他方,$\varphi\in\overline{K}$ であるから,$0\leqq\varphi(f(F^c))\leqq\sup_{\psi\in K}\psi(f(F^c))$.したがって,$\lim_{F\in\mathscr{F}}\varphi(f(F^c))=0$.よって,

$$\varphi\left(\sum_{i\in I}f_i\right) = \sum_{i\in F}\varphi(f_i)+\varphi(f(F^c)) = \lim_{F\in\mathscr{F}}\varphi(f(F)) = \sum_{i\in I}\varphi(f_i).$$

ゆえに,K は相対コンパクトである. ∎

注 第2.3節第1項から,上の証明は条件を $\lim_{n\to\infty}\sup_{\varphi\in K}|\varphi(e_n)|=0$ に代えても,そのまま成り立つので,K は必ずしも $\mathscr{M}_*^+$ の部分集合でなくてもよい. □

補題 2.6.28 von Neumann 環 $\mathscr{M}$ は有限とする.$e\sim f$, $e_1\sim f_1$, $e_1\leqq e$, $f_1\leqq f$ ならば,$(e-e_1)\sim(f-f_1)$ である. □

[証明] 比較定理により,$z(e-e_1)\precsim z(f-f_1)$, $(1-z)(e-e_1)\succsim(1-z)(f-f_1)$ を満たす中心の射影 z が存在する.f_2 を $z(e-e_1)\sim f_2$ かつ $f_2\leqq z(f-f_1)$ を満たす射影とすれば,

$$zf \sim ze = ze_1 + z(e-e_1) \sim zf_1 + f_2,$$

$$zf_1 + f_2 \leqq zf_1 + z(f-f_1) = zf.$$

zf は有限であるから,$zf_1+f_2=zf$.すなわち,$f_2=z(f-f_1)$.したがって,$z(e-e_1)\sim z(f-f_1)$ である.同様にして,$(1-z)(e-e_1)\sim(1-z)(f-f_1)$ も示せるから,$e-e_1\sim f-f_1$ である. ∎

補題 2.6.29 von Neumann 環 $\mathscr{M}$ は有限とする.$\{f_n\}_n$ を射影の増加列とする.e は射影で,任意の n に対して $f_n\precsim e$ とすると,$\bigvee_n f_n\precsim e$ である. □

[証明] $q_1=f_1$, $q_n=f_n-f_{n-1}(n=2,3,\cdots)$ と置く．互いに直交する射影の列 $\{p_n\}_n$ で $q_n\sim p_n$ かつ $p_n\leqq e$ を満たすものの存在を帰納法を用いて示す．$n=1$ の場合には，$f_1\precsim e$ であるから，$q_1\sim p_1$ かつ $p_1\leqq e$ を満たす射影 p_1 が存在する．つぎに，$n>1$ の場合に互いに直交する射影の有限列 $\{p_i\}_{i=1}^n$ で $q_i\sim p_i$ かつ $p_i\leqq e$ を満たすものが存在すると仮定する．ここで，$e_n=\sum_{i=1}^n p_i$ と置けば，$f_n\sim e_n$ かつ $e_n\leqq e$ が成り立つ．他方 $f_{n+1}\precsim e$ であるから，$f_{n+1}\sim e'_{n+1}$ かつ $e'_{n+1}\leqq e$ を満たす e'_{n+1} が存在する．f_{n+1} を，始射影 e'_{n+1} を終射影にもつ半等長元 v を用いて，$e''_n=vf_nv^*$ とすると，補題 2.6.28 により，$e-e_n\sim e-e''_n$ となる．ここで，$e-e''_n$ を，始射影 $e-e_n$ を終射影にもつ半等長元 w を用いて，$p_{n+1}=w(e'_{n+1}-e''_n)w^*$ とすれば，

$$p_{n+1}\leqq e-e_n, \quad p_{n+1}=wv(f_{n+1}-f_n)v^*w^*=wvq_{n+1}v^*w^*.$$

したがって，互いに直交する射影の列 $\{p_n\}_{i=1}^{n+1}$ で $q_i\sim p_i$ かつ $p_i\leqq e$ を満たすものの存在が示せた．ゆえに，求める互いに直交する射影の列 $\{p_n\}_n$ が存在する．よって，$\bigvee_n f_n=\sum_n q_n\sim\sum_n p_n\leqq e$. ∎

補題 2.6.30 $\{e_n\}_n$ を von Neumann 環 $\mathscr{M}$ の互いに直交する射影の列とする．$\mathscr{M}$ が有限ならば，$f_n\sim e_n$ を満たす射影の列 $\{f_n\}_n$ は 0 へ σ 強収束する． ▯

[証明] 命題 2.6.4 により，$(f_n\vee f_{n+1}-f_{n+1})\sim(f_n-f_n\wedge f_{n+1})$ および $(f_n-f_n\wedge f_{n+1})\precsim e_n$ が成り立つので，$f_n\vee f_{n+1}\precsim e_n+e_{n+1}$. したがって，帰納的に，$\bigvee_{i=n}^m f_i\precsim\sum_{i=n}^m e_i$ がわかる．よって，補題 2.6.29 により，$\bigvee_{i\geqq n} f_i\precsim\sum_{i\geqq n} e_i$. さらに，補題 2.6.28 により，$1-\bigvee_{i\geqq n} f_i\succsim 1-\sum_{i\geqq n} e_i$ となる．したがって，$1-\bigwedge_m\bigvee_{i\geqq m} f_i\succsim 1-\sum_{i\geqq n} e_i$. 補題 2.6.29 により，

$$1-\bigwedge_m\bigvee_{i\geqq m} f_i\succsim\bigvee_n\left(1-\sum_{i\geqq n} e_i\right)=1.$$

単位元 1 は有限射影であるから，$\bigwedge_m\bigvee_{i\geqq m} f_i=0$. このとき，列 $\{\bigvee_{i\geqq m} f_i\}_m$ は単調減少しているから，σ 強位相に関して $\lim_m\bigvee_{i\geqq m} f_i=0$. ゆえに，列 $\{f_m\}_m$ は 0 へ σ 強収束する． ∎

von Neumann 環 $\mathscr{M}$ のユニタリ元全体の集合を $U(\mathscr{M})$ で表す．$\mathscr{M}$ 上の線

形汎関数 φ が $\varphi(x^*x)=\varphi(x^*x)$ を満たすとき，**中心的**であるという．この場合には，任意の $u \in U(\mathcal{M})$ と $x \in \mathcal{M}_+$ に対して，

$$\varphi(uxu^*) = \varphi((ux^{1/2})(ux^{1/2})^*) = \varphi((ux^{1/2})^*(ux^{1/2})) = \varphi(x).$$

したがって，任意の $u \in U(\mathcal{M})$ と $x \in \mathcal{M}$ に対して $\varphi(uxu^*)=\varphi(x)$ である．逆に，これが満たされていると φ は中心的である．φ が中心的とは任意の内部自己同型に関して不変なことでもある．

von Neumann 環 $\mathcal{M}$ から $\mathcal{M}$ への σ 弱連続な線形写像すべてのなすベクトル空間を $\mathscr{L}_w(\mathcal{M})$ とし，σ 弱位相に関する各点収束の位相を入れて考える．明らかに，内部自己同型群の凸包に対しては，$\mathrm{co}(\mathrm{Int}(\mathcal{M})) \subset \mathscr{L}_w(\mathcal{M})$ が成り立つ．

補題 2.6.31 von Neumann 環 $\mathcal{M}$ は有限とする．

(i) $\mathrm{co}(\mathrm{Int}(\mathcal{M}))$ は $\mathscr{L}_w(\mathcal{M})$ において相対コンパクトである．

(ii) 各 $\varphi \in \mathcal{M}_*$ に対して，集合 $\{\varphi \circ \rho \,|\, \rho \in \overline{\mathrm{co}}(\mathrm{Int}(\mathcal{M}))\}$ は $\mathcal{M}_*$ の弱コンパクトな凸部分集合である． □

[証明] (i) 各 $\varphi \in \mathcal{M}_*$ に対して，集合 $\{\varphi \circ \rho \,|\, \rho \in \mathrm{Int}(\mathcal{M})\}$ を K_φ とする．$\mathcal{M}_*$ の元は $\mathcal{M}_*^+$ の4つの元の1次結合で表せる．複数の弱コンパクト集合の和は再び弱コンパクトであるから，集合 K_φ の閉包の弱コンパクト性を示すには，$\varphi \in \mathcal{M}_*^+$ と仮定することができる．補題 2.6.27 により，$\mathcal{M}$ の任意の互いに直交する射影の列 $\{e_n\}_n$ に対して，

$$\lim_{n \to \infty} \sup_{u \in \mathscr{U}(\mathcal{M})} u^*\varphi u(e_n) = 0$$

を示せばよい．各 n に対して，$u_n \in U(\mathcal{M})$ があって

$$\sup\{\varphi(ue_nu^*) \,|\, u \in U(\mathcal{M})\} - \frac{1}{n} \leqq \varphi(u_ne_nu_n^*).$$

$u_ne_nu_n^* \sim e_n$ であるから，補題 2.6.30 により列 $\{u_ne_nu_n^*\}_n$ は 0 に σ 強収束する．したがって，

$$0 \leqq \varlimsup_n \sup\{\varphi(ue_nu^*) \,|\, u \in U(\mathcal{M})\} \leqq \lim_n \varphi(u_ne_nu_n^*) = 0.$$

ゆえに，K_φ は任意の $\varphi \in \mathcal{M}_*$ に対しても相対弱コンパクトである．

さらに，複素平面の単位円板を D とする．$(\lambda,\psi)\in D\times K_\varphi\mapsto\lambda\psi\in\mathcal{M}_*$ は連続であるから，DK_φ は相対弱コンパクトである．したがって，Kreǐn の定理 A.1.2 により，その閉凸包 $\overline{\mathrm{co}}(DK_\varphi)$ は弱コンパクトである．

$\mathcal{M}$ から $\mathcal{M}$ への関数全体の集合 $\mathscr{F}(\mathcal{M},\mathcal{M})$ を，$\mathcal{M}$ のコピー $\mathcal{M}_x\,(x\in\mathcal{M})$ を用いて得られる直積空間 $\prod\limits_{x\in\mathcal{M}}\mathcal{M}_x$ とみなすと，$\mathscr{F}(\mathcal{M},\mathcal{M})$ の各点収束の位相は直積位相である．$\mathscr{F}(\mathcal{M},\mathcal{M})$ における閉凸包 $\overline{\mathrm{co}}(\mathrm{Int}(\mathcal{M}))$ の元は，Alaoglu の定理 1.4.5 の証明と同様にして線形である．

以上の準備のもとに，$\overline{\mathrm{co}}(\mathrm{Int}(\mathcal{M}))\subset\mathscr{L}_w(\mathcal{M})$ を示そう．まず $\mathrm{co}(\mathrm{Int}(\mathcal{M}))$ が $\tau(\mathcal{M},\mathcal{M}_*)$-$\sigma(\mathcal{M},\mathcal{M}_*)$ 同程度連続であることを示す．実際，$\overline{\mathrm{co}}(DK_\varphi)$ は絶対凸かつ弱コンパクトであるから，$\mathcal{M}$ における極集合 $V=(\overline{\mathrm{co}}(DK_\varphi))^\circ$ は $\tau(\mathcal{M},\mathcal{M}_*)$ 位相に関する 0 の近傍である．したがって，任意の $\rho\in\mathrm{Int}(\mathcal{M})$ に対して，$\langle\rho(V),\varphi\rangle=\langle V,\varphi\circ\rho\rangle\subset D$ が成り立ち，$\mathrm{Int}(\mathcal{M})$ は $\tau(\mathcal{M},\mathcal{M}_*)$-$\sigma(\mathcal{M},\mathcal{M}_*)$ 同程度連続である．したがって，その凸包も同程度連続であり，さらに閉凸包 $\overline{\mathrm{co}}(\mathrm{Int}(\mathcal{M}))$ も同程度連続になる[13]．したがって，任意の $\rho\in\overline{\mathrm{co}}(\mathrm{Int}(\mathcal{M}))$ に対して，$\varphi\circ\rho$ は $\tau(\mathcal{M},\mathcal{M}_*)$ 連続であるから，Mackey-Arens の定理により，$\varphi\circ\rho\in\mathcal{M}_*$．他方，$\varphi$ は $\mathcal{M}_*$ の任意の元であったから，ρ は σ 弱連続である．よって，$\overline{\mathrm{co}}(\mathrm{Int}(\mathcal{M}))\subset\mathscr{L}_w(\mathcal{M})$ となる．

最後に，各 $x\in\mathcal{M}$ に対して，

$$\{\rho(x)\mid\rho\in\overline{\mathrm{co}}(\mathrm{Int}(\mathcal{M}))\}\subset\{y\in\mathcal{M}_x\mid\|y\|\leqq\|x\|\}$$

に注意すれば，Tychonov の定理により，$\overline{\mathrm{co}}(\mathrm{Int}(\mathcal{M}))$ は直積空間において，したがって $\mathscr{L}_w(\mathcal{M})$ においてコンパクトである．

(ii) 主張(i)の証明において，写像

$$\rho\in\overline{\mathrm{co}}(\mathrm{Int}(\mathcal{M}))\mapsto\varphi\circ\rho\in(\mathcal{M}_*,\text{弱位相})$$

は連続であるから，各 $\varphi\in\mathcal{M}_*$ の $\mathcal{M}_*$ における軌道 $\{\varphi\circ\rho|\rho\in\overline{\mathrm{co}}(\mathrm{Int}(\mathcal{M}))\}$ は $\mathcal{M}_*$ の弱コンパクトな凸部分集合である． ∎

補題 2.6.32 $\varphi\in\mathcal{M}_*$ が中心的ならば $\|\varphi\|=\|\varphi|_{\mathscr{Z}}\|$ である． □

---

[13] 同程度連続集合の各点収束の位相による閉包は，再び同程度連続である．

[証明] $\varphi=v|\varphi|$ を φ の極分解とする. $\mathscr{M}$ のユニタリ u に対して $\varphi=u^*\varphi u$ $=(u^*vu)(u^*|\varphi|u)$ であるから, 極分解の一意性により $u^*vu=v$ である. すなわち, $v\in\mathscr{L}$ である.

$$\|\varphi\| = \||\varphi|\| = |\varphi|(1) = \varphi(v^*) \leqq \|\varphi|_{\mathscr{L}}\| \leqq \|\varphi\|.$$∎

定理 2.6.33(Dixmier) von Neumann 環 $\mathscr{M}$ が有限ならば, $\mathscr{M}$ からその中心 $\mathscr{L}$ の上への σ 弱連続なノルム 1 の射影 $\mathscr{E}$ で

$$\mathscr{E}(x^*x) = \mathscr{E}(xx^*) \quad (x \in \mathscr{M})$$

を満たすものが一意的に存在する. この射影はさらに次の条件を満たす.

(i) $\mathscr{E}(zx)=z\mathscr{E}(x)$ $(x\in\mathscr{M}, z\in\mathscr{L})$.

(ii) $\mathscr{E}(x^*x)=0 \Rightarrow x=0$.

(iii) $\mathscr{E}$ は σ 強連続である.

(iv) $\mathscr{L}\cap\overline{\mathrm{co}}\{uxu^*|u\in U(\mathscr{M})\}=\{\mathscr{E}(x)\}$. ただし, 閉包は σ 弱位相による. ☐

[証明] (i) まず, 補題 2.6.31 により, $\varphi_1\in\mathscr{M}_*$ に対して, 集合 $\mathscr{M}_*(\varphi_1)=$ $\{\varphi_1\circ\rho|\rho\in\overline{\mathrm{co}}(\mathrm{Int}(\mathscr{M}))\}$ は $\mathscr{M}_*$ の弱コンパクトな凸部分集合である. 内部自己同型群 $\mathrm{Int}(\mathscr{M})$ の $\mathscr{M}_*(\varphi_1)$ 上への作用 $\psi\mapsto\psi\circ\rho$ は等長線形写像であるから, この作用は非縮小的である[14]. したがって, Ryll-Nardzewski の定理 A.1.4 により, $\mathrm{Int}(\mathscr{M})$ に関して不変なコンパクト凸集合 $\mathscr{M}_*(\varphi_1)$ には $\mathrm{Int}(\mathscr{M})$ に関する不動点 $\varphi_1\circ\rho_1(\rho_1\in\overline{\mathrm{co}}(\mathrm{Int}(\mathscr{M})))$ が存在する. これは $\mathscr{M}_*$ の中心的な線形汎関数である. $\varphi_2\in\mathscr{M}_*$ の場合には, $\varphi_2\circ\rho_1$ に上の議論を使うと, $\varphi_2\circ\rho_1\circ\rho_2$ が中心的であるような $\rho_2\in\overline{\mathrm{co}}(\mathrm{Int}(\mathscr{M}))$ が存在する. このとき, $\varphi_1\circ\rho_1\circ\rho_2=\varphi_1\circ$ ρ_1 で $\rho_1\circ\rho_2\in\overline{\mathrm{co}}(\mathrm{Int}(\mathscr{M}))$ となるので, $\varphi_1\circ\rho_1\circ\rho_2, \varphi_2\circ\rho_1\circ\rho_2$ はともに中心的である. 以下帰納的に, 任意の有限個の $\varphi_i\in\mathscr{M}_*$ に対して, $\varphi_i\circ\rho$ が中心的であるような $\rho\in\overline{\mathrm{co}}(\mathrm{Int}(\mathscr{M}))$ が存在する. したがって, $\varphi\circ\rho$ が中心的であるような $\rho\in\overline{\mathrm{co}}(\mathrm{Int}(\mathscr{M}))$ の全体 C_φ は $\mathscr{L}_w(\mathscr{M})$ において有限交叉性をもつ閉部分集合の族を作る. 補題 2.6.31 により, $\overline{\mathrm{co}}(\mathrm{Int}(\mathscr{M}))$ はコンパクトであるから, $\bigcap_{\varphi\in\mathscr{M}_*} C_\varphi\neq\emptyset$ である. よって, すべての $\varphi\in\mathscr{M}_*$ に対して $\varphi\circ\mathscr{E}$ が中心的である

---

14) 非縮小的の定義は定理 A.1.4 を参照.

ような $\mathscr{E} \in \overline{\mathrm{co}}(\mathrm{Int}(\mathscr{M}))$ が存在する．このとき，$\mathscr{E}$ は $\mathscr{E} \circ \rho = \mathscr{E}\,(\rho \in \overline{\mathrm{co}}(\mathrm{Int}(\mathscr{M})))$ を満たすので，$\mathscr{E}(x^*x) = \mathscr{E}(xx^*)$ が成り立つ．また，線形汎関数 $\varphi \circ \rho \circ \mathscr{E} - \varphi \circ \mathscr{E} \in \mathscr{M}_*$ は中心的で，$\mathscr{Z}$ 上で 0 となるから，補題 2.6.32 により，$\varphi \circ \rho \circ \mathscr{E} = \varphi \circ \mathscr{E}$．よって，$\rho \circ \mathscr{E} = \mathscr{E}$ となり，$\mathscr{E}$ は $\mathscr{Z}$ への写像である．$\mathscr{E} \in \overline{\mathrm{co}}(\mathrm{Int}(\mathscr{M}))$ であるから，$z \in \mathscr{Z}$ に対して $\mathscr{E}(z) = z$ となり，条件 (i) も満たされる．

つぎに，一意性を示す．$\mathscr{E}'$ を $\mathscr{E}'(x^*x) = \mathscr{E}'(xx^*)$ を満たす σ 弱連続な $\mathscr{Z}$ の上へのノルム 1 の射影とする．$\mathscr{E} \in \overline{\mathrm{co}}(\mathrm{Int}(\mathscr{M}))$ であるから，$\mathscr{E} = \mathscr{E}' \circ \mathscr{E} = \mathscr{E}'$ である．

(ii) $\mathscr{E}(x^*x) \geqq 0$ であるから $\mathscr{I} = \{x \in \mathscr{M} \mid \mathscr{E}(x^*x) = \mathscr{E}(xx^*) = 0\}$ は両側イデアルである．$\mathscr{E}$ は σ 弱連続であるので，$\mathscr{I}$ は σ 強閉であり，また σ 弱閉である．したがって，中心射影 z を用いて $\mathscr{I} = \mathscr{M}z$ と表せる．$z = \mathscr{E}(z) = 0$ であるから (ii) が得られる．

(iii) 定理 2.3.16 により $\mathscr{E}(x)^*\mathscr{E}(x) \leqq \mathscr{E}(x^*x)$ であるから $\mathscr{E}$ は σ 強連続である．

(iv) 再び補題 2.6.31 により，$\overline{\mathrm{co}}(\mathrm{Int}(\mathscr{M}))$ はコンパクトであるから，各 $x \in \mathscr{M}$ に対して，

$$
\begin{aligned}
\{\rho(x) \mid \rho \in \overline{\mathrm{co}}(\mathrm{Int}(\mathscr{M}))\} &= \overline{\{\rho(x) \mid \rho \in \mathrm{co}(\mathrm{Int}(\mathscr{M}))\}} \\
&= \overline{\mathrm{co}}\{\rho(x) \mid \rho \in \mathrm{Int}(\mathscr{M})\}.
\end{aligned}
$$

ここで，$y \in \mathscr{Z} \cap \overline{\mathrm{co}}(\mathrm{Int}(\mathscr{M}))(x)$ とすると，$y = \rho(x)\,(\rho \in \overline{\mathrm{co}}(\mathrm{Int}(\mathscr{M})))$ と表せる．したがって，$y = \mathscr{E}(y) = \mathscr{E}(\rho(x)) = \mathscr{E}(x)$ となる．したがって，(iv) を得る． ■

注 (i) Dixmier は von Neumann 環 $\mathscr{M}$ が有限でなくても，一般に，$\{uxu^* \mid u \in U(\mathscr{M})\}$ のノルムによる閉凸包と $\mathscr{Z}$ との共通部分は空集合ではないことを示した．有限な場合は，この共通部分は $\{\mathscr{E}(x)\}$ である．したがって，上の定理の (i) を満たす $\mathscr{Z}$ の上への有界な射影はただ 1 つである．さらに，中心的有界線形汎関数 φ に対して，$\varphi = \varphi \circ \mathscr{E}$ である．

(ii) 梅垣壽春は von Neumann 環 $\mathscr{M}$ が σ 有限かつ有限（または半有限）な場合には，$\mathscr{M}$ の任意な部分 von Neumann 環上に σ 弱連続なノルム 1 の射影（条件付き期待値ともいう）が存在することを示した[15]．竹崎は冨田–竹崎理論を用いてこれを拡張し，モジュラー自己同型で不変な部分 von Neumann 環上

202   2 von Neumann 環

に σ 弱連続なノルム 1 の射影が存在することを示した. □

第 2.2 節第 4 項において規格直交基底を用いて導入されたトレイスを一般の von Neumann 環の場合にまで拡張して考える.

定義 2.6.34 von Neumann 環 $\mathscr{M}$ の正部分 $\mathscr{M}_+$ で定義され, $\mathbb{R}_+ \cup \{\infty\}$ に値をとる関数 τ が, 任意の $x, y \in \mathscr{M}_+$ と $\lambda \in \mathbb{R}_+$ に対して

$$\tau(x+y) = \tau(x) + \tau(y), \quad \tau(\lambda x) = \lambda \tau(x)$$

および

$$\tau(x^* x) = \tau(x x^*)$$

を満たすとき, τ を**トレイス**という. ただし, $\lambda \in \mathbb{R}$ に対して

$$\lambda + \infty = \infty + \lambda = \infty \, (\lambda \in \mathbb{R}), \quad \infty + \infty = \infty,$$
$$\lambda \cdot \infty = \infty \cdot \lambda = \infty \, (\lambda > 0), \quad \infty \cdot 0 = 0 \cdot \infty = 0$$

とする. □

定義から直ちに, $x \leqq y$ ならば, $\tau(x) \leqq \tau(y)$ となることや, $e \sim f$ ならば, $\tau(e) = \tau(f)$ となることがわかる. さらに, 任意のユニタリ $u \in \mathscr{M}$ と $x \in \mathscr{M}_+$ に対して, $\tau(uxu^*) = \tau(x)$ となる. 実際,

$$\tau(uxu^*) = \tau((ux^{1/2})(ux^{1/2})^*) = \tau((ux^{1/2})^*(ux^{1/2})) = \tau(x).$$

定義 2.6.35 von Neumann 環 $\mathscr{M}$ 上のトレイス τ が $\tau(1) < \infty$ を満たすとき**有限**であるといい, また

$$\forall \, x \in \mathscr{Z}_+ \setminus \{0\} \, \exists \, y \in \mathscr{M}_+ \setminus \{0\} : \tau(y) < \infty \text{ かつ } y \leqq x$$

を満たすとき, **半有限**であるという. □

この定義から, 有限なトレイスは半有限でもある.

定義 2.6.36 von Neumann 環 $\mathscr{M}$ 上のトレイス τ が

---

15) Conditional expectation in an operator algebra, I, *Tôhoku Math. J.*, **6**(1954), 177-181.

$$\forall\, x \in \mathcal{M}_+ : \tau(x) = 0 \Rightarrow x = 0$$

を満たすとき，**忠実**であるといい，任意の有界な増加有向系 $\{x_i\}_{i\in I}$ に対して

$$\tau\left(\sup_{i\in I} x_i\right) = \sup_{i\in I} \tau(x_i)$$

を満たすとき，**正規**であるという． □

有限なトレイスは $\mathcal{M}$ の有界正線形汎関数 $\tilde{\tau}$ に一意的に拡張される．そのとき，$y^*x = 4^{-1}\sum_{n=0}^{3} i^n(x+i^n y)^*(x+i^n y)$ であるから，$\tilde{\tau}(yx) = \tilde{\tau}(xy)\,(x, y\in\mathcal{M})$ である．

トレイス τ に対して，$\mathcal{I} = \{x\in\mathcal{M}\,|\,\tau(x^*x) = 0\}$ と置くと，$\mathcal{I}$ は左イデアルであるが，対合の演算に関して閉じているので両側イデアルである．$\overline{\mathcal{I}}$ を $\mathcal{I}$ の σ 弱閉包とすると $\overline{\mathcal{I}} = \mathcal{M}z$ となる中心の射影 z がただ 1 つ存在する．このとき，$1-z$ を τ の**台射影**といい $s(\tau)$ で表す．τ が有限な場合には，拡張された線形汎関数 $\tilde{\tau}$ に対する台射影（第 2.3 節第 2 項）と一致している．

補題 2.6.37 τ が von Neumann 環 $\mathcal{M}$ 上の正規トレイスならば $\tau(1-s(\tau)) = 0$ である．したがって，$1-s(\tau)$ は $\tau(e) = 0$ を満たす射影 $e\in\mathrm{Proj}(\mathcal{M})$ のうちで最大であり，上の両側イデアル $\mathcal{I}$ は σ 弱閉である． □

［証明］ $\mathcal{I}$ を上述のイデアルとする．$\mathcal{I}\neq\{0\}$ の場合だけ示せばよい．Zorn の補題を用いて，$\mathcal{I}$ に属す 0 でない射影のなす直交族のうち，集合の包含関係に関して極大なものを選び，それを $\{e_i\}_{i\in I}$ とする．$e = \sum_{i\in I} e_i$ と置くと，$\tau(e) = \sum_{i\in I}\tau(e_i) = 0$ となるから，$e\in\mathcal{I}$ である．したがって，$\mathcal{M}e\subset\mathcal{I}$ である．$x\in\mathcal{I}\backslash\mathcal{M}e$ とすると，$x(1-e)\neq 0$ である．$(1-e)x^*x(1-e)$ の単位の分解を $\{e(t)\}_{t\in\mathbb{R}}$ とすると，$s((1-e)x^*x(1-e)) = e((0, +\infty))\neq 0$ となる．したがって，ある $t>0$ に対して $e([t, +\infty))\neq 0$ である．$te([t, +\infty))\leqq(1-e)x^*x(1-e)$ で，$x(1-e)\in\mathcal{I}$ であるから，$\tau(e([t, +\infty))) = 0$，すなわち，$e([t, +\infty))\in\mathcal{I}$．また，$e([t, +\infty))\leqq t^{-1}\|x\|^2(1-e)$ であるから，$e([t, +\infty))e = 0$．これは $\{e_i\}_{i\in I}$ の極大性と矛盾する．したがって，$\mathcal{I} = \mathcal{M}e$ である．ゆえに，$1-s(\tau) = e\in\mathcal{I}$ である． ∎

次の定理によって，有限 von Neumann 環はトレイスにより特徴づけられる．

204   2   von Neumann 環

定理 2.6.38   von Neumann 環 $\mathscr{M}$ に対して，次の 2 条件は同値である．

(i) $\mathscr{M}$ は有限である．

(ii) $\mathscr{M}$ 上に正規な有限トレイスからなる族 $\{\tau_i\}_{i\in I}$ で，分離条件

$$\forall x \in \mathscr{M}_+ : (\forall i \in I : \tau_i(x)=0) \Rightarrow x=0$$

を満たすものが存在する．   □

[証明]   (ii)⇒(i) $1=v^*v\sim vv^*\leqq 1$ とすると $\tau_i(vv^*)=\tau_i(v^*v)=\tau_i(1)$．したがって，$\tau_i(1-vv^*)=0$．よって，$1-vv^*=0$．ゆえに，$\mathscr{M}$ は有限である．

(i)⇒(ii)   定理 2.6.33 により $\mathscr{L}$ へのノルム 1 の射影 $\mathscr{E}$ がある．この射影は $\mathscr{E}(x^*x)=\mathscr{E}(xx^*)$ を満たし，忠実かつ σ 弱連続である．φ を $\mathscr{L}$ の正規な状態とすると，$\varphi\circ\mathscr{E}$ は明らかに有限で正規なトレイスで，これら全体は分離条件を満たしている．   ■

系 2.6.39   次のことが成り立つ．

(i)   因子環が有限なトレイスをもてば，因子環は有限で，そのトレイスは正規である．

(ii)   因子環が有限ならば，0 でない有限トレイスが定数倍を除き一意的に存在する．   □

[証明]   (i) τ を因子環 $\mathscr{M}$ 上の 0 でない有限なトレイスとする．もし $\mathscr{M}$ が固有無限ならば，命題 2.6.17 により，互いに直交し $e\sim f\sim 1$ かつ $e+f=1$ を満たす射影 e,f が存在するので，$\tau(1)=\tau(e)+\tau(f)=2\tau(1)$ となり，矛盾が生じる．したがって，$\mathscr{M}$ は有限である．

つぎに，τ が正規であることを示そう．$\lim\limits_{i\in I} e_i=0$ であるような射影の減少有向系 $\{e_i\}_{i\in I}$ に対して，$\lim\limits_{i\in I} \tau(e_i)=0$ を示せばよい．$e_i\neq 0$ としてよい．Zorn の補題により，各添字 $i\in I$ に対して，$e_n^i\sim e_i$ であるような射影 e_n^i のなす直交族のなかに集合の包含関係に関して極大な族 $\{e_n^i\}_{n\in I_i}$ が存在する．したがって，

$$\mathrm{Card}(I_i)\tau(e_i) = \tau\left(\sum_{n\in I_i} e_n^i\right) \leqq \tau(1).$$

$\mathscr{M}$ は因子環であるから，比較定理と極大性により，$1-\sum\limits_{n\in I_i} e_n^i \precsim e_i$ である．$\mathscr{M}$ は有限であるから I_i は有限集合である．他方，$\mathscr{M}$ は有限であるから，定理

2.6.38 により，0 でない有限な正規トレイス τ' が存在する．これを使うと，

$$\tau'(1) = \sum_{n \in I_i} \tau'(e_n^i) + \tau'\left(1 - \sum_{n \in I_i} e_n^i\right) \leqq (\mathrm{Card}(I_i) + 1)\tau'(e_i).$$

ゆえに，

$$\tau(e_i) \leqq \frac{\tau(1)}{\mathrm{Card}(I_i)} \times \frac{\mathrm{Card}(I_i) + 1}{\tau'(1)}\tau'(e_i) \leqq \frac{2\tau(1)}{\tau'(1)}\tau'(e_i).$$

τ' の正規性により，$\lim_{i \in I} \tau(e_i)=0$ となる．

(ii) $\mathscr{E}$ を定理 2.6.33 のノルム 1 の射影とすると，$\tau = \tau \circ \mathscr{E}$ となるから，$\tau(x)1 = \tau(1)\mathscr{E}(x)$ である．ゆえに，有限なトレイスは定数倍を除きただ 1 つである． ∎

系 2.6.40 von Neumann 環 $\mathscr{M}$ が固有無限であるためには，0 でない有限正規トレイスが存在しないことが必要十分である． □

[証明] 0 でない有限正規トレイス τ があると，定理 2.6.38 によって，$\mathscr{M}_{s(\tau)}$ は有限である．したがって，$\mathscr{M}$ は固有無限ではない．

$\mathscr{M}$ が固有無限でないとすると，0 でない $\mathscr{Z}$ の有限な射影 z がある．したがって，$\mathscr{M}_z$ 上の 0 でない有限正規トレイス τ がある．$\tau'(x) = \tau(xz)$ と置けば τ' は $\mathscr{M}$ 上の有限正規トレイスである． ∎

2.6.5 半有限 von Neumann 環

前項で von Neumann 環に対して導入された有限性をもとに無限を考えなおしたものが半有限性であると考えられる．

定理 2.6.41 von Neumann 環 $\mathscr{M}$ が半有限であるためには，$\mathscr{M}$ 上の忠実な半有限正規トレイスが存在することが必要十分である． □

[証明] 十分性．τ を忠実な半有限正規トレイスとする．z を任意な 0 でない中心射影とすれば，$\tau(x) < \infty$ かつ $0 < x \leqq z$ を満たす元 $x \in \mathscr{M}$ が存在する．x のスペクトル分解を使うと，$0 < \lambda e \leqq x$ なる射影 e がある．このとき，$\tau(e) < +\infty$ かつ $e \leqq z$ が成り立つ．射影 f が $e \sim f$ かつ $f \leqq e$ を満たすときには，$\tau(f) < +\infty$ となるから，$\tau(e-f) = \tau(e) - \tau(f) = 0$．$\tau$ は忠実であるから，$e-f=0$，すなわち $f=e$ となる．したがって，e は有限である．ゆえに，定義 2.6.15 の直後に述べたように，$\mathscr{M}$ は半有限である．

206 2 von Neumann 環

必要性. まず, 半有限 von Neumann 環 $\mathscr{M}$ 上には, 任意の 0 でない中心の射影に対して, 0 でない半有限正規トレイスで台射影がそれに押さえられるものが存在することを示す. いま, z_0 を 0 でない中心の射影とすれば, $e \leqq z_0$ を満たす 0 でない有限射影 e が存在する. この e と同値な射影のなす直交族のうち, 集合の包含関係に関して極大なものを $\{e_i\}_{i \in I}$ とし, $e_0 = z_0 - \sum_{i \in I} e_i$ と置く. 比較定理により, $ze_0 \precsim ze$ かつ $(1-z)e_0 \succsim (1-z)e$ を満たす中心の射影 z がある. もし $ze = 0$ とすると, $e \precsim e_0$ となり極大性に反するから, $ze \neq 0$ である. 始射影が ze_0 で, 終射影が ze に押さえられている半等長元を v_0 とし, ze_i が始射影で, ze が終射影である半等長元を v_i とする. 射影 e は有限でかつ $ze \neq 0$ であるから, 定理 2.6.38 により, $\mathscr{M}_e$ 上には, 有限な正規トレイス τ で $s(\tau)ze \neq 0$ を満たすものがある. このとき, $0 < s(\tau) \leqq ze$ となるように τ を選びなおすことができる. ここで, $J = I \cup \{0\}$ と置き

$$(2.2) \qquad \tau'(x) = \sum_{j \in J} \tau(v_j x v_j^*) \quad (x \in \mathscr{M}_+)$$

とすれば, 各 $i \in I$ に対して $\tau(v_i z z_0 v_i^*) = \tau(ze) \neq 0$ かつ $s(\tau') \leqq zz_0$. さらに, $x \in \mathscr{M}$ に対して,

$$\tau'(x^* x) = \tau'\left(x^* \sum_{j \in J} z e_j x\right) = \sum_{k \in J} \sum_{j \in J} \tau(v_k x^* v_j^* v_j x v_k^*)$$
$$= \sum_{j \in J} \sum_{k \in J} \tau(v_j x v_k^* v_k x^* v_j^*) = \sum_{j \in J} \tau(v_j x x^* v_j^*) = \tau'(xx^*).$$

よって, τ' は $\mathscr{M}$ 上の 0 でない半有限トレイスである. また, τ が正規であるから, τ' も正規である. これで, 与えられた z_0 より小さな台をもつ 0 でない半有限正規トレイスの存在がわかった.

つぎに, トレイスの台射影は中心に属するから, 上の結果に Zorn の補題を用いて, 台射影 $s(\tau_k)$ が互いに直交するような 0 でない半有限正規トレイス τ_k のなす族 $\{\tau_k\}_{k \in K}$ のうち, 集合の包含関係に関して極大なものを改めて $\{\tau_k\}_{k \in K}$ とする. このとき, 極大性により, $\sum_{k \in K} s(\tau_k) = 1$ となるから, $\tau = \sum_{k \in K} \tau_k$ と置けば τ は忠実な半有限正規トレイスである. ∎

系 2.6.42 von Neumann 環 $\mathscr{M}$ が III 型であるためには, $\mathscr{M}$ 上に 0 でない半有限正規トレイスが存在しないことが必要十分である. □

[証明] 0 でない半有限正規トレイス τ があると, τ は $\mathcal{M}s(\tau)$ 上で忠実であるから, 定理 2.6.41 により $\mathcal{M}_{s(\tau)}$ は半有限である. したがって, $\mathcal{M}$ は III型ではない.

$\mathcal{M}$ が III 型でないと, $\mathcal{M}_z$ が半有限であるような 0 でない $\mathscr{L}$ の射影 z がある. したがって, $\mathcal{M}_z$ 上の忠実な半有限正規トレイス τ がある. $\tau'(x)=\tau(xz)$ と置けば, τ' は $\mathcal{M}$ 上の半有限正規トレイスである. ∎

系 2.6.43 von Neumann 環 $\mathcal{M}$ の射影 e, f が有限ならば $e \vee f$ も有限である. □

[証明] $e \perp f$ の場合. まず, 任意の 0 でない中心射影 z に対して, それより小さな台をもつ正規トレイスの存在を示すことにする. $e+f=1$ と仮定できる. $1-c(e)(\leqq f)$ は有限であるから, $c(e)$ が有限ならば 1 は有限である. したがって, $c(e)=1$ と仮定してよい. この場合には, $ze \neq 0$ である. $e_i \sim ze$ で, e_i の 1 つは ze であるような互いに直交する射影の族のうちで, 集合の包含関係に関して極大なものを $\{e_i\}_{i \in I}$ とする. 補題 2.6.6 により, $\sum_{i \in I} e_i \leqq z$ が成り立つので, $\sum_{i \in I, e_i \neq ze} e_i \leqq zf$ となり, I は有限である. よって, 定理 2.6.41 の証明の中の (2.2) 式で与えられる正規トレイス τ' は有限であり, その台は z より小さい. 以上の結果に Zorn の補題を用いると, 0 でない有限正規トレイスの族 $\{\tau_k\}_{k \in K}$ で台が直交し $\sum_{k \in K} s(\tau_k)=1$ となるものがある. したがって, 有限正規トレイスの族で分離条件を満たすものが存在する. よって, 定理 2.6.38 により, 1 は有限である.

一般の場合. 命題 2.6.5 により, $(e \vee f - e) \sim (f - e \wedge f)$ であるから, $e \vee f - e$ は有限である. したがって, 前半により, $e \vee f$ も有限である. ∎

補題 2.6.44 半有限 von Neumann 環 $\mathcal{M}$ における射影 e が有限であるためには, $\tau_i(e) < +\infty$ であるような半有限正規トレイスの族 $\{\tau_i\}_{i \in I}$ で定理 2.6.38 と同じ分離条件を満たすものが存在することが必要十分である. □

[証明] 十分性は明らかである.

e は有限であるとする. $c(e) \neq 1$ のときは $\mathcal{M}(1-c(e))$ 上では忠実な半有限正規トレイスをとればよいから, $c(e)=1$ と仮定してもよい. z_0 を $\mathscr{L}$ の 0 でない射影とする. 定理 2.6.41 の証明で e_j の 1 つは $z_0 e$ にとってもよいから,

同じ記号を使うと，$s(\tau')\leqq zz_0$ であるから，$\tau'(e)=\tau'(zz_0e)=\tau(zz_0e)<+\infty$ となる．したがって，$\{\tau_i\}_{i\in I}$ を，$\tau_i(e)<+\infty$ で $s(\tau_i)$ が互いに直交するような 0 でない半有限正規トレイスの族のうちで，集合の包含関係に関して極大なものとすると，$\sum_{i\in I} s(\tau_i)=1$ である．ゆえに，$\{\tau_i\}_{i\in I}$ は分離条件を満たしている． ∎

von Neumann 環 $\mathcal{M}$ から von Neumann 環 $\mathcal{N}$ への全射線形写像 π が

$$\pi(xy) = \pi(y)\pi(x), \quad \pi(x^*) = \pi(x)^*$$

を満たすとき，π を**反準同型写像**といい，さらに単射のとき**反同型写像**という．

命題 2.6.45 $\mathcal{M}$ を von Neumann 環とする．

(i) $\mathcal{M}$ 上の有限な正規トレイス τ に関する GNS 表現 $\{\pi_\tau,\mathcal{H}_\tau,\xi_\tau\}$ に対して，$\pi'_\tau(x)=J_\tau\pi_\tau(x^*)J_\tau$ $(x\in\mathcal{M})$ とすれば，$\pi'_\tau(\mathcal{M})=\pi_\tau(\mathcal{M})'$．ただし，$J_\tau$ は $\pi_\tau(x)\xi_\tau\mapsto\pi_\tau(x^*)\xi_\tau$ で与えられる反ユニタリである．

(ii) $\mathcal{M}$ が有限ならば，$\mathcal{M}$ の忠実な正規表現 π で，その可換子環 $\pi(\mathcal{M})'$ も有限なものがある． □

[証明] (i) von Neumann 環 $\mathcal{M}$ 上の有限な正規トレイス τ を $\mathcal{M}$ 上の線形汎関数へと拡張し，同じ記号で表す．この τ による GNS 表現を $\{\pi_\tau,\mathcal{H}_\tau,\xi_\tau\}$ とし，$\eta_\tau(x)=\pi_\tau(x)\xi_\tau$ と置く．このとき，任意の $x\in\mathcal{M}$ に対して $\|\eta_\tau(x^*)\|^2=\tau(xx^*)=\tau(x^*x)=\|\eta_\tau(x)\|^2$ が成り立つので，

$$J_\tau\eta_\tau(x) = \eta_\tau(x^*) \quad (x \in \mathcal{M})$$

を満たす $\mathcal{H}_\tau$ の上の連続共役線形作用素 J_τ が存在する．これは対合的反ユニタリ，つまり $J_\tau^2=1$ と $(J_\tau\xi|J_\tau\eta)=(\eta|\xi)$ を満たす．任意の $x,y\in\mathcal{M}$ に対して，

$$\|\eta_\tau(yx)\|^2 = \tau(x^*y^*yx) = \tau(yxx^*y^*)$$

$$\leqq \|x\|^2\tau(yy^*) = \|x\|^2\tau(y^*y) = \|x\|^2\|\eta_\tau(y)\|^2$$

が成り立つから，$\pi'_\tau(x)\eta_\tau(y)=\eta_\tau(yx)$ なる $\mathcal{H}_\tau$ における有界作用素 $\pi'_\tau(x)$ が一意的に定まる．このとき，π'_τ は $\mathcal{M}$ から $\mathscr{L}(\mathcal{H}_\tau)$ への反準同型写像である．τ が正規であるから，π'_τ も正規である．また $\pi_\tau(x)\pi'_\tau(y)=\pi'_\tau(y)\pi_\tau(x)$ も満た

すので，$\pi'_\tau(\mathscr{M})\subset\pi_\tau(\mathscr{M})'$ となる.

任意の $x,y,z\in\mathscr{M}$ に対して，

$$(\pi'_\tau(x)\eta_\tau(y)|\eta_\tau(z)) = (\eta_\tau(yx)|\eta_\tau(z)) = \tau(z^*yx) = \tau(yxz^*)$$
$$= (\pi_\tau(x)\eta_\tau(z^*)|\eta_\tau(y^*)) = (\pi_\tau(x)J_\tau\eta_\tau(z)|J_\tau\eta_\tau(y))$$
$$= (J_\tau\pi_\tau(x^*)J_\tau\eta_\tau(y)|\eta_\tau(z)).$$

したがって，$\pi'_\tau(x)=J_\tau\pi_\tau(x^*)J_\tau$ と表せる．よって，$\pi'_\tau(\mathscr{M})=J_\tau\pi_\tau(\mathscr{M})J_\tau$ であり，$\pi'_\tau(\mathscr{M})$ は対応 $a\mapsto J_\tau a^*J_\tau$ により，$\pi_\tau(\mathscr{M})$ と反同型である.

また，$0\leqq x'\leqq1$ を満たす $x'\in\pi_\tau(\mathscr{M})'$ を用いて $\varphi(x)=(\pi_\tau(x)x'\xi_\tau|\xi_\tau)\,(x\in\mathscr{M})$ と置く．$0\leqq\varphi\leqq\tau$ であるから，定理 2.3.8 により $\varphi(x)=\tau(hxh)$ なる $h\in\mathscr{M}$ がある.

$$(x'\xi_\tau|\pi_\tau(x)^*\xi_\tau) = (\pi_\tau(x)x'\xi_\tau|\xi_\tau) = \tau(xh^2) = (\eta_\tau(h^2)|\eta_\tau(x^*))$$
$$= (\pi'_\tau(h^2)\xi_\tau|\pi_\tau(x)^*\xi_\tau)$$

であるから $x'\xi_\tau=\pi'_\tau(h^2)\xi_\tau$ である．ξ_τ は $\pi_\tau(\mathscr{M})'$ に対して分離ベクトルであるから，$x'=\pi'_\tau(h^2)$．したがって，$\pi_\tau(\mathscr{M})'\subset\pi'_\tau(\mathscr{M})$．ゆえに，$\pi_\tau(\mathscr{M})'=\pi'_\tau(\mathscr{M})$ である.

(ii) $\mathscr{M}$ が有限のとき，$\sum\limits_{i\in I}s(\tau_i)=1$ なる有限な正規トレイスの族 $\{\tau_i\}_{i\in I}$ がある．このとき，$\mathrm{Ker}(\pi_{\tau_i})=(1-s(\tau_i))\mathscr{M}$ であるから，主張(i)により

$$\mathscr{M}\cong\sum_{i\in I}{}^{\oplus}\pi_{\tau_i}(\mathscr{M}),$$

$$\left(\sum_{i\in I}{}^{\oplus}\pi_{\tau_i}(\mathscr{M})\right)' = \left(\sum_{i\in I}{}^{\oplus}J_{\tau_i}\right)\left(\sum_{i\in I}{}^{\oplus}\pi_{\tau_i}(\mathscr{M})\right)\left(\sum_{i\in I}{}^{\oplus}J_{\tau_i}\right)$$

である．したがって，$(\sum_i{}^{\oplus}\pi_{\tau_i}(\mathscr{M}))'$ は有限である．よって，可換子環 $\pi(\mathscr{M})'$ が有限であるような，$\mathscr{M}$ の忠実で正規な表現 π がある． ∎

補題 2.6.46 von Neumann 環 $\mathscr{M}$ の射影 e に対して，$(\mathscr{M}')_{c(e)}\cong(\mathscr{M}')_e$ である． □

[証明] 写像 $\pi:y'\in(\mathscr{M}')_{c(e)}\mapsto y'e|_{e\mathscr{H}}\in(\mathscr{M}')_e$ は準同型である．$x'\in\mathscr{M}',x'e=0$ とすると，$x'\mathscr{M}e\mathscr{M}=\{0\}$ である．$\mathscr{M}e\mathscr{M}$ は $\mathscr{M}c(e)$ を生成するから，$x'c(e)=0$ である．したがって，π は同型写像である． ∎

補題 2.6.47 von Neumann 環 $\mathscr{M}$ が半有限ならば，$\mathscr{M}\overline{\otimes}\mathscr{L}(\mathscr{K})$ も半有限

である. $\qquad\qquad\qquad\qquad\qquad\qquad\qquad\qquad$ □

[証明] $\mathscr{M}\overline{\otimes}\mathscr{L}(\mathscr{K})$ の中心は $Z(\mathscr{M})\otimes\mathbb{C}1$ である. $\mathscr{M}$ は半有限であるから, 任意の 0 でない中心射影 z に対して $f\leq z$ を満たす有限射影 $f\in\mathscr{M}$ がある. e を $\mathscr{L}(\mathscr{K})$ の階数 1 の射影とする. 命題 2.5.27 により,

$$(\mathscr{M}\overline{\otimes}\mathscr{L}(\mathscr{K}))_{f\otimes e}\cong\mathscr{M}_f\overline{\otimes}\mathscr{L}(\mathscr{K})_e\cong\mathscr{M}_f$$

となるから, $(\mathscr{M}\overline{\otimes}\mathscr{L}(\mathscr{K}))_{f\otimes e}$ は有限である. よって, $f\otimes e$ は $f\otimes e\leq z\otimes 1$ を満たす 0 でない有限射影である. ゆえに, $\mathscr{M}\overline{\otimes}\mathscr{L}(\mathscr{K})$ は半有限である. ∎

定理 2.6.48 von Neumann 環が半有限, II 型または III 型ならば, その可換子環もそれぞれ半有限, II 型または III 型である. $\qquad\qquad$ □

[証明] von Neumann 環 $\mathscr{M}$ が半有限であるとする. $c(e_i)$ が互いに直交するような 0 でない有限な射影の族のうちで, 集合の包含関係に関して極大なものを $\{e_i\}_{i\in I}$ とすれば, $e=\sum_{i\in I}e_i$ は有限で $c(e)=1$ である. $\mathscr{M}_e$ の忠実で正規な表現 π で $\pi(\mathscr{M}_e)'$ が有限なものがある. π^{-1} に定理 2.6.9 を適用すると, Hilbert 空間 $\mathscr{H}_1$ と $\pi(\mathscr{M}_e)'\overline{\otimes}\mathscr{L}(\mathscr{H}_1)$ の射影 e' とユニタリ U があって

$$\pi^{-1}(x)=U(x\otimes 1)e'U^*\qquad(x\in\pi(\mathscr{M}_e))$$

である. したがって

$$\mathscr{M}'\cong(\mathscr{M}')_e=(\mathscr{M}_e)'\cong(\pi(\mathscr{M}_e)'\overline{\otimes}\mathscr{L}(\mathscr{H}_1))_{e'}.$$

補題 2.6.47 より, $\pi(\mathscr{M}_e)'\overline{\otimes}\mathscr{L}(\mathscr{H}_1)$ は半有限であるから, $(\pi(\mathscr{M}_e)'\overline{\otimes}\mathscr{L}(\mathscr{H}_1))_{e'}$ も半有限である. ゆえに, $\mathscr{M}'$ は半有限である.

II 型または III 型の場合は半有限の場合から明らかである. ∎

系 2.6.49 von Neumann 環 $\mathscr{M}$ が半有限であるためには, $\pi(\mathscr{M})'$ が有限であるような $\mathscr{M}$ の忠実な正規表現 π が存在することが必要十分である. □

[証明] 十分であることは定理 2.6.48 によって明らかである. $\mathscr{M}$ が半有限であるとする. $\mathscr{M}'$ も半有限であるから, $c(e')=1$ なる $\mathscr{M}'$ の有限な射影 e' がある. 補題 2.6.46 により, $\mathscr{M}\cong\mathscr{M}_{e'}$. また, $(\mathscr{M}_{e'})'=(\mathscr{M}')_{e'}$ であるから, $\pi(x)=x_{e'}(x\in\mathscr{M})$ とすれば, $\pi(\mathscr{M})'=(\mathscr{M}')_{e'}$ となるので, $\pi(\mathscr{M})'$ は有限である. ∎

2.6 von Neumann 環の分類　*211*

命題 2.6.50　半有限因子環において, 半有限正規トレイスは定数倍の違い
を除き一意的に定まる.　　　　　　　　　　　　　　　　　　　□

[証明]　半有限因子環 $\mathscr{M}$ 上の 2 つの 0 でない半有限正規トレイスを τ_1 と
τ_2 とする. $\mathscr{M}$ は因子環であるから, $s(\tau_1)=s(\tau_2)=1$. τ_1 は半有限であるから,
$\tau_1(e)<+\infty$ を満たす 0 でない射影 e が存在する. このとき e は有限である.
定理 2.6.41 の証明と同様にして, $v_j v_j^*=e$ と $\sum_{j\in J} v_j^* v_j=1$ を満たす半等長元の
族 $\{v_j\}_{j\in J}$ が存在する. したがって,

$$\sum_{j\in J} \tau_1(v_j x v_j^*) = \sum_{j\in J} \tau_1(x^{1/2} v_j^* v_j x^{1/2}) = \tau_1(x) \quad (0 \leqq x \in \mathscr{M}).$$

τ_2 についても同様な式が成り立つ. 系 2.6.39 により, $\tau_1|_{e\mathscr{M}e}=\lambda\tau_2|_{e\mathscr{M}e}$ を満
たす $\lambda\in\mathbb{R}$ が存在する. 上の式で $v_j x v_j^*\in e\mathscr{M}e$ であるから, $\tau_1=\lambda\tau_2$ である. ∎

とくに, $\mathscr{L}(\mathscr{H})$ の半有限正規トレイスは第 2.2 節第 4 項で述べた Tr の定
数倍である. 離散型因子環である $\mathscr{L}(\mathscr{H})$ の射影に対する Tr の値は自然数か
$+\infty$ であるが, 連続型で半有限, つまり II 型のときは, 命題 2.6.18 により,
射影に対する半有限正規トレイス τ の値は 0 から $\tau(1)$ までのすべての実数の
値をとる.

最後に, これまでにでてきた因子環の呼び名を表 2.1 にまとめておく.

表 2.1　因子環の分類.

	半有限		純無限
	有限	固有無限	
離散型 (I 型)	I_n 型	I_∞ 型	
連続型	II_1 型	II_∞ 型	III 型

2.6.6　テンソル積の型

上で説明してきた von Neumann 環の性質が, テンソル積にどのように伝わ
るかを調べておく.

定理 2.6.51　$\mathscr{M}, \mathscr{N}$ を von Neumann 環とする.

(i) $\mathscr{M}\bar{\otimes}\mathscr{N}$ が有限であるためには, $\mathscr{M}, \mathscr{N}$ の両方が有限であることが必要
十分である.

(ii) $\mathscr{M}\overline{\otimes}\mathscr{N}$ が固有無限であるためには，$\mathscr{M}$ または $\mathscr{N}$ が固有無限である
　　ことが必要十分である． 　　　　　　　　　　　　　　　　　　　　　　□

［証明］ $\mathscr{M},\mathscr{N}$ は有限であるとする．定理 2.6.38 によって，$\mathscr{M},\mathscr{N}$ 上の有
限正規トレイスの族 $\{\tau_{1,i}\}_{i\in I}$, $\{\tau_{2,j}\}_{j\in J}$ で分離条件を満たすものがある．$\tau_{1,i}$,
$\tau_{2,j}$ は正規正線形汎関数 $\tilde{\tau}_{1,i}$, $\tilde{\tau}_{2,j}$ に拡張される．系 2.5.28 によって，

$$s(\tilde{\tau}_{1,i}\otimes\tilde{\tau}_{2,j})=s(\tilde{\tau}_{1,i})\otimes s(\tilde{\tau}_{2,j})=s(\tau_{1,i})\otimes s(\tau_{2,j})$$

である．したがって，$\{\tilde{\tau}_{1,i}\otimes\tilde{\tau}_{2,j}|_{(\mathscr{M}\overline{\otimes}\mathscr{N})_{+}}\}_{(i,j)\in I\times J}$ は分離条件を満たす有限
正規トレイスの族である．ゆえに，$\mathscr{M}\overline{\otimes}\mathscr{N}$ は有限である．

$\mathscr{M}$ が固有無限とする．命題 2.6.17 によって，互いに直交する $\mathscr{M}$ の射影の
列 $\{e_n\}_n$ で $e_n\sim 1$, $\sum_{n=1}^{\infty}e_n=1$ であるものが存在する．$\mathscr{M}\overline{\otimes}\mathscr{N}$ の中心の任意の
0 でない射影 z に対して，$z(e_1\otimes 1)\sim z\sim\sum_{n=2}^{\infty}z(e_n\otimes 1)<z$ であるから，z は無限
である．ゆえに，$\mathscr{M}\overline{\otimes}\mathscr{N}$ は固有無限である．$\mathscr{N}$ が固有無限の場合も同様に
して，$\mathscr{M}\overline{\otimes}\mathscr{N}$ は固有無限である．

$\mathscr{M}$ がもし有限でなければ，$\mathscr{M}_z$ が固有無限であるような $\mathscr{M}$ の中心の 0 で
ない射影 z がある．したがって，$(\mathscr{M}\overline{\otimes}\mathscr{N})_{z\otimes 1}=\mathscr{M}_z\overline{\otimes}\mathscr{N}$ は固有無限である．
よって，$\mathscr{M}\overline{\otimes}\mathscr{N}$ は有限ではない．ゆえに，$\mathscr{M}\overline{\otimes}\mathscr{N}$ が有限ならば $\mathscr{M},\mathscr{N}$ は有
限である．

$\mathscr{M},\mathscr{N}$ が固有無限でなければ $\mathscr{M}_{z_1},\mathscr{N}_{z_2}$ が有限であるような 0 でない中心
の射影 z_1,z_2 がある．$(\mathscr{M}\overline{\otimes}\mathscr{N})_{z_1\otimes z_2}=\mathscr{M}_{z_1}\overline{\otimes}\mathscr{N}_{z_2}$ は有限である．したがって，
$\mathscr{M}\overline{\otimes}\mathscr{N}$ は固有無限ではない． 　　　　　　　　　　　　　　　　■

補題 2.6.52 von Neumann 環 $\mathscr{M},\mathscr{N}$ がともに I 型ならば，テンソル積
$\mathscr{M}\overline{\otimes}\mathscr{N}$ も I 型である． 　　　　　　　　　　　　　　　　　　　　□

［証明］ $\mathscr{A}_1,\mathscr{A}_2$ が可換 von Neumann 環で，$\mathscr{K}_1,\mathscr{K}_2$ が Hilbert 空間である
とき，

$$(\mathscr{A}_1\overline{\otimes}\mathscr{L}(\mathscr{K}_1))\overline{\otimes}(\mathscr{A}_2\overline{\otimes}\mathscr{L}(\mathscr{K}_2))\cong(\mathscr{A}_1\overline{\otimes}\mathscr{A}_2)\overline{\otimes}(\mathscr{L}(\mathscr{K}_1)\overline{\otimes}\mathscr{L}(\mathscr{K}_2))$$
$$=(\mathscr{A}_1\overline{\otimes}\mathscr{A}_2)\overline{\otimes}\mathscr{L}(\mathscr{K}_1\otimes\mathscr{K}_2)$$

であるから，I_α 型と I_β 型とのテンソル積は $I_{\alpha\beta}$ 型である．したがって，定理
2.6.22 によって，I 型 von Neumann 環どうしのテンソル積は I 型である． ■

2.6 von Neumann 環の分類   213

補題 2.6.53 von Neumann 環 $\mathscr{M}, \mathscr{N}$ がともに半有限ならば，テンソル積 $\mathscr{M}\overline{\otimes}\mathscr{N}$ も半有限である．　　　　　　　　　　　　　　　　　□

［証明］　Zorn の補題により，$\mathscr{M}$ には 0 でない有限射影の直交族で集合の包含関係に関して極大なものが存在する．それを $\{e_i\}_{i\in I}$ とする．$\mathscr{N}$ にも同様な極大族 $\{f_j\}_{j\in J}$ が存在する．極大性により，$\sum_{i\in I} e_i=1$，$\sum_{j\in J} f_j=1$ が成り立つ．命題 2.5.27 により，$\mathscr{M}_{e_i}\overline{\otimes}\mathscr{N}_{f_j}=(\mathscr{M}\overline{\otimes}\mathscr{N})_{e_i\otimes f_j}$ となる．定理 2.6.51 により，$(\mathscr{M}\overline{\otimes}\mathscr{N})_{e_i\otimes f_j}$ は有限であるから，$e_i\otimes f_j$ は有限である．$\sum_{(i,j)\in I\times J} e_i\otimes f_j=1$ であるから，$\mathscr{M}\overline{\otimes}\mathscr{N}$ は半有限である．　　　■

補題 2.6.54 von Neumann 環 $\mathscr{M}, \mathscr{N}$ がともに半有限のとき，一方が II 型ならば，テンソル積 $\mathscr{M}\overline{\otimes}\mathscr{N}$ も II 型である．　　　　　　　　　□

［証明］　$\mathscr{M}$ が II 型で $\mathscr{N}$ は半有限とする．$c(e_0)=1, c(f_0)=1$ であるようなそれぞれ $\mathscr{M}, \mathscr{N}$ の有限な射影 e_0, f_0 がある．命題 2.6.18 によって，$e_n-e_{n+1}\sim e_{n+1}, c(e_n)=c(e_0)=1$ なる $\mathscr{M}$ の射影の減少列 $\{e_n\}_{n=0}^{\infty}$ がある．定理 2.6.51 によって，$(\mathscr{M}\overline{\otimes}\mathscr{N})_{e_0\otimes f_0}$ は有限である．つまり $e_0\otimes f_0$ は有限である．補題 2.6.44 によって，$\tau_i(e_0\otimes f_0)<+\infty$ であるような $\mathscr{M}\overline{\otimes}\mathscr{N}$ 上の半有限正規トレイスの分離族 $\{\tau_i\}_i$ がある．したがって，$\tau_i(e_n\otimes f_0)=2^{-n}\tau_i(e_0\otimes f_0)$ である．z を $\mathscr{M}\overline{\otimes}\mathscr{N}$ の中心の 0 でない射影，e を $e\leqq z$ なる $\mathscr{M}\otimes\mathscr{N}$ の Abel 射影作用素とする．$(\mathscr{M}\otimes\mathscr{N})(e_n\otimes f_0)(\mathscr{M}\otimes\mathscr{N})=\mathscr{M}e_n\mathscr{M}\otimes\mathscr{N}f_0\mathscr{N}$ であるから $c(e_n\otimes f_0)=c(e_n)\otimes c(f_0)=1$ である．したがって，補題 2.6.20 によって，$e\precsim e_n\otimes f_0$ である．よって，$\tau_i(e)\leqq 2^{-n}\tau_i(e_0\otimes f_0)$．したがって，$\tau_i(e)=0$．ゆえに，$e=0$．よって，$\mathscr{M}\overline{\otimes}\mathscr{N}$ は II 型である．　　　■

補題 2.6.55 von Neumann 環 $\mathscr{M}$ の射影 e が無限のときには，$\mathscr{M}_e$ の単位球上で対合 $x\mapsto x^*$ は σ 強位相に関して連続ではない．　　　□

［証明］　0 でない固有無限な $\mathscr{L}_e$ の射影 z がある．命題 2.6.17 により，互いに直交する $\mathscr{M}_e$ の射影の列 $\{e_n\}_n$ で $e_n\sim z$ かつ $\sum_{n=1}^{\infty} e_n=z$ を満たすものがある．v_n を，e_n を始射影，z を終射影にもつ半等長元とする．列 $\{e_n\}_n$ は σ 弱位相で 0 に収束するので，列 $\{v_n\}_n$ は σ 強位相で 0 に収束する．もし $\{v_n^*\}_n$ が σ 強位相で 0 に収束すれば，$\{v_nv_n^*\}_n$ も σ 強位相で 0 に収束するから，$z=0$ となり矛盾が生じる．したがって，$\{v_n^*\}_n$ は σ 強位相で 0 に収束しない．よ

214   2 von Neumann 環

って，対合は $\mathcal{M}_e$ の単位球の上で σ 強位相に関して連続ではない． ■

補題 2.6.56 von Neumann 環 $\mathcal{M}$ の部分 von Neumann 環 $\mathcal{N}$ が III 型で，$\mathcal{M}$ から $\mathcal{N}$ への正規なノルム 1 の射影のなす分離族があるときには，$\mathcal{M}$ も III 型である． □

［証明］ もし $\mathcal{M}$ が III 型でなければ，$\mathcal{M}z_0$ が半有限であるような $\mathcal{M}$ の 0 でない中心射影 z_0 がある．したがって，定理 2.6.41 におけるように，$\mathcal{M}$ の 0 でない有限射影 e で $e \leqq z_0$ を満たすものと条件

$$v_i v_i^* \leqq e, \quad \sum_{i \in I} v_i^* v_i = c(e) \leqq z_0$$

を満たす半等長元のなす極大族 $\{v_i\}_{i \in I}$ で，$v_i^* v_i$ の 1 つは e であるようなものが存在する．また，$\mathcal{M}_e$ 上には 0 でない有限正規トレイス τ が存在するので，その台射影 $s(\tau)$ を z_e' ($z' \in \mathcal{Z}$) とする．上の議論を $z'z_0$ へ制限し，ez' を改めて e と置くことにより，$s(\tau)=e$ と仮定することができる．そこで，各 $i \in I$ に対して τ を $\mathcal{M}_{c(e)}$ に拡張して $\tau_i(x)=\tau(v_i x v_i^*)$ $(x \in \mathcal{M}_{c(e)})$ とすれば，$\tau_i \in (\mathcal{M}_{c(e)})_*$．さらに $\tau'(x)=\sum_{i \in I} \tau_i(x)$ と置くと，τ' は $\mathcal{M}_{c(e)}$ 上の半有限正規トレイスで，$s(\tau')=c(e)$ となっている．

また $e \neq 0$ であるから，仮定により，$\mathscr{E}(e) \neq 0$ となる $\mathcal{M}$ から $\mathcal{N}$ の上への正規なノルム 1 の射影 $\mathscr{E}$ が存在する．よって，$0 < \lambda f \leqq \mathscr{E}(e)$ なる $\mathcal{N}$ の射影 f と正数 λ がある．いま，$\{x_j\}_{j \in J}$ を $\mathcal{N}_f$ の単位球において 0 に σ 強収束する有向系とする．

$$\lim_{j \in J} \tau'(x_j e x_j^*) = \lim_{j \in J} \tau'(e x_j^* x_j e) = \lim_{j \in J} \tau(e x_j^* x_j e) = 0$$

であるから，各 $i \in I$ に対しても，$\lim_j \tau_i(x_j e x_j^*)=0$ となる．一般に，前双対空間 $(\mathcal{M}_{c(e)})_*$ において，部分集合 $\{\tau_i y^* | y \in \mathcal{M}_{c(e)}, i \in I\}$ は線形稠密であるから，$\mathcal{M}_{c(e)}$ の有界な有向系 $\{y_j\}_{j \in J}$ が，任意の $y \in \mathcal{M}_{c(e)}$ と任意の $i \in I$ に対して $\lim_{j \in J} \tau_i(y^* y_j)=0$ を満たすときには，0 へ σ 弱収束することがわかる．とくに，$y_j=x_j e x_j^*$ の場合を考える．上の議論から

$$|\tau_i(y^* y_j)|^2 \leqq \tau_i(y^* y_j y)\tau_i(y_j) \leqq \|\tau_i\| \|y\|^2 \tau_i(y_j) \to 0$$

となるので，$\{y_j\}_{j\in J}$ は 0 に σ 弱収束する．また

$$\lambda x_j x_j^* = \lambda x_j f x_j^* \leqq x_j \mathscr{E}(e) x_j^* = \mathscr{E}(x_j e x_j^*)$$

が成り立つので，$\{x_j x_j^*\}_{j\in J}$ も 0 に σ 弱収束する．つまり $\{x_j^*\}_{j\in J}$ は 0 に σ 強収束する．ゆえに，$\mathscr{N}_f$ の単位球上で対合は σ 強連続になるので，補題 2.6.47 により，f は有限である．これは $\mathscr{N}$ が III 型であることと矛盾する．したがって $\mathscr{M}$ は III 型である． ∎

定理 2.6.57 $\mathscr{M}, \mathscr{N}$ を von Neumann 環とする．そのとき

(i) $\mathscr{M}\overline{\otimes}\mathscr{N}$ が I 型（または半有限）であるためには，$\mathscr{M}, \mathscr{N}$ の両方が I 型（または半有限）であることが必要十分である．

(ii) $\mathscr{M}\overline{\otimes}\mathscr{N}$ が II 型であるためには，$\mathscr{M}, \mathscr{N}$ の両方が半有限で，一方が II 型であることが必要十分である．

(iii) $\mathscr{M}\overline{\otimes}\mathscr{N}$ が III 型であるためには，$\mathscr{M}$ または $\mathscr{N}$ が III 型であることが必要十分である． □

[証明] (iii) $\mathscr{N}$ が III 型とする．φ を $\mathscr{M}$ の正規状態とする．$x\in\mathscr{M}\overline{\otimes}\mathscr{N}$ に対して，$\psi\in\mathscr{N}_*\mapsto(\varphi\otimes\psi)(x)$ は有界線形汎関数であるから，$\langle\mathscr{E}_\varphi(x),\psi\rangle=(\varphi\otimes\psi)(x)$ であるような $\mathscr{E}_\varphi(x)\in\mathscr{N}=(\mathscr{N}_*)^*$ がただ 1 つ存在する．$\mathscr{N}$ と $\mathbb{C}1\otimes\mathscr{N}$ を同一視すれば，明らかに $\mathscr{E}_\varphi$ は $\mathscr{N}$ の上への正規なノルム 1 の射影である．すべての $\mathscr{M}$ の正規状態 φ に対して $\mathscr{E}_\varphi(x^*x)=0$ ならば $x=0$ である．したがって，$\{\mathscr{E}_\varphi\}_\varphi$ は分離族である．補題 2.6.56 によって，$\mathscr{M}\overline{\otimes}\mathscr{N}$ は III 型である．$\mathscr{M}, \mathscr{N}$ の両方が III 型でなければ，$\mathscr{M}_{z_1}, \mathscr{N}_{z_2}$ が半有限であるような 0 でない中心射影 z_1, z_2 がある．補題 2.6.53 によって，$\mathscr{M}_{z_1}\overline{\otimes}\mathscr{N}_{z_2}=(\mathscr{M}\overline{\otimes}\mathscr{N})_{z_1\otimes z_2}$ は半有限である．したがって，$\mathscr{M}\overline{\otimes}\mathscr{N}$ は III 型ではない．

(i) もし $\mathscr{M}$ が半有限でないとすると，$\mathscr{M}_z$ が III 型であるような 0 でない中心の射影 z がある．(iii)によって，$\mathscr{M}_z\overline{\otimes}\mathscr{N}=(\mathscr{M}\overline{\otimes}\mathscr{N})_{z\otimes 1}$ は III 型である．したがって，$\mathscr{M}\overline{\otimes}\mathscr{N}$ は半有限ではない．

つぎに，$\mathscr{M}\overline{\otimes}\mathscr{N}$ は I 型とする．(i)によって，$\mathscr{M}, \mathscr{N}$ は半有限である．$\mathscr{M}$ が I 型でないとすると，$\mathscr{M}_z$ が II 型であるような 0 でない中心の射影 z がある．補題 2.6.54 によって，$\mathscr{M}_z\overline{\otimes}\mathscr{N}=(\mathscr{M}\overline{\otimes}\mathscr{N})_{z\otimes 1}$ は II 型である．したがって，$\mathscr{M}\overline{\otimes}\mathscr{N}$ は I 型ではなくなって矛盾する．ゆえに，$\mathscr{M}, \mathscr{N}$ は I 型である．

216　2　von Neumann 環

(ii) $\mathscr{M}\overline{\otimes}\mathscr{N}$ は II 型とする。(i)によって，$\mathscr{M},\mathscr{N}$ は半有限である。両方が II 型でなければ $\mathscr{M}_{z_1},\mathscr{N}_{z_2}$ が I 型であるような中心の 0 でない射影 z_1,z_2 がある。補題 2.6.52 によって，$\mathscr{M}_{z_1}\overline{\otimes}\mathscr{N}_{z_2}=(\mathscr{M}\overline{\otimes}\mathscr{N})_{z_1\otimes z_2}$ は I 型である。したがって，$\mathscr{M}\overline{\otimes}\mathscr{N}$ は II 型ではなくなって矛盾する。ゆえに，$\mathscr{M},\mathscr{N}$ の一方は II 型である。∎

2.7　因子環の例

本節では因子環の例について述べる。因子環の重要な例は位相群の表現から作られるものが多いので，まずそれについて述べる。

2.7.1　群の表現の生成する因子環

局所コンパクト群 G 上の左不変な Haar 測度 μ に関する L^2 空間を $L^2(G)$ で表す。G 上のモジュラー関数 Δ を用いて，G の左正則表現と右正則表現と呼ばれるユニタリ表現をそれぞれ

$$\lambda(t)\xi(s) = \xi(t^{-1}s), \quad \rho(t)\xi(s) = \Delta(t)^{1/2}\xi(st) \quad (\xi \in L^2(G))$$

とする。このとき，左正則表現の生成する von Neumann 環 $\{\lambda(t)|t\in G\}''$ を**群 von Neumann 環**または **von Neumann 群環**といい，$\mathscr{R}(G)$ で表す。明らかに，$\rho(t)\in\mathscr{R}(G)'$。$L^\infty(G)$ の $L^2(G)$ への表現 π を $\pi(f)\xi=f\xi\,(\xi\in L^2(G))$ とすれば，$\lambda(t)\pi(f)\lambda(t)^*=\pi(\lambda_t(f))$ が成り立つ。ただし，

$$(\lambda_t(f))(s) = f(t^{-1}s) \quad (f \in L^\infty(G)).$$

このとき，$\lambda_t\in\mathrm{Aut}(L^\infty(G))$ である。しばしば，表現 $\pi(f)$ を関数 f のままで表すこともある。$L^2(G)$ の共役線形作用素 J を

$$(J\xi)(t) = \Delta(t)^{-1/2}\overline{\xi(t^{-1})} \quad (\xi \in L^2(G))$$

とすれば，J は後にモジュラー共役作用素と呼ばれることになる対合的反ユニタリであり，$J\lambda(t)J=\rho(t)\,(t\in G)$ を満たしている。

命題 2.7.1
$$\mathscr{R}(G)' = \{\rho(t) \mid t \in G\}''. \qquad \square$$

左辺が右辺を含むことは自明であるが，逆の包含関係の証明には準備を要するので，ここでは省く．

命題 2.7.2 局所コンパクト群 G が離散的であるとする．このとき，

(i) von Neumann 環 $\mathscr{R}(G)$ は有限である．

(ii) G が無限群のとき，$\mathscr{R}(G)$ が $(\mathrm{II}_1$ 型$)$因子環であるための必要十分条件は各 $t \in G \backslash \{e\}$ に対する共役類 $C(t) = \{sts^{-1} \mid s \in G\}$ が無限集合になることである．ただし，e は群 G の単位元である． $\square$

［証明］ (i) 台を $t \in G$ にもつ $l^2(G)$ の単位ベクトルのなす規格直交基底 $\{\varepsilon_t\}_{t \in G}$ を用いて，

$$\tau(x) = (x\varepsilon_e \mid \varepsilon_e) \quad (x \in \mathscr{R}(G))$$

とする．各 $f \in l^1(G)$ に対して，$\lambda(f) = \sum_{t \in G} f(t)\lambda(t)$ と表すことにすれば，$\lambda(f)\varepsilon_e = f$ かつ

$$\lambda(f)^*\varepsilon_e = \left(\sum_{t \in G} f(t)\lambda(t) \right)^* \varepsilon_e = \sum_{t \in G} \overline{f(t)}\lambda(t^{-1})\varepsilon_e = Jf = J\lambda(f)\varepsilon_e$$

となるので，任意の $f, g \in l^1(G)$ に対して，

$$\tau(\lambda(f)\lambda(g)^*) = (\lambda(g)^*\varepsilon_e \mid \lambda(f)^*\varepsilon_e) = (J\lambda(g)\varepsilon_e \mid J\lambda(f)\varepsilon_e)$$
$$= (\lambda(f)\varepsilon_e \mid \lambda(g)\varepsilon_e) = \tau(\lambda(g)^*\lambda(f)).$$

集合 $\{\lambda(f) \mid f \in l^1(G)\}$ は von Neumann 環 $\mathscr{R}(G)$ において強*稠密であるから，τ は $\mathscr{R}(G)$ 上の有限正規トレイスである．また，$\tau(x^*x) = 0$ ならば，任意の $t \in G$ に対して $\tau(\lambda(t)^*x^*x\lambda(t)) = \tau(x^*x) = 0$．ゆえに $x\varepsilon_t = x\lambda(t)\varepsilon_e = 0$．他方，集合 $\{\varepsilon_t \mid t \in G\}$ は $l^2(G)$ の規格直交基底であるから，$x = 0$．したがって，τ は忠実でもある．よって，定理 2.6.38 により，$\mathscr{R}(G)$ は有限である．

(ii) $x \in \mathscr{R}(G)$ に対して，$x\varepsilon_e \in l^2(G)$ を f とする．まず，$\lambda(s)\varepsilon_e = \varepsilon_s = \rho(s)^*\varepsilon_e$ が成り立つ．したがって，

$$(\lambda(s)^*x\lambda(s)\varepsilon_e)(t) = (\lambda(s)^*\rho(s)^*x\varepsilon_e)(t) = (x\varepsilon_e)(sts^{-1}).$$

218   2 von Neumann 環

(i)により，ベクトル ε_e は $\mathscr{R}(G)$ に関して分離的であるから，x が $\mathscr{R}(G)$ の中心の元であるための必要十分条件は $f(sts^{-1})=f(t)$. したがって，f は各共役類上で定数値である．f は $l^2(G)$ の元であるから，各共役類 $C(t)\,(t\neq e)$ が無限ならば，f は $G\setminus\{e\}$ では 0 でなければならない．よって，$x=f(e)1$ となり，$\mathscr{R}(G)$ は因子環である．また，ある $t\in G\setminus\{e\}$ で $C(t)$ が有限ならば，$y=\sum_{s\in C(t)}\lambda(s)$ は $\mathscr{R}(G)$ の中心の元であり，単位元の定数倍ではないから，$\mathscr{R}(G)$ は因子環ではない． ∎

注　この証明の中でわかったように，任意の $x\in\mathscr{R}(G)$ に対して $x\varepsilon_e\in l^2(G)$ であるから，この関数の $t\in G$ における値は

$$(x\varepsilon_e)(t) = \sum_{s\in G}(x\varepsilon_e)(s)\overline{(\lambda(t)\varepsilon_e)(s)} = (x\varepsilon_e|\lambda(t)\varepsilon_e) = \tau(x\lambda(t)^*)$$

で与えられる．したがって，G が有限群の場合には，$x=\sum_{t\in G}\tau(x\lambda(t)^*)\lambda(t)$ と表せるが，無限群の場合には，右辺の収束が保証されない．そこで，$l^2(G)$ の元で有限な台をもつ元全体のなす稠密部分空間を $c_0(G)$ とし，その上に上の式を作用させた形の式

$$x\xi = \sum_{t\in G}\tau(x\lambda(t)^*)\lambda(t)\xi \quad (\xi\in c_0(G))$$

で考えれば，右辺は $l^2(G)$ の元として収束するので問題は生じない． ◻

この命題の条件 (ii) を満たす離散群を無限共役類 (infinite conjugacy class) の頭文字を取って **ICC 群**という．II_1 型因子環の多くの例はこのような離散群を用いて与えられる．

例 2.7.3　ICC 群の代表例には次のようなものがある．

(i)　$\mathbb{N}$ 上の互換の生成する無限次対象群 S_∞.

(ii)　n 個 $(2\leqq n\leqq\infty)$ の元の生成する自由群 F_n. ◻

このほかにも，$SL(n,\mathbb{Z})\,(n\geqq3)$，$PSL(n,\mathbb{Z})\,(n\geqq4)$，$Sp(n,1)$ なども ICC 群であることが知られている．

定義 2.7.4　局所コンパクト群 G に対し，$L^\infty(G)$ 上の状態 φ で左不変性

$$\varphi(f) = \varphi(\lambda_t(f)) \quad (f\in L^\infty(G),\ t\in G)$$

を満たすものが存在するとき G は**従順**であるといい，φ を不変平均という． ◻

2.7 因子環の例　　219

　この従順性の定義で $L^\infty(G)$ の代わりに有界連続数環 $C_b(G)$ を用いてもよい. 可解群, コンパクト群, これらの部分群, 商群などは従順であることがわかっている. 後に, 離散群が従順であるための必要十分条件は群 C^* 環は核型であることが示される. 従順でないものの代表として自由群 $F_n(n\geqq2)$ や次の Kazhdan の性質 T をもつ群が知られている.

定義 2.7.5　離散群 G に対して,

$$\forall\,\{\pi,\mathscr{H}\}\in\mathrm{Irr}(G):(\,\exists\,\xi\in\mathscr{H}:\|\pi(t_i)\xi-\xi\|<\varepsilon\|\xi\|\ (i=1,\cdots,n))$$
$$\Rightarrow(\exists\,\eta\in\mathscr{H}\setminus\{0\}\ \forall\,t\in G:\pi(t)\eta=\eta)$$

を満たす $\varepsilon>0$ と $t_1,\cdots,t_n{\in}G$ が存在するとき, G は **Kazhdan の性質 T** をもつという. ただし, $\mathrm{Irr}(G)$ は G の既約ユニタリ表現のクラスである.　　　□

　これは既約ユニタリ表現の同値類の集まり $\widehat{G}$ において, 自明な表現が Fell 位相(上の定義のように導入される位相)に関して孤立点であることを意味している.

　このような Kazhdan の性質 T をもつ群の例として, 有限群, $SL(n,\mathbb{Z})(n\geqq 3)$, $PSL(n,\mathbb{Z})(n\geqq4)$, $Sp(n,1)$, $\mathbb{Z}_n\rtimes SL(n,\mathbb{Z})$ などが知られている. U. Haagerup[16] は離散従順群や自由群の被約 C^* 群環は距離的近似性[17]をもつが, Kazhdan の性質 T をもつ群の被約 C^* 群環はもたないことを示した. これにより, Kazhdan の性質 T をもつ群は従順群から自由群よりもさらに遠い存在であると考えられている.

　例 2.7.6　Heisenberg 群

$$H=\left\{\begin{pmatrix}1&t&r\\0&1&s\\0&0&1\end{pmatrix}\middle|\,t,\ s,\ r\in\mathbb{R}\right\}$$

の元を (t,s,r) で表すことにする. 部分群 $\{(0,0,r)|r{\in}\mathbb{R}\}$ は H の中心に含まれる. H のユニタリ表現 $\{\pi,\mathscr{H}\}$ に対して,

---

16)　An example of a nonnuclear C^*-algebra, which has the metric approximation property, *Invent. Math.* **50**(1978/79), 279-293.

17)　Banach 空間 E 上の恒等作用素が $\mathscr{K}(E)$ の単位球の強作用素位相に関する閉包に属する.

$$u(t) = \pi((t,0,0)), \quad v(s) = \pi((0,s,0)), \quad \gamma(r) = \pi((0,0,r))$$

とすれば，$u(t)v(s)=\gamma(ts)v(s)u(t)$ となる．γ が 1 次元表現のときには，これは第 II 巻の第 3.3 節でも述べる Weyl-von Neumann の交換関係であるから，π は既約であり，生成する von Neumann 環は I 型因子環になる．

r, s, t の動く範囲を $\mathbb{Z}$ に制限したものを離散 Heisenberg 群といい，H_d で表す．このとき，$g=(1,0,0)$, $h=(0,1,0)$ とすれば，$c=ghg^{-1}h^{-1}=(0,0,1)$ となる．H_d のユニタリ表現 π' の中心部分群 $\{c^n|n\in\mathbb{Z}\}$ への制限が 1 次元表現のときには，$\pi'(c)=e^{2\pi i\theta}$ となる θ が存在する．そこで $u=\pi'(g)$, $v=\pi'(h)$ とすれば，$uv=e^{2\pi i\theta}vu$. したがって，θ が無理数の場合には，u, v の生成する C^*環は第 II 巻第 3.6 節の非可換トーラスになり，von Neumann 群環上には有限な忠実，正規トレイスが存在することがわかるので，II_1 型因子環が得られる． $\square$

具体的な群から作られる von Neumann 群環で，II_1 型，II_∞ 型と III 型それぞれの非同型類が非可算無限個存在することがわかっている．

離散群 G の左正則表現の生成する von Neumann 環 $\mathcal{R}(G)$ は写像

$$\lambda(f) = \sum_{t\in G} f(t)\lambda(t) \mapsto \lambda'(f) = \sum_{t\in G} f(t)\lambda(t^{-1})$$

により，自分自身と反同型である．Connes は自分自身と反同型でない von Neumann 環の例を与えているので，群の正則表現からは生成されない von Neumann 環も存在することになる．

2.7.2 接合積による因子環

C^*環 A と von Neumann 環 $\mathcal{M}$ の自己同型群 $\mathrm{Aut}(A)$ と $\mathrm{Aut}(\mathcal{M})$ の位相としては，それぞれ，$\mathscr{L}(A)$ と $\mathscr{L}_w(\mathcal{M})$ の相対位相を考える．ただし，第 2.7 節第 5 項では $\mathrm{Aut}(\mathcal{M})$ においてより強い位相を用いる．

定義 2.7.7 (i) 局所コンパクト群 G から C^*環 A 上の自己同型群 $\mathrm{Aut}(A)$ への準同型 α が連続なとき，つまり G において $t\to e$ のとき

$$\forall a \in A : \|\alpha_t(a) - a\| \to 0$$

となるとき，α を**強連続作用**という．

(ii) 局所コンパクト群 G から von Neumann 環 $\mathcal{M}$ 上の自己同型群 $\mathrm{Aut}(\mathcal{M})$ への準同型 α が連続なとき，つまり G において $t \to e$ のとき

$$\forall x \in \mathcal{M} \; \forall \varphi \in \mathcal{M}_* : |\varphi(\alpha_t(x)) - \varphi(x)| \to 0$$

となるとき，α を **σ 弱連続作用**という．

ともに間違う心配がない場合には単に**連続作用**という． □

次の注から，σ 弱連続作用に対しては，各 $\varphi \in \mathcal{M}_*$ に対して，写像 $s \in G \mapsto \varphi \circ \alpha_s \in \mathcal{M}_*$ はノルム連続である．また，各 $x \in A$ に対して，写像 $s \in G \mapsto \alpha_s(x) \in A$ が $\sigma(A, A^*)$ 連続ならば，α は強連続作用である．

注 Banach 空間 E に対して $\mathscr{L}(E)$ は Banach 環であるが，ノルムに関する各点収束の位相に関しても局所凸空間である．とくに，E が C^* 環 A の場合には，$\mathscr{L}(A)$ の位相として以後このような位相を考える．しかし，E が von Neumann 環の場合には，通常次のようなより弱い位相を考える．

Banach 空間 E は Banach 空間 F の双対空間であるとする．$\mathscr{L}_w(E)$ を E から E への $\sigma(E, F)$ 連続な線形写像のすべてからなるベクトル空間とし，$\sigma(E, F)$ 位相に関する各点収束の位相を入れる．α が局所コンパクト群 G から $\mathscr{L}_w(E)$ への連続な準同型で，各 α_s は等長写像であるとする．E の単位球 B は $\sigma(E, F)$ コンパクトなので，写像 $(s, x) \in G \times B \mapsto \alpha_s(x) \in B$ は $\sigma(E, F)$ 位相に関して連続である[18]．したがって，$\varphi \in F$ に対して，$s \in G \mapsto \varphi \circ \alpha_s \in F$ はノルムに関して連続である．${}^t\alpha_{s^{-1}}$ を $\alpha_{s^{-1}}$ の転置写像とすれば，$s \in G \mapsto {}^t\alpha_{s^{-1}} \in \mathscr{L}(F)$ は G の連続な準同型である．

つぎに，E を Banach 空間，α を局所コンパクト群 G から $\mathscr{L}(E)$ への準同型とする．各 α_s は等長写像で，各 $x \in E$ に対して写像 $s \in G \mapsto \alpha_s(x) \in E$ は $\sigma(E, E^*)$ 連続とする．そのとき，$s \in G \mapsto \alpha_s(x) \in E$ はノルムに関して連続である．なぜなら，$s \in G \mapsto {}^t\alpha_{s^{-1}} \in \mathscr{L}_w(E^*)$ は連続な準同型で，各 ${}^t\alpha_s$ は等長写像であるから． □

---

18) ブルバキ：数学原論 位相 5（森毅・清水達雄訳），東京図書（1968）の第 10 章の演習，§3, 24.

222　2　von Neumann 環

von Neumann 環の接合積

$\mathscr{M}$ を Hilbert 空間 $\mathscr{H}$ 上の von Neumann 環, G を局所コンパクト群, α を G の $\mathscr{M}$ 上への σ 弱連続作用とする. $\mathscr{K}=\mathscr{H}\otimes L^2(G)=L^2(G,\mathscr{H})$ と置く. $\mathscr{M}$ の $\mathscr{K}$ 上への表現 π_α と G の $\mathscr{K}$ 上へのユニタリ表現 u を次のように定義する.

$$(\pi_\alpha(x)\xi)(t) = \alpha_t^{-1}(x)\xi(t) \quad (x\in\mathscr{M},\ \xi\in\mathscr{K},\ t\in G)$$

$$(u(s)\xi)(t) = \xi(s^{-1}t) \quad (s\in G).$$

これらの表現は共変性

$$\pi_\alpha(\alpha_t(x)) = u(t)\pi_\alpha(x)u(t)^* \quad (x\in\mathscr{M},\ t\in G)$$

を満たしている. このとき, これら $\mathscr{K}$ 上の表現 $\pi_\alpha(x)(x\in\mathscr{M})$ と $u(s)(s\in G)$ の生成する von Neumann 環を $\mathscr{M}$ と G の α に関する**接合積**といい,

$$\mathscr{M}\rtimes_\alpha G$$

で表す. von Neumann 環の具体例の多くは接合積を用いて表される.

　命題 2.7.8　局所コンパクト群 G の von Neumann 環 $\mathscr{M}\overline{\otimes}\mathscr{L}(L^2(G))$ 上への連続作用 $\{\alpha_t\otimes\rho_t\}_{t\in G}$ の不動点環(不動点全体のなす集合)は接合積 $\mathscr{M}\rtimes_\alpha G$ と一致する.　　　　　　　　　　　　　　　　　　　　　　　　　　　□

　[証明]　後の議論で必要になる, 接合積が不動点環に含まれることだけを示す. 逆の包含関係の証明には準備が要るので省く. 与えられた作用が接合積の生成元 $u(t)$ を不動にすることは明らかである. もう一つの生成元 $\pi_\alpha(x)$ は部分 von Neumann 環 $\mathscr{M}\overline{\otimes}L^\infty(G)$ の元であるから, $\mathscr{M}$ に値を取る G 上の関数 $(\pi_\alpha(x))(s)=\alpha_s^{-1}(x)$ と考えられる. したがって,

$$((\alpha_t\otimes\rho_t)(\pi_\alpha(x)))(s) = \alpha_t((\pi_\alpha(x))(st)) = \alpha_t(\alpha_{st}^{-1}(x))$$

$$= \alpha_s^{-1}(x) = (\pi_\alpha(x))(s)$$

が成り立つ.　　　　　　　　　　　　　　　　　　　　　　　　　　■

　接合積 $\mathscr{M}\rtimes_\alpha G$ 上で写像 $\pi_\alpha\circ(\mathrm{id}\otimes\omega_{\varepsilon_e})$ は $\mathscr{M}\rtimes_\alpha G$ から $\pi_\alpha(\mathscr{M})$ への正規なノルム 1 の射影である. これを $\mathscr{E}$ とする. G が有限群のときには

$$y = \sum_{t \in G} \mathscr{E}(yu(t)^*)u(t)$$

のような展開が可能であるが，無限群の場合には右辺の収束が問題になる．しかし次のような弱い形での表示が得られる．

命題 2.7.9 G を離散群とする．接合積 $\mathscr{M} \rtimes_\alpha G$ の元 y に対して，

$$y\xi = \sum_{t \in G} \mathscr{E}(yu(t)^*)u(t)\xi \quad (\xi \in \mathscr{H} \odot c_0(G))$$

が $\mathscr{H} \otimes l^2(G)$ の元として定まる．ただし，$c_0(G)$ は有限個の点を除いて値が 0 となる関数のなす，$l^2(G)$ の部分空間である． $\square$

[証明] 任意の $t, r \in G$ と任意の $\xi_0 \otimes \varepsilon_r \in \mathscr{H} \odot c_0(G)$ と $\eta_0 \otimes \zeta \in \mathscr{H} \odot l^2(G)$ に対して，

$$\begin{aligned}
&\big(\mathscr{E}(yu(t)^*)u(t)(\xi_0 \otimes \varepsilon_r)\big|\eta_0 \otimes \zeta\big) \\
&\quad = \big(\alpha_{tr}^{-1}((\mathrm{id} \otimes \omega_{\varepsilon_{t^{-1}}, \varepsilon_e})(y))\xi_0\big|\eta_0\big)\big(\varepsilon_{tr}\big|\zeta\big) \\
&\quad = \big((\mathrm{id} \otimes \omega_{\varepsilon_{t^{-1}}, \varepsilon_e})((\alpha_{tr}^{-1} \otimes \mathrm{id})(y))\xi_0\big|\eta_0\big)\big(\varepsilon_{tr}\big|\zeta\big).
\end{aligned}$$

ここで，$(\alpha_{tr}^{-1} \otimes \mathrm{id})(y) = (\mathrm{id} \otimes \rho_{tr})(y)$ と $\omega_{\varepsilon_{t^{-1}}, \varepsilon_e} \circ \rho_{tr} = \omega_{\varepsilon_r, \varepsilon_{tr}}$ に注意すると，

$$\begin{aligned}
&\big(\mathscr{E}(yu(t)^*)u(t)(\xi_0 \otimes \varepsilon_r)\big|\eta_0 \otimes \zeta\big) \\
&\quad = \big((\mathrm{id} \otimes \omega_{\varepsilon_{t^{-1}}, \varepsilon_e})((\mathrm{id} \otimes \rho_{tr})(y))\xi_0\big|\eta_0\big)\big(\varepsilon_{tr}\big|\zeta\big) \\
&\quad = \big((\mathrm{id} \otimes \omega_{\varepsilon_r, \varepsilon_{tr}})(y)\xi_0\big|\eta_0\big)\big(\varepsilon_{tr}\big|\zeta\big) \\
&\quad = \big((\mathrm{id} \otimes \omega_{\varepsilon_r, (\zeta|\varepsilon_{tr})\varepsilon_{tr}})(y)\xi_0\big|\eta_0\big).
\end{aligned}$$

群 G の任意の有限部分集合 J に対して，射影作用素 $\sum_{s \in J} \theta_{\varepsilon_s, \varepsilon_s}$ を $p(J)$ とし，有限和 $\sum_{t \in J} \mathscr{E}(yu(t)^*)u(t)$ を $y(J)$ で表すことにすれば，

$$\begin{aligned}
\big(y(J)(\xi_0 \otimes \varepsilon_r)\big|\eta_0 \otimes \zeta\big) &= \Big(\sum_{t \in J}(\mathrm{id} \otimes \omega_{\varepsilon_r, (\zeta|\varepsilon_{tr})\varepsilon_{tr}})(y)\xi_0\Big|\eta_0\Big) \\
&= \big((1 \otimes p(Jr))y(\xi_0 \otimes \varepsilon_r)\big|\eta_0 \otimes \zeta\big)
\end{aligned}$$

となるので，$y(J)(\xi_0 \otimes \varepsilon_r) = (1 \otimes p(Jr))y(\xi_0 \otimes \varepsilon_r)$．他方，有向系 $\{(1 \otimes p(Jr))y(\xi_0 \otimes \varepsilon_r)\}_J$ は $y(\xi_0 \otimes \varepsilon_r)$ へノルム収束する．したがって，任意の $\xi \in \mathscr{H} \odot c_0(G)$ に対しても，有向系 $\{y(J)\xi\}_J$ は $y\xi$ へノルム収束する．ゆえに，

224　2　von Neumann 環

$$\sum_{t \in G} \mathscr{E}(yu(t)^*)u(t)\xi = y\xi \quad (\xi \in \mathscr{H} \odot c_0(G))$$

となる.　■

つぎに，接合積が因子環になるための条件を与えるために，群作用が自由であるという概念と，エルゴード的であるという概念を導入する.

定義 2.7.10　(i) von Neumann 環 $\mathscr{M}$ の自己同型写像 β が

$$\forall x \in \mathscr{M} : (\forall y \in \mathscr{M} : yx = x\beta(y)) \Rightarrow x = 0$$

を満たすとき，β は**自由**であるという.

(ii) 局所コンパクト群 G の $\mathscr{M}$ 上への連続作用 α が，各 $t \in G \setminus \{e\}$ に対して α_t が自由のとき，作用 $\alpha = \{\alpha_t\}$ は自由であるという.　□

自己同型写像 β が自由であっても，これを作用と見たときには，β^n が自由でないこともあるので，作用としては自由でないことが起こる.

自己同型写像が自由ならば，外部的であるが，逆は言えない.　例えば，中心を不変にする自己同型写像を，中心射影を用いて 2 つの部分に分けたとき，一方では内部的，他方では外部的なものがあるので，この場合には自由ではない.

von Neumann 環 $\mathscr{M}$ の部分 von Neumann 環 $\mathscr{N}$ に対して得られる von Neumann 環 $\mathscr{M} \cap \mathscr{N}'$ を $\mathscr{N}$ の $\mathscr{M}$ における**相対可換子環**という.　これが $\mathbb{C}1$ のときには，$\mathscr{N}$ は $\mathscr{M}$ において**既約**であるという.

命題 2.7.11　離散群 G の von Neumann 環 $\mathscr{M}$ 上への作用 α が自由であるための必要十分条件は

$$(\mathscr{M} \rtimes_\alpha G) \cap \pi_\alpha(\mathscr{M})' \subset \pi_\alpha(\mathscr{M})$$

が成り立つことである.　とくに，von Neumann 環 $\mathscr{M}$ が可換な場合には，部分 von Neumann 環 $\pi_\alpha(\mathscr{M})$ が接合積において極大可換である.　□

[証明]　必要性.　$\pi_\alpha(\mathscr{M})$ の $\mathscr{M} \rtimes_\alpha G$ における相対可換子環の元 y に対して定まる $\mathscr{M}$ の元 $(\mathrm{id} \otimes \omega_{\varepsilon_e})(yu(t)^*)$ を x_t で表す.　このとき，命題 2.7.9 により，y は

$$y\xi = \sum_{t\in G} \pi_\alpha(x_t)u(t)\xi \quad (\xi\in\mathscr{H}\odot c_0(G))$$

と表せる．ここで，$\pi_\alpha(a)y=y\pi_\alpha(a)\,(a\in\mathscr{M})$ をこの展開を用いて書きなおすと，

$$\sum_{t\in G} \pi_\alpha(ax_t)u(t)\xi = \pi_\alpha(a)\sum_{t\in G}\pi_\alpha(x_t)u(t)\xi = \pi_\alpha(a)y\xi = y\pi_\alpha(a)\xi$$

$$= \sum_{t\in G}\pi_\alpha(x_t)u(t)\pi_\alpha(a)\xi = \sum_{t\in G}\pi_\alpha(x_t\alpha_t(a))u(t)\xi.$$

ここで，$\xi=\xi_0\otimes\varepsilon_r$ とすれば，この両辺は

$$\sum_{t\in G}\alpha_{tr}^{-1}(ax_t)\xi_0\otimes\varepsilon_{tr} = \sum_{t\in G}\alpha_{tr}^{-1}(x_t\alpha_t(a))\xi_0\otimes\varepsilon_{tr}$$

となる．$\{\varepsilon_t\}_{t\in G}$ は $l^2(G)$ の規格直交基底であるから，$ax_t=x_t\alpha_t(a)$ が任意の $a\in\mathscr{M}$ に対して成り立つ．このとき，作用 α は自由であるから，$t\in G\backslash\{e\}$ に対して $x_t=0$．ゆえに，$y=\pi_\alpha(x_e)\in\pi_\alpha(\mathscr{M})$．よって，$(\mathscr{M}\rtimes_\alpha G)\cap\pi_\alpha(\mathscr{M})'\subset\pi_\alpha(\mathscr{M})$．したがって，$\pi_\alpha(\mathscr{M})$ が可換な場合には，$\pi_\alpha(\mathscr{M})$ は極大可換である．

十分性．$t\in G\backslash\{e\}$ かつ $b\in\mathscr{M}$ とする．任意の $a\in\mathscr{M}$ に対して，$b\alpha_t(a)=ab$ とすれば，$\pi_\alpha(b)u(t)\pi_\alpha(a)=\pi_\alpha(a)\pi_\alpha(b)u(t)$．このように，$\pi_\alpha(b)u(t)$ は $\pi_\alpha(\mathscr{M})$ の相対可換子環の元となるので，仮定により，$\pi_\alpha(b)u(t)\in\pi_\alpha(\mathscr{M})$．よって，$\pi_\alpha(b)u(t)=0$ となるので，$\pi_\alpha(b)=0$．すなわち，$b=0$．∎

定義 2.7.12　局所コンパクト群 G の $\mathscr{M}$ 上への作用 α に関する不動点の全体 $\{x\in\mathscr{M}|\forall\ t\in G:\alpha_t(x)=x\}$ を $\mathscr{M}^\alpha$ で表し，**不動点環**という．この $\mathscr{M}^\alpha$ が $\mathbb{C}1$ になるとき，α は**エルゴード的**であるという．　□

命題 2.7.13　von Neumann 環 $\mathscr{M}$ 上へ離散群 G が自由に作用しているとする．このとき，作用 α がエルゴード的ならば，接合積は因子環になる．とくに，$\mathscr{M}$ が可換な場合には，作用がエルゴード的であることと接合積 $\mathscr{M}\rtimes_\alpha G$ が因子環になることは必要十分である．　□

[証明]　接合積の中心は相対可換子環 $(\mathscr{M}\rtimes_\alpha G)\cap\pi_\alpha(\mathscr{M})'$ に含まれる．仮定により，作用は自由であるから，この中心は $\pi_\alpha(\mathscr{M})$ に含まれる．中心の元は $u(t)\,(t\in G)$ と可換であるから，群作用の不動点である．したがって，接合積の中心は不動点環 $\pi_\alpha(\mathscr{M}^\alpha)$ に含まれている．ゆえに，作用がエルゴード的ならば，接合積は因子環である．また，$\mathscr{M}$ が可換な場合には，$\pi_\alpha(\mathscr{M})$ は接合積において極大可換であるから，接合積の中心と不動点環 $\pi_\alpha(\mathscr{M}^\alpha)$ とが一

226   2 von Neumann 環

致するので，作用がエルゴード的であることと，接合積が因子環であることが
必要十分である． ∎

　エルゴード性は統計力学における基本概念の1つである．ここでの定義は
その数学的定式化の1つと考えられる．統計力学の数学的定式化の仕方によ
っては別の定義も考えられる．

群-測度空間構成法

　次の定理は Murray と von Neumann が群-測度空間構成法を用いて与えた
因子環の例を，接合積を用いて言いなおしたものである．

定理 2.7.14　可算離散群 G の可換 von Nuemann 環 $\mathscr{A}$ への作用 $\alpha=\{\alpha_t\}$
が自由かつエルゴード的であるとする．このとき，接合積(として得られる因
子環)$\mathscr{A}\rtimes_\alpha G$ に対して，次のことが成り立つ．

(i)　I 型であるためには，$\mathscr{A}$ に $\sum_{t\in G}\alpha_t(e)=1$ を満たす極小射影 e が存在する
　　ことが必要十分である．

(ii)　II$_1$ 型であるためには，$\mathscr{A}$ 上に α 不変な有限，忠実，正規トレイスが
　　存在することが必要十分である．

(iii)　II$_\infty$ 型であるためには，$\mathscr{A}$ が原始的ではなく，しかも $\mathscr{A}$ 上に α 不変
　　な有限ではない半有限，忠実，正規トレイスが存在することが必要十分で
　　ある．

(iv)　III 型であるためには，$\mathscr{A}$ 上に α 不変な半有限，忠実，正規トレイスが
　　存在しないことが必要十分である． □

例 2.7.15　Γ を第 2 可算公理を満たす局所コンパクト群，μ を Γ の左不変
Haar 測度とする．$\mathscr{A}=L^\infty(\Gamma,\mu)$ とし

$$(\alpha_t(x))(s) = x(t^{-1}s) \quad (x\in\mathscr{A},\ t,s\in\Gamma)$$

と置く．$\alpha=\{\alpha_t\}$ は Γ の $\mathscr{A}$ 上の作用である．α は自由かつエルゴード的であ
る．G を Γ の稠密な可算部分群とすると，α の G への制限もまた自由かつエ
ルゴード的である．したがって，命題 2.7.13 により，接合積 $\mathscr{A}\rtimes_\alpha G$ は因子
環である．

(i)　Γ を 1 次元トーラス $\mathbb{T}=\{z\in\mathbb{C}\,|\,|z|=1\}$ とすると，Haar 測度から $\mathscr{A}$ 上に

α 不変な有限, 忠実, 正規トレイスを作ることができるので, $\mathscr{A} \rtimes_\alpha G$ は II$_1$ 型である.

(ii) $\varGamma = \mathbb{R}$, $G = \mathbb{Q}$ とすると, Haar 測度から $\mathscr{A}$ 上の α 不変な有限ではない半有限, 忠実, 正規トレイスを作ることができるので, $\mathscr{A} \rtimes_\alpha G$ は II$_\infty$ 型である.

(iii) a を $|a| \neq 1$ なる 0 でない有理数とし, 変換 $t \in \mathbb{R} \mapsto a^n t + b \in \mathbb{R}$ $(b \in \mathbb{Q}, n \in \mathbb{Z})$ のなす群を G とすると, G の $\mathscr{A} = L^\infty(\mathbb{R}, \mu)$ 上への作用を作ることができ, $\mathscr{A}$ は G に対して不変な半有限, 正規トレイスをもたない. したがって, $\mathscr{A} \rtimes_\alpha G$ は III 型である.　　　　　　□

測度空間に群が作用しているときにも, 上と類似のことが言える. $\varOmega$ を完備可分距離空間, μ を $\varOmega$ 上の σ 有限 Borel 測度とする. Radon-Nikodým の定理が成り立つので, 局所コンパクト空間のときと同様に, $L^\infty(\varOmega, \mu)$ を $L^2(\varOmega, \mu)$ 上で表現すれば, 極大可換な von Neumann 環である.

G を第 2 可算公理を満たす局所コンパクト群とする. $L^2(G)$ で左不変 Haar 測度による L^2 空間を表す. 簡単のために, $t \in G$ の $\varOmega$ 上への作用も t で表す. つまり, 写像 $\omega \in \varOmega \mapsto \omega t \in \varOmega$ は Borel 同型であるとする. さらに,

(i) $\omega \in \varOmega$, $t, s \in G$ に対して $\omega(ts) = (\omega t)s$ であり, $\omega e = \omega$

(ii) $\mu(N) = 0$ ならば $\mu(Nt) = 0$

を仮定する. このとき, G の $L^\infty(\varOmega, \mu)$ 上の作用 $\alpha = \{\alpha_t\}$ が

$$(\alpha_t(x))(\omega) = x(\omega t) \quad (x \in L^\infty(\varOmega, \mu))$$

で与えられる. 局所コンパクト群の可測表現は連続なので, α は連続な作用である. すなわち, 各 $x \in L^\infty(\varOmega, \mu)$ に対して関数 $t \in G \mapsto \alpha_t(x) \in L^\infty(\varOmega, \mu)$ は σ 弱連続である.

注 (i) 作用 α が自由であることと, 各 $t \neq e$ に対して, $\mu(\{\omega | \omega t = \omega\}) = 0$ が成り立つことは同値である.

(ii) 作用 α がエルゴード的であることと, すべての $t \in G$ に対して $\mu(Et \ominus E) = 0$ ならば, $\mu(E) = 0$ あるいは $\mu(E^c) = 0$ が成り立つことは同値である.　　□

von Neumann 環 $L^\infty(\varOmega, \mu)$ の $L^2(\varOmega, \mu) \otimes L^2(G) = L^2(G, L^2(\varOmega, \mu))$ 上への表現 π_α と G のユニタリ表現 u を von Neumann 環の接合積の定義のときと同

228   2 von Neumann 環

じように定める．このとき，命題 2.7.13 と定理 2.7.14 が同じように成り立ち，トレイスの有無に関する記述は μ と絶対連続な G 不変測度の有無に関する記述に入れ替わる．

例を挙げるに留める．いずれの例でも，群の作用は自由かつエルゴード的だから，接合積は因子環になる．

(i) $\Omega=\mathbb{T}$, $G=\mathbb{Z}$ とし，測度はどちらも Haar 測度とする．G の作用は $n: z \mapsto e^{2\pi i n\theta}z$ とする．ただし，θ は無理数である．このとき，$L^{\infty}(\mathbb{T})\rtimes_{\alpha}\mathbb{Z}$ は II_1 型因子環である．

(ii) $\Omega=\mathbb{R}$, $G=\mathbb{Q}$ とし，測度はどちらも Haar 測度とする．G の作用は $t: r \mapsto r+t$ とする．このとき，$L^{\infty}(\mathbb{R})\rtimes_{\alpha}\mathbb{Q}$ は II_{∞} 型因子環である．

(iii) $\Omega=\mathbb{R}$ とする．G としては，$a,b\in\mathbb{Q}$, $a\neq 0$ に対する行列

$$s = \begin{pmatrix} a & b \\ 0 & 1 \end{pmatrix}$$

すべてからなる離散群（$ax+b$ 群の部分群）をとる．測度はやはり Haar 測度である．G の作用は $s: x\mapsto ax+b$ とする．このとき，$L^{\infty}(\mathbb{R})\rtimes_{\alpha}\mathbf{G}$ は III 型因子環である．

2.7.3 von Neumann 環の無限テンソル積

Hilbert 空間の列 $\{\mathscr{H}_n\}_n$ に対して，その単位ベクトルの列 $\{\xi_n\}_n$ $(\xi_n\in\mathscr{H}_n)$ を固定しておく．以後 $\mathscr{H}_1\otimes\cdots\otimes\mathscr{H}_n$ を $\bigotimes_{i=1}^{n}\mathscr{H}_i$ で表す．埋蔵

$$U_n : \xi \in \bigotimes_{i=1}^{n} \mathscr{H}_i \mapsto \xi \otimes \xi_n \in \bigotimes_{i=1}^{n+1} \mathscr{H}_i$$

は等長作用素である．帰納列 $\{\bigotimes_{i=1}^{n}\mathscr{H}_i, U_n\}_n$ の代数的な帰納極限は前 Hilbert 空間になるので，その完備化を $\{\xi_n\}_n$ に関する $\{\mathscr{H}_n\}_n$ の**無限テンソル積**といい，

$$\bigotimes_{n=1}^{\infty}\{\mathscr{H}_n, \xi_n\}$$

で表す．$\{\xi_n\}_n$ を基礎ベクトルといい，無限テンソル積は基礎ベクトルの選び方に依存する．埋蔵

$$x \in \mathscr{L}\left(\bigotimes_{i=1}^{n} \mathscr{H}_i\right) \mapsto x \otimes 1 \in \mathscr{L}\left(\bigotimes_{i=1}^{n+1} \mathscr{H}_i\right)$$

は $\{U_n\}_n$ と可換図式をつくるので，埋蔵

$$x \in \mathscr{L}\left(\bigotimes_{i=1}^{n} \mathscr{H}_i\right) \mapsto \overline{x} \in \mathscr{L}\left(\bigotimes_{n=1}^{\infty} \{\mathscr{H}_i, \xi_i\}\right)$$

がある．

Hilbert 空間 $\mathscr{H}_n$ 上の von Neumann 環 $\mathscr{M}_n$ と基礎ベクトル $\{\xi_n\}_n$ が与えられたとき，Hilbert 空間 $\bigotimes_{n=1}^{\infty} \{\mathscr{H}_n, \xi_n\}$ 上で，$\{\overline{x} | x {\in} \mathscr{M}_n, n{=}1, 2, \cdots\}$ により生成される von Neumann 環を **$\{\mathscr{M}_n\}_n$ の基礎ベクトル $\{\xi_n\}_n$ に関する無限テンソル積**といい

$$\bigotimes_{n=1}^{\infty} {}^{(\xi_n)} \mathscr{M}_n$$

で表す．各 $\mathscr{M}_n$ が因子環ならば，無限テンソル積も因子環である．

各 von Neumann 環 $\mathscr{M}_n$ 上の正規状態 φ_n が与えられているときは，C^*環としての $\{\mathscr{M}_n\}_n$ の無限テンソル積 $A = \bigotimes_{n=1}^{\infty} \mathscr{M}_n$ 上には，状態 $\varphi = \bigotimes_{n=1}^{\infty} \varphi_n$ が存在するので，$\pi_\varphi(A)$ によって生成される von Neumann 環を **$\{\mathscr{M}_n\}_n$ の $\{\varphi_n\}_n$ に関する無限テンソル積**といい，

$$\bigotimes_{n=1}^{\infty} \{\mathscr{M}_n, \varphi_n\}$$

で表す．

von Neumann 環の無限テンソル積の定義には，上で述べたように，基礎ベクトルを用いるものと，C^*環の無限テンソル積の巡回表現を用いるものの 2 つがある．ここで，簡単な例により，両者の関係を述べておく．

各 $\mathscr{M}_n$ が有限な因子環 $M(k_n, \mathbb{C})$ と同型の場合は，$\mathscr{M}_n$ には規格化されたトレイス τ_n が一意的に存在する．このとき，$\bigotimes_{n=1}^{\infty} \tau_n$ は C^*環 $\bigotimes_{n=1}^{\infty} \mathscr{M}_n$ 上のトレイスになるので，無限テンソル積 $\bigotimes_{n=1}^{\infty} \{\mathscr{M}_n, \tau_n\}$ は有限因子環である．さらに，$\mathscr{M}_n {\neq} \mathbb{C}1$ なる n が無限個あれば，これは II_1 型因子環である．

つぎに，各 $n {\in} \mathrm{N}$ に対して $\mathscr{H}_n = \mathbb{C}^{k_n} \otimes \mathbb{C}^{k_n}$ かつ $\mathscr{N}_n = M(k_n, \mathbb{C}) \otimes \mathbb{C}1$ とする．ここで，$\mathbb{C}^{k_n}$ の規格直交基底 $\{\varepsilon_1, \cdots, \varepsilon_{k_n}\}$ を用いて，

$$\xi_n = \frac{1}{\sqrt{k_n}} \left(\varepsilon_1 \otimes \varepsilon_1 + \cdots + \varepsilon_{k_n} \otimes \varepsilon_{k_n} \right)$$

とすれば，無限テンソル積 $\overset{\infty}{\underset{n=1}{\otimes}}{}^{(\xi_n)}\mathcal{N}_n$ が得られ，上の無限テンソル積 $\overset{\infty}{\underset{n=1}{\otimes}}\{\mathcal{M}_n, \tau_n\}$ と空間同型になる．このように有限 I 型因子環の無限テンソル積により得られる因子環を **ITPFI 因子環**(Infinite tensor product of factors of type I)あるいは**荒木-Woods の因子環**という．

$\mathcal{M}_n$ がすべて行列環 $M(k, \mathbb{C})$ としても，無限テンソル積は基礎ベクトルの選び方により I 型，II$_1$ 型，II$_\infty$ 型，III 型が現れ，同型を除いて連続濃度だけ存在する．

2.7.4 AFD 因子環

因子環の中でも，これから述べる AFD 因子環は数学の対象として，最も基本的なものであるだけでなく，統計力学や場の量子論のモデルにも自然に現れる重要なクラスである．多くの場合，このような因子環の作用する Hilbert 空間には可分性が仮定されることが多い．

定義 2.7.16 von Neumann 環または因子環が有限次元部分*多元環の増加列の和集合によって生成されるとき，その英語表示 Approximately finite dimensional の頭文字を取って **AFD** という． □

R. T. Powers は 1967 年米国の Baton Rouge における会議において，同型でない III 型因子環が非可算無限個存在することを示し，この方面の組織的な研究の突破口を開く歴史的役割を演じた．これによって，それまで低迷していた作用素環の研究が，この時点で初めて Murray-von Neumann を超えて新しく発展していく兆しが見えた．

例 2.7.17 2×2 行列環 $M(2, \mathbb{C})$ の無限テンソル積を考えるだけでも，いろいろな型の因子環が現れる．各 $n \in \mathbb{N}$ に対して，$\mathcal{M}_n = M(2, \mathbb{C})$ とする．区間 $(0, 1/2)$ における実数の列 $\{\lambda_n\}_n$ に対して

$$\varphi_n \left(\begin{pmatrix} a & b \\ c & d \end{pmatrix} \right) = \lambda_n a + (1 - \lambda_n) d \quad \left(\begin{pmatrix} a & b \\ c & d \end{pmatrix} \in \mathcal{M}_n \right)$$

と置くと，φ_n は $\mathcal{M}_n$ における状態で，無限テンソル積 $\overset{\infty}{\underset{n=1}{\otimes}}\{\mathcal{M}_n, \varphi_n\}$ は因子

環になる．とくに，すべての n に対して $\lambda_n=\lambda$ のときの無限テンソル積は
Powers 因子環と呼ばれ，$\lambda\in(0,1/2)$ のときは $\mathscr{R}_{\lambda(1-\lambda)^{-1}}$ で表される III 型因子環である． ☐

この種の無限テンソル積の一般的な性質は von Neumann により研究されていたが，次の同型問題は Powers により初めて決着された．

定理 2.7.18　$\lambda\neq\lambda'$ ならば，$\mathscr{R}_\lambda$ と $\mathscr{R}_{\lambda'}$ は同型ではない． ☐

$\lambda=1/2$ のときには，各 φ_n はトレイスになるから，無限テンソル積は前項で述べた AFD II$_1$ 型因子環で $\mathscr{R}_0$ と表される．

つぎに，このような無限テンソル積が接合積に書きなおせることを示す．

注　集合 $\Gamma_n=\{0,1\}$ と確率

$$\mu_n(\{0\}) = \lambda_n, \ \mu_n(\{1\}) = 1 - \lambda_n \quad \left(0 < \lambda_n \leq \frac{1}{2}\right)$$

からなる確率空間の無限直積

$$(\Gamma,\mu) = \prod_{n=1}^{\infty} (\Gamma_n, \mu_n)$$

を考える．ここで $\{0,1\}$ を巡回群 $\mathbb{Z}/2\mathbb{Z}$ と同一視すれば，Γ は各座標ごとに定まる和に関してコンパクト群である．Γ において，有限個の添字を除き $a_n=0$ となる元 $\{a_n\}_n\in\Gamma$ 全体からなる可算部分群を G とする．G は変換 $\gamma\in\Gamma\mapsto\gamma-t\in\Gamma\,(t\in G)$ により，確率空間 Γ 上へ作用している．このとき，$\mu(N)=0$ なら $\mu(N-t)=0$ が成り立つので，G の Γ への作用は自由かつエルゴード的である．したがって，接合積 $L^\infty(\Gamma,\mu)\rtimes_\alpha G$ は因子環である．ただし，$(\alpha_t(x))(\gamma)=x(\gamma-t)$ である．

集合 $\{\{\gamma_n\}_n\in\Gamma\,|\,\gamma_n=a_n\in\Gamma_n\ (1\leq n\leq k)\}$ の特性関数を $\chi(a_1,\cdots,a_k)$ とする．$t_k=\{\gamma_{k,n}\}_n\in G$ を $n\neq k$ に対しては $\gamma_{k,n}=0$ で $\gamma_{k,k}=1$ なるものとする．$\{\pi_\alpha(\chi(a_1,\cdots,a_k))|a_n\in\Gamma_n\ (1\leq n\leq k)\}$ と $\{u(t_n)|1\leq n\leq k\}$ により生成される $L^\infty(\Gamma,\mu)\rtimes_\alpha G$ の部分 von Neumann 環は I$_{2^k}$ 型因子環であり，$\mathscr{M}_n=M(2,\mathbb{C})$ $(n\in\mathbb{N})$ のテンソル積 $\bigotimes_{n=1}^{k}\mathscr{M}_n$ と同型である．したがって，もとの接合積 $L^\infty(\Gamma,\mu)\rtimes_\alpha G$ は無限テンソル積 $\bigotimes_{n=1}^{\infty}\{\mathscr{M}_n,\mu_n\}$ と同型である． ☐

von Neumann 環が AFD であるための特徴づけ

Connes は von Neumann 環が AFD になることと同値ではないかと考えられていた幾つかの条件が実際に同値であることを示した. その代表的な条件をつぎに挙げる.

定義 2.7.19(Schwartz) $\mathscr{M}$ を Hilbert 空間 $\mathscr{H}$ 上の von Neumann 環とする. σ 弱位相に関して

$$\forall x \in \mathscr{L}(\mathscr{H}) : \overline{\mathrm{co}}\{uxu^* \mid u \in U(\mathscr{M}')\} \cap \mathscr{M} \neq \emptyset$$

が成り立つとき, $\mathscr{M}$ は**性質 P** をもつという. □

定義 2.7.20(羽毛田-富山) Hilbert 空間 $\mathscr{H}$ 上の von Neumann 環 $\mathscr{M}$ に対して, $\mathscr{L}(\mathscr{H})$ から $\mathscr{M}$ への全射ノルム 1 の射影が存在するとき, $\mathscr{M}$ は**性質 E** をもつという[19]. □

Hilbert 空間 $\mathscr{H}$ 上の von Neumann 環 $\mathscr{M}$ に対して, $\mathscr{M} \otimes \mathscr{M}'$ から $\mathscr{M}$ と $\mathscr{M}'$ の生成する*多元環への写像で $x \otimes y \mapsto xy$ を満たすものが存在し, その像は $\mathscr{L}(\mathscr{H})$ の中で σ 稠密であることが知られている.

定義 2.7.21(Lance-Effros) von Neumann 環 $\mathscr{M}$ の前双対空間 $\mathscr{M}_*$ 上の恒等写像が有限階数の完全正写像[20]で, 各点ごとに σ 弱位相で近似できるとき, $\mathscr{M}$ を**半離散的**という. □

定理 2.7.22(Connes) 可分 Hilbert 空間 $\mathscr{H}$ 上の von Neumann 環 $\mathscr{M}$ が AFD であることは, $\mathscr{M}$ が性質 P をもつ, あるいは性質 E をもつ, あるいは半離散的であることと同値である. □

AFD II 型因子環の特徴づけ[21]

次の Murray と von Neumann による定理は作用素環における最も基本的な結果の一つであり, AFD II$_1$ 型因子環の(同型類の)一意性を示している. 証明は非可換論に固有の面白さがあるが, 入門書の域を超えているので省

---

19) On some extension properties of von Neumann algebras. *Tôhoku Math. J.*, **19**(1967), 315-323.

20) 第 II 巻第 3.8 節第 1 項で定義が与えられている.

21) 詳細は竹崎[6]参照.

く．因子環が I_n 型または AFD II_1 型であることを Dixmier にしたがって**ハイパー有限**ということもある．

定理 2.7.23 II_1 型因子環 $\mathscr{R}$ に対して，次の 3 条件は同値である．

(i) $\mathscr{R}$ は AFD である．

(ii) $\mathscr{R}$ は $\bigotimes_{n=1}^{\infty}\{\mathscr{M}_n, \tau_n\}$ と同型である．ただし，$\mathscr{M}_n = M(2,\mathbb{C})$ かつ τ_n はその上の規格トレイスである．

(iii) $\mathscr{R}$ の任意有限個の元 $x_1, \cdots, x_n$ と任意の $\varepsilon > 0$ に対して，有限次元部分 *多元環 $\mathscr{M}$ とその元 $y_1, \cdots, y_n$ が存在して

$$\|x_i - y_i\|_2 < \varepsilon \quad (i = 1, \cdots, n)$$

となる．ただし，$\|x\|_2$ は $\mathscr{R}$ の規格トレイス τ による値 $\tau(x^*x)^{1/2}$ である． □

例 2.6.26 で述べたように，I 型因子環の自己同型写像はどれも内部的であったが，因子環が II 型になると，たとえ AFD の場合でも内部的にはならない例が現れる．

命題 2.7.24 AFD II_1 型因子環 $\mathscr{R}_0$ の自己同型群 $\mathrm{Aut}(\mathscr{R}_0)$ において，内部自己同型群 $\mathrm{Int}(\mathscr{R}_0)$ は稠密な真部分群である． □

[証明] (i) 因子環 $\mathscr{R}_0$ の自己同型が内部自己同型の極限として表せることの証明は省く．

(ii) 因子環 $\mathscr{R}_0$ を $M(2,\mathbb{C})$ の規格トレイス τ に関する無限テンソル積と見なし，C^* 環としての $M(2,\mathbb{C})$ の無限テンソル積上にユニタリ

$$u = \begin{pmatrix} 0 & 1 \\ 1 & 0 \end{pmatrix} \otimes \begin{pmatrix} 0 & 1 \\ 1 & 0 \end{pmatrix} \otimes \begin{pmatrix} 0 & 1 \\ 1 & 0 \end{pmatrix} \otimes \cdots$$

の随伴作用 Ad_u を作用させ，規格トレイス τ に関する無限テンソル積に関する巡回表現を考えると，随伴作用から von Neumann 環の無限テンソル積 $\bigotimes_{n=1}^{\infty}\{M(2,\mathbb{C}), \tau\}_n$ 上に導かれる自己同型は外部的である． ∎

最後に，Connes による分類理論のハイライト的結果だけを述べておく．

定理 2.7.25 AFD II_∞ 型因子環の同型類は一意的に定まる． □

そこで，AFD II_∞ 型因子環を Connes にならって $\mathscr{R}_{0,1}$ と表すことが多い．

234   2   von Neumann 環

非 AFD II₁ 型因子環について

例 2.7.3 の離散群 S_∞ から得られる II₁ 型因子環 $\mathscr{R}(S_\infty)$ が AFD であることは，群が互換で生成されていることから容易にわかる．ここでは，自由群 $F_n\,(n\geqq2)$ から得られる $\mathscr{R}(F_n)$ は AFD ではないことを示そう．

まず，自由群について簡単な復習をする．2 つの生成元 t,s をもつ自由群 F_2 は 4 つのアルファベット $\{t,t^{-1},s,s^{-1}\}$ を並べて得られる語（ただし，単位元 e だけの語は除く）のうち，tt^{-1}, $t^{-1}t$, ss^{-1}, $s^{-1}s$ が現れたら，それらすべてを除去して得られる語全体からなっている．生成元 t で始まるこのような語全体のなす集合を F とすれば，部分群 $\{e\}$ に対する剰余条件

(i) $G\backslash\{e\}=F\cup t^{-1}Ft$

(ii) $m\neq n\;(m,n\in\mathbb{Z})$ ならば，$s^nFs^{-n}\cap s^mFs^{-m}=\emptyset$

が成り立つ．自由群 $F_n\,(n>2)$ は自由群 F_2 を部分群として含むので，t,s はその生成元を表すことにする．

von Neumann は次の性質 Γ という条件を導入し，AFD II₁ 型因子環はこの性質を満たすが，自由群 F_2 の von Neumann 群環 $\mathscr{R}(F_2)$ は満たさないことを示し，II₁ 型因子環には同型類が 2 つ以上存在することを示した．

定義 2.7.26   II₁ 型因子環 $\mathscr{M}$ の任意有限個の元 $x_1,\cdots,x_n$ と任意の $\varepsilon>0$ に対して，$\tau(u)=0$ かつ

$$\|ux_iu^* - x_i\|_2 < \varepsilon \quad (i=1,\cdots,n)$$

を満たすユニタリ元 $u\in\mathscr{M}$ が存在するとき，$\mathscr{M}$ は**性質 Γ** をもつという．   ▯

AFD II₁ 型因子環が性質 Γ をもつことは，因子環を $M(2,\mathbb{C})$ の無限テンソル積で表し，各 x_i をテンソル積の後方は 1 だけからなる元で近似し，u としてはテンソル積の十分後方に対角要素が 0，逆対角要素が 1 の 2×2 行列が現れ，残りはすべて 1 であるようなものを考えれば明らかである．

補題 2.7.27 G を離散群とする．$f\in l^2(G)$ に対して $\nu(E)=\sum\limits_{r\in E}|f(r')|^2$ とする．このとき，$\|f(r^{-1}\cdot r)-f\|_2<\varepsilon$ ならば，

$$\begin{cases} |\nu(r^{-1}Er) - \nu(E)| \leq 2\nu(G\backslash\{e\})^{1/2}\varepsilon. \\ \nu(G\backslash\{e\}) = \|f\|_2^2 - |f(e)|^2. \end{cases}$$

   ▯

[証明] G の部分集合 E に対して，$\nu(E)=\sum\limits_{r\in E}|f(r')|^2$ とすれば，

$$|\nu(r^{-1}Er)^{1/2}-\nu(E)^{1/2}|\leqq\left(\sum_{r\in E}|f(r^{-1}r'r)-f(r')|^2\right)^{1/2}<\varepsilon.$$

ここで，$k=\nu(G\backslash\{e\})^{1/2}$ とすれば，

$$|\nu(r^{-1}Er)-\nu(E)|\leqq 2k|\nu(r^{-1}Er)^{1/2}-\nu(E)^{1/2}|\leqq 2k\varepsilon.\qquad\blacksquare$$

命題 2.7.28 自由群 $F_n\,(n\geqq 2)$ の von Neumann 群環 $\mathscr{R}(F_n)$ は AFD ではない II_1 型因子環である． $\square$

[証明] $G=F_2$ の場合だけを考えればよい．t,s を F_2 の生成元とする．もし $\mathscr{R}(G)$ が性質 Γ をもつとすれば，

$$\tau(u)=0,\quad \|u\lambda(t)u^*-\lambda(t)\|_2<\varepsilon,\quad \|u\lambda(s)u^*-\lambda(s)\|_2<\varepsilon$$

を満たすユニタリ $u\in\mathscr{R}(G)$ が存在する．$r\in G$ に台をもち値 1 の関数を ε_r とする．$f=u\varepsilon_e$ とおけば，$\|f\|_2^2=\tau(1)=1, f(e)=(f|\varepsilon_e)=\tau(u)=0$．また，

$$\|f(r^{-1}\cdot r)-f\|_2=\|\varepsilon_r*f*\varepsilon_{r^{-1}}-f\|_2$$
$$=\|\lambda(r)u\lambda(r)^*-u\|_2=\|u\lambda(r)u^*-\lambda(r)\|_2.$$

ここで $\nu(E)=\sum\limits_{r\in E}|f(r)|^2$ とすれば，$\nu(G\backslash\{e\})\leqq 1$．生成元 t で始まる語全体の集合を F とすれば，補題 2.7.27 により，

$$\nu(G\backslash\{e\})\leqq\nu(F)+\nu(t^{-1}Ft)<2\nu(F)+2\varepsilon$$
$$\nu(G\backslash\{e\})\geqq\nu(F)+\nu(s^{-1}Fs)+\nu(sFs^{-1})>3\nu(F)-4\varepsilon.$$

したがって，

$$\frac{1}{2}\nu(G\backslash\{e\})-\varepsilon<\mu(F)<\frac{1}{3}\{\nu(G\backslash\{e\})+4\varepsilon\}.$$

$\varepsilon>0$ の任意性により，$\nu(G\backslash\{e\})=0$．よって，$|f(e)|=\|f\|_2=1$ となり矛盾する．よって，$\mathscr{R}(G)$ は性質 Γ をもたず，AFD ではない． $\blacksquare$

つぎに，Voiculescu, F. Radulescu らの挑戦をいまだに退けている，von Neumann 以来懸案の問題を挙げておく．

問題 von Neumann 群環 $\mathscr{R}(F_n)\,(n\geqq 2)$ は n が違えば互いに非同型か．

2.7.5 充足的 von Neumann 環

von Neumann の性質 Γ に関する議論を見なおすと，次の概念に到達する．

定義 2.7.29 von Neumann 環は，その自己同型群において内部自己同型群が閉集合のとき，**充足的**といわれる[22]．ただし，位相は自己同型群を前双対空間上の関数空間とみての，ノルムに関する各点収束の位相である．　☐

例えば，命題 2.7.24 により，AFD II_1 型因子環 $\mathscr{R}_0$ は充足的ではない．つぎに，充足的な von Neumann 環を記述するための用語を導入する．

定義 2.7.30 von Neumann 環 $\mathscr{M}$ における列 $\{x_n\}_n$ が，任意の $\varphi \in \mathscr{M}_*$ に対して，$\|x_n\varphi - \varphi x_n\| \to 0$ を満たすとき，**中心列**という．　☐

中心列は C^* 環 $l^\infty(\mathbb{N}) \otimes \mathscr{M}$ の元と同一視できるので，どの中心列もユニタリな元のなす中心列の 1 次結合で表せる．

命題 2.7.31 可分因子環 $\mathscr{M}$ が充足的であるための必要十分条件は，任意の中心列が自明なこと，つまり $\{x_n\}_n$ が中心列ならば，列 $\{x_n - \lambda_n 1\}_n$ が 0 へ強*収束する複素数列 $\{\lambda_n\}_n$ が存在することである．　☐

[証明] 十分性だけを示す．中心列が自明であることを仮定して，強*位相に関する位相群 $U(\mathscr{M})$ から，内部自己同型群 $\mathrm{Int}(\mathscr{M})$ への，連続な随伴作用から導かれる群同型写像 $U(\mathscr{M})/\mathbb{T} \to \mathrm{Int}(\mathscr{M})$ が同相であることを示す．ただし，$\mathbb{T}$ は単位円 $\{\lambda \in \mathbb{C} \mid |\lambda| = 1\}$ である．連続性は明らかである．自己同型群 $\mathrm{Aut}(\mathscr{M})$ において，その元 β の近傍は $\varphi_1, \cdots, \varphi_n \in \mathscr{M}_*$ を用いて

$$\{\gamma \in \mathrm{Aut}(\mathscr{M}) \mid \|\varphi_i \circ (\gamma - \beta)\| \leqq 1, \ i = 1, \cdots, n\}$$

と表せる．これを $V(\beta; \varphi_1, \cdots, \varphi_n)$ と書くことにすれば，この近傍は $\psi_i = \varphi_i \circ \beta \in \mathscr{M}_*$ を用いて，$\beta \circ V(\mathrm{id}; \psi_1, \cdots, \psi_n)$ と表せるので，単位元 id の近傍だけで同相性を示せばよい．因子環は可分であるから，位相群 $U(\mathscr{M})$ も自己同型群も距離付け可能である．したがって，収束は点列で考えればよい．いま，$\mathscr{M}$ 上で $\mathrm{Ad}_{u_n} \to \mathrm{id}$ とすれば，任意の $\varphi \in \mathscr{M}_*$ に対して

---

[22] von Neumann 環が full であることを完全ということが多いが，exact C^* 環の研究も進んでいるので，こちらを完全 C^* 環と呼び，full を充足的と呼ぶことにした．

$$\|\varphi u_n - u_n \varphi\| = \|\varphi \circ \mathrm{Ad}_{u_n} - \varphi\| \to 0.$$

仮定により，列 $\{u_n - \lambda_n 1\}_n$ が 0 に強*収束するような $\mathbb{T}$ の列 $\{\lambda_n\}_n$ が存在するので，ユニタリの列 $\{\overline{\lambda_n} u_n\}_n$ は 1 へ強*収束する．したがって，群同型写像 $U(\mathscr{M})/\mathbb{T} \mapsto \mathrm{Int}(\mathscr{M})$ は同相であるだけでなく，内部自己同型群は，$U(\mathscr{M})/\mathbb{T}$ の完備性により，閉であることがわかる． ∎

自由群 $F_n\,(n{\geqq}2)$ の von Neumann 群環では，中心列がいつでも自明になることを示そう．そのために，次の補題を用意する．

補題 2.7.32 $G{=}F_n\,(n{\geqq}2)$ とする．$f{\in}l^2(G)$ に対して

$$\|f(t^{-1}\cdot t) - f\|_2 < \varepsilon, \quad \|f(s^{-1}\cdot s) - f\|_2 < \varepsilon$$

ならば，$\left(\sum\limits_{r\in G\setminus\{e\}} |f(r)|^2\right)^{1/2}{<}14\varepsilon$. とくに，$f{\in}l^1(G)\cap l^2(G)$ のときには，$\left(\sum\limits_{r\in G\setminus\{e\}} |f(r)|^2\right)^{1/2}{=}\|\lambda(f)-\tau(\lambda(f))1\|_2.$ ∎

[証明] G の部分集合 E に対して，$\nu(E){=}\sum\limits_{r\in E}|f(r)|^2$ とする．$k{=}\nu(G\setminus\{e\})^{1/2}$ とすれば，補題 2.7.27 により，次の 3 つの不等式が得られる．

$$\begin{cases} \nu(t^{-1}Ft) < \nu(F) + 2k\varepsilon, \\ \nu(s^{-1}Fs) > \nu(F) - 2k\varepsilon, \quad \nu(sFs^{-1}) > \nu(F) - 2k\varepsilon. \end{cases}$$

最初の不等式から $k^2{\leqq}\nu(F)+\nu(t^{-1}Ft){<}2(\nu(F)+k\varepsilon)$ となるので，

$$\nu(F) > k^2/2 - k\varepsilon.$$

後の 2 つの不等式から

$$\nu(s^{-1}Fs) > k^2/2 - 3k\varepsilon, \quad \nu(sFs^{-1}) > k^2/2 - 3k\varepsilon$$

が得られる．よって，

$$k^2 = \nu(G \setminus \{e\}) \geqq \nu(F) + \nu(s^{-1}Fs) + \nu(sFs^{-1}) > 3k^2/2 - 7k\varepsilon.$$

ゆえに，$k{<}14\varepsilon$. ∎

この補題を使うと次の定理が示せる．

238   2 von Neumann 環

定理 2.7.33 von Neumann 群環 $\mathscr{R}(F_n)$ は充足的である.   ☐

[証明] ユニタリな元からなる中心列を $\{u_n\}_n$ とする. $\varphi = \tau\lambda(t)^*$ に対して,

$$\|[u_n, \lambda(t)]\|_2^2 = \tau([u_n, \lambda(t)]^*[u_n, \lambda(t)])$$
$$= (u_n\varphi - \varphi u_n)(\lambda(t)u_n^* - u_n^*\lambda(t)) \leqq 2\|u_n\varphi - \varphi u_n\|.$$

同様な評価が $\tau\lambda(s)^*$ に対しても成り立つ. したがって, 任意の中心列 $\{x_n\}_n$ に対しても, $n \to \infty$ のとき, $\|[x_n, \lambda(t)]\|_2 \to 0$ かつ $\|[x_n, \lambda(s)]\|_2 \to 0$ が成り立つ. よって, 補題 2.7.32 により, $\|x_n - \tau(x_n)1\|_2 \to 0$ となり, 中心列 $\{x_n\}_n$ は自明である. ゆえに, 命題 2.7.31 により, $\mathscr{R}(F_2)$ は充足的である. ∎

この定理からも II_1 型因子環 $\mathscr{R}(F_2)$ は AFD ではないことがわかる.

2.8 直積分分解の理論

von Neumann による直積分分解の理論は, 当時局所コンパクト群の表現論を研究していた F. I. Mautner の要請に応じて 1949 年に発表されたが, 原稿は既に 1942 年に準備できていたとのことである.

von Neumann 環 $\mathscr{M}$ の中心 $\mathscr{Z}$ は, ある局所コンパクト空間 Ω とその上の正値測度 μ を用いて得られる $L^\infty(\Omega, \mu)$ と同型になる. $\mathscr{P}$ を $\sum_{p \in \mathscr{P}} p = 1$ を満たす中心射影の集合とすると, $\mathscr{M}$ は $\bigoplus_{p \in \mathscr{P}} \mathscr{M}_p$ と同型である. したがって, $\mathscr{M}$ の元は $p \in \mathscr{P}$ において $\mathscr{M}_p$ に値を取る $\mathscr{P}$ 上の関数として表すことができる. 中心射影による 1 の細分は Ω の細分でもあるから, 細分化を極限まで推し進めると, $\mathscr{M}$ の元は, 因子環に値を取る Ω 上の関数として表すことができるであろう. これを実現しようというのが直積分分解の目的である.

$\mathscr{N}$ の前双対空間が可分のときには, $L^\infty(\Omega, \mu) \bar{\otimes} \mathscr{N}$ は $L^\infty(\Omega, \mu; \mathscr{N})$ と同型になるので, I 型可分 von Neumann 環の場合は, 定理 2.6.22 により, 上記のことが可能になる. しかし, I 型でない場合には問題が難しく, 今のところ可測断面を選ぶ議論が避けられず, Hilbert 空間には可分性を仮定せざるを得ない.

この理論は作用素環の構造論に対してほとんど直接的な影響を与えないため

に，最近では，専門家からも敬遠されがちであるが，これから述べるように，この理論は一般の von Neuman 環と因子環の議論の橋渡しをし，作用素環論を進めるバックボーンをなしているだけでなく，今でも C^* 環論の核心部分でこの理論の結果が使われている．例えば，同じ核をもつ既約表現どうしの同値性や核型 C^* 環の特徴づけの議論においてこの理論が本質的に使われ，いまだ直積分分解を使わない証明法は知られていない．

この節の内容を詳しく記述しようとすると，それだけでかなりの紙数を要するので，ここでは概要を述べるに留める．

本節では測度空間が σ 有限であることを仮定する．

2.8.1 Hilbert 空間の直積分

Hilbert 空間の直和の概念を Hilbert 空間の場の積分へと一般化する．各ファイバーの Hilbert 空間は相互に無関係であるから，その断面に可測性を導入するためには，足掛かりになるベクトル空間を 1 つ固定する必要がある．ここではそれを M とし，これをもとにベクトル場の可測性が導入される．

定義 2.8.1　$(\Omega, \mathscr{B}, \mu)$ を σ 有限な測度空間，Hilbert 空間の族 $\{\mathscr{H}(\omega)\}_{\omega \in \Omega}$ の直積 $\prod_{\omega \in \Omega} \mathscr{H}(\omega)$ は各座標ごとに定義される和と定数倍の演算により複素ベクトル空間になる．その部分空間 M で次の 3 条件を満たすものが存在するとき，Hilbert 空間の族 $\{\mathscr{H}(\omega)\}_{\omega \in \Omega}$ を $(M$ に関する$)$**Hilbert 空間の可測場**という．

(i)　各 $\xi \in M$ に対して，関数 $\omega \in \Omega \mapsto \|\xi(\omega)\|$ は μ 可測である．

(ii)　$\eta \in \prod_{\omega \in \Omega} \mathscr{H}(\omega)$ は，関数 $\omega \in \Omega \mapsto (\xi(\omega)|\eta(\omega))$ がすべての $\xi \in M$ に対して μ 可測のときには，$\eta \in M$ である．

(iii)　M の可算列 $\{\xi_n\}_{n \in \mathbb{N}}$ があって，各 $\omega \in \Omega$ に対して，集合 $\{\xi_n(\omega)|n \in \mathbb{N}\}$ は $\mathscr{H}(\omega)$ において線形稠密である．　　　　□

条件(i)により，任意の $\xi, \eta \in M$ に対して関数 $\omega \in \Omega \mapsto (\xi(\omega)|\eta(\omega))$ は μ 可測である．条件(iii)により $\mathscr{H}(\omega)$ は可分である．

M に属する元を**可測ベクトル場**という．可測ベクトル場 $\xi \in M$ のうち，

$$\int_{\Omega} \|\xi(\omega)\|^2 \, d\mu(\omega) < +\infty$$

を満たすもの全体を考え，ほとんど至る所で一致するものを同一視して得られるベクトル空間を $\mathscr{H}$ とする．$\mathscr{H}$ は内積

$$(\xi|\eta) = \int_\Omega (\xi(\omega)|\eta(\omega))\, d\mu(\omega)$$

に関して前 Hilbert 空間になるが，条件(ii)により Hilbert 空間であることがわかる．このとき，空間とそのベクトルをそれぞれ $\{\mathscr{H}(\omega)\}_{\omega\in\Omega}$ または $\{\xi(\omega)\}_{\omega\in\Omega}$ の**直積分**といい

$$\mathscr{H} = \int_\Omega^\oplus \mathscr{H}(\omega)\, d\mu(\omega), \quad \xi = \int_\Omega^\oplus \xi(\omega)\, d\mu(\omega)$$

で表す．

2.8.2 von Neumann 環の直積分

Hilbert 空間の可測場の場合と同じように，作用素の場

$$x \in \prod_{\omega\in\Omega} \mathscr{L}(\mathscr{H}(\omega))$$

を考える．任意の可測ベクトル場 ξ に対して，$\omega\in\Omega \mapsto x(\omega)\xi(\omega)$ が再び可測ベクトル場になるとき，x を**作用素の可測場**という．このとき，新たなベクトル場 $\omega\in\Omega \mapsto x(\omega)\xi(\omega)$ を $x\xi$ で表す．とくに，$\omega\in\Omega \mapsto \|x(\omega)\|$ が本質的に有界なときには，各 $\xi\in\mathscr{H}$ に対して，

$$\|x\xi\|^2 = \int_\Omega \|x(\omega)\xi(\omega)\|^2\, d\mu(\omega) \leqq (\mathrm{ess\,sup}\|x(\cdot)\|)^2 \|\xi\|^2$$

であるから，x は $\mathscr{H}$ における有界作用素になる．これを

$$x = \int_\Omega^\oplus x(\omega)\, d\mu(\omega)$$

と表す．$\mathscr{H}$ 上の有界線形作用素のうち，このように表せる作用素は**分解可能**であるといい，さらに $x(\omega)$ がすべてスカラーである作用素を**対角作用素**という．

$x\in\mathscr{L}(\mathscr{H})$ が分解可能であるためには，x がすべての対角作用素と可換であることが必要十分である．

定義 2.8.2　Hilbert 空間の可測場 $\{\mathscr{H}(\omega)\}_{\omega\in\Omega}$ に対し，$\mathscr{M}(\omega)$ を $\mathscr{H}(\omega)$ 上

の von Neumann 環とする．作用素の可測場からなる可算集合 $\{x_n | n \in \mathbb{N}\}$ が
あって，各 $\omega \in \Omega$ に対し，集合 $\{x_n(\omega) | n \in \mathbb{N}\}$ が $\mathscr{M}(\omega)$ を生成するとき，von
Neumann 環の場 $\{\mathscr{M}(\omega)\}_{\omega \in \Omega}$ は**可測**であると言われる． □

定理 2.8.3　Hilbert 空間 $\mathscr{H}$ を Hilbert 空間の可測場 $\{\mathscr{H}(\omega)\}_{\omega \in \Omega}$ の直積
分とし，$\{\mathscr{M}(\omega)\}_{\omega \in \Omega}$ をその上の von Neumann 環の可測場とする．Hilbert
空間 $\mathscr{H}$ 上の分解可能作用素 x のうち，すべての ω に対して $x(\omega) \in \mathscr{M}(\omega)$ を
満たすものの全体を $\mathscr{M}$ とすれば，$\mathscr{M}$ は von Neumann 環である． □

定義 2.8.4　上の定理で得られた von Neumann 環を

$$\mathscr{M} = \int_\Omega^\oplus \mathscr{M}(\omega)\, d\mu(\omega)$$

で表し，von Neumann 環の可測場 $\{\mathscr{M}(\omega)\}_{\omega \in \Omega}$ の**直積分**という． □

2.8.3　直積分の性質

可分完備距離空間と同相な位相空間をポーランド空間という．可測空間
$(\Omega, \mathscr{B})$ がポーランド空間の Borel 可測部分空間と同型であるときには**標準的**
であるという．また，可測空間 $(\Omega, \mathscr{B})$ 上に測度 μ が与えられ，$\mu(N)=0$ なる
可測集合 N があって，$\Omega \setminus N$ が標準的であるとき，測度空間 $(\Omega, \mathscr{B}, \mu)$ を**標準
的**という．標準測度空間はどれも Lebesgue 測度空間 $[0,1]$ と可算個の離散集
合上の数え上げの測度の空間との直和に同値なことがわかっている．次の定理
の証明には Borel 断面を選ぶ議論が必要になるので，このような測度空間を用
意する必要がある．

定理 2.8.5　Hilbert 空間 $\mathscr{H}$ を Hilbert 空間の可測場 $\{\mathscr{H}(\omega)\}_{\omega \in \Omega}$ の直積
分とし，von Neumann 環 $\mathscr{M}$ をその上の von Neuman 環の可測場
$\{\mathscr{M}(\omega)\}_{\omega \in \Omega}$ の直積分とする．このとき，可換子環の場 $\{\mathscr{M}(\omega)'\}_{\omega \in \Omega}$ は可測
で，

$$\mathscr{M}' = \int_\Omega^\oplus \mathscr{M}(\omega)'\, d\mu(\omega)$$

を満たす．

対角作用素は $\mathscr{M}$ の中心 $\mathscr{Z}$ に含まれる．また，$\mathscr{M}(\omega)$ の中心を $\mathscr{Z}(\omega)$ とす
ると

$$\mathscr{Z} = \int_\Omega^\oplus \mathscr{Z}(\omega)\, d\mu(\omega)$$

である. □

直積分の中心 $\mathscr{Z}$ が対角作用素全体であるためには，ほとんどすべての $\mathscr{M}(\omega)$ が因子環であることが必要十分である.

2.8.4 von Neumann 環の直積分分解

上で直積分の定義がわかったので，いよいよ直積分分解の話に入る.

定理 2.8.6 $\mathscr{M}$ を可分な Hilbert 空間 $\mathscr{H}$ 上の von Neumann 環とする. $\mathscr{A}$ を可換子環 $\mathscr{M}'$ の可換部分 von Neumann 環とする. そのとき，標準的な σ 有限測度空間 $(\Omega, \mathscr{B}, \mu)$ と，Hilbert 空間の可測場 $\{\mathscr{H}(\omega)\}_{\omega \in \Omega}$ と，$\mathscr{H}(\omega)$ 上 の von Neumann 環 $\mathscr{M}(\omega)$ からなる von Neumann 環の可測場 $\{\mathscr{M}(\omega)\}_{\omega \in \Omega}$ が存在して，$\mathscr{M}$ は $\{\mathscr{M}(\omega)\}_{\omega \in \Omega}$ の直積分に表せ，$\mathscr{A}$ は対角作用素の全体に なっている.

とくに，$\mathscr{A}$ が $\mathscr{M}$ の中心の場合には，$\mathscr{M}$ は因子環の直積分として表せる. □

中心を用いた直積分分解を**中心分解**または**因子環分解**という.

定理 2.8.7 von Neumann 環を中心分解したときに，それが I（または II, III）型であるための必要十分条件は，直積分に現れるほとんどすべての成分が 同じ型をしていることである. □

この定理により，一般の von Neumann 環に関する議論は因子環に関する議 論に帰着させることができるので，通常，von Neumann 環の構造に関する研 究は主に因子環に対して行われる.

局所コンパクト群 G の連続なユニタリ表現 $\{\pi, \mathscr{H}_\pi\}$ から生成される von Neumann 環 $\mathscr{M}(\pi)$ の場合には，その可換子環に含まれる極大可換 von Neumann 環に対して上の定理を適用すると，$\mathscr{M}(\pi)$ の既約分解が得られ，それ が表現の既約分解にもなっている. $\mathscr{M}(\pi)$ が I 型の場合にはこのような極大可 換 von Neumann 環は一意的に定まるが，非 I 型の場合には必ずしも一意性が 成り立たないため，既約表現の一意性も成り立たない.

半単純 Lie 群と違って，可解 Lie 群は必ずしも I 型ではないから，既約表現 という考え方はあまり意味をもたず，因子環分解の方が重要であることがわか

る.

　同様な議論が局所コンパクト群の表現の代わりに，C^*環の表現に対しても
いえる.

2.9　III 型 von Neumann 環の分類

　1960 年代の中頃まで III 型 von Neumann 環は前人未踏の荒野として残さ
れていたが，60 年代の後半には新しい数理物理学の勃興の中で少しずつその
姿を現し始めた. 最初の衝撃は，場の量子論に現れる作用素環は一般に III 型
であるという，von Neumann 以来の作用素環の研究者が予想だにしなかった
荒木の結果である. 次いで，von Neumann が構成した ITPFI 因子環が基礎
ベクトルの選び方により連続無限個の非同型な III 型因子環になっているとい
う Powers の結果である. これにより，一挙に III 型因子環への関心が高まっ
た. この Powers の結果を発展させた荒木-Woods の ITPFI 因子環の分類は，
いくつかの新たな不変量の発見と同時に III 型因子環の新たな構造をも示唆す
るものであった. このような研究の流れとは別に，Powers の結果と同時期に
発表された冨田の理論は竹崎により深化され冨田-竹崎理論の名のもとに III
型因子環の解析に決定的な役割を果たすことになる. これらの研究の中でと
りわけ注目されたのがモジュラー自己同型写像であり，III 型因子環の研究に
はそのスペクトル解析が深く関与していることが予想された. そんな頃，W.
Arveson のスペクトル解析の理論が発表された. Connes はこの 2 つの理論を
結び合わせて III 型因子環の分類に成功し，続く一連の論文で III 型因子環の
構造解析を一挙に深めた. この辺の詳細は入門書の枠を越えるので竹崎の『作
用素環の構造』[6] に譲ることにする.

　本節で述べる事柄についてもう少していねいに説明しておく. 有限なトレイ
スの場合に命題 2.6.45 で述べた「GNS 表現はその可換子環と対称に記述され
る」という性質は半有限正規トレイスの場合にも同じように成り立つ. 一般に
は，Hilbert 環と呼ばれる，前 Hilbert 空間の構造をもつ*多元環の理論を使え
ばよいのであるが，トレイスの場合の取り扱いを容易にしているのは，トレイ
スにより定まる写像

$$J : \eta_\tau(x) \mapsto \eta_\tau(x^*)$$

の等長性による．一般に，トレイスでなくても，$\mathscr{M}$ に忠実な正規状態 φ が与えられているときには，$\eta_\varphi(\mathscr{M})$ において，積と対合を

$$\eta_\varphi(x)\eta_\varphi(y) = \eta_\varphi(xy), \quad \eta_\varphi(x) \mapsto \eta_\varphi(x^*)$$

で定義すれば，前 Hilbert 空間の構造をもつ*多元環は得られるが，この場合の対合は等長にはならない．この点を解決したのが冨田-竹崎理論である．その動機づけを与えた局所コンパクト群の場合の例が，本文の例 2.9.12 において与えてある．

この例を参考にして，$\eta_\varphi(\mathscr{M})$ における対合の極分解を $J\varDelta^{1/2}$ とすると，J は共役線形な等長作用素で $\varDelta$ は閉正作用素になる．冨田は基本定理として，

$$\pi'_\varphi(\mathscr{M}) = J\pi_\varphi(\mathscr{M})J = \pi_\varphi(\mathscr{M})'$$

を満たす反同型写像 π'_φ が存在することと，1 径数ユニタリ群 $\{\varDelta^{it}\}_{t\in\mathbb{R}}$ を用いて，

$$\sigma_t(x) = \varDelta^{it} x \varDelta^{-it}$$

と置けば，$\{\sigma_t\}_{t\in\mathbb{R}}$ は $\pi_\varphi(\mathscr{M})$ のモジュラー自己同型群と呼ばれる 1 径数自己同型群になることを示した．φ がトレイスの場合には，$\varDelta=1$ となるから，$\sigma_t=\mathrm{id}$ である．したがって，この 1 径数自己同型群は III 型 von Neumann 環でこそ意味のあるものである．これはまた，同時期に発表された平衡状態を記述する KMS(久保-Martin-Schwinger)条件と結びつき，作用素環と統計力学というまったく違った動機づけのもとに考えられていた問題が，実は数学的には同内容の問題であったというだけでなく，その成果が同時期に出会うというドラマをも生みだした．

また，von Naumann 環には荷重の場合と違って，必ずしも忠実な正規状態は存在しないので，III 型 von Neumann 環の議論には有界性の条件を除いた荷重について同じ事を考えなければならない．

2.9.1 Banach 空間上の表現とスペクトル

第 2.2 節第 1 項で述べたように，スペクトル分解の可能性は，Gelfand 表現の（連続関数環からの）逆写像の存在にかかっているため，表現が可換 C^* 環を生成している場合にしか可能ではない．そのために，これまでのスペクトル分解の議論は Hilbert 空間上の正規作用素あるいは Hilbert 空間上へのユニタリ表現などに限られていた．

可換な局所コンパクト群 G の C^* 環あるいは von Neumann 環への作用 α の場合には，可換 Banach 環 $L^1(G,\mu)$ の元 f に対して

$$\alpha(f) = \int_G f(t)\alpha_t d\mu(t)$$

と置くことにより，$L^1(G,\mu)$ の C^* 環あるいは von Neumann 環へ表現が得られる．しかし，この場合には，$\overline{\alpha(L^1(G,\mu))}$ が C^* 環になるとは限らないので，その Gelfand 表現の像が $\mathscr{K}(\mathrm{Sp}(\alpha))$ を含むことはない．したがって，ベクトル値測度は存在せず，従来の意味での作用 α のスペクトル分解は，$\mathrm{Sp}(\alpha)$ が離散的でないかぎり，考えることはできない．しかし，F. Forrelli は特別な Banach 空間に対して，スペクトルとスペクトル部分空間についてなら考察できることを示した．この考え方は Arveson により，直ちに作用素環の場合へ拡張され，作用素環における力学系の研究をするときの基本的な道具として整備された[23]．

E, F を Banach 空間の双対ペアとする．$\mathscr{L}_w(E)$ を $\sigma(E,F)$ 連続な線形写像すべてからなるベクトル空間とし，$\sigma(E,F)$ に関する各点収束の位相を入れる．局所コンパクト群 G から $\mathscr{L}_w(E)$ への連続な準同型写像 α で

$$\sup_{t\in G}\|\alpha_t\| < +\infty$$

を満たすものを，G の E 上への $\boldsymbol{\sigma(E,F)}$ **連続表現**という．以下では，$E=F^*$ あるいは $F=E^*$ とする．

---

23) W. Arveson: On groups on automorphisms of operator algebras, *J. Functional Analysis*, **15**(1974), 217-243.

246   2   von Neumann 環

μ を G の左不変 Haar 測度とする. α が G の E 上への $\sigma(E, F)$ 連続表現であるとき, $f \in L^1(G, \mu)$ に対して

$$\alpha(f) = \int_G f(t)\alpha_t \, d\mu(t)$$

と置くと, f はコンパクトな台をもつ階段関数で近似できるから, Kreĭn の定理により $\alpha(f) \in \mathscr{L}_w(E)$ であり, α は $L^1(G, \mu)$ から $\mathscr{L}_w(E)$ への有界な準同型である.

G が可換のとき, 定理 2.9.4 の記述を自然な形にするために, $f \in L^1(G, \mu)$ の Fourier 変換 $\hat{f}$ を次のように定義する.

$$\hat{f}(\gamma) = \int_G f(t)\langle t, \gamma \rangle d\mu(t) \quad (\gamma \in \widehat{G}).$$

定義 2.9.1 α を局所コンパクト可換群 G の Banach 空間 E 上への $\sigma(E, F)$ 連続表現とする.

(i) E の部分集合 X に対して

$$J_X = \{f \in L^1(G, \mu) \mid \forall\, x \in X : \alpha(f)x = 0\}$$

と置くと, J_X は可換 Banach 環 $L^1(G, \mu)$ の閉イデアルである. これに対して定まる $\widehat{G}$ の閉部分集合

$$\{\gamma \in \widehat{G} \mid \forall\, f \in J_X : \hat{f}(\gamma) = 0\}$$

を X における α のスペクトルといい, $\mathrm{Sp}_\alpha(X)$ で表す. $x \in E$ に対しては $\mathrm{Sp}_\alpha(x) = \mathrm{Sp}_\alpha(\{x\})$ と置く. また, $\mathrm{Sp}(\alpha) = \mathrm{Sp}_\alpha(E)$ と置き, これを α の**スペクトル**という.

(ii) $\widehat{G}$ の部分集合 K に対して定まる E の部分集合

$$\{x \in E \mid \mathrm{Sp}_\alpha(x) \subset K\}$$

の $\sigma(E, F)$ 位相に関する閉包を K に対応する**スペクトル部分空間**といい, $E^\alpha(K)$ で表す. また, 集合

$$\{\alpha(f)x \mid f \in L^1(G, \mu),\ \mathrm{Supp}(\hat{f}) \subset K,\ x \in E\}$$

の生成する部分ベクトル空間の $\sigma(E,F)$ 位相による閉包を $E_0^\alpha(K)$ と置く.   □

補題 2.9.2 α を局所コンパクト可換群 G の Banach 空間 E 上への $\sigma(E,F)$ 連続表現とする. そのとき, $x,y\in E$, $f\in L^1(G,\mu)$ に対して次のことが成り立つ.

(i) $\mathrm{Sp}_\alpha(\alpha_t(x))=\mathrm{Sp}_\alpha(x)$ $(t\in G)$.

(ii) $\mathrm{Sp}_\alpha(\lambda x+y)\subset\mathrm{Sp}_\alpha(x)\cup\mathrm{Sp}_\alpha(y)$ $(\lambda\in\mathbb{C})$.

(iii) $\mathrm{Sp}_\alpha(\alpha(f)x)\subset\mathrm{Supp}(\hat{f})\cap\mathrm{Sp}_\alpha(x)$.

(iv) $L^1(G,\mu)$ の 2 つの関数 f_1, f_2 の Fourier 変換が $\mathrm{Sp}_\alpha(x)$ のある近傍上で一致すれば, $\alpha(f_1)(x)=\alpha(f_2)(x)$.   □

上の性質 (ii) により, $E^\alpha(K)$ は部分ベクトル空間である. 性質 (iii) により, $E_0^\alpha(K)\subset E^\alpha(K)$ である.

補題 2.9.3 α を局所コンパクト可換群 G の Banach 空間 E 上への $\sigma(E,F)$ 連続表現とする. そのとき, $\widehat{G}$ の閉部分集合 K に対して, 次のことが成り立つ.

(i) $\alpha_t(E^\alpha(K))=E^\alpha(K)$.

(ii) $E^\alpha(K)=\{x\in E|\mathrm{Sp}_\alpha(x)\subset K\}$.

(iii) $E^\alpha(K)=\bigcap_V E_0^\alpha(K+V)$. ただし, V は $\widehat{G}$ における 0 の近傍である.   □

定理 2.9.4 α を局所コンパクト可換群 G の Banach 空間 E 上への $\sigma(E,F)$ 連続表現とする. そのとき, 次の 5 つの条件は同値である.

(i) $\gamma\in\mathrm{Sp}(\alpha)$.

(ii) $\gamma\in\widehat{G}$ の任意の近傍 V に対して, $E_0^\alpha(V)\neq\{0\}$.

(iii) 任意の $\varepsilon>0$ とコンパクト集合 $K\subset G$ に対して, γ のコンパクトな近傍 V が存在して, $E^\alpha(V)\neq\{0\}$ かつすべての $x\in E^\alpha(V)$ に対して

$$\sup_{t\in K}\|\alpha_t(x)-\langle t,\gamma\rangle x\|\leqq\varepsilon\|x\|.$$

(iv) E の単位ベクトルのなす有向系 $\{x_i\}_{i\in I}$ が存在して, G の任意のコンパクト集合 K に対して

$$\lim_{i\in I}\sup_{t\in K}\|\alpha_t(x_i)-\langle t,\gamma\rangle x_i\|=0.$$

248   2   von Neumann 環

(v) 任意の $f \in L^1(G, \mu)$ に対して

$$|\hat{f}(\gamma)| \leqq \|\alpha(f)\|. \qquad \qquad \square$$

命題 2.9.5 α と β を局所コンパクト可換群 G の Banach 空間 E 上への 2 つの $\sigma(E, F)$ 連続表現とする. そのとき, $\alpha = \beta$ であるためには, G のすべてのコンパクト集合 K に対して, $E^\alpha(K) \subset E^\beta(K)$ となることが必要十分である. $\qquad \square$

注 この項のこれまでなされた議論は Banach 空間の双対ペア E, F で次の 3 条件を満たすものに対しても成り立っている.

(a) $x \in E$ に対して $\|x\| = \sup\{|\langle x, y \rangle| \,|\, y \in F, \|y\| \leqq 1\}$.

(b) E の $\sigma(E, F)$ コンパクト集合の閉凸包は $\sigma(E, F)$ コンパクトである.

(c) F の $\sigma(F, E)$ コンパクト集合の閉凸包は $\sigma(F, E)$ コンパクトである. $\qquad \square$

命題 2.9.6 α を局所コンパクト可換群 G の C^* 環あるいは von Neumann 環 A 上への作用とし, C^* 環のときには強連続, von Neumann 環のときには σ 弱連続とする. そのとき, $x, y \in A$ と $\widehat{G}$ の閉集合 K, L に対して次のことが成り立つ.

(i) $\mathrm{Sp}_\alpha(x^*) = -\mathrm{Sp}_\alpha(x)$.

(ii) $A^\alpha(K)^* = A^\alpha(-K)$.

(iii) $\mathrm{Sp}_\alpha(xy) \subset \overline{\mathrm{Sp}_\alpha(x) + \mathrm{Sp}_\alpha(y)}$.

(iv) $A^\alpha(K) A^\alpha(L) \subset A^\alpha(\overline{K+L})$.

(v) $\mathrm{Sp}(\alpha) = -\mathrm{Sp}(\alpha)$. $\qquad \qquad \square$

注 (i) α を局所コンパクト可換群 G の Banach 空間 E 上への $\sigma(E, F)$ 連続表現とする. $\gamma \in \mathrm{Sp}(\alpha)$ に対して, $\chi_\gamma(\alpha(f)) = \hat{f}(\gamma)$ と置けば, 定理 2.9.4 の (v) により, χ_γ は可換 Banach 環 $\overline{\alpha(L^1(G))}$ の指標になる. そのとき, 写像 $\gamma \in \mathrm{Sp}(\alpha) \mapsto \chi_\gamma$ は $\mathrm{Sp}(\alpha)$ から $\overline{\alpha(L^1(G))}$ の指標空間上への同相写像になっている.

とくに, u が Hilbert 空間 $\mathscr{H}$ 上のユニタリ表現の場合は, $\overline{u(L^1(G))}$ は可換 C^* 環になるから, Gelfand 表現により $C_\infty(\mathrm{Sp}(u))$ と等長的同型になる. $C_\infty(\mathrm{Sp}(u))$ から $\mathscr{L}(\mathscr{H})$ への逆写像はベクトル値測度であり, スペクトル分解の定理 2.2.3 の証明と同様にして, 容易に射影値測度 $de(\gamma)$ を構成すること

ができ,

$$u_t = \int \langle t, \gamma \rangle \, de(\gamma)$$

となる. すなわち, R. Godement による Stone の定理の拡張が得られる[24]. これから, Bochner の定理と(非有界)自己随伴作用素のスペクトル分解が得られることは明らかであろう. $\mathrm{Sp}(u)=\mathrm{Supp}\,(e)$ であり, $\mathscr{H}^u(K)=e(K)\mathscr{H}$ である.

(ii) α を(非可換)コンパクト群 G の Banach 空間 E 上への $\sigma(E,F)$ 連続表現とする. $\widehat{G}$ を連続な既約ユニタリ表現の同値類全体とする. コンパクト群の連続な既約ユニタリ表現 γ は有限次元であるから, 行列を用いて $\gamma(t)=(\gamma_{ij}(t))_{i,j}$ と表され, $\mathrm{Tr}(\gamma(t^{-1}))$ は同値類の代表元の選び方によらずに決まる. そこで, $\widehat{G}$ の元 γ とその代表元を同じ記号で表し,

$$P_\gamma = \int_G \dim(\gamma)\mathrm{Tr}(\gamma(t^{-1}))\alpha_t \, d\mu(t)$$

と置くと, P_γ は射影になる. ただし, μ は規格化された Haar 測度である. このとき, 閉部分空間 $P_\gamma(E)$ を $\gamma\in\widehat{G}$ のスペクトル部分空間という. γ として自明な既約表現を取れば, $\int \alpha_t \, d\mu(t)$ は α に対する不動点の全体からなる閉部分空間への射影である. E は $\sum_{\gamma\in\widehat{G}} P_\gamma(E)$ の閉包である. $\qquad\square$

2.9.2 荷 重

定義 2.6.34 で与えたトレイスの定義条件のうち, ある種の可換性 $\tau(x^*x)=\tau(xx^*)$ を省くことにより, 一般の von Neumann 環において積分の役割をする荷重という概念を導入することができる. 作用素環の各論よりも, 冨田-竹崎理論のような一般論を論じる際に必要になることが多い.

定義 2.9.7 von Neumann 環 $\mathscr{M}$ の正部分 $\mathscr{M}_+$ で定義され, $\mathbb{R}_+\cup\{+\infty\}$ に値をとる関数 φ が, 任意の $x,y\in\mathscr{M}_+$ と $\lambda\in\mathbb{R}_+$ に対して

---

24) 連続な 1 径数ユニタリ群 $\{u(t)\}_{t\in\mathbb{R}}$ は, ある自己随伴作用素 h のスペクトル分解 $h=\int \lambda\,de(\lambda)$ を用いて, $u(t)=\int e^{it\lambda}\,de(\lambda)$ と表せる.

$$\varphi(x+y) = \varphi(x) + \varphi(y), \quad \varphi(\lambda x) = \lambda\varphi(x)$$

を満たすとき，φ を**荷重**という．ただし，$0\cdot\infty=\infty\cdot 0=0$ とする．

荷重 φ に対して，集合

$$\mathfrak{p}_\varphi = \{x \in \mathscr{M}_+ \mid \varphi(x) < +\infty\}$$

によって生成される線形空間が $\mathscr{M}$ において σ 弱稠密なとき，φ は**半有限**であるという．任意の $x\in\mathscr{M}_+$ に対して，$\varphi(x)=0$ ならば $x=0$ が成り立つとき，φ は**忠実**であるという．$\mathscr{M}_+$ における任意の有界な増加有向系 $\{x_i\}_{i\in I}$ に対して

$$\varphi\left(\sup_{i\in I} x_i\right) = \sup_{i\in I} \varphi(x_i)$$

が成り立つとき，φ は**正規**であるという． ☐

命題 2.9.8 von Neumann 環 $\mathscr{M}$ 上の荷重 φ に対して

$$\mathfrak{n}_\varphi = \{x \in \mathscr{M} \mid \varphi(x^*x) < +\infty\}$$

と置き，集合 $\{y^*x \mid x, y\in\mathfrak{n}_\varphi\}$ によって生成されるベクトル空間を $\mathfrak{m}_\varphi$ とする．そのとき，次のことが成り立つ．

(i) $\mathfrak{n}_\varphi$ は $\mathscr{M}$ の閉左イデアルである．

(ii) $\mathfrak{p}_\varphi=\mathfrak{m}_\varphi\cap\mathscr{M}_+$ かつ各 $x\in\mathfrak{m}_\varphi$ は

$$x = x_1 - x_2 + i(x_3 - x_4) \quad (x_i \in \mathfrak{p}_\varphi)$$

と表される．

(iii) φ は $\mathfrak{m}_\varphi$ 上の線形汎関数に一意的に拡張される． ☐

von Neumann 環 $\mathscr{M}$ 上の正規な荷重 φ を用いて，GNS 表現の拡張を考える．まず，$N_\varphi=\{x\in\mathscr{M}\mid\varphi(x^*x)=0\}$ は $\mathscr{M}$ の σ 弱閉左イデアルである．各 $x\in\mathfrak{n}_\varphi$ に対して

$$\eta_\varphi(x) = x + N_\varphi \in \mathfrak{n}_\varphi/N_\varphi$$

と置く．Schwarz の不等式により

$$(\eta_\varphi(x)|\eta_\varphi(y)) = \varphi(y^*x)$$

の右辺は有限な値になるので，この式は $\mathfrak{n}_\varphi/N_\varphi$ に内積を定義し，$\mathfrak{n}_\varphi/N_\varphi$ は前 Hilbert 空間になる．そこで，これを完備化した Hilbert 空間を $\mathscr{H}_\varphi$ とする．このとき，$x\in\mathscr{M}$ に対して定まる $\mathfrak{n}_\varphi/N_\varphi$ 上の有界線形作用素 $\eta_\varphi(y)\mapsto\eta_\varphi(xy)$ の $\mathscr{H}_\varphi$ への拡張を $\pi_\varphi(x)$ とする．明らかに，π_φ は $\mathscr{M}$ の $\mathscr{H}_\varphi$ 上への非退化な表現である．$\mathscr{M}$ 上の正線形汎関数 $x\mapsto(\pi_\varphi(x)\eta_\varphi(y)|\eta_\varphi(y))$ は正規であるから，π_φ も正規である．したがって，$\pi_\varphi(\mathscr{M})$ は von Neumann 環である．とくに，荷重が半有限，忠実かつ正規であるとき，$\mathscr{M}$ の表現 $\{\pi_\varphi, \mathscr{H}_\varphi\}$ を**標準表現**という．この表現の特徴は，後の冨田-竹崎理論でわかるように，von Neumann 環 $\pi_\varphi(\mathscr{M})$ とその可換子環の対が対称に作られていることである．とくに，$1\in\mathfrak{n}_\varphi$ の場合には，$\mathfrak{n}_\varphi=\mathscr{M}$ となり，ベクトル $\xi_0=\eta_\varphi(1)$ は von Neumann 環 $\pi_\varphi(\mathscr{M})$ に関して巡回的かつ分離的である．しかも，任意の $x\in\mathscr{M}$ に対して $\eta_\varphi(x)=x\xi_0$ となる．

注　上で得られた線形写像 $\eta_\varphi: \mathscr{M}\to\mathscr{H}_\varphi$ は GNS 写像と呼ばれ，左イデアル $\mathfrak{n}_\varphi$ を定義域にもち $\mathscr{M}$ の強位相と $\mathscr{H}_\varphi$ のノルム位相に関する閉写像である．とくに，φ が忠実なときは，η_φ は単射である．　　　　□

定理 2.9.9　von Neumann 環 $\mathscr{M}$ 上の荷重 φ に対して，次の 4 つの条件は同値である．

(i)　φ は正規である．

(ii)　φ は完全加法的である．すなわち，$\mathscr{M}_+$ における任意の σ 強位相に関する総和可能族 $\{x_i\}_{i\in I}$ に対して

$$\varphi\left(\sum_{i\in I}x_i\right) = \sum_{i\in I}\varphi(x_i).$$

(iii)　φ は σ 弱位相に関して下半連続である．

(iv)　任意の $x\in\mathscr{M}_+$ に対して

$$\varphi(x) = \sup\{\omega(x) \mid \omega\in\mathscr{M}_*^+,\ \omega\leqq\varphi\}.\qquad\square$$

von Neumann 環上に忠実な状態が存在するための必要十分条件は von Neumann 環が σ 有限なことであったが，この定理の条件(iii)により，von Neu-

252   2 von Neumann 環

mann 環上にはいつでも半有限，忠実かつ正規な荷重が存在することがわか
る．したがって，必ず標準表現が存在する．

2.9.3　冨田-竹崎理論

冨田-竹崎理論は非可換積分論と考えられるが，その手法は通常の積分論と
はまったく違っている．積分に相当するものが荷重である．von Neumann 環
上に荷重が与えられると，前の項のようにして，von Neumann 環上に
Hilbert 空間の構造が入るので，その上でスペクトル解析を展開することが
できる．荷重が半有限，忠実かつ正規な場合には，そこで得られた結果をもと
の von Neumann 環にそっくり戻すことができる．

前項の記号をそのまま用いて，$\mathfrak{A}_\varphi=\eta_\varphi(\{x\in\mathfrak{n}_\varphi|x^*\in\mathfrak{n}_\varphi\})$ とすると，$\mathfrak{A}_\varphi$ は
つぎに定義する左 Hilbert 環の例になっている．

定義 2.9.10　対合 $\xi\mapsto\xi^\sharp$（あるいは $\xi\mapsto\xi^\flat$）をもつ対合多元環 $\mathfrak{A}$ が次の 4 条
件を満たす前 Hilbert 空間の構造をもつとき，**左**（あるいは**右**）**Hilbert 環**とい
う．

(a)　$\xi,\eta,\zeta\in\mathfrak{A}$ に対して，$(\xi\eta|\zeta)=(\eta|\xi^\sharp\zeta)$（あるいは $(\xi\eta|\zeta)=(\xi|\zeta\eta^\flat)$）．

(b)　各 $\xi\in\mathfrak{A}$ に対して定まる線形写像 $\eta\in\mathfrak{A}\mapsto\xi\eta\in\mathfrak{A}$（あるいは $\eta\in\mathfrak{A}\mapsto\eta\xi\in$
$\mathfrak{A}$）は有界である．

(c)　集合 $\{\xi\eta|\xi,\eta\in\mathfrak{A}\}$ は $\mathfrak{A}$ において線形稠密である．

(d)　共役線形写像 $\xi\in\mathfrak{A}\mapsto\xi^\sharp\in\mathfrak{A}$（あるいは $\xi\in\mathfrak{A}\mapsto\xi^\flat\in\mathfrak{A}$）は可閉である．　　□

定義 2.9.11　左（あるいは右）Hilbert 環 $\mathfrak{A}$ を完備化して得られる Hilbert 空
間を $\mathscr{H}$ とする．

(i)　左 Hilbert 環 $\mathfrak{A}$ の各元 $\xi\in\mathfrak{A}$ に対して，$\pi_l(\xi)\in\mathscr{L}(\mathscr{H})$ を

$$\pi_l(\xi)\eta = \xi\eta \quad (\eta \in \mathfrak{A})$$

で定義する．π_l は左表現と呼ばれ，$\pi_l(\xi)^*=\pi_l(\xi^\sharp)$ を満たす $\mathfrak{A}$ の非退化
な表現である．このとき，von Neumann 環 $\pi_l(\mathfrak{A})''$ を $\mathfrak{A}$ の**左 von Neu-
mann 環**といい $\mathscr{R}_l(\mathfrak{A})$ で表す．

(ii)　右 Hilbert 環 $\mathfrak{A}$ の各元 $\eta\in\mathfrak{A}$ に対して，$\pi_r(\eta)\in\mathscr{L}(\mathscr{H})$ を

$$\pi_r(\eta)\xi = \xi\eta \quad (\xi \in \mathfrak{A})$$

で定義する. π_r は右表現と呼ばれ, $\pi_r(\eta)^* = \pi_r(\eta^\flat)$ を満たす $\mathfrak{A}$ の非退化な反表現である. このとき, von Neumann 環 $\pi_r(\mathfrak{A})''$ を $\mathfrak{A}$ の**右 von Neumann 環**といい $\mathscr{R}_r(\mathfrak{A})$ で表す. ⬜

左 Hilbert 環 $\mathfrak{A}$ において, 可閉な作用素 $\xi \mapsto \xi^\sharp$ の閉包を S とし, $F = S^*$ と置く. S の極分解を $S = J\Delta^{1/2}$ とする. Δ は可逆な正自己随伴作用素で, J は共役線形で $(J\xi|J\eta) = (\eta|\xi)$ を満たしている. 対合の条件より $S^2 = 1$ となるから, $J^2 = 1$ かつ $J\Delta J = \Delta^{-1}$ が成り立つ. J を**モジュラー共役作用素**, Δ を**モジュラー作用素**という.

左 Hilbert 環 $\mathfrak{A}$ が与えられると, F の芯となる右 Hilbert 環 $\mathfrak{A}'$ を構成することができ, $\mathscr{R}_r(\mathfrak{A}') = \mathscr{R}_l(\mathfrak{A})'$ となる. 同様にして, $\mathfrak{A}'$ から S の芯であり, $\mathfrak{A} \subset \mathfrak{A}''$ を満たす左 Hilbert 環 $\mathfrak{A}''$ を構成することができ, $\mathscr{R}_l(\mathfrak{A}'') = \mathscr{R}_l(\mathfrak{A})$ となる. $\mathfrak{A}'' = \mathfrak{A}$ のとき, $\mathfrak{A}$ は**充足している**という. $\mathfrak{A}''$ と $\mathfrak{A}'$ は充足している.

このような左 Hilbert 環, 右 Hilbert 環という概念を導入するきっかけを与えたのは局所コンパクト群であるから, まずその例を述べておく.

例 2.9.12 G を局所コンパクト群とする. G 上のコンパクトな台をもつ連続関数からなる線形空間 $\mathscr{K}(G)$ は例 1.11.5 のような畳み込み積と対合

$$f^\sharp(t) = \overline{f(t^{-1})}\Delta(t)^{-1} \quad (\text{または } f^\flat(t) = \overline{f(t^{-1})})$$

により対合多元環になる. ここでは対合の演算を $\sharp$ または $\flat$ で表している. つぎに, μ を G 上の左不変 Haar 測度とする. この対合多元環を Hilbert 空間 $L^2(G)$ の部分空間とみると,

$$(f * g|h) = (g|f^\sharp * h) \quad (\text{または } (f * g|h) = (f|h * g^\flat))$$

である. 各 $f, g \in \mathscr{K}(G)$ に対して,

$$\|f * g\|_2 \leqq \|f\|_1 \|g\|_2 \quad (\text{または } \|f * g\|_2 \leqq \|f\|_2 \|Jg\|_1)$$

である. ただし, $(Jg)(t) = \overline{g(t^{-1})}\Delta(t)^{-1/2}$. $\mathscr{K}(G)$ の中には単位元におけるデルタ関数に収束するものがあるので, 集合 $\{f * g | f, g \in \mathscr{K}(G)\}$ は $\mathscr{K}(G)$ に

おいてノルム $\|\cdot\|_2$ で稠密である.

$$(f^\sharp|h*g) = (f^\sharp * g^\flat|h) = (g^\flat|f*h) = (g^\flat * h^\flat|f)$$

であるから, $f \mapsto f^\sharp$ は可閉である. 同様に, $g \mapsto g^\flat$ も可閉である. したがって, $\mathscr{K}(G)$ は左 Hilbert 環でありかつ右 Hilbert 環でもある.

このとき, J がモジュラー共役作用素で, モジュラー作用素は $f \mapsto f\varDelta$ である. $\qquad\qquad\square$

例 2.9.13 Hilbert 空間 $\mathscr{H}$ 上の von Neumann 環 $\mathscr{M}$ が巡回的かつ分離的なベクトル ξ_0 をもっているとする. このとき, 集合 $\mathscr{M}\xi_0$ における積と対合を

$$(x\xi_0)(y\xi_0) = xy\xi_0, \quad (x\xi_0)^\sharp = x^*\xi_0$$

で定義すると, $\mathscr{M}\xi_0$ は左 Hilbert 環になる. $\xi \mapsto \xi^\sharp$ が可閉であること以外の条件は明らかである. $x' \in \mathscr{M}'$ とすると, $((x\xi_0)^\sharp|x'\xi_0) = (x'^*\xi_0|x\xi_0)$ であるから, この条件も満たされる. $\mathscr{R}_l(\mathscr{M}\xi_0)$ は $\mathscr{M}$ と空間同型である. $\qquad\square$

命題 2.9.14 von Neumann 環 $\mathscr{M}$ 上に半有限, 忠実かつ正規な荷重 φ から前項のようにして作られる左 Hilbert 環を $\mathfrak{A}_\varphi = \{x \in \mathfrak{n}_\varphi | x^* \in \mathfrak{n}_\varphi\}$ とする. このとき, $\mathscr{M}$ の標準表現 π_φ を $\mathfrak{A}_\varphi$ へ制限したものは $\mathfrak{A}_\varphi$ の左表現 π_l と一致し, 対応

$$x \mapsto \pi_l(x) \quad (x \in \mathfrak{A}_\varphi)$$

により, $\mathscr{M}$ は $\mathfrak{A}_\varphi$ の左 von Neumann 環と同型で,

$$\varphi(x^*x) = \begin{cases} \|\eta_\varphi(x)\|^2 & (x \in \mathfrak{n}_\varphi) \\ +\infty & (\text{その他}) \end{cases}$$

が成り立つ. $\qquad\qquad\square$

以上の準備のもとに, 一気に冨田-竹崎理論の核心に入る.

定理 2.9.15(冨田) $\mathfrak{A}$ を左 Hilbert 環, J をモジュラー共役作用素, $\varDelta$ をモジュラー作用素とする. そのとき次のことが成り立つ.

(i) $J\mathscr{R}_l(\mathfrak{A})J = \mathscr{R}_l(\mathfrak{A})'$, $\quad \varDelta^{it}\mathscr{R}_l(\mathfrak{A})\varDelta^{-it} = \mathscr{R}_l(\mathfrak{A})$ $\quad (t \in \mathbb{R})$.

(ii) $J\mathscr{R}_l(\mathfrak{A})'J = \mathscr{R}_l(\mathfrak{A})$, $\quad \varDelta^{it}\mathscr{R}_l(\mathfrak{A})'\varDelta^{-it} = \mathscr{R}_l(\mathfrak{A})'$ $\quad (t \in \mathbb{R})$.

(iii) ユニタリ Δ^{it} は対合多元環 $\mathfrak{A}''$ および $\mathfrak{A}'$ の自己同型写像であり，J は対合多元環 $\mathfrak{A}''$ から対合多元環 $\mathfrak{A}'$ の上への反同型写像である． □

1 径数ユニタリ群 $\{\Delta^{it}\}_{t\in\mathbb{R}}$ は強連続であるから，$x\in\mathscr{R}_l(\mathfrak{A})$ あるいは $x\in\mathscr{R}_l(\mathfrak{A})'$ に対して $\alpha_t(x)=\Delta^{it}x\Delta^{-it}$ と置けば，$\{\alpha_t\}_{t\in\mathbb{R}}$ は $\mathscr{R}_l(\mathfrak{A})$ あるいは $\mathscr{R}_l(\mathfrak{A})'$ の連続な 1 径数自己同型群である．

von Neumann 環 $\mathscr{M}$ 上の半有限，忠実かつ正規な荷重 φ に対応する $\mathfrak{A}_\varphi$ のモジュラー作用素から上のように作られる 1 径数自己同型群 $\{\alpha_t\}_{t\in\mathbb{R}}$ に対して

$$\alpha_t(\pi_\varphi(x)) = \pi_\varphi(\sigma_t^\varphi(x)) \quad (x \in \mathscr{M})$$

により定まる $\mathscr{M}$ 上の 1 径数自己同型群 $\sigma^\varphi=\{\sigma_t^\varphi\}_{t\in\mathbb{R}}$ を φ の**モジュラー自己同型群**という．

定義 2.9.16(Haag-Hugenholtz-Winnik) A を C^* 環あるいは von Neumann 環とする．φ を A 上の下半連続荷重とし，α を A 上の連続な 1 径数自己同型群とする．次の条件(a)と(b)が満たされるとき，φ は $\beta\in\mathbb{R}$ で α に関して **KMS 条件**を満たすという．D を領域 $\{z\in\mathbb{C}|0<\mathrm{Im}\,z<\beta\}$(あるいは $\{z\in\mathbb{C}|\beta<\mathrm{Im}\,z<0\}$)とする．

(a) φ は α に関して不変，すなわち，任意の $t\in\mathbb{R}$ に対して $\varphi\circ\alpha_t=\varphi$．

(b) 任意の $x,y\in\mathfrak{n}_\varphi\cap\mathfrak{n}_\varphi^*$ に対して，D において正則で，$\overline{D}$ 上で有界かつ連続な関数 $F_{x,y}$ が存在して，任意の $t\in\mathbb{R}$ に対して

$$F_{x,y}(t) = \varphi(x\alpha_t(y)), \quad F_{x,y}(t + i\beta) = \varphi(\alpha_t(y)x). \qquad □$$

C^* 環 A 上の時間発展を記述する 1 径数自己同型群を α とする．統計力学における平衡状態は，D. W. Robinson や荒木の結果により，α に関し逆温度 $\beta=(kT)^{-1}$ での KMS 条件を満たす状態として特徴づけられている．ここで，k は Boltzmann 定数，T は絶対温度である．

定理 2.9.17(竹崎) von Neumann 環上の 1 径数自己同型群 α が半有限，忠実かつ正規な荷重 φ のモジュラー自己同型群であるための必要十分条件は，φ が α に関して $\beta=-1$ での KMS 条件を満たすことである． □

注 C^* 環 A 上の時間発展 α に対して，逆温度 β での KMS 条件を満たす状

態が必ずしも一意的に決まるわけではない. つまり, 同じ温度でも異なる平衡状態が存在する可能性がある. □

2.9.4 III 型因子環の分類

いま, G を局所コンパクト可換群とし, α を G の von Neumann 環 $\mathscr{M}$ 上の連続作用とする. $\mathscr{M}$ の α に関する不動点環 $\mathscr{M}^\alpha$ の射影 e に対しては, α_t $(e\mathscr{M}e)=e\mathscr{M}e$ が成り立つので, α を $\mathscr{M}_e$ 上へ誘導して得られる作用 α^e がある.

定義 2.9.18 α を局所コンパクト可換群 G の von Neumann 環 $\mathscr{M}$ 上の連続な作用とする. $\mathscr{M}^\alpha$ の射影 e に対する $\mathrm{Sp}(\alpha^e)$ すべての共通部分 $\Gamma(\alpha)$ を α の **Connes スペクトル**という. □

定理 2.9.19(Connes) $\Gamma(\alpha)$ は $\widehat{G}$ の閉部分群である. □

定義 2.9.20 von Neumann 環 $\mathscr{M}$ 上の半有限, 忠実かつ正規な荷重 φ に対するモジュラー作用素 Δ_φ のスペクトル $\mathrm{Sp}(\Delta_\varphi)$ すべての共通部分を $S(\mathscr{M})$ と置き, $\mathscr{M}$ の**モジュラースペクトル**という. □

定理 2.9.21(Connes) $\mathscr{M}$ を von Neumann 環, φ を $\mathscr{M}$ 上の半有限, 忠実かつ正規な荷重とする. $\langle t, \gamma \rangle = \gamma^{it}$ により, $\mathbb{R}$ の双対群を乗法群 $\mathbb{R}_+ \setminus \{0\}$ とみる. そのとき, $S(\mathscr{M}) \cap (\mathbb{R}_+ \setminus \{0\}) = \Gamma(\sigma^\varphi)$ である. □

$\Gamma(\sigma^\varphi)$ は $\mathbb{R}_+ \setminus \{0\}$ の閉部分群であるから,

$$\{1\}, \quad \{\lambda^n \mid n \in \mathbb{Z}\} \, (0 < \lambda < 1), \quad \mathbb{R}_+ \setminus \{0\}$$

のいずれかである.

定義 2.9.22 因子環 $\mathscr{M}$ のモジュラースペクトル $S(\mathscr{M})$ が

$$\{0, 1\}, \quad \{\lambda^n \mid n \in \mathbb{Z}\} \cup \{0\} \, (0 < \lambda < 1) \quad \text{または} \quad \mathbb{R}_+$$

であるとき, それぞれ $\mathscr{M}$ は **III$_0$ 型**, **III$_\lambda$ 型**または **III$_1$ 型**という. □

定理 2.9.23(Connes) 可分 Hilbert 空間上の III 型因子環は III$_0$ 型, III$_\lambda$ 型$(0 < \lambda < 1)$, III$_1$ 型のいずれかである. $\lambda_1 \neq \lambda_2$ ならば III$_{\lambda_1}$ 型因子環と III$_{\lambda_2}$ 型因子環は同型ではない. □

III 型 ITPFI 因子環では, III$_\lambda$ 型$(0 < \lambda < 1)$ と III$_1$ 型は同型を除いて 1 つだけである. III$_0$ 型は同型でないものが連続濃度存在する.

付録 A

A.1　Kreĭn の定理と Ryll-Nardzewski の定理

Banach 空間の概念を一般化して，局所凸空間 E において，任意の有界閉凸集合が完備のとき，E は**準完備**であるという.

定理 A.1.1(Eberlein)　準完備空間 E の部分集合 K に対して，K における列がどれも弱位相に関して E に接触点をもつならば，K は相対弱コンパクトである.　　　　　　　　　　　　　　　　　　　　　　　　　　　　　□

証明は，例えば Bourbaki の教科書を参照されたし[1].

定理 A.1.2(Kreĭn)　準完備空間では，弱コンパクト部分集合の閉凸包は弱コンパクトである.　　　　　　　　　　　　　　　　　　　　　　　　　　　□

[証明]　E を準完備空間，K をその弱コンパクト部分集合とする. まず，E が Banach 空間の場合を考える. $\{\xi_n\}_n$ を凸包 $\mathrm{co}(K)$ の列とする. そのとき，各 ξ_n は

$$\xi_n = \sum_{i=1}^{k_n} \lambda_{n,i}\xi_{n,i} \qquad (\xi_{n,i} \in K,\ \sum_{i=1}^{k_n} \lambda_{n,i} = 1,\ \lambda_{n,i} \in [0,1])$$

と表せる. ここで，$\xi_{n,i}$ における Dirac 測度 $\delta_{\xi_{n,i}}$ を用いた $\sum_{i=1}^{k_n} \lambda_{n,i}\delta_{\xi_{n,i}}$ を μ_n とすれば，μ_n は K 上の確率測度で

---

1)　ブルバキ：数学原論 位相線形空間 2(小針晛宏・清水達雄訳)，東京図書(1970)の第 4 章，§2，演習 15.

$$\xi_n = \int_K \xi \, d\mu_n(\xi)$$

と表せ，測度の列 $\{\mu_n\}_n$ は $\sigma(C(K)^*, C(K))$ 位相に関して接触点 μ をもつ．このとき，μ は確率測度であり，その台は，$\xi_{n,i}$ すべてからなる集合 B の弱閉包 $\overline{B}$ に含まれる．B の弱閉凸包 $\overline{\mathrm{co}}(B)$ はノルムに関する閉凸包でもあるので，$\overline{\mathrm{co}}(B)$ はノルムに関して可分である．関数 $\xi \in K \mapsto \xi \in E$ は，μ に関してほとんど至る所で可分な集合に値をとり，E は Banach 空間であるから，この関数は μ 可測である．したがって，$\int_K \xi \, d\mu(\xi) \in E$ となる．各 $\varphi \in E^*$ に対して，

$$\langle \xi_n, \varphi \rangle = \int_K \langle \xi, \varphi \rangle \, d\mu_n(\xi)$$

で，関数 $\xi \in K \mapsto \langle \xi, \varphi \rangle$ は弱連続であるから，$\int_K \xi \, d\mu(\xi)$ は $\{\xi_n\}_n$ の接触点である．ゆえに，Eberlein の定理により $\mathrm{co}(K)$ は相対弱コンパクトである．

つぎに，E は一般の準完備空間とし，E の位相を定義する半ノルムの集合を $\{p_i | i \in I\}$ とする．E から商空間 $E/\mathrm{Ker}\, p_i$ への商写像を π_i とし，この商空間の p_i から導かれるノルムによる完備化を E_i とする．ここで，

$$\pi : \xi \in (E, 弱位相) \mapsto \{\pi_i(\xi)\}_{i \in I} \in \prod_{i \in I} (E_i, 弱位相)$$

とする．E は $\prod_i E_i$ の部分空間に同型で同相である．

K を E の弱コンパクト集合とする．$\pi_i(K)$ は弱コンパクトであるから，$\overline{\mathrm{co}}(\pi_i(K))$ は E_i において弱コンパクトである．$\pi_i(\overline{\mathrm{co}}(K)) \subset \overline{\mathrm{co}}(\pi_i(K))$ で，$\pi(\overline{\mathrm{co}}(K)) \subset \prod_i \overline{\mathrm{co}}(\pi_i(K))$ であるから，$\pi(\overline{\mathrm{co}}(K))$ は $\prod_i E_i$ において相対弱コンパクトである．$\overline{\mathrm{co}}(K)$ は有界であるから完備であり，$\pi(\overline{\mathrm{co}}(K))$ も完備である．したがって，$\pi(\overline{\mathrm{co}}(K))$ は $\prod_i E_i$ において閉であり，また弱閉である．ゆえに，$\pi(\overline{\mathrm{co}}(K))$ は弱コンパクトであり，$\overline{\mathrm{co}}(K)$ も弱コンパクトである． ∎

補題 A.1.3（波岡-Asplund）　局所凸空間 E において，p を連続な半ノルムとする．K を E の弱位相に関して可分かつコンパクトな空でない凸部分集合とすれば，任意の $\varepsilon > 0$ に対して，K の弱閉な凸部分集合 $C \subsetneq K$ で，差集合 $K \setminus C$ も凸かつ

A.1 Kreĭn の定理と Ryll-Nardzewski の定理　259

$$\sup\{p(\xi - \eta) \mid \xi,\, \eta \in K \setminus C\} \leqq \varepsilon$$

を満たすものが存在する. □

　[証明] 集合 $\{\xi \mid p(\xi) \leqq \varepsilon/4\}$ を V とする. V は凸集合であるから, 命題 1.4.1 により, V は弱閉である. 再び, 命題 1.4.1 により, K は元の位相に関しても可分なので, K には可算被覆 $\{\xi_n + V\}_{n=1}^{\infty}$ が存在する. P を K の端点全体 $\mathrm{ex}(K)$ の弱閉包とすると, P は Baire 空間である. $\{\xi_n + V\}_{n=1}^{\infty}$ は P の被覆でもあるから, Baire の定理によって, $P \cap (\xi_n + V)$ が P において弱位相に関して内点をもつ n がある. $P \cap (\xi_n + V)$ の P における弱位相に関する内部を W とすれば, $W \cap \mathrm{ex}(K) \neq \emptyset$. K_1 と K_2 をそれぞれ $P \setminus W$ と W の閉凸包とする. K_1 の端点はすべてコンパクト集合 $P \setminus W$ に含まれるので, $K_1 \subsetneq K$ である. また, $P \subset K_1 \cup K_2 \subset K$ であり, $K_1 \cup K_2$ の凸包はコンパクトであるから, Kreĭn-Milman の定理により, K は $K_1 \cup K_2$ の凸包である.

$$\sup\{p(\xi - \eta) \mid \xi,\, \eta \in K_2\} \leqq \sup\{p(\xi - \eta) \mid \xi,\, \eta \in \xi_n + V\} \leqq \frac{1}{2}\varepsilon$$

である. $d = \sup\{p(\xi - \eta) \mid \xi,\, \eta \in K\}$ かつ $0 < \delta < \min\{1, \varepsilon/(4d)\}$ とする.

$$C = \{\lambda\xi_1 + (1 - \lambda)\xi_2 \mid \xi_i \in K_i,\, \delta \leqq \lambda \leqq 1\}$$

はコンパクト凸集合である. W に含まれる K の端点は, C に含まれるとすると K_1 に含まれる. しかし, これはあり得ない. よって, $C \subsetneq K$ である. 差集合 $K \setminus C$ の元 ξ は $\xi = \lambda\xi_1 + (1 - \lambda)\xi_2$ $(\xi_i \in K_i,\, 0 \leqq \lambda < \delta)$ と表せるので, 任意の $\xi \in K \setminus C$ に対して,

$$p(\xi - \xi_2) = \lambda p(\xi_1 - \xi_2) < \delta d < \frac{1}{4}\varepsilon$$

を満たす $\xi_2 \in K_2$ が存在する. ゆえに

$$\sup\{p(\xi - \eta) \mid \xi,\, \eta \in K \setminus C\} < 2\frac{1}{4}\varepsilon + \frac{1}{2}\varepsilon = \varepsilon. \qquad\blacksquare$$

　定理 A.1.4(Ryll-Nardzewski)　局所凸空間 E の空でない弱コンパクトな凸部分集合 K において, K から自分自身への弱連続写像 T でアフィン性

$$T(\lambda\xi + (1-\lambda)\eta) = \lambda T\xi + (1-\lambda)T\eta \quad (\lambda \in [0,1],\ \xi,\eta \in K)$$

を満たすもののなす半群を G とする．もし G が K において非縮小的，すなわち，任意の異なる2点 $\xi,\eta \in K$ に対して，連続な半ノルム p があって $\inf_{T \in G} p(T\xi - T\eta) > 0$ となるとき，K には G に関する不動点が存在する． □

[証明] G が可算の場合．各 $\xi \in K$ に対して，$G\xi$ の閉凸包 $\overline{\mathrm{co}}(G\xi)$ は弱コンパクトかつ可分であるから，K は可分と仮定することができる．

K は弱コンパクトであるから，Zorn の補題により，$GK' \subset K'$ であるような K の空でない閉凸部分集合 K' のうちで，集合の包含関係に関して極小なものがある．それを K_0 とする．いま，K_0 が2点以上を含むとして，$\xi,\eta \in K_0$，$\xi \neq \eta$ とする．ここで仮定を使うと，$\inf_{T \in G} p(T\xi - T\eta) = \varepsilon > 0$ を満たす連続な半ノルム p が存在する．K は可分であったから，補題 A.1.3 により，K_0 の閉凸部分集合 $C \subsetneqq K_0$ で差集合 $K_0 \backslash C$ も凸かつ

$$\sup\{p(\xi - \eta) \mid \xi,\eta \in K_0 \backslash C\} < \frac{\varepsilon}{2}$$

を満たすものが存在する．もし $T((1/2)(\xi+\eta)) \in K_0 \backslash C$ とすると，

$$p\left(T\xi - T\left(\frac{1}{2}(\xi+\eta)\right)\right) = \frac{1}{2}p(T\xi - T\eta) \geqq \frac{\varepsilon}{2}$$

であるから，$T\xi \in C$ である．同様に，$T\eta \in C$ である．C は凸集合であるから $T((1/2)(\xi+\eta)) \in C$ となり矛盾する．よって，$T((1/2)(\xi+\eta)) \in C$ である．$G((1/2)(\xi+\eta))$ の閉凸包は C に含まれるから，K_0 の極小性に反する．ゆえに，K_0 は1点集合である．その点は G の不動点である．

G が一般の場合．I を G のすべての可算部分半群のなす集合族とすれば，各 $S \in I$ の K における不動点の集合

$$F_S = \{\xi \in K \mid \forall\, T \in S : T\xi = \xi\}$$

は空でない弱閉集合である．有限個の $S_i \in I$ に対して，$\bigcup_i S_i$ の生成する可算部分半群を S とすれば，$\bigcap_i F_{S_i}$ は F_S を含むので，閉集合族 $\{F_S \mid S \in I\}$ は有限交叉性をもつ．K は弱コンパクトであるから，$\bigcap_{S \in I} F_S$ はある点を含み，それは G に関する不動点である． ∎

参考文献

[1] M. Takesaki: *Tomita's theory of modular Hilbert algebras and its applications*, Lecture Notes in Math. **128**, Springer-Verlag(1970)pp. ii+123.

[2] S. Sakai: *C*-Algebras and W*-Algebras*, Ergebnisse der Mathematik und ihrer Grenzgebiete **60**, Springer-Verlag (1971)pp. vii+256.

[3] 富山淳: *Complete Positivity in Operator Algebras*, 数理解析レクチャー・ノート 4(1978)pp. iv+89.

[4] M. Takesaki: *Theory of Operator Algebras* **I**, Springer-Verlag(1979)pp. vii+407; **II**. EMS125, Operator Algebras and Non-Commutative Geometry VI, Springer-Verlag(2003)pp. xxii+518; **III**. EMS127, OANCG VIII, ibid. (2003) pp. xxii+548.

[5] Y. Nakagami and M. Takesaki: *Duality for Crossed Products of von Neumann Algebras*, Lecture Notes in Math. **731**, Springer-Verlag(1979)pp. ix+139.

[6] 竹崎正道: 作用素環の構造, 岩波書店(1983)pp. xi+496.

[7] 梅垣壽春・大矢雅則・日合文雄: 作用素代数入門, 現代の数学 **23**, 共立出版 (1985)pp. iii+227.

[8] J. Tomiyama: *Invitation to C*-Algebras and Topological Dynamical Systems*, World Sci. Publ. (1987)pp. viii+167.

[9] Y. Watatani: *Index for C*-subalgebras*, Memoir of AMS **424**, AMS (1990) pp. v+117.

[10] S. Sakai: *Operator Algebras in Dynamical Systems*, Encyclopedia of Math. and its Appl. **41**, Cambridge Univ. Press(1991)pp. viii+219.

[11] 荒木不二洋: 量子場の数理, 現代物理学 **21**, 岩波書店(1992)pp. xii+252.

[12] 伊藤雄二・浜地敏弘: エルゴード理論とフォン・ノイマン環, 紀伊国屋数学叢書 **31**, 紀伊国屋書店(1992)pp. xii+413.

[13] T. Yamanouchi: *Duality for Actions and Coactions of Measured Groupoids on von Neumann Algebras*, Memoir of AMS **484**, AMS(1993)pp. vi+109.

[14] H. Kosaki: *Type* III *Factors and Index Theory*, Lecture Notes Series **43**, RIM-Global Analysis Center, Korea(1998)pp. 96.

[15] D. Evans and Y. Kawahigashi: *Quantum Symmetries and Operator Algebras*, Oxford Science Publ.(1998), xv+829, Oxford Univ. Press.

[16] A. Inoue: *Tomita–Takesaki Theory in Algebras of Unbounded Operators*, Lecture Notes in Math. **1699**, Springer-Verlag(1998)pp. viii+241.

[17] A. Connes(丸山文綱訳): 非可換幾何学入門, 岩波書店(1999)pp. ix+250.

262   参考文献

[18]   F. Hiai and D. Petz: *The Semicircle Law, Free Random Variables and Entropy*, Mathematical Survay Monographs **77**, AMS(2000)pp. viii+376.

[19]   夏目利一・森吉仁志: 作用素環と幾何学, 数学メモアール **2**, 日本数学会(2001) pp. iii+228.

[20]   F. Hiai and H. Kosaki: *Means of Hilbert Space Operators*, Lecture Notes in Math. **1820**, Springer-Verlag(2003)pp. viii+144.

洋書の作用素環の入門書はたくさん出版されているので，ここでは日本語であるかまたは身近な人たちの著書だけを挙げておく．

索　引

A, B

AFD　　232
冪等(nilpotent)　　36
ベクトル空間(vector space)
　　複素(complex)――　　3
　　位相(topological)――　　2
　　実(real)――　　3
　　順序(ordered)――　　69
ベクトル状態(vector state)　　64
部分有向系(subnet)　　5
分解可能(decomposable)　　240
分離ベクトル(separating vector)　　112
分離的　　112
分離条件(separating condition)　　112,
　　204
物理量(observable)　　63

C

C^*環(C^*-algebra)　　39
　　――のテンソル積　　158
　　群――(C^*群環)(group C^*-algebra)
　　　83
　　包絡(enveloping)――　　82
　　完全(exact)――　　237
　　単位元を付加した――　　41
Cauchy 有向系(Cauchy net)　　6
直交する(orthogonal)　　29
直積分(direct integral)　　240
直積分分解の理論(reduction theory)
　　238, 242
直相補(orthocomplemented)　　108
直和(direct sum)　　7, 94, 186
中心(center)　　109
　　――分解(central decomposition)
　　　242
　　――列(central sequence)　　236
　　(作用素の)――台(central support)
　　　182
　　(線形汎関数が)――的(central)　　198

D

忠実(faithful)
　　――表現　　43
　　――正線形汎関数　　112
　　――トレイス　　114, 203
　　――荷重　　250

第1類(the first category)　　26
第2類(the second category)　　26
台射影(support projection)
　　(表現の)――　　141
　　(正線形汎関数の)――　　127
　　(トレイスの)――　　203
代数的に単純(algebraically simple)
　　42
同値(equivalence)　　43, 182
　　(射影の)――　　180
　　物理的(physical)――　　140
　　ユニタリ(unitary)――　　43
　　準(quasi-)――　　141
同型(isomorphic)　　42
　　空間(spatially)――　　127, 183
　　等長(isometric)――　　57, 58
同型写像(isomorphism)　　42
　　反(antiisomorphism)――　　208
　　反準(antihomomorphism)――　　208
　　自己(automorphism)――　　193
　　準(homomorphism)――　　42

E, F, G

エルゴード的(ergodic)　　225
Fourier
　　――変換(transform)　　30, 59
　　――係数(coefficient)　　30
　　――展開(expansion)　　30
　　逆――変換(inverse ―― transform)
　　　30, 53, 59
外部的(outer)　　194
GNS 構成法(GNS construction)　　80
GNS 写像　　251

群
  Heisenberg—— 219
  コンパクト(compact)—— 218
  局所コンパクト(locally compact)——
  59, 83, 216, 220
  ICC—— 218
  自己同型—— → 自己同型群
  自由(free)—— 221
  加(module)—— → 加群
  可解(solvable)—— 218
  離散 Heisenberg—— 220
  従順—— 218
群-測度空間構成法(group-measure space construction) 226
グラフ(graph) 10
逆元(inverse) 48
行列式(determinant) 118
行列単位(matrix unit) 154

H

Haar 測度(Haar measure) 59
ハイパー有限(hyperfinite) 233
汎関数算法(functional calculus) 61
半離散的(semi-discrete) 232
半双線形(sesquilinear) 34
半単純(semi-simple) 52
半等長作用素(partial isometry) 36
半有限(semi-finite)
  ——荷重 250
  ——トレイス 202
  ——von Neumann 環 186, 205
(作用素の)閉包 11
平行四辺形の式 28
Hermite 的(Hermitian) 34
Hilbert 環(Hilbert algebra) 243
  左(右)—— 252
Hilbert 空間(Hilbert space) 29
  ——の可測場(measurable field of) 239
  ——のテンソル積(tensor product of) 152
  前(pre)—— 28
Hilbert-Schmidt ノルム(Schmidt ノルム) 120
非退化(non-degenerate) 43, 100
非有界(unbounded) 9

本質的有界(essentially bounded) 145
負部分(negative part)
  (汎関数の)—— 78
不変平均(invariant mean) 218
表現(representaion) 42
  部分(subrepresentation)—— 85
  Gelfand—— 52
  GNS—— 79
  左(右)—— 252
  左正則(left regular)—— 216
  右正則(right regular)—— 216
  標準(standard)—— 251
  $\sigma(E, F)$ 連続—— 245
(可測空間が)標準的(standard) 241

I, J

イデアル(ideal) 41
  原始(primitive)—— 86
  左(右)—— 250
  極大(maximal)—— 42
  両側(two sided)—— 41
  自明な(trivial)—— 41
因子環(factor) 109, 216
  ——分解(decomposition) 242
  荒木-Woods の—— 230
  ITPFI—— 230
  Powers—— 231
位相(topology)
  包核(hull-kernel)—— 52
  強(strong)—— 20, 92
  強*(strong*)—— 92
  Mackey(Mackey)—— 25
  ノルム(norm)—— 3
  $\sigma(E, F)$—— 20
  σ 強(σ-strong)—— 93
  σ 強*(σ-strong*)—— 93
  σ 弱(σ-weak)—— 93
  弱(weak)—— 21, 91
  弱*(weak*)—— 21
  弱作用素(weak operator) 91
Jordan 分解(Jordan decomposition) 77, 128

K

(束演算の)下限(supremum) 55

索 引 *265*

加群(module)
Banach 左 A(Banach left A)——
111
Banach 右 B—— 111
Banach 両側 A(Banach A bimodule)
—— 111
Banach 両側 A-B(Banach A-B
bimodule)—— 110
左 A(left A)—— 110
右 A(right A)—— 110
両側 A-B(A-B bimodule)—— 110
双対 Banach 両側 A-B(dual Banach
A-B bimodule)—— 131
可逆(invertible) 48
可閉(closable) 10
解析的汎関数算法(holomorphic
functional calculus) 75
可換子環(commutant) 85, 99
二重(double commutant)—— 99
相対(relative commutant)—— 224
核(kernel) 11
拡張(extension) 15
環
Banach——(Banach algebra) 12
Banach*——(Banach *-algebra)
39
C^*——(C^*-algebra) → C^*環
Calkin——(Calkin algebra) 46
行列——(matrix algebra) 40
Hilbert—— → Hilbert 環
因子—— → 因子環
可換子—— → 可換子環
コンパクト作用素——(compact
operator algebra) 43
ノルム——(normed algebra) 12
連続関数——(continuous function
algebra) 13
多元——(algebra) → 多元環
対合 Banach——(involutive Banach
algebra) 39
対合ノルム——(involutive normed
algebra) 39
W^*——(W^*-algebra) 140
完全(exact) 236
完全加法的(completely additive) 125
可算分解可能(countably decomposable)
112

可測場(measurable field)
(ベクトルの)—— 239
(Hilbert 空間の)—— 239
(作用素の)—— 242
(von Neumann 環の)—— 242
可約(reducible) 85
荷重(weight) 249
規格直交系(orthonormal system) 30
規格直交基底(orthonormal basis) 30
近似単位元(approximate identity) 71
基礎ベクトル(reference vector) 228
既約(irreducible) 85, 224
KMS 条件(KMS condition) 255
根基(radical) 52
固有無限(properly infintie) 185, 186
空間(space)
——的(spatial) 127
Banach—— 3
ベクトル—— → ベクトル空間
直交補(orthogonal complement)——
31
第 2 双対(the second dual)—— 11,
20
Hilbert—— → Hilbert 空間
共役(conjugate)—— 33
前 Hilbert—— 28
c_0—— 222
c_∞—— 118
l^1—— 53
l^2—— 29
l^∞—— 59, 118
L^1—— 118
L^2—— 29
L^p—— 143
L^∞—— 118, 144
ノルム(normed)—— 3
ポーランド(Polish)—— 241
始(initial)—— 37
指標(character)—— 51
双対(dual)—— 11
スペクトル部分(spectral)—— 246
終(final)—— 37
前双対(predual)—— 101
状態(state)—— 63
虚部(imaginary part)
(作用素の)—— 55
(線形汎関数の)—— 74

266 索 引

極分解(polar decomposition)
　(半双線形汎関数の)――　34
　(作用素の)――　37
　(線形汎関数の)――　128
極大可換(maximal Abelian)　148
局所(locally)
　――凸空間(convex space)　5
　――コンパクト空間(compact space)
　58
　――コンパクト群(compact group)
　59
局所的零集合(locally null)　145
極集合(polar set)　22
共役線形(conjugate linear)　33

L, M

Lebesgue-Stieltjes
　――積分　105
　――測度　105
右 A 加群写像(right A-module
　mapping)　135
Minkowski 汎関数　18
モジュラー(modular)
　――関数(function)　59
　――共役作用素(conjugation operator)
　216, 253
　――作用素(operator)　253
　――自己同型群(automorphism group)
　244, 255
　――スペクトル(spectrum)　256
無限(infinite)　185, 187
　――射影(operator)　185
　――von Neumann 環(von Neumann
　algebra)　185
　固有(properly)――　185
　純(purely)――　185
無限遠で 0 になる(vanish at infinity)
　58
無限テンソル積(infinite teensor
　produt)　228
　$\{\mathcal{M}_n\}_n$ の $\{\varphi_n\}_n$ に関する――　229
　$\{\mathcal{M}_n\}_n$ の基礎ベクトル $\{\xi_n\}_n$ に関する
　――　229
μ 可積分　143
μ 可測　143

N

内部的(inner)　194
内積(inner product)　28
ノルム　3
　――1 の射影　138
　――位相　3
　――環　12
　――空間　3
　C^*――の条件　39
　γ――　156
　半――　4
　Hilbert-Schmidt(Schmidt)――
　120
　クロス――　155
　極大――　159
　極小――　159
　λ――　156
　作用素――　9
　双対――　156
　商――　5
　トレイス――　117

P, R

π_2 は π_1 に含まれる(π_2 is contained in
　π_1)　43
π の A と B への制限　162
Plancherel の式　30
p 乗 μ 可積分　143
Powers-Størmer の不等式　123
連続型(continuous)　187
連続作用(continuous action)　221
　強――　221
　σ 弱――　221
劣線形　15
レゾルベント(resolvent)　14
　――方程式(equation)　49
　――集合(set)　14
離散型(discrete)　187
量子論理(quantum logic)　108

S

作用素(operator)
　逆(inverse)――　10
　閉線形(closed linear)――　10

繋絡 (intertwining) —— 43
コンパクト (compact) —— 43
線形 (linear) —— 8
対角 (diagonal) —— 240
Schmidt
—— の直交化 ('s orthogonalization)
  31
—— ノルム (norm) 120
—— 類 (class) 120
Schwarz の不等式 28, 75
正 (positive)
—— 作用素 36
—— 線形汎関数 63, 124
正部分 (positive part)
 (C^*環の) —— 69
 (汎関数の) —— 78
正値測度 142
正規 (normal)
—— 荷重 250
—— 作用素 35
—— 線形写像 125, 126
—— トレイス 203
性質 (property)
—— E 232
—— Γ 234
—— P 232
 Kazhdan の —— T 219
積分 145
線形稠密 (linearly dense) 23
線形汎関数 (lnear functional) 11
線形変換 (linear transformation) 8
線形位相空間 (linear topological space)
 2
線形写像 (linear mapping) 8
接触点 7
接合積 (crossed product) 222
射影 (projection) 31
—— の直交族 182
—— 作用素 (projection operator)
  31
—— 的ノルム (projective norm) 156
—— 的テンソル積 (projective tensor
  product) 156
 Abel (Abelian) —— 185
 中心 (central) —— 109
 台 (support) —— → 台射影
 ノルム 1 の (norm 1) —— 139

始 (initial) —— 37
スペクトル (spectral) —— 108
終 (final) —— 37
指標 (character) 51
σ 有限 (σ-finite) 112
疎 (rare) 26
束 (lattice) 55
測度 (measure) 142, 143
双対ペア (dual pair) 20
Stone-Čech のコンパクト化 60
錐 (cone)
 (C^*環の) 正 (positive) —— 69
 自然 (natural) —— 123
 凸 (convex) —— 22
スペクトル (spectrum) 14, 48, 51
—— 部分空間 (spectral subspace)
  246
—— 分解 (spectral decomposition)
  108
—— 半径 (spectral radius) 53
—— 射影 (spectral projection) 108
 (Banach 環における) —— 48
 (Banach 環の) —— 51
 Connes —— 256
 モジュラー (modular) —— 256
 連続 (continuous) —— 14
 離散 (discrete) —— 14
 点 (point) —— 14
 剰余 (residual) —— 14
収束有向系 (convergent net) 6

T

多元環 (algebra) 12
 * —— (*-algebra) 39
 商 —— (quotient algebra) 42
 対合 —— (involutive algebra) 39
 単位元を付加した —— 13
対合 (involution) 35
対称 (symmetric) 36
単位球 (unit ball) 3
単位の分解 (resolution of the identity)
 107
単位的 (unital) 12
単射的ノルム (injective norm) 156
端点 (extreme point) 62
単純 (simple) 42

転置写像（transposed mapping） 11
テンソル積（tensor product） 150
　（Banach 空間の）―― 155
　（Hilbert 空間の）―― 152
　（作用素の）―― 152
　（von Neumann 環の）―― 153
　C^*―― 159
　代数的―― 151
　極大―― 160
　極小―― 160
　無限―― → 無限テンソル積
　射影的―― 157
　単射的―― 157
　W^*―― 172
冨田理論（Tomita theory） 175
冨田-竹崎理論（Tomita-Takesaki theory）
　252
トレイス（trace） 114, 203
　――ノルム（norm） 117
　――類（class） 115
凸（convex）
　――包（envelope） 62
　――錐（cone） 22
　閉――包（closed――envelope） 22,
　62
　閉絶対――包（closed
　absolutely――envelope） 67
　局所――空間（locally――space） 5
　絶対（absolutely）―― 18, 25
　絶対――包（absolutely――envelope）
　18, 23
等長（isometric） 36, 57, 84
　――作用素（isometry） 36

V, W, X

von Neumann 環 91
　――の可測場 241
　――のテンソル積 153
　群――（von Neumann 群環） 216
　左（右）―― 252
　普遍包絡（universal enveloping）――
　138
　可分（separable）―― 113
W^*環（W^*-algebra） 140

Y

余等長作用素（coisometry） 36
ユニタリ（unitary） 35
有限（finite） 185, 186, 204
　――階数の作用 43
　――射影 185
　――トレイス 202
　――von Neumann 環 185, 195
有界（bounded）
　――線形写像 9
　――集合 20
　――双線形汎関数 34
　弱（weakly）―― 21
有向系（net） 5
有向集合（directed set） 5

Z

全有界（totally bounded） 66
絶対値（absolute value） 129
　（作用素の）―― 37
　（線形汎関数の）―― 129
絶対連続（absolutely continuous） 146
次元（dimension） 33
自己同型群（automorphism group）
　194
　モジュラー（modular）―― 244, 255
　内部（inner）―― 194
自己随伴（self-adjoint）
　――作用素 35, 36
　――線形汎関数 74
実部（real part）
　（Banach*環の）―― 55
　（作用素の）―― 55
　（線形汎関数の）―― 74
自由（free） 224
随伴（adjoint） 35
（束演算の）上限（supremum） 55
条件付き期待値（conditional
　expectation） 201
状態（state） 63
　――空間（sapce） 63
　純粋（pure）―― 64
巡回ベクトル（cyclic vector） 79, 112
巡回的（cyclic） 112
準完備 257

純粋 (pure)　86
従順 (amenable)　218
充足している (achieved)　253
充足的 (full)　236

定　理

Alaoglu の定理　23
Baire のカテゴリー定理　26
Gelfand-Mazur の定理　50
Gelfand-Naimark の定理　52, 83
Hahn-Banach の分離定理　18
Hahn-Banach の拡張定理　15
閉グラフ定理　27
Helglotz-Bochner の定理　59
比較定理　182
一様有界性定理　26
開写像定理　27
Kaplansky の稠密性定理　102
Kreĭn-Milman の定理　62
Kreĭn の定理　257
Mackey-Arens の定理　25
Powers-Størmer の定理　123

Riesz の定理　32
Ryll-Nardzewski の定理　259
境の定理　139
Sherman-武田の定理　137
双極定理　22
Stone-Weierstrass の定理　56
冨田の可換子環定理　177
von Neumann の稠密性定理　100
von Neumann-Schatten の定理　117

因子環の分類

因子環の分類　211
Ⅰ　型　86, 185, 190
I_α 型　191
Ⅱ　型　186
II_1 型　186
II_∞ 型　186
Ⅲ　型　186
III_0 型　256
III_1 型　256
III_λ 型　256

■岩波オンデマンドブックス■

作用素環入門 I——関数解析とフォン・ノイマン環

2007 年 4 月20日　第 1 刷発行
2017 年 4 月11日　オンデマンド版発行

著　者　　生西明夫　中神祥臣

発行者　　岡本　厚

発行所　　株式会社　岩波書店
　　　　　〒 101-8002　東京都千代田区一ツ橋 2-5-5
　　　　　電話案内　03-5210-4000
　　　　　http://www.iwanami.co.jp/

印刷／製本・法令印刷

© Akio Ikunishi, Yoshiomi Nakagami 2017
ISBN 978-4-00-730594-8　　Printed in Japan